Giso Weyand

Praxisbuch Beratermarketing

Giso Weyand

Praxisbuch Beratermarketing

Insider-Strategien für Berater, Trainer und Coachs

Bibliografische Information der Deutschen Nationalbibliothek
Die Deutsche Nationalbibliothek verzeichnet diese Publikation in der Deutschen Nationalbibliografie. Detaillierte bibliografische Daten sind im Internet über http://dnb.d-nb.de abrufbar.

Für Fragen und Anregungen:
weyand@mi-wirtschaftsbuch.de

Für meinen Bub

1.Auflage 2010

Nymphenburger Straße 86
D-80636 München
Tel.: 089_651285_0
Fax: 089_652096

Redaktionelle Mitarbeit: Christian Deutsch
Lektorat: Desirée Šimeg, München
Umschlaggestaltung: Jarzina Kommunikations-Design, Holzkirchen
Satz: Manfred Zech, Landsberg am Lech
Druck: GGP Media GmbH, Pößneck
Printed in Germany

ISBN 978-3-86880-019-7

Inhalt

Vorwort

»Sie brauchen ein Alleinstellungsmerkmal! Mit einem Bauchladen können Sie keinen Erfolg haben – Sie müssen sich konzentrieren! Manche trockenen Themen lassen sich nicht spannend darstellen! Zu dem Thema wurde schon alles gesagt und geschrieben! Ohne Web 2.0 geht heute nichts mehr im Marketing! Wer keine Referenzen hat, hat keine Chancen! Mitarbeiter im Beratungsunternehmen arbeiten nicht mit an Marketing und PR! Bücher schreiben lohnt sich nicht!«

Wer sich als Berater mit Marketingliteratur beschäftigt, kann schnell verzweifeln. Glasklar sind die Empfehlungen; streng ist das Korsett, in das sich der Trainer, Coach oder Berater zwängen soll; hoch der Anspruch, der im Alltagsgeschäft erfüllt werden muss. Kein Wunder also, dass manch einer das Vorhaben, Marketing und PR konsequent zu betreiben, einfach aufgibt und sich tröstet: »Qualität setzt sich durch, und Empfehlungen sind doch das beste Marketing.«

»Man kann Prinzipien aufstellen wie Wegweiser. Oder wie Galgen«, sagt Schriftsteller Hans Kasper in seinen Aphorismen – und trifft den Kern der Sache. Alle oben genannten Sätze sind richtig – aber auch falsch.

Richtig als grobe Orientierung, als Wegweiser: Natürlich ist eine spezialisierte Dienstleistung oft leichter zu verkaufen als der berühmte Bauchladen. Natürlich gibt es Themen, die leichter darzustellen sind als andere. Natürlich lässt sich über das Web 2.0 Bekanntheit schaffen.

Falsch sind diese Prinzipien, weil sie der Praxis oft nicht gerecht werden: Wenn Sie einen Dienstleistungs-Bauchladen haben, dann haben Sie den nun einmal, er hat vermutlich seinen Sinn. Wenn Ihr Thema eher technisch und trocken ist, dann ist das eben so. Und wenn Sie keine Freude am Web 2.0 haben oder Ihre Interessenten denken, sie verbrächten zu viel Zeit im Netz und nicht mit Aufträgen – dann ist das eben nicht Ihr bevorzugtes Marketinginstrument.

Aus dem, was *ist,* muss gutes Marketing entstehen, nicht aus dem, was *sein könnte*! In diesem Sinne möchte ich Ihnen mit diesem Buch einige Erfahrungen aus knapp 13 Jahren Marketingpraxis ausschließlich für Berater, Trainer und Coachs mit auf den Weg geben. Ich möchte Ihnen zeigen, dass Kleinigkeiten oft einen großen Unterschied machen können. Dass Sie sich nicht verstellen müssen, kein Sklave allgemeiner Marketing- und PR-Regeln sind und letztlich …

… dass gutes Marketing und gute PR auch Freude machen können.

»Die Theorie ist eine Vermutung mit Hochschulbildung«, sagte der ehemalige US-Präsident Jimmy Carter. Jetzt soll Schluss sein mit Vermutungen – hier kommt die Praxis.

Giso Weyand
Bayreuth, im Juli 2009

Teil I:

Grundlagen

1 Wie Sie einen Sog erzeugen

Hermann Scherer ist einer der erfolgreichsten Vortragsredner Deutschlands. Vor einiger Zeit erzählte er mir, wie er vor gut 20 Jahren als kleiner Trainer bei einem großen Weiterbildungsunternehmen begonnen hatte: »Ich habe das Telefonbuch aufgeschlagen und bei A angefangen: Hätten Sie nicht gern ein Training, 99 Mark, einen ganzen Tag, in München?«

In jenen Tagen reift in ihm der Wunsch, nicht mehr anrufen zu müssen: Er sieht sich am Schreibtisch sitzen, das Telefon klingelt, die Anfragen kommen von selbst – ein Bild, das ihn nicht mehr loslässt. Er ist fest entschlossen, diesen Wunsch zu verwirklichen.

Anstatt weiter Geld und Energie in die Kaltakquise zu stecken, fängt er an, sich einen Expertenstatus aufzubauen und setzt sich auch gleich ein ehrgeiziges Ziel: Er will einen Bestseller schreiben.

Dem hehren Ziel folgt die disziplinierte Arbeit. Und tatsächlich, es funktioniert: Bis heute veröffentlichte Hermann Scherer als Autor, Co-Autor und Herausgeber rund 30 Bücher und Hörbücher; der Motivationsratgeber *Die kleinen Saboteure*, zusammen mit Marco von Münchhausen verfasst, schaffte es tatsächlich in die Wirtschaftsbestsellerliste. Außerdem bringt er es auf über 1.200 Berichte in den Medien, fast 30.000 Leser abonnieren seinen Newsletter. »Hermann Scherer begeisterte«, schreibt die *Süddeutsche Zeitung*. »Einer der zehn besten Marketingexperten in Deutschland«, urteilt die *Neue Westfälische Zeitung*. »Die versammelte Unternehmerschaft applaudierte begeistert«, beobachtet die *Offenburger Zeitung*. Und der Fernsehsender RTL stellt ganz einfach fest: »Spitzentrainer und Highlight des Jahres.«

Keine Frage: Hermann Scherer ist heute einer der Erfolgreichsten seiner Zunft. War es Talent, Glück, harte Arbeit? »Zu 99 Prozent harte Arbeit«, antwortet er ohne Zögern.

Es war aber auch, und das ist mindestens genau so wichtig, die richtige Marketingstrategie. Die »99 Prozent harte Arbeit« waren stets darauf gerichtet, als Experte bekannt zu werden und die »Marke Hermann Scherer« zu positionieren. Das Beispiel zeigt deshalb auch: Mit einer guten Marketingstrategie und konsequentem Dranbleiben, das heißt einem jahrelangen beharrlichen Arbeiten am Marktauftritt, lassen sich enorme Erfolge erzielen.

Wie das genau funktioniert, möchte dieses Buch aufzeigen. Und wie bei Hermann Scherer geht es nicht darum, über Kaltakquise Kunden zu gewinnen. Vielmehr sollen sich die Interessenten in Zukunft von selbst bei Ihnen melden!

Dieses Buch richtet sich speziell an Berater, Trainer und Coachs. Deshalb möchte ich auch den Begriff »Marketing« auf diese Zielgruppe zuschneiden. Worauf kommt es hier an? Zunächst ist es entscheidend, mit einem Ratsuchenden in ein echtes Gespräch zu kommen, das die Chance eröffnet, Sinn und Möglichkeiten einer Zusammenarbeit zu sondieren. Kernziel des Marketings für Berater, Trainer und Coachs ist es deshalb, einen Dialog auf Augenhöhe zu erreichen – nicht weniger, aber auch nicht mehr. Ziel ist ein gleichberechtigtes Gespräch, das sich bereits ernsthaft mit dem akuten Problem des Kunden befasst. Damit sind Sie dann bereits in Ihrem Metier, und Ihr Marketing hat seinen Zweck erfüllt.

Wenn ich von Marketing spreche, verstehe ich darunter deshalb alle Strategien, Maßnahmen und Instrumente, die dazu dienen, dieses erste persönliche Gespräch mit einem Interessenten zustande zu bringen.

1.1 Zwei Marketingphilosophien

Es gibt zwei unterschiedliche Philosophien, an das Thema Marketing heranzugehen:

- Beim Push-Marketing (von *to push* = drücken) geht der Vertrieb aktiv auf potenzielle Kunden zu, um möglichst schnell zum Abschluss zu kommen. Typische Methoden: Kaltakquisition, Telemarketing oder Verkauf über Callcenter.
- Die Pull-Strategie (von *to pull* = ziehen) ist darauf ausgerichtet, dass der Kunde von sich aus beim Unternehmen anfragt. Anders als das Push-Marketing setzt die Pull-Strategie nicht auf kurzfristige Abschlüsse: »Sie sorgt zunächst vor allem dafür, dass Sie sich als leistungsstarker und vertrauenswürdiger Partner präsentieren können. Ihr Unternehmen soll dem Kunden als möglicher Lieferant im Gedächtnis bleiben und dann im Bedarfsfall kontaktiert werden«[1] – wie es der Vertriebstrainer Ewald Lang formuliert.

Die Unterscheidung zwischen Push- und Pull-Strategie ist vor allem im Handelsmarketing gebräuchlich – das heißt bei mehrstufigen Märkten,

1 Lang, Ewald: *Die Vertriebs-Offensive,* S. 32.

bei denen ein Produkt mehrere Handelsstufen durchläuft (zum Beispiel Hersteller – Großhandel – Einzelhandel – Konsument). Im Falle der Push-Strategie konzentriert der Hersteller seine Marketingmaßnahmen auf den Handel, der das Produkt listen soll. Mit einem aktiven Außendienst und einer aggressiven Vertriebsstrategie (Rabatte, Boni, Serviceleistungen) möchte der Hersteller sein Produkt durch die Vertriebskanäle durchdrücken.

Bei der Pull-Strategie hingegen richtet der Hersteller seine Maßnahmen auf die Konsumenten, die einen Nachfragesog gegenüber dem Handel erzeugen sollen. »Ziel einer Pull-Strategie ist es, die Nachfrage bei den Endkunden zu stimulieren, die dann die Produkte des Anbieters bei den Händlern anfordern. Auf diese Weise entsteht ein Nachfragesog, der die Produkte durch den Vertriebskanal zieht«, erklärt Marketing-Professor Christian Homburg.[2] »Die Händler sehen sich im Idealfall aufgrund der Nachfrage gezwungen, das Produkt in ihr Sortiment aufzunehmen.« Der Sog könne zum Beispiel über den Aufbau starker Marken erzeugt werden und sei vor allem dann angebracht, »wenn sich ein Hersteller mit mächtigen Absatzmittlern konfrontiert sieht, die ihn ohne den Pull-Effekt unter starken Konditionendruck setzen würden«.

Auch wenn sich diese Ausführungen auf den Handel beziehen – das Prinzip gilt ebenso für den Beratungsmarkt: Entweder Sie drücken ein Angebot in den Markt, dann betreiben Sie Push-Marketing – oder Sie werden so attraktiv, dass die Kunden von selbst zu Ihnen kommen; das ist dann Pull-Marketing oder (wie ich es gerne nenne) Sogmarketing. Im ersten Fall versenden Sie zum Beispiel Mailings, rufen mögliche Kunden an, ersuchen um Präsentationstermine. Im zweiten Fall konzentrieren Sie sich darauf, ein attraktives Image aufzubauen und sich oder Ihr Unternehmen als Marke zu positionieren.

Es liegt auf der Hand – die zweite Variante ist angenehmer: Marketing erzeugt einen Sog, einen regelmäßigen Strom an Anfragen. Darum geht es in diesem Buch, zumindest überwiegend. Denn es spricht ja nichts dagegen, gelegentlich auch ein wenig Kaltakquise zu betreiben.

1.2 Die Vorzüge des Sogmarketings

Sogmarketing ist eine auf lange Sicht angelegte Strategie. Sie besteht – wie wir gleich sehen werden – aus drei Bausteinen und erfordert konsequentes und kontinuierliches Arbeiten. Und selbst dann dauert es zwei bis

[2] Homburg, Christian, u. a.: *Sales Excellence*, S. 65.

drei Jahre, bis Sie den Sog wirklich spüren. Machen wir uns deshalb klar, warum sich dieser Weg dennoch lohnt. Wo genau liegen die Vorteile des Sogmarketings?

Speziell für Berater, Trainer und Coachs ist Sogmarketing vor allem deshalb so attraktiv, weil es von vornherein eine Kommunikation auf Augenhöhe schafft. Es ist eine völlig andere Situation, ob ein Interessent sich bei Ihnen meldet, weil er Ihnen zutraut, dass Sie sein Problem lösen – oder ob Sie bei einem möglichen Kunden anrufen und um ein Akquisitionsgespräch ersuchen. Erstens ist es angenehmer, wenn der Interessent sich von selbst meldet. Zweitens vermeiden Sie den Klassiker, dass sich Ihr Interessent bei der Honorarverhandlung zurücklehnt und sagt: »Sie haben sich doch bei mir gemeldet – sie wollten doch einen Auftrag.« Und drittens ist ein Einstieg auf Augenhöhe ein wichtiger Pluspunkt im späteren Beratungsprozess; denn Sie möchten Ihr Gegenüber ja beraten und haben damit sogar eine gewisse Vorbildfunktion. Dazu passte es nun gar nicht, wenn Sie erst noch krampfhaft versuchen müssten, Ihre Leistung zu verkaufen.

Das zweite wichtige Argument für Sogmarketing statt Push-Marketing: Sie vermeiden Auftragslöcher. Zumindest als Einzelberater sind Sie häufig ein halbes Jahr oder länger voll in ein Projekt eingebunden und verfügen kaum über die Kapazität, weitere Aufträge zu bearbeiten; es fällt deshalb schwer, einen festen Kundenstamm aufzubauen. Wenn das Projekt endet, ist die Gefahr groß, dass Sie erst einmal ohne Auftrag dastehen. Auch bei kürzeren Projekten und im Trainings- und Coachinggeschäft entstehen immer wieder solche Auftragslöcher, wenn große Kunden wegbrechen.

Ganz anders im Falle eines Sogs: Sobald Sie einen konstanten Nachfragestrom haben, also bei Ihnen regelmäßig Anfragen eingehen, können Sie mit den Interessenten verhandeln und neue Projekte zeitlich so legen, dass Sie kontinuierlich ausgelastet sind.

Mithilfe von Sogmarketing-Instrumenten wie Artikel, Buch oder Vortrag können Sie diesen Nachfragestrom sogar bis zu einem gewissen Grad inhaltlich steuern. Angenommen Sie sind Vertriebstrainer und interessieren sich für Key-Account-Management in Pharmaunternehmen. Dann werden Sie speziell hierzu publizieren – und erzeugen auf diese Weise eine Nachfrage in diesem Feld. Oder wenn Sie als Business-Coach bisher überwiegend auf der dritten Führungsebene tätig waren, sich aber für die Themen der ersten Führungsebene interessieren: Dann fangen Sie einfach an, zu strategisch relevanten Themen der ersten Führungsebene zu schreiben.

Je größer Ihre Bekanntheit wird, desto mehr unterstellt man Ihnen, dass Sie Expertin oder Experte sind. Denn eines hat gerade in Deutschland immer seine Gültigkeit: Experte ist, wer viel publiziert. Artikel und Bücher, zumal wenn sie in renommierten Medien oder Verlagen erscheinen, genießen hohes Ansehen und gelten als Zeugnis für Erfolg.

Der Expertenstatus erzeugt Nachfrage und hat damit auch große Bedeutung für die Honorarhöhe. Je bekannter und gefragter Sie sind, desto höhere Honorare können Sie verlangen. Die Frage, wie Sie jährlich Ihr Honorar um fünf bis zehn Prozent erhöhen, bereitet Ihnen dann kein Kopfzerbrechen mehr. Sätze wie: »Können Sie dann und dann mal kostenlos vorbeikommen?«, werden in aller Regel der Vergangenheit angehören, stattdessen heißt es jetzt eher: »Wir würden uns sehr freuen, wenn Sie die Zeit fänden, eventuell einmal ein halbe Stunde mit uns zu telefonieren.«

Wenn die Nachfrage Ihre Kapazitäten übersteigt, können Sie nicht nur ein höheres Honorar durchsetzen, sondern sich auch Ihre Kunden aussuchen. Nach Ihrer strategischen Ausrichtung, nach Konditionen wie Fahrtwegen oder gezahlten Honoraren, nach Ihren Wunschkunden oder Ihren Wunschthemen. Sogmarketing erhöht Ihren Freiheitsgrad und schafft Lebensqualität!

Ein regelmäßiger Nachfragestrom erlaubt es Ihnen, die Bedingungen der Zusammenarbeit zu verhandeln. Sie haben es noch mehr in der Hand, Aufträge anzunehmen oder abzulehnen, an Wochenenden frei zu nehmen und Ihre Urlaubszeiten selbst festzulegen, ohne dabei finanzielle Einbußen hinnehmen zu müssen. Und, ganz ehrlich: Es ist einfach ein geiles Gefühl, wenn Sie nach einem Arbeitstag zurückkommen, Ihre E-Mails aufrufen – und Sie finden immer ein paar Anfragen vor. Keine Akquisitionsgespräche mehr, keine Angst um den Anschlussauftrag, stattdessen die Sicherheit, dass die Aufträge (fast) von selbst kommen: Das ist perfekt und einfach unbeschreiblich angenehm.

Es lohnt sich also, Sogmarketing zu betreiben. Und auch in der Praxis zeigen inzwischen viele Berater, Trainer und Coachs, dass sie diesen Weg mit Erfolg gehen – und dafür sehr dankbar sind. Genau deshalb liegt der Schwerpunkt dieses Buches hierauf.

Marketing, wie es in diesem Buch verstanden wird, hat deshalb weniger mit Verkaufen zu tun. Es geht nicht darum, allumfassend über die eigenen Leistungen zu informieren oder von einem Angebot zu überzeugen. Ziel ist es vielmehr, eine Bühne für den persönlichen Kontakt zu bereiten.

Eine Bühne bereiten, das heißt: Sie erstellen eine hervorragende Internetseite, publizieren regelmäßig Artikel, halten Vorträge, schreiben ein Buch. Meldet sich ein möglicher Kunde, betreten Sie die Bühne mit der Haltung eines erfahrenen Experten und achten darauf, dass die Scheinwerfer von Anfang an auf die Wünsche Ihres Gegenübers gerichtet sind.

So entsteht ein Gespräch auf Augenhöhe – und Sie haben eine gute Chance, den Auftrag zu erhalten.

Worauf es beim Sogmarketing ankommt, ist also erstens das Handwerk, das Ihnen die Bühne für Ihren Auftritt bereitet – und zweitens die Haltung, mit der Sie auf die Bühne treten.

1.3 Das Handwerk: Die drei Bausteine des Sogmarketings

Wenden wir uns zunächst dem Handwerk zu. Sogmarketing besteht aus drei wesentlichen Bausteinen: Positionierung, Inszenierung und Profilierung. Was heißt das? Zunächst suchen Sie nach einer Möglichkeit, anders zu sein, das heißt Sie positionieren sich mit einer Besonderheit, die Sie vom Wettbewerb unterscheidet (Baustein 1: Die Positionierung). Dann machen Sie Ihren Marktauftritt spannend, damit Sie mit Ihrer Positionierung im Markt auffallen (Baustein 2: Die Inszenierung). Schließlich sorgen Sie dann noch für Bekanntheit – denn so lange Sie keiner kennt, nützt Ihnen der beste Marktauftritt nur wenig (Baustein 3: Die Profilierung).

Die drei Bereiche beeinflussen sich gegenseitig, können deshalb nicht isoliert voneinander gesehen werden. Der Sog entsteht nur dann, wenn Positionierung, Inszenierung und Profilierung wie Zahnräder ineinander greifen (siehe Abbildung 1). Sie müssen in allen drei Bereichen gut sein. Oder anders formuliert: Es geht darum, einen Dreiklang aus »Anders sein«, »Spannend sein« und »Bekannt werden« zu schaffen.

Wenn wir im Folgenden die drei Bereiche trotzdem getrennt betrachten, hat das didaktische Gründe. Es erleichtert den Überblick und hilft, systematisch in das Thema Sogmarketing einzusteigen. Wenn Sie später an Ihrem Marktauftritt arbeiten, werden Positionierung, Inszenierung und Profilierung stets zusammenspielen – ganz gleich, ob Sie eine Internetseite machen, einen Artikel schreiben oder eine Präsentation vorbereiten.

Wie schon gesagt: Damit der Sog entsteht, benötigen Sie Engagement und Ausdauer. Im Normalfall müssen Sie zwei bis drei Jahre konsequent an Ihrer Positionierung, Inszenierung und Profilierung arbeiten, bis eine regelmäßige Nachfrage beginnt. Das ist dann noch kein Sog, eher ein erster Windhauch, aber immerhin schon spürbar. Der Nachfragestrom fängt langsam an, kaum merklich, wird dann aber immer stärker – die lange Zeit flach verlaufende Auftragskurve steigt immer stärker an. Wenn Sie einmal an diesem Punkt sind, trifft tatsächlich die etwas rüde Redensart zu: Der Teufel scheißt immer auf den größten Haufen.

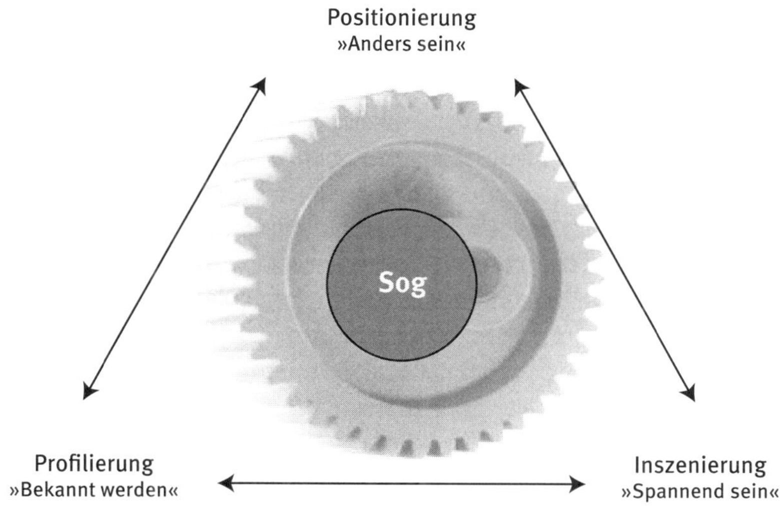

Abbildung 1: So entsteht die Sogwirkung

Worum geht es bei Positionierung, Inszenierung und Profilierung?

Bei der *Positionierung* geht es schlicht darum, dass Sie anders sind als Ihre Mitbewerber – dass Sie aus der Masse herausragen. Das muss nicht, wie allenthalben propagiert, eine Alleinstellung sein. Natürlich ist Ihre Marktposition umso besser, je stärker Sie sich mit Ihrem Angebot differenzieren – und im Idealfall haben Sie eine Alleinstellung. Doch es genügt auch schon ein kleinerer Unterschied, um aufzufallen. In Deutschland gibt es fast 130.000 Berater, Trainer und Coachs[3], deren Auftritte insgesamt recht ähnlich klingen. Wer hier nur ein bisschen anders ist, macht bereits auf sich aufmerksam – und die Wahrscheinlichkeit ist groß, dass der Interessent sich an ihn wendet.

Der klassische Fall: Ein Kunde sucht einen Berater, Trainer oder Coach, bekommt auf verschiedenen Wegen einige Namen und sieht sich diese Anbieter im Internet näher an. Die Wahrscheinlichkeit ist hoch, dass alle Präsentationen ähnlich aussehen, sodass der Interessent ziemlich willkürlich einen Anbieter herausgreifen muss. Einmal angenommen, Sie sind unter dieser Auswahl und fallen durch einen kleinen, attraktiv erscheinenden Unterschied auf. Für den Ratsuchenden wird das ein erster Hingucker sein, der Sie interessant macht. Nicht mehr, aber auch nicht weniger.

3 Weyand, Giso: *Der richtige Berater,* S. 13.

Mit der *Inszenierung* gestalten Sie Ihren Marktauftritt spannend. Denn was nützt Ihnen eine Besonderheit bei Ihrem Angebot, wenn sie nicht auffällt? Also gilt es, Ihren Marktauftritt kraftvoll und spannend zu gestalten – von der Internetseite über jeden einzelnen Fachartikel bis zur persönlichen Vorstellung. Inszenierung bedeutet also: spannend sein.

Es kommt allerdings darauf an, den richtigen Grad an Spannung zu treffen, der je nach Zielgruppe und Thema unterschiedlich ist. Wenn Sie Strategieberatung für Banken machen, werden Sie den Inszenierungsgrad weniger hoch treiben als im Falle einer Organisationsentwicklung für schnell wachsende, dynamische Unternehmen.

Im Stimmtraining spricht man von Überspannung, wenn eine Stimme überhöht, schrill, zu laut ist, von Unterspannung bei einer müden, kraft- und lustlosen Stimme; dazwischen liegt der angenehm wirkende Bereich der Wohlspannung. Und genau darum geht es bei Inszenierung: diese Wohlspannung zu erzeugen. Ihr Marktauftritt sollte bei Ihrer Zielgruppe weder überdreht noch langweilig wirken, sondern ein gutes Gefühl auslösen.

Eine gute Inszenierung bietet Ihnen die Chance, sich von der Masse der Mitbewerber abzuheben – selbst dann, wenn Sie bei der Positionierung nur wenig bieten können, sich also im Angebot nur wenig unterscheiden. Der Grund liegt darin, dass die meisten Berater einer Eigenart folgen, die ich das »Deutsche Neutralitätsgebot« nenne: Die Berater-Internetseiten sind in aller Regel austauschbar, sie klingen gleich, eben neutral. Es ist nun wirklich nicht spannend, wenn der Kunde zum Beispiel liest:

> *»Unsere Arbeit fußt auf langjähriger Erfahrung sowohl auf Beratungsseite als auch im operativen Management. Somit stellen wir pragmatische ergebnis- und umsetzungsorientierte Lösungen sicher. Die klare Ausrichtung und Fokussierung auf das Thema ...«*

Wer fünf, sechs oder sieben solcher Internetseiten lesen muss, ist nicht zu beneiden. Hinzu kommen dann die immer gleichen Farbtöne dunkelblau, orange und grau, dazu Fotos von freudestrahlenden Menschen am Besprechungstisch, während sich die Berater selbst im Passbildformat grinsend vor weißer Wand zeigen. Eine schöne, gut gemachte Inszenierung hebt aus diesem Meer der Gleichförmigkeit ab!

Anders und spannend sein – zwei Grundsteine für den Erfolg. Solange Sie jedoch kaum jemand kennt, bringt Ihnen beides nur wenig. Deshalb benötigen Sie den dritten Baustein: das Bekanntwerden, also die *Profilierung*. Sie erfolgt vor allem über Artikel, Bücher, Vorträge, Pressemitteilungen und Themenangebote an renommierte Medien.

Die Profilierung ist der mühevollste Teil. Während Sie die Positionierung und Inszenierung des Basismaterials nach einem halben Jahr weitgehend umsetzen können, verlangt das Bekanntwerden beharrliches und diszipliniertes Arbeiten, ohne dass Sie zunächst mit einem Feedback rechnen können. Es ist eben nicht so, dass Sie einen Artikel schreiben und sofort einen Sturm an Reaktionen auslösen. Bis es zu einer Anfrage kommt, müssen Sie einen Interessenten vielmehr mehrfach erreichen: Zunächst wird er über einen Artikel aufmerksam, dann hört er Sie bei einer Veranstaltung als Redner, Monate später liest er eine Rezension über Ihr aktuelles Buch – und ganz langsam reift in ihm der Wunsch, sich vielleicht einmal bei Ihnen zu melden.

Das Bekanntwerden ist ein Prozess, der sich langsam entwickelt. Potenzielle Kunden sammeln gewissermaßen Bekanntheitspunkte. Je öfter sie von Ihnen gehört haben, desto eher vermuten sie, dass hier ein gefragter Experte am Werke ist. Deshalb ist es so entscheidend, regelmäßig von sich hören zu lassen – auch wenn es mühsam ist und es Ihnen schwerfällt. Wie sagt der Gründer der Henri-Nannen-Journalistenschule Wolf Schneider so treffend: »Es ist nicht schön zu schreiben, aber schön geschrieben zu haben.« Mit Blick auf die Profilierung möchte ich die Aussage noch anspruchsvoller formulieren: Es ist auch noch nicht schön, geschrieben zu haben, sondern schön ist es erst, vielfach geschrieben zu haben!

1.4 Die Haltung: Partner auf Augenhöhe

Positionierung, Inszenierung und Profilierung sind das Handwerk. Doch genügt es nicht, nur handwerklich gut zu sein. Ein Interessent möchte spüren, dass Sie auch tun, was Sie empfehlen – er möchte das Gefühl haben, dass Sie tatsächlich ein gefragter, souveräner Experte sind.

Neben dem Handwerklichen kommt es deshalb auf die Haltung an. Wenn Sie einem möglichen Kunden unbedingt Ihre Leistung verkaufen möchten, spürt er das: Sie versuchen dann zu überzeugen, indem Sie viel reden und schreiben, Sie sind suggestiver und wirken wesentlich angespannter. Doch genau das wünscht sich Ihr Gegenüber nicht. Er braucht einen gelassenen Sparringspartner, der selbst erfolgreich ist, sich über Aufträge freut, ihnen aber nicht hinterherrennt.

Daher verstehe ich Marketing und PR nicht als Verkauf oder allumfassende Information, sondern in erster Linie als Gesprächsangebot. Sie zeigen, wer Sie sind, welche Themen Sie beherrschen, mit welchen Kunden Sie sich auskennen und wie Ihre Einschätzung zu bestimmten Themen ist. Ihr Gegenüber hat dann die Möglichkeit, mit Ihnen einen Dialog zu führen mit dem Ziel, eine gemeinsame Arbeitsbasis zu finden. Mit dieser Grundidee ist auch ein erstes Telefonat oder ein persönlicher Termin keine Präsentation Ihrer Leistungen, sondern ein Gespräch über gemeinsame Möglichkeiten.

Haltung bedeutet, dass Sie Ihre Qualitäten und den Wert Ihrer Leistung kennen – und deshalb in der Lage sind, eine Beratungsbeziehung auf Augenhöhe anzubieten. Sie gehen nicht mit der Einstellung »der Kunde ist König« an den Markt, sondern mit der Einstellung: »Wir sind Partner«. Dieses Selbstbewusstsein im Umgang mit Kunden setzt natürlich voraus, dass Sie Ihre Hausaufgaben im Marketing gemacht haben und regelmäßig Ihren Bekanntheitsgrad und Ihre Attraktivität erhöhen. Genau hier schließt sich der Kreis, Handwerk und Haltung greifen ineinander – und erzeugen eines: einen guten Eindruck.

Die Elemente des Sogmarketings haben Sie nun kurz kennengelernt. Doch wie gehen Sie nun vor, um den Sog tatsächlich zu erzeugen? Wenden wir uns hierzu den drei Themenbereichen Positionierung, Inszenierung und Profilierung noch etwas ausführlicher zu. Dabei ist es mir wichtig, noch einmal festzuhalten, dass wir die drei Bereiche nur aus didaktischen Gründen getrennt haben – tatsächlich hängen sie eng aneinander.

1.5 Besonders sein: Die Positionierung

Im Idealfall haben Sie ein Alleinstellungsmerkmal – und damit das Problem der Positionierung auch schon gelöst. Sie verfügen dann über ein Merkmal, das Sie von allen anderen Beratern unterscheidet und das einen strategischen Wettbewerbsvorteil bietet. Mit einer guten Inszenierung, ein wenig Profilierung und etwas Geduld wird es nicht schwer sein, den gewünschten Sog zu erzeugen.

Nur: Dieser Idealfall ist gerade bei Beratern, Trainern und Coachs höchst selten. Wer nach einer Alleinstellung sucht, wird schnell feststellen, dass die meisten Themen schon von Wettbewerbern besetzt sind. Auch die Art und Weise, ein Thema anzugehen, ist in der Regel nicht so einzigartig, dass sich hieraus ein Alleinstellungsmerkmal ableiten ließe. Es gibt Hunderte guter Vertriebstrainer – und wenn Sie nun ebenfalls einer sind, werden Sie kaum ein inhaltliches oder qualitatives Merkmal finden, das Sie von allen anderen Anbietern unterscheidet. Oder nehmen wir das klassische Führungskräftecoaching: Auch hier gibt es viele Hundert Anbieter, und es wird fast unmöglich sein, eine Alleinstellung zu finden.

Ich schlage deshalb vor, vom Konzept der Alleinstellung abzurücken und stattdessen eine strategische Erfolgsposition (SEP) aufzubauen. Sie liegt bereits dann vor, wenn Sie über eine Fähigkeit oder Eigenschaft verfügen, bei der Sie deutlich besser oder anders sind als die meisten Ihrer Wettbewerber (mehr hierzu in Kapitel 2). Damit ist Ihr Angebot zwar nicht wirklich besser als das Ihrer direkten Wettbewerber, aber Sie können immerhin den Kampf um die Aufmerksamkeit gewinnen – denn um auf dem großen, gleichförmigen Markt der Berater, Trainer oder Coachs aufzufallen, genügt fast immer schon dieser kleinere Unterschied. Es muss keine Alleinstellung sein!

Das lässt sich leicht nachvollziehen: Ein Unternehmer sucht nach einem Berater, trifft eine erste Auswahl und sieht sich nun die Internetseiten von vielleicht zehn Anbietern näher an. Üblicherweise werden diese Präsentationen alle sehr ähnlich auf ihn wirken. Wenn nun Ihre Seite darunter ist und Sie mit einer Besonderheit aufwarten, werden Sie auffallen – und die Wahrscheinlichkeit ist groß, dass der Interessent zumindest bei Ihnen anfragt.

Stellen Sie sich vor, Ihr künftiger Kunde treibt schiffbrüchig im unendlichen Meer der Berater, sucht nach Hilfe, findet aber nichts, woran er sich festhalten kann. In dieser Lage wird er gerne auch nach der Holzplanke greifen, die Sie ihm hinhalten. Eine rettende Insel, das heißt eine echte Alleinstellung wäre ihm zwar lieber gewesen, doch in seiner Not hält er sich auch an der vorbeitreibenden Planke fest.

Was kann eine solche Planke sein?

Das kann zum Beispiel die Spezialisierung auf eine Branche sein. Wenn Sie 20 Jahre lang im Textileinzelhandel gearbeitet haben, kennen Sie die Szene dort in- und auswendig. Möchten Sie nun Vertriebstrainer werden, liegt es nahe, »Vertriebstraining nur für den Textileinzelhandel« anzubieten. Sicherlich gibt es noch einige andere, die das auch machen – aber Sie sind einer von wenigen und damit etwas Besonderes.

Eine Planke im Meer der Berater kann aber auch ein persönliches Merkmal sein. Olaf Hinz, Organisationsberater und Coach aus Hamburg, setzt auf eine solche persönliche Besonderheit, die er auf seiner Internetseite mit folgenden Worten erklärt: »Als bekennender Hanseat unterstütze ich meine Kunden darin, ihre Aufgaben mit seemännischer Gelassenheit zu erfüllen. Gemeint ist damit eine konzentrierte, wache und entspannte, aber auch konsequente Haltung sowohl zu beruflichen Herausforderungen als auch zu der eigenen Mannschaft.« Olaf Hinz ist tatsächlich ein bekennender Hanseat – und Sie spüren das, wenn Sie mit ihm zu tun haben. Und schon wird aus einem normalen Organisationsberater jemand, der nicht nur eine persönliche Note in sein Marketing bringt, sondern auch einen zusätzlichen Nutzen anbietet, indem er seinen Kunden »seemännische Gelassenheit« vermittelt.

Wie die beiden Beispiele schon andeuten, gibt es viele Möglichkeiten, eine Holzplanke für den Ertrinkenden darzustellen: Eine erfolgreiche SEP kann eher faktenbasiert sein wie bei dem Vertriebstrainer »nur für den Textileinzelhandel«, sie kann aber auch einen emotionalen Nutzen anbieten wie die »seemännische Gelassenheit« bei Olaf Hinz. Stellt sich nun die Frage, wie Sie Ihre Holzplanke finden.

Ihre Holzplanke: Die strategische Erfolgsposition (SEP)

Wie finden Sie die Besonderheit, mit der Sie in den Kampf um die Aufmerksamkeit ziehen wollen? Zunächst sind zwei grundlegende Vorarbeiten notwendig: Ermitteln Sie Ihre eigenen Stärken und identifizieren Sie Ihre Zielgruppe. Beides sollte Hand in Hand gehen, denn am Ende benötigen Sie ein Angebot, das nicht nur auf Ihren Stärken beruht, sondern auch eindeutig auf eine Zielgruppe zugeschnitten ist.

Die eigenen Stärken ermitteln

Beginnen Sie mit einem Brainstorming, um die eigenen Stärken zu ermitteln. Nehmen Sie sich hierfür (gemeinsam mit Ihrem Team) mindestens einen Tag Zeit. Folgende Anregungen können helfen, den Ideenfindungsprozess in Gang zu bringen:

- Notieren Sie, mit welchen Themen Sie sich besonders gut auskennen.
- Halten Sie fest, welche Methoden Sie besonders gut beherrschen.
- Überlegen Sie, worin Ihre Stärken in der Kommunikation mit Kunden liegen.
- Halten Sie fest, welchen besonderen Service Sie Ihren Kunden bieten.
- Überlegen Sie, woran man Ihren Arbeitsstil erkennt.
- Ihre Vermutung: Was schätzen Kunden besonders an Ihnen?
- Überlegen Sie, welches Problem Ihrer Kunden Sie am besten lösen.
- Listen Sie die fünf erfolgreichsten Projekte auf, die Sie mit Ihren Kunden umgesetzt haben.
- Nennen Sie die Kernkompetenzen, die Sie bei diesen fünf Projekten eingesetzt haben.
- Überlegen Sie, welche Fehler typischerweise im Bereich Ihrer Kernkompetenzen gemacht werden.

- Nennen Sie aktuelle Trends Ihres Fachbereichs und beschreiben Sie kurz deren Konsequenzen.
- Formulieren Sie drei provokative Thesen zu Ihrem Fachbereich.
- Notieren Sie, was Ihr Kunde nur bei Ihnen erhält.
- Überlegen Sie, zu welcher Zielgruppe Sie eine besondere Beziehung haben.
- Überlegen Sie, welche Fähigkeiten oder welches Wissen Sie eher nebenbei an Kunden weitergeben. Lässt sich daraus mehr machen?

Belassen Sie es nicht bei dieser ersten Ideensammlung, um Ihren Stärken wirklich auf die Spur zu kommen. Meist lohnt es sich, noch ein Stück tiefer zu graben.

Eine gute Möglichkeit, eigene Stärken aufzuspüren, besteht auch darin, einen Beratungs- oder Coachingtermin aufzuzeichnen und den Mitschnitt anschließend auszuwerten. Kennen Sie einen Kunden, der da mitspielen würde? Wenn ja, besprechen Sie mit ihm, welchen Part Sie gerne aufnehmen würden. Und lassen Sie dann Ihr eigenes Beratungsgespräch noch einmal in aller Ruhe Revue passieren: Welche Herangehensweisen und Erfahrungen haben Sie eingesetzt? Welche Stärken bei der Gesprächsführung stellen Sie fest? Liegt eine Stärke zum Beispiel in der Ausdrucksform, vielleicht auch im Einsatz von Metaphern oder Zitaten?

Sammeln Sie die großen und kleinen Ahas, während Sie die Aufzeichnungen abhören. Sortieren Sie dann die Ergebnisse – und notieren Sie fünf besondere Stärken oder Eigenheiten, die Sie entdeckt haben.

Generell gilt ja die Erkenntnis: Wer im eigenen Saft brät, bekommt nie eine andere Pfanne zu sehen. Genau deshalb sollen Ihre Kunden Sie ja auch als Berater engagieren – für den Außenblick! Im Falle der eigenen Positionierung gilt das natürlich auch für Sie selbst. Holen Sie deshalb das Feedback von Außenstehenden ein, zumindest um festzustellen, ob Sie mit der Einschätzung Ihrer Stärken richtig liegen. Diese Außenstehenden können Kollegen, Kunden oder zum Beispiel auch befreundete Journalisten sein.

Das Feedback sollte sich sowohl auf die sachliche als auch auf die emotionale Ebene Ihrer Arbeit beziehen. Fragen Sie also zum einen nach den harten Fakten: Was zeichnet Ihr Angebot aus? Das kann eine bestimmte Erfahrung, ein besonderes Wissen oder eine ungewöhnliche Methode sein. Ergründen Sie dann aber auch Ihre persönlichen Besonderheiten, indem Sie einige Ihrer Kunden zum Beispiel fragen:

- Welchen ersten Eindruck hatten Sie von mir?
- Was fällt Ihnen an meiner Arbeitsweise auf? Ist sie besonders lebendig, besonders provokativ, bin ich besonders einfühlsam?
- Was macht mich im regelmäßigen Kontakt besonders, also wenn Sie längere Zeit mit mir zu tun haben, dabei meinen normalen Service erleben?
- Was zeichnet mich auf der persönlichen Ebene aus?
- Welche meiner Eigenschaften gehen Ihnen manchmal auf den Wecker? Warum? Wie ließen diese sich ins Positive kehren?

Fragen Sie konkret und direkt: »Mal rein auf der Faktenebene, was fanden Sie an unserer Arbeit gut?« Haken Sie dann nach, geben Sie sich nicht mit der ersten Antwort zufrieden, sondern fragen Sie weiter, um wirklich auf den Kern der Sache zu kommen. Wenn Sie systematisch vorgehen und etwa zehn bis zwölf Kunden befragen, erhalten Sie in der Regel sehr gute Ergebnisse. Lassen Sie dann einen Ideenkreislauf entstehen: Auf welche neuen Gedanken bringt Sie das Feedback? Was halten Ihre Feedbackgeber wiederum von diesen neuen Ideen?

Wenn Sie möchten, können Sie dann noch einen Kundenworkshop organisieren – sozusagen die Kür des Kundenfeedbacks. Laden Sie hierzu Kunden ein, zu denen Sie eine vertrauensvolle Beziehung haben und denen Sie für diesen Tag auch ein Honorar zahlen. Engagieren Sie einen Moderator, und fordern Sie dann dazu auf, Ihre Positionierung noch einmal in Frage zu stellen. Die Ergebnisse sind in aller Regel sehr aufschlussreich und können dazu beitragen, die Positionierung zu konkretisieren. Der Kundenworkshop ist ein hervorragendes Feedback-Instrument – sofern man sich denn traut, es einzusetzen.

Die Zielgruppe definieren

Ihre Stärken und das daraus resultierende Angebot sind die eine Seite der Medaille. Ebenso wichtig ist es, eine Zielgruppe festzulegen, die von eben diesen Stärken profitieren kann. Eine gute Zielgruppendefinition hilft Ihnen, sich konkrete Personen für Ihr Angebot vorzustellen. Sie sollte so präzise sein, dass ein lebendiges Bild des potenziellen Kunden entsteht.

Für die meisten Einzelkämpfer und kleinen Beratungsunternehmen ist die Zielgruppendefinition auch eine Gefühlsangelegenheit. Da Sie nicht Hunderte von Kunden pro Jahr beraten oder coachen können, sollte zwischen Ihnen und Ihren Kunden die Chemie stimmen, was natürlich auch im Hinblick auf das Arbeitsergebnis wichtig ist. Ich empfehle daher, sich dem Thema zunächst mit einer emotionalen Zielgruppendefinition anzunähern: Wie stellen Sie sich einen Kunden vor, mit dem Sie wirklich gerne zusammenarbeiten würden? Lassen Sie Ihr Gefühl sprechen!

Schreiben Sie hierzu ein Porträt Ihres Wunschkunden. Bewährt hat es sich, zwei Schritte vorzuschalten:

- Notieren Sie zunächst Ihre Lieblingskunden der vergangenen Jahre und überlegen Sie, welche Eigenschaften diese Kunden auszeichnen. Stellen Sie dann fest, was diese Lieblingskunden größtenteils gemeinsam haben.
- Im zweiten Schritt beschreiben Sie den typischen Kunden, den Sie nicht haben wollen. Überlegen Sie hierzu, mit welchen Kunden Sie eher ungern zu tun haben und welche Eigenschaften Sie bei diesen Kunden abstoßend finden.

Stellen Sie sich nun Ihren Wunschkunden vor. Beschreiben Sie ihn so ausführlich wie möglich. Welches Alter hat er oder sie? Welches Lebensmotto? Welches Temperament? Was sind seine oder ihre Wertvorstellungen? Welche Leidensdruckthemen beschäftigen ihn oder sie? Welchen privaten Aktivitäten geht er oder sie nach? Wie kleidet er oder sie sich? Es zählen die Details!

Schlagen Sie jetzt den analytischen Weg ein und identifizieren Sie mindestens drei Zielgruppen, die in Frage kommen. Gehen Sie bei dieser sachlichen Zielgruppendefinition von Ihren Kernkompetenzen aus: Für wen sind diese Stärken besonders attraktiv, wer könnte von ihnen besonders profitieren? Überlegen Sie dann, welche der möglichen Zielgruppen einen Leidensdruck haben, den Sie mit Ihrer Kompetenz lösen können.

Sie haben auf diese Weise einige in Frage kommende Zielgruppen festgelegt. Greifen Sie jetzt aus jeder Gruppe einen typischen Kunden heraus und beschreiben Sie ihn näher. Malen Sie ein lebendiges Bild von ihm; hierbei hilft Ihnen folgender Fragenkatalog:

- Geschlecht des Kunden?
- Sein Alter?
- Sein beruflicher Status (Angestellter, Einzelunternehmer, Freiberufler, Hausmann/-frau, Auszubildender, ohne Job et cetera)?
- Wo arbeitet er (Branche, Unternehmensgröße et cetera)?
- Auf welcher Führungsebene arbeitet er?
- In welcher Abteilung?
- Mit welcher Funktion?
- Welches sind seine Leitwerte?

- Welche Bildung hat er?
- Wie kleidet er sich? Wie geht er? Wie spricht er?
- Wie sind seine Umgangsformen?
- Welches sind seine Gewohnheiten?
- Wie viel Erfahrung hat er mit Beratung?
- Warum werden Sie von ihm als Experte wahrgenommen?
- Wie ist seine Einstellung zu Beraterhonoraren?
- Welche Einwände könnte er gegen Ihre Beratung haben?

Unterscheiden Sie auch zwischen den Personen, die Ihre Leistung buchen (Auftraggeber, zum Beispiel Geschäftsführer) und den Personen, die von Ihnen gecoacht, beraten oder trainiert werden. Wenn die Gruppen nicht identisch sind, müssen Sie beide beschreiben.

Führen Sie abschließend die emotionale und sachliche Zielgruppendefinition zusammen – und treffen Sie die Entscheidung, welche Kundengruppe Sie angehen wollen. Sie haben jetzt eine erste Vorstellung des Kunden, den Sie mit Ihrer Dienstleistung ansprechen möchten.

Die strategische Erfolgsposition festlegen

Ihre Stärken sind identifiziert, Ihre Zielgruppe ist definiert. Damit haben Sie die Grundlagen erarbeitet, um die strategische Erfolgsposition (SEP) festzulegen – also jenes Merkmal zu finden, das Sie von den meisten Ihrer Wettbewerber deutlich unterscheidet und das gleichzeitig für Ihre Zielgruppe einen möglichst hohen Nutzen bringt. Zudem sollte diese Besonderheit leicht kommunizierbar sein.

Wie gelangen Sie nun von den Ergebnissen des Brainstormings zu diesem Merkmal, zu dieser besonderen Eigenschaft? Prüfen Sie zunächst, welche der verschiedenen Stärken und Besonderheiten, die Sie in der Brainstorming-Phase erarbeitet haben, die fünf folgenden Kriterien einer SEP erfüllen:

- Sofort einleuchtend,
- schwer kopierbar,
- in einem Satz kommunizierbar,
- passt zu mir/zu uns,
- sst der Zielgruppe wirklich wichtig.

Gibt es ein Merkmal, das alle fünf Kriterien besonders gut erfüllt? Wenn ja, sind Sie Ihrer SEP schon sehr nahe. Eine SEP kann zum Beispiel eine besondere Methode sein, die Sie entwickelt haben und durch die Sie sich maßgeblich von den Methoden der meisten Kollegen unterscheiden. Oder Sie sind auf eine bestimmte Zielgruppe spezialisiert – etwa indem Sie Verkaufstraining speziell für den Einzelhandel anbieten. Wie Sie aus insgesamt acht möglichen Kategorien Ihre SEP ableiten können, beschreibe ich ausführlich in Kapitel 2.

Bevor Sie Ihre SEP nun endgültig festlegen, sollten Sie noch die Marktchancen abschätzen: Gibt es für Ihr Angebot tatsächlich genügend Nachfrage? Hierzu können Sie die Instrumente der kleinen Marktrecherche und der Wettbewerberanalyse nutzen (siehe Kapitel 6).

Die Entscheidung für eine SEP resultiert letztlich aus einem Abgleich aus drei Quellen: Ihrer eigene Einschätzung aufgrund der Stärken- und Zielgruppenanalyse, dem Feedback aus der Zielgruppe und einer Abschätzung der Marktchancen. Darüber hinaus kann es sinnvoll sein, an dieser Stelle auch einen neutralen Branchenexperten als Berater hinzuzuziehen.

Wenn die SEP feststeht, entwickeln Sie im nächsten Schritt Ihre Positionierungsstrategie. Die Positionierung bestimmt, wo im Kopf des Kunden Sie im Vergleich zu Ihren Mitbewerbern stehen. Das entscheidende Element, um sich im Bewusstsein Ihrer Zielgruppe einzuprägen und von anderen abzuheben, ist natürlich die SEP, die strategische Erfolgsposition – letztlich haben wir sie ja genau hierfür erarbeitet. Damit Ihnen die Positionierung gelingt, benötigen Sie jetzt vor allem noch eines: eine einprägsame Kernbotschaft.

Der nächste Schritt liegt also darin, aus Ihrer SEP eine griffige und leicht verständliche Botschaft abzuleiten. Dieser Schritt ist entscheidend. Denn nur wenn es Ihnen gelingt, Ihre SEP verständlich und einprägsam zu formulieren, werden Sie damit die Zielgruppe erreichen und eine Marktposition aufbauen können.

Der Kern Ihrer Marke – die Botschaftslinie

Jede große Marke hat einen klar definierten Markenkern. Gemeint ist damit das zentrale Nutzenversprechen der Marke. Häufig kommunizieren Unternehmen dieses Nutzenversprechen in Form eines Slogans. Der BMW-Claim »Freude am Fahren« drückt genau das aus, was die Autos dieser Marke ausmachen. Weniger emotional und deutlich sachlicher wirkt dagegen die Audi-Botschaft »Vorsprung durch Technik«.

Wie gelangt man zum Markenkern, diesem zentralen Nutzenversprechen? »Es gilt, mit einer griffigen und nutzenbezogenen Formulierung die

Kernkompetenz ›greifbar zu machen‹«, erklärt der Markenexperte Thomas Clausnitzer[4]. Ausgangspunkt sei die Frage, was die eigene Kernkompetenz dem Endkunden wirklich bringe. Klar ist auch, dass ein Unternehmen ein solches Versprechen gegenüber dem Verbraucher nicht einfach brechen darf. Den Markenkern darf man daher nur auf lange Sicht und nur äußerst behutsam verändern – er zählt zum »Fundament der Marke«, wie Clausnitzer betont.

Nun mag der Vergleich mit den großen Marken hoch gegriffen klingen. Aber im Grunde geht es bei Ihnen als Berater, Trainer oder Coach um nichts anderes: Letztlich müssen auch Sie sich oder Ihr Unternehmen als Marke positionieren. Das bedeutet vor allem, dass Sie eine Konstante benötigen, die Sie oder Ihr Unternehmen ausmacht, und dass Sie diese Konstante dann kontinuierlich kommunizieren.

Warum? Weil ohne diese Konstante Ihre Kommunikation beliebig wirkt und Sie im Meer der Berater nicht auffallen können. Schlimmer noch: Ohne Ausrichtung an einer konstanten Botschaft entstehen Brüche in der Kommunikation. Und genau das nehmen Ihnen die potenziellen Kunden übel. Wie eine Befragung bei rund 250 Unternehmen klar gezeigt hat, achtet ein Auftraggeber ganz besonders darauf, ob er im Marktauftritt eines Beraters einen roten Faden erkennen kann. Die Stimmigkeit des Marktauftritts zählt damit ganz klar zu den entscheidenden Auswahlkriterien.

Dahinter steht ein Prozess, der meist unbewusst abläuft: Ein Unternehmer lernt auf einer Messe einen Berater kennen. Er ist neugierig geworden, sieht sich deshalb dessen Internetseite an, liest einen Artikel von ihm, vielleicht auch ein Buch. Ein paar Wochen später besucht er einen Vortrag dieses Beraters, dann telefoniert er womöglich noch mit dessen Sekretärin. Jedes Mal erhält er Eindrücke vom selben Berater oder Beratungsunternehmen, die er unwillkürlich miteinander abgleicht. Sind sie stimmig, fügen sie sich zu einem glaubwürdigen Gesamtbild. Widersprüchliche Eindrücke dagegen irritieren, halten letztlich den Interessenten von einer Anfrage ab.

Wie Sie vorgehen können, um solche Widersprüche zu vermeiden, erfahren Sie in Kapitel 10. Doch wie können Sie eine solche gewünschte Konstante finden?

Diese Konstante, das ist die Botschaftslinie. Sie drückt mit einfachen Worten aus, was das Besondere an Ihrem Unternehmen ist. Sie gibt also Antwort auf die Frage: »Wer bin ich?« beziehungsweise »Wer sind wir?« Im Kern besteht die Botschaftslinie aus einem Einstieg, der Ihre Tätigkeit

---

[4] Clausnitzer, Thomas | Gerd Heide | Nicolas Nasner: *Markenartikel-Management,* Stuttgart 2002, S. 28 f.

kurz und klar definiert, und einer Beschreibung der Besonderheiten Ihres Angebots – oder besonderer Akzente. Sehen wir uns drei Beispiele einer Botschaftslinie an.

Beispiel 1: Wolfgang Zimmermann, Führungscoach

Die Botschaftslinie beginnt mit der Angabe der Tätigkeit:

> *»Als Sparringspartner unterstütze ich Unternehmer und gute Führungskräfte, sich mit wichtigen Fragen auseinanderzusetzen.*
>
> *Solche Fragen können sein: …«*

Es folgen beispielhaft einige der Fragen, mit denen sich Wolfgang Zimmermann auseinandersetzt, dann geht es weiter:

> *»Gemeinsam stoßen wir Denkprozesse an, entwickeln Alternativen und Perspektiven, planen gründlich und setzen sehr konkret um. Ich gehe davon aus, dass Sie Ihre Aufgabe auch allein lösen können, sich aber gründlich damit auseinandersetzen möchten. Das ist die Basis unserer Zusammenarbeit.«*

Was vermittelt diese Botschaftslinie? Wolfgang Zimmermann ist Sparringspartner, es geht also um Coaching, um die Auseinandersetzung mit Themen – und zwar für eine klar definierte Zielgruppe, nämlich für Unternehmer und für gute Führungskräfte. Der feine, aber entscheidende Unterschied sind hier die »guten« Führungskräfte, nämlich solche, die sich auch als Unternehmer verstehen.

Die Formulierung »sich mit wichtigen Fragen auseinanderzusetzen« macht deutlich, dass man mit Wolfgang Zimmermann über sehr verschiedenartige Themen reflektiert, die von heiklen Führungsfragen über die Nachfolgeregelung im Familienunternehmen bis hin zum Umgang mit brennenden Konflikten reichen. »Sich auseinandersetzen« macht die Art und Weise deutlich, wie ein Thema angepackt wird. Der Interessent stellt fest: Hier finde ich nicht einen Berater, der mir das Problem löst, ebenso wenig finde ich hier nur jemanden, der mich versteht und bei dem ich mich einmal ausquatschen kann – sondern Wolfgang Zimmermann ist ein Partner, der das Problem mit mir gemeinsam intelligent reflektiert. Das ist keine Alleinstellung, macht Wolfgang Zimmermann aber besonders.

Beispiel 2: Rainer Frieß, Sellympia

Wieder beginnt die Botschaftslinie mit der Kernbotschaft:

»Leistungstuning für den Spitzenvertrieb.«

Es folgt die Besonderheit, nämlich die Analogie mit dem Spitzensport und Olympia:

»Der beste Hürdenläufer der Welt braucht für 110 Meter 12,88 Sekunden, der beste deutsche braucht 13,31 Sekunden. Wäre er also nur 3,3 Prozent schneller, wäre er Olympiasieger. Der Unterschied ist minimal, im Ergebnis liegen Welten dazwischen.

So ist es auch bei Spitzenverkäufern. Wenn ein Kunde Nein sagt, ist Ihr Verkäufer nicht 30 Prozent schlechter als andere, aber es fehlen vielleicht die entscheidenden 3 bis 4 Prozent.

Gemeinsam sorgen wir dafür, dass Ihre Spitzenverkäufer mindestens diese 3 bis 4 Prozent besser werden.«

Die Botschaftslinie verbindet die Kernbotschaft »Leistungstuning für den Spitzenvertrieb« mit der Metapher von Spitzensport und Olympia, die Rainer Frieß konsequent für die Inszenierung seines Marktauftritts nutzt – vom Internetauftritt und der Broschüre bis hin zur Gestaltung der Angebote (siehe Kapitel 13).

Deutlich wird hier auch, dass es nicht darum geht, eine Botschaftslinie im Marktauftritt wörtlich zu verwenden oder gar ständig mit den gleichen Worten zu wiederholen. Die Botschaftslinie hält vielmehr die Kerngedanken fest, die später in den unterschiedlichsten Variationen gespielt werden. So kommt es hier auf die Metapher Spitzensport und Olympia und den damit ausgedrückten Kerngedanken an: Nicht 10 Prozent mehr Leistung entscheiden, sondern 3 bis 4 Prozent. Und es geht um Spitzenverkäufer, nicht um Rookies.

Beispiel 3: Wolfgang Rasspe-Dahmann, Investitionsberater

»Ich unterstütze Mittelständler im Maschinenbau und in der Metallverarbeitung im Umgang mit ihren Investitionen.

Als Geschäftsführer müssen Sie Investitionsentscheidungen oft schnell und mit hohem finanziellem Risiko treffen. Genau in dieser Situation unterstütze ich Sie durch

- *Klarheit (klaren Blick von außen),*
- *Sicherheit (Absicherung der Investitionsentscheidung),*
- *Perspektive (frische Ideen bringen neue Impulse).«*

Auch hier erkennen Sie wieder das Muster, nach dem eine Botschaftslinie aufgebaut ist: Sie besteht aus einem Einstieg, der die Tätigkeit kurz und klar benennt, und einem zweiten Teil, der die Besonderheiten beschreibt. Im Falle des Investitionsberaters Wolfgang Rasspe-Dahmann werden die Besonderheiten seines Angebots mit den Begriffen Klarheit, Sicherheit und Perspektive hervorgehoben. Der Berater bietet seinen Kunden Klarheit, Sicherheit und Perspektive an – und damit zusätzlich zur sachlichen Hilfestellung beim Investitionsprojekt auch einen emotionalen Nutzen. Auf diese Weise fällt er im Wettbewerb auf, denn in der Regel sind Investitionsberater sehr nüchtern, sachlich, technisch orientiert in ihrem Marketing.

Die Botschaftslinie anwenden

Der Botschaftslinie kommt eine große praktische Bedeutung zu. Indem Sie die darin enthaltene Kernbotschaft in allen Marketingkanälen permanent und konsequent kommunizieren, beginnt diese zu wirken: Der Markt fängt an, Ihr Angebot wahrzunehmen. Die Botschaftslinie sorgt somit für jene Konstante im Marktauftritt, aus der sich mit der Zeit Ihre Marke entwickelt.

Was heißt das praktisch? Sie sollten Ihre Botschaftslinie im Kopf und nicht nur im Computer haben. Denn nicht nur für Ihre Marketingmaterialien wie Claim, Internet- oder Broschürentexte ist sie die Grundlage. Vielmehr kommt die Botschaftslinie auch bei der täglichen Arbeit zum Einsatz, etwa wenn Sie ein Kundengespräch führen oder Themen für Fachartikel oder Reden suchen. Auch die Annahme neuer Aufträge sollte sich immer an der Botschaftslinie ausrichten: Nehmen Sie keine Aufträge an, die Ihrer Kernbotschaft widersprechen! Nicht zuletzt dient die Botschaftslinie als Orientierung, wenn Sie neue Dienstleistungen oder Leistungspakete entwickeln.

Mit der Botschaftslinie haben Sie ein Instrument an der Hand, das es Ihnen erlaubt, konsistent zu kommunizieren. Das geschieht dadurch, dass Sie alle Marketingaktivitäten hieran ausrichten: Internettexte, Broschüren, Fachartikel, Vorträge, Interviews, Fotos, Farben, Design – jedes Element, das Ihr Erscheinungsbild mitbestimmt, unterstützt die Kernbotschaft, darf ihr zumindest nicht widersprechen.

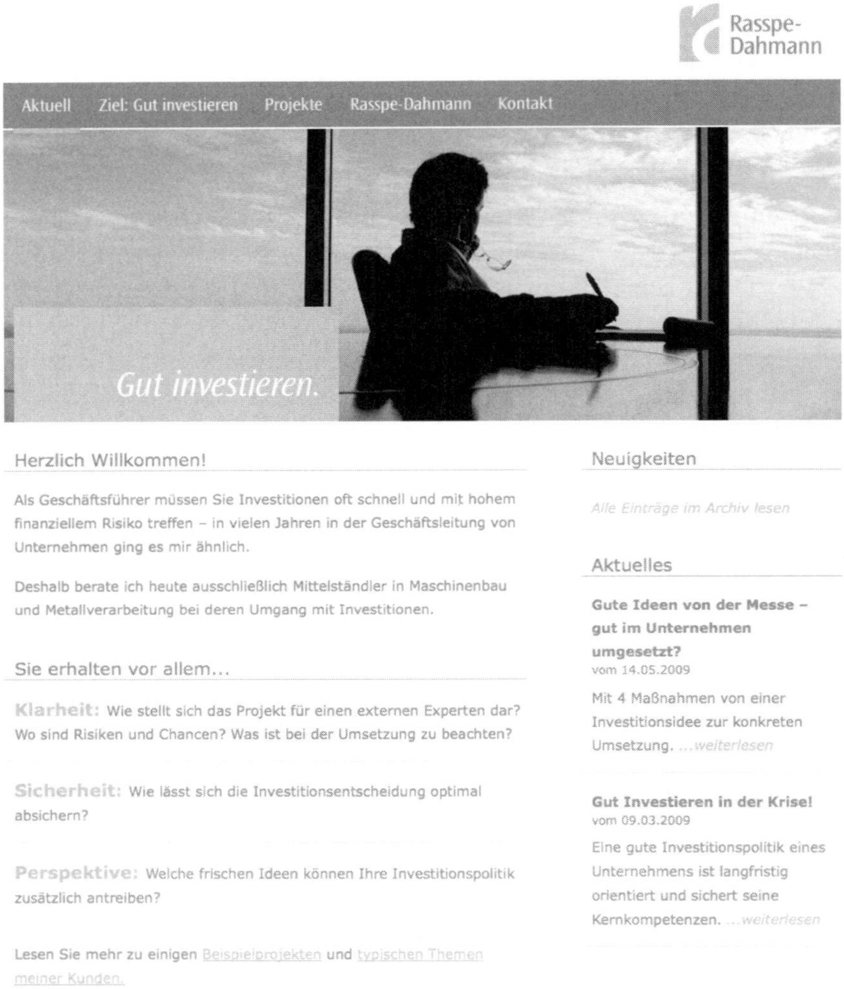

Abbildung 2: Beispiel für eine gelungene Botschaftslinie

Die Internetseite von Investitionsberater Wolfgang Rasspe-Dahmann ist ein Beispiel, wie die Kernbotschaft sich durch sämtliche Elemente des Marktauftritts zieht. Der Claim »Gut investieren«, noch einmal bekräftigt durch den Menüpunkt »Ziel: Gut investieren« macht auf den ersten Blick deutlich: Hier geht es um das Thema »Investieren«. Der Zusatz »gut« vermittelt bereits die Botschaft »Sicherheit«, bei Investitionen der kritische Punkt (und zentraler Punkt der Botschaftslinie). Der Gedanke wird im ersten Satz erneut aufgegriffen:

»Als Geschäftsführer müssen Sie Investitionen oft schnell und mit hohem finanziellem Risiko treffen – in vielen Jahren in der Geschäftsleitung von Unternehmen ging es mir ähnlich.«

Dem Leser ist damit klar: Das Thema »Sicherheit« ist bei Wolfgang Rasspe-Dahmann keine dahingesagte Floskel; vielmehr kennt der frühere Geschäftsleiter persönlich die Unsicherheit, die mit Investitionsentscheidungen verbunden ist.

Unter der Überschrift »Sie erhalten vor allem ...« werden nun die drei Kernbegriffe der Botschaftslinie – Klarheit, Sicherheit, Perspektive – genannt und durch Fragen näher erläutert (siehe Abbildung 2).

Setzen Sie Ihre Botschaftslinie durchgängig in Ihrem Marktauftritt ein – nicht nur in den Texten, sondern auch »zwischen den Zeilen«: über Form und Aufmachung der Internetseite oder Firmenbroschüre, über die Auswahl der Fotos, den Schreibstil, über Referenzen und Kundenstimmen.

Wenden Sie die Botschaftslinie möglichst überall an, ohne jedoch aufdringlich zu wirken. Wenn Sie die Botschaftslinie in immer gleichen Sätzen ständig wiederholen, mutet es allzu gewollt an – variieren Sie deshalb. Bringen Sie Abwechslung und Spannung in den Marktauftritt, ohne dabei das Leitmotiv aus dem Auge zu verlieren. Wie Sie dabei vorgehen können und wie Sie die Botschaftslinie in den wichtigsten Anwendungsfeldern vom Basismaterial über die persönliche Vorstellung bis zu den Profilierungskanälen einsetzen, beschreibt ausführlich das Kapitel 10.

Vom Brainstorming zur Botschaftslinie

Ich habe versucht, den Weg vom Brainstorming über die SEP zur Botschaftslinie zu skizzieren. Dabei ist deutlich geworden, und das ist die schlechte Nachricht: Es gibt keinen strukturierten Prozess, um von der Informationssammlung zur Botschaftslinie zu gelangen. Letztlich ist es ein individueller Prozess, den Sie alleine oder zusammen mit Ihren Mitberatern gestalten müssen.

Die Botschaftslinie finden – das ist wie beim Brennen von Schnaps. In einem komplizierten, mehrstufigen Brennprozess wird am Ende das Edelste, nämlich die Essenz abgesetzt. Und genau so ist es bei der Botschaftslinie: Sie jagen das gesammelte und schon aufbereitete Material, also sämtliche Informationen Ihres Brainstorming durch die Brennanlage. Das machen Sie mehrmals, wie bei guten Bränden, die durch eine mehrfache Destillation gewonnen werden. Am Ende erhalten Sie dann das Allerwichtigste: die Essenz.

Die Essenz, das sind zwei oder drei Elemente, die Ihren Markenkern ausmachen – und damit dem Kunden gegenüber die Konstante darstellen, die Sie kommunizieren. Ich nenne diese Essenz Botschaftslinie, weil sie meist nicht nur aus einer einzigen Botschaft, sondern aus einer Linie von zwei oder drei guten Botschaften besteht, die gemeinsam eine unverwechselbare Einheit bilden.

1.6 Spannend sein: Die Inszenierung

Was macht eine gute Inszenierung aus? Der legendäre Filmproduzent Samuel Goldwyn empfahl seinen Drehbuchschreibern: »Mit einem Erdbeben anfangen und dann langsam steigern.«

Damit sind wir schon beim Kern der Sache: Eine gute Inszenierung erzielt Aufmerksamkeit, vom ersten Augenblick an. Für einen Text oder eine Rede benötigen Sie einen effektvollen Einstieg. Doch selbst das nützt Ihnen nur wenig, wenn Sie es nicht schaffen, die Spannung zu halten. Gute Inszenierung bleibt spannend bis zum Schluss – wie gesagt: mit einem Erdbeben anfangen und dann langsam steigern.

Hinzu kommen drei weitere Voraussetzungen. Erstens und vor allem ist es entscheidend, dass die Leser oder Zuhörer Ihren Worten problemlos folgen können. Gute Inszenierung hat daher viel mit Sprache zu tun. Sie zeichnet sich durch eine unkomplizierte und zugleich kraftvolle Ausdrucksweise aus, die jeder verstehen kann, sofern er denn zur Zielgruppe gehört.

Dann ist es wichtig, das eigentliche Ziel der Inszenierung nicht aus den Augen zu verlieren. Es geht stets darum, die Kernbotschaft Ihres Unternehmens zu vermitteln, eine Inszenierung um der Inszenierung willen nützt Ihnen überhaupt nichts. Das klingt banal, kann aber in der Praxis gelegentlich einige Disziplin abverlangen. Wenn ich einen Artikel oder ein Buch schreibe, fällt mir manchmal eine tolle Idee ein, wie ich einsteigen oder etwas spannend formulieren könnte. Führt dieser Einstieg aber nicht zum Thema und damit auch nicht zu meiner Botschaftslinie, bleibt mir nichts anderes übrig: Ich muss der Verlockung widerstehen und die Idee wieder begraben.

Und zu guter Letzt: Eine Inszenierung sollte einen Impuls auslösen. Wenn der Leser Ihren Text gelesen oder der Zuhörer Ihren Vortrag gehört hat, sollte er das Gefühl haben: Jetzt möchte ich etwas tun! Im Idealfall nimmt er mit Ihnen Kontakt auf – womit Sie Ihr Marketingziel erreicht hätten.

Zusammenfassend können wir also festhalten, dass eine gute Inszenierung sich durch fünf Eigenschaften auszeichnet: Sie

- erzielt mit einem spannenden Einstieg Aufmerksamkeit,
- hält die Spannung bis zum Schluss,
- ist immer gut verständlich,
- transportiert die Kernbotschaft und
- löst einen Impuls aus.

Zwei Sofortstrategien für mehr Spannung

Wie schon zu Beginn dieses Kapitels ausgeführt: Inszenierung heißt, Wohlspannung erzeugen. So gesehen darf das einleitende Erdbeben nicht zerstörerisch wirken, sondern muss genau so stark sein, dass es Aufmerksamkeit erregt und neugierig darauf macht, mehr zu erfahren.

Fast immer sind die Marktauftritte der Berater, Trainer und Coachs langweilig, sie haben das Erdbeben dringend nötig. Rät man jedoch zu einer spannenden Inszenierung, besteht auch die Gefahr, über das Ziel hinauszuschießen: Da möchte ein Berater Banken und Versicherungen ansprechen, doch die neue Internetseite, von einer tollen Multimediaagentur in Szene gesetzt, wirkt bunt, grell und laut – sie ist schlicht überinszeniert. Oder die Sprache ist zu bildhaft, die Aussagen sind übertrieben: »Ihr Unternehmen steht vor dem Aus. Sie sehen keinen Ausweg. Morgens wachen Sie schweißgebadet auf und merken, Sie brauchen einen Berater. Ich kann Ihnen helfen.«

Wie Sie Ihren Marktauftritt spannend, aber nicht übertrieben in Szene setzen, werde ich Ihnen gleich anhand der wichtigsten Marketingkanäle zeigen. Vorab möchte ich aber noch zwei Sofortmaßnahmen vorstellen, mit denen Sie Ihren Marktauftritt gleich jetzt um 30 bis 40 Prozent spannender gestalten können.

Maßnahme 1: Streichen Sie Beraterdeutsch

Berater, Trainer oder Coachs verwenden gerne ihre eigene Fachsprache. Das mag zwar kompetent klingen, doch wirken dadurch alle Marktauftritte ähnlich. Die Kunden können Unterschiede zwischen den Anbietern kaum erkennen; sie fühlen sich gelangweilt, weil sie das Gefühl haben, alles schon einmal irgendwo gehört zu haben. Zum Beispiel sprechen Berater gerne von der »Optimierung der Prozesslandschaft« anstatt ganz einfach zu sagen: »Wir verbessern Ihre Prozesse.« Die zweite Formulierung drückt dasselbe aus, nur eben viel eingängiger und kraftvoller (siehe »Die zwölf wichtigsten Inszinierungstechniken«).

Oft höre ich jetzt den Einwand, dass ein Kunde genau auf solche Begriffe wie »Prozessoptimierung«, »systemische Herangehensweise« oder »ganzheitliche Sichtweise« Wert legt. An dieser Argumentation ist natürlich etwas dran, denn für manche Kunden sind solche Ausdrücke Hygienebegriffe, die sie von einem Experten tatsächlich erwarten. Wenn Sie Ihre Kunden so einschätzen, haben Sie aber die Möglichkeit, diese Begriffe zu nutzen und trotzdem kraftvoll zu formulieren. Schreiben Sie dann zum Beispiel: »Prozessoptimierung: Wir verbessern Ihre Prozesse.«

Auf diese Weise nennen Sie den Fachbegriff, ergänzen ihn aber durch einen klaren, gut wirkenden Satz. Diese Kombination hat sich als einfacher Trick bewährt, um aus der Expertenfalle herauszukommen.

Maßnahme 2: Nutzen Sie einen Knalleffekt als Einstieg

Die wohl schlimmste Inszenierungs-Sünde ist ein trockener Einstieg, sei es beim Vortrag, Fachartikel oder Buch. Der Leser oder Zuhörer wird auf Langeweile eingestimmt – und Sie haben schon verloren, bevor Sie erst richtig anfangen. Wenn Sie zum Beispiel vor Unternehmern über Insolvenzen sprechen und Ihren Vortrag mit dem Satz beginnen: »Unser heutiges Thema lautet: Insolvenzen und deren Vermeidung« – was erwartet dann der Zuhörer? Einen akademischen Vortrag; trocken, mit Paragrafen, langweilig.

Anders wenn Sie mit folgendem Satz einsteigen: »Haben Sie schon einmal einen gestandenen Unternehmer weinen sehen?« Sofort horchen die Zuhörer auf, ihre Neugierde ist geweckt. Hier ist offensichtlich von einem der ihren die Rede, von einem Unternehmer, der die persönliche Belastung durch eine Insolvenz nicht verkraftet hat. Damit haben Sie gleich zu Beginn des Vortrags Betroffenheit ausgelöst und auf diese Weise einen beachtlichen Spannungspegel geschaffen. Wenn Sie nun aufzeigen, wie man die Insolvenz vermeiden kann, bleiben die Zuhörer weiter aufmerksam. Denn jeder von ihnen weiß, er könnte schnell auch in eine Insolvenz geraten – und interessiert sich, wie er diese Situation vermeiden kann.

Die Inszenierung bezieht sich immer auf Texte, Grafiken und Bilder, mit denen Sie Ihren Marktauftritt gestalten. Das gilt vor allem für die Basismaterialien wie Internet, Broschüre, Lebenslauf und 60-Sekunden-Präsentation, auf die ich im Folgenden noch etwas näher eingehe. Natürlich sind diese Materialien zugleich auch Instrumente für die Positionierung und Profilierung, denn alle drei Teile des Sogmarketings spielen zusammen. Doch lässt sich durch die Inszenierung am ehesten ein angenehmer Unterschied zum Wettbewerb herstellen.

Inszenierungsfall 1: Der Internetauftritt

Die Internetseite ist das Herzstück Ihres Marktauftritts. Zusammen mit anderen Puzzleteilen wie Fachartikel, Präsentationen, Reden oder Bücher trägt sie maßgeblich dazu bei, Ihr Unternehmen und die Besonderheiten Ihres Angebots bekannt zu machen – wobei es hier ganz besonders auf eine spannende Inszenierung ankommt. Denn nur dann können Sie unter der Vielzahl der Webauftritte auffallen und haben eine Chance, dass der Interessent bei Ihrer Seite hängen bleibt.

Doch was macht den Internetauftritt eines Beraters, Coachs oder Trainers spannend? Die wichtigste Regel lautet: Geben Sie Antwort auf das, was der Besucher von Ihnen wissen möchte. Das sind vor allem sechs Dinge: Der Besucher Ihrer Internetseite

- möchte zumindest grob verstehen, was Sie anbieten;
- möchte sich verstanden fühlen (als Person, in seiner Situation), möchte sich also mit seinem Leidensdruck wiederfinden;
- wünscht mehr als nur einen sachlichen Lösungsvorschlag, erwartet zusätzlich einen emotionalen Nutzen;
- möchte wissen, welchen konkreten inhaltlichen Nutzen er von Ihnen erwarten darf – wofür genau er also sein Geld ausgeben soll und welche Resultate er erwarten kann;
- möchte wissen, ob Sie die Kompetenz haben, die angebotenen Leistungen professionell zu erbringen;
- möchte wissen, wer Sie sind – welche Persönlichkeiten hinter der Internetseite stehen.

Spannend wird eine Internetseite vor allem dadurch, dass Sie den zweiten und dritten Punkt erfüllen – nämlich den Leidensdruck ansprechen und einen emotionalen Nutzen versprechen.

Holen Sie deshalb erstens den potenziellen Kunden bei einem konkreten Anliegen ab: Was beschäftigt ihn gerade, wo drückt ihn der Schuh? Und zweitens: Sprechen Sie auch seine emotionalen Wünsche an. Zwar sucht er eine sachliche Lösung für ein konkretes Problem, kämpft daneben aber in der Regel auch mit Schwierigkeiten, die ihn auf emotionaler

Ebene bedrängen. Zum Beispiel hat er Angst, dass bei einem Restrukturierungsprojekt Konflikte entstehen und ihm die Kontrolle entgleitet. Er wünscht sich deshalb einen Berater, der ihm einen verlässlichen Überblick über die Situation, vielleicht auch Sicherheit und Stabilität gibt. Mit Interesse wird er sich deshalb mit einem Internetauftritt befassen, der ihm Überblick, Sicherheit und Stabilität verspricht (mehr hierzu in Kapitel 9).

Betrachten wir zum Beispiel den Webauftritt des Beratungsunternehmens Comes Real. Auf der Startseite erfährt der Leser auf den ersten Blick, mit wem er es zu tun hat: mit »den Immobilienexperten«.

Abbildung 3: Beispiel für einen gelungenen Internetauftritt

Es folgt ein kurzer Starttext:

»Unsere Arbeit in einem Satz

Für uns dreht sich alles um die Immobilienprobleme unserer Kunden – und um deren Lösung.

Ob es sich um die Erstellung einer Projektstudie handelt, um eine klassische Unternehmensberatung oder die Übernahme der Geschäftsführung auf Zeit: Entscheidend ist das Ergebnis, für das wir aus Überzeugung die persönliche Verantwortung übernehmen. Denn als Brancheninsider machen wir unseren Ruf auch vom Erfolg Ihres Projekts abhängig. Schließlich geht es um Ihr Unternehmen, Ihre Mitarbeiter und Ihr Vermögen.

- *Lesen Sie mehr zu unseren Projekten …*
- *Erfahren Sie mehr zu unserer Sicht auf die Branche …*
- *Lernen Sie uns besser kennen …«*

Der Claim »Die Immobilienexperten« zeigt dem Leser schon sehr deutlich, um was es geht: ein Unternehmen, das auf Immobilienthemen spezialisiert ist. Was dann auch der erste Satz bestätigt: »Für uns dreht sich alles um die Immobilienprobleme unserer Kunden – und um deren Lösung.« Damit ist auch klar, es handelt sich nicht um einen Immobilienmakler, sondern um ein Beratungsunternehmen für die Immobilienbranche.

Der folgende Text zählt nun nicht sämtliche Leistungen auf, denn das würde nicht nur den verfügbaren Platz sprengen, sondern wäre für den Leser auch furchtbar langweilig. Stattdessen sind beispielhaft drei Leistungen aufgeführt, die für alle anderen stehen (nach dem Inszenierungsprinzip »Pars pro toto«, siehe Kapitel 7.3): »Ob es sich um die Erstellung einer Projektstudie handelt, um eine klassische Unternehmensberatung oder die Übernahme der Geschäftsführung auf Zeit ...« Anstatt den Leser mit einer Auflistung zu quälen, werden also nur drei Eckpfeiler genannt. Damit ist jedem Leser klar, auf welchem Feld sich Comes Real bewegt – und es bleibt ihm überlassen, auf den großen Rest zu schließen.

Nun folgt das Besondere, mit dem sich das Unternehmen im Markt positioniert: »Entscheidend ist das Ergebnis, für das wir aus Überzeugung die persönliche Verantwortung übernehmen.« Diese Aussage trifft den Kern der Philosophie des Unternehmens (die auch tatsächlich umgesetzt wird). Damit der Leser die Aussage ernst nimmt und nicht als Plattitüde abtut, schiebt der nächsten Satz sofort eine Begründung nach: »Denn als Brancheninsider machen wir unseren Ruf auch vom Erfolg Ihres Projekts abhängig. Schließlich geht es um Ihr Unternehmen, Ihre Mitarbeiter und Ihr Vermögen.«

Das klingt glaubwürdig und macht dem Interessenten deutlich: Diese Beratertruppe übernimmt auch persönliche Verantwortung, sie knüpft ihren guten Ruf an den Projekterfolg. Eine klare Sache!

Abbildung 4: Beispiel für die Neuinszenierung der Kernbotschaft

Woran liegt es, dass diese Startseite spannend ist, ohne dabei überinszeniert zu wirken? Die Aufmachung ist seriös, dennoch liegt der Inszenierungsgrad deutlich über dem der Wettbewerber. Auf Standardeinleitungen wie »Herzlich begrüßen wir Sie ...« oder »Als Spezialist verstehen wir uns als ...« wird verzichtet. Die Sätze sind kurz und klar, der Leser erfährt sehr schnell, worum es geht. Zugleich geht der Text auch ein wenig über die sachliche Ebene hinaus: Persönliche Verantwortung, guter Ruf – mit diesen Begriffen sind emotionale Werte verbunden. Das schafft zusätzlich Spannung, ohne jedoch zu übertreiben.

Auch die Menüpunkte sind anders als gewohnt und damit Teil der Inszenierung. Anstelle der klassischen Punkte »Unsere Leistungen« oder »Wir über uns« kann der Interessent die Punkte »Aktuelles«, »Die Branche«, »Projekte«, »Kundenstimmen« und »Comes Real« anklicken. Welche Wirkung hat das? Der Leser erhält zum einen den Eindruck, dass er es wirklich mit den Branchenexperten zu tun hat (belegt durch die Menüpunkte »Aktuelles« und »Die Branche«). Zum anderen wird erneut die Botschaft unterstrichen, dass die Berater verantwortungsvoll agieren – erkennbar an eigenen Menüpunkten für konkrete Projekte und Kundenstimmen.

Sehen wir uns zwei weitere Seiten an – und Sie werden feststellen, wie die Kernbotschaft sich auf unterschiedliche Weise immer wieder neu inszenieren lässt. Klicken wir zunächst auf den Menüpunkt »Projekte«.

»Wir übernehmen aus Überzeugung die persönliche Verantwortung« und »wir sind Brancheninsider« – so lauten die wichtigsten Botschaften von Comes Real. Die hier geschilderten Projektbeispiele belegen diese beiden Kernelemente der Botschaftslinie, ohne sie jedoch explizit auszusprechen. Die Botschaft wird vielmehr auf eine indirekte, sehr eindrückliche Weise vermittelt: Nicht die Berater sagen, dass sie persönliche Verantwortung übernehmen und Brancheninsider sind, sondern sie lassen stattdessen die Projekte »sprechen«.

Nehmen wir das erste der hier geschilderten Projekte. »Ein Initiator geschlossener Immobilienfonds versinkt im Chaos ...Was tun?« Beschrieben wird, dass ein deutscher Versicherungskonzern Comes Real zu einem »Feuerwehreinsatz« ruft, dass sich das Beratungsunternehmen dann mit zwei Interim-Managern und einem Berater engagiert: »Zunächst galt es, die Geschäftsführung zu übernehmen und die Betroffenen – Mitarbeiter, Anleger, Banken und Öffentlichkeit – zu beruhigen, um die Grundlage für eine sorgfältige Bestandsaufnahme zu schaffen«, heißt es in dem Bericht.

Was erkennt der Leser? Comes Real schickt nicht nur einen Berater, sondern auch zwei Manager auf Zeit, die vorübergehend die Geschäftsführung übernehmen und wieder für Ruhe und Ordnung sorgen. Es ist ein sachlicher Bericht, ohne Übertreibung und Eigenlob – und genau dadurch wirkt er glaubwürdig. Indirekt, aber sehr anschaulich wird die Botschaft der Startseite vermittelt, dass die Comes-Real-Leute »aus Überzeugung die persönliche Verantwortung übernehmen«.

Werfen wir nun noch einen Blick auf die Seite »Das Unternehmen«, erreichbar über den Menüpunkt »Comes Real«. Wieder wird die Kernbotschaft gespielt, diesmal verpackt in die Unternehmensgeschichte.

»Als wir 1999 Comes Real gründeten, verband uns zweierlei: ...«, beginnt der Text (und macht neugierig, was nun folgt – eine klassische Inszenierungstechnik!). Es folgen (was sonst?) die beiden Elemente der Kernbotschaft, nämlich Branchenerfahrung und Übernahme von Verantwortung: »... verband uns zweierlei: zum einen die große operative Erfahrung aller Partner quer durch die Immobilienwirtschaft, zum anderen unser gemeinsames Streben nach Qualität – sowohl fachlich als auch in den persönlichen Beziehungen zu Kunden, Kollegen und Partnern.«

Abbildung 5: Beispiel für die gelungene Kommunikation der Kernbotschaft im Unternehmensprofil

Der Text schließt mit den Unterschriften der drei Geschäftsführer ab – was die persönliche Verpflichtung noch einmal zusätzlich unterstreicht. Ein kleines Inszenierungselement mit erheblicher Wirkung!

Fassen wir zusammen, was diesen Internetauftritt spannend macht, ohne jedoch bei der Inszenierung zu übertreiben.

- Der Leser erfährt sofort, worum es geht. Der Leser weiß in kürzester Zeit, womit sich Comes Real befasst. Die Zielgruppe ist benannt, die Leistung ist mit drei Eckpfeilern umschrieben – und es ist klar: Das sind die Brancheninsider.
- Der Leser fühlt sich verstanden. Die Internetseite holt die Kunden in typischen Situationen ab, spricht sie also bei ihren Leidensdruckthemen an. Dies geschieht vor allem über die Auswahl der geschilderten Projekte.
- Der emotionale Nutzen wird vermittelt, indem deutlich gemacht wird: Die Berater übernehmen die persönliche Verantwortung, sie packen die Dinge an und fühlen sich dafür verantwortlich, ein Projekt erfolgreich zu Ende zu führen.
- Der konkrete inhaltliche Nutzen wird vermittelt. Dies geschieht vor allem durch die Projektskizzen.
- Die Kompetenz der Berater wird belegt. Dies geschieht ebenfalls durch die Projektskizzen, vor allem aber auch durch die Kundenstimmen.
- Der Leser lernt die Persönlichkeit der Berater kennen. Dies erfolgt in den Profilen, aber auch insgesamt durch den sehr persönlichen gehaltenen Text. Hinzu kommen große, lebendig wirkende Fotos der Partner. Sie zeigen die Berater auch bei der Arbeit, erlauben dem Leser quasi einen Blick durchs Schlüsselloch auf die Immobilienexperten.

Inszenierungsfall 2: Die Broschüre

Anders als im Internet können Sie bei der Broschüre durch Papierwahl und Format zusätzliche Effekte erzielen. So mutet eine große 16-seitige DIN-A4-Broschüre auf gutem Papier sehr hochwertig an. Für eine Positionierung im Hochpreissegment kann eine Broschüre deshalb ein durchaus wirkungsvolles Marketinginstrument sein.

Sicher: Eine Broschüre ist aufwendig und, einmal gedruckt, im Unterschied zur Internetseite auch nicht mehr aktualisierbar. Die Frage stellt sich, ob Sie eine Broschüre zusätzlich zur Internetseite überhaupt benötigen. Tatsächlich gibt es aber Themen, Situationen und Zielgruppen, bei denen der Einsatz einer Broschüre sinnvoll ist – zum Beispiel dann, wenn

Sellympia®
Wie gut ist
Ihr Vertrieb?
LeistungsTuning
für den Spitzenvertrieb

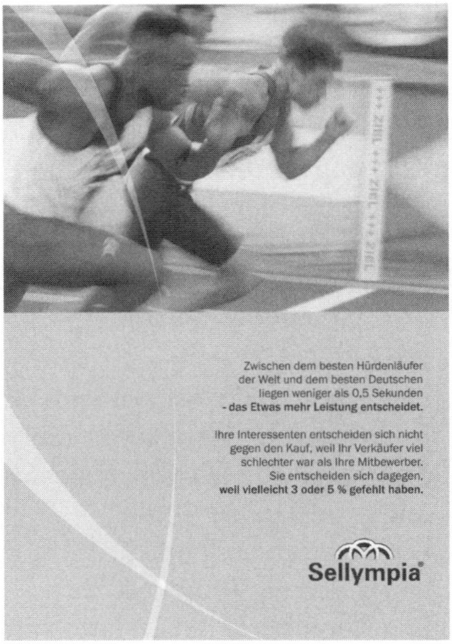
+++ ZIEL +++ ZIEL +++ ZIEL
Zwischen dem besten Hürdenläufer
der Welt und dem besten Deutschen
liegen weniger als 0,5 Sekunden
- das Etwas mehr Leistung entscheidet.
Ihre Interessenten entscheiden sich nicht
gegen den Kauf, weil Ihr Verkäufer viel
schlechter war als Ihre Mitbewerber.
Sie entscheiden sich dagegen,
weil vielleicht 3 oder 5 % gefehlt haben.
Sellympia®

Also verbessern Sie Ihre Ergebnisse
spürbar, indem Sie die
Leistung Ihrer Verkäufer „tunen".
Eine Verbesserung bis ins letzte Detail
- wie bei Spitzensportlern.
Deshalb schicken Sie Ihre Verkäufer
in die Olympiavorbereitung!
Sellympia erreicht genau das:
Perfekte Verkäufer. Ohne Kompromisse.
LeistungsTuning
für den Spitzenvertrieb

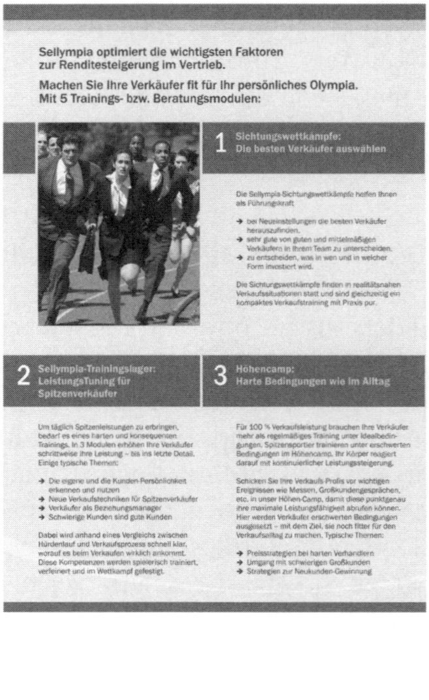
Sellympia optimiert die wichtigsten Faktoren
zur Renditesteigerung im Vertrieb.
Machen Sie Ihre Verkäufer fit für Ihr persönliches Olympia.
Mit 5 Trainings- bzw. Beratungsmodulen:
1 Sichtungswettkämpfe:
Die besten Verkäufer auswählen
Die Sellympia-Sichtungswettkämpfe helfen Ihnen
als Führungskraft
→ bei Neueinstellungen die besten Verkäufer
herauszufinden.
→ sehr gute von guten und mittelmäßigen
Verkäufern in Ihrem Team zu unterscheiden.
→ zu entscheiden, was in wen und in welcher
Form investiert wird.
Die Sichtungswettkämpfe finden in realitätsnahen
Verkaufssituationen statt und sind gleichzeitig ein
kompaktes Verkaufstraining mit Praxis pur.
2 Sellympia-Trainingslager:
LeistungsTuning für
Spitzenverkäufer
Um täglich Spitzenleistungen zu erbringen,
bedarf es eines harten und konsequenten
Trainings. In 3 Modulen erhöhen Ihre Verkäufer
schrittweise Ihre Leistung – bis ins letzte Detail.
Einige typische Themen:
→ Die eigene und die Kunden-Persönlichkeit
erkennen und nutzen
→ Neue Verkaufstechniken für Spitzenverkäufer
→ Verkäufer als Beziehungsmanager
→ Schwierige Kunden sind gute Kunden
Dabei wird anhand eines Vergleichs zwischen
Hürdenlauf und Verkaufsprozess schnell klar,
worauf es beim Verkaufen wirklich ankommt.
Diese Kompetenzen werden spielerisch trainiert,
verfeinert und im Wettkampf gefestigt.
3 Höhencamp:
Harte Bedingungen wie im Alltag
Für 100 % Verkaufsleistung brauchen Ihre Verkäufer
mehr als regelmäßiges Training unter Idealbedin-
gungen. Spitzensportler trainieren unter erschwerten
Bedingungen im Höhencamp. Ihr Körper reagiert
darauf mit kontinuierlicher Leistungssteigerung.
Schicken Sie Ihre Verkaufs-Profis vor wichtigen
Ereignissen wie Messen, Großkundengesprächen,
etc. in unser Höhen-Camp, damit diese punktgenau
ihre maximale Leistungsfähigkeit abrufen können.
Hier werden Verkäufer erschwerten Bedingungen
ausgesetzt – mit dem Ziel, sie noch fitter für den
Verkaufsalltag zu machen. Typische Themen:
→ Preisstrategien bei harten Verhandlern
→ Umgang mit schwierigen Großkunden
→ Strategien zur Neukunden-Gewinnung

Abbildung 6: Beispiel für die gelungene Inszenierung in einer Broschüre

Sie eine Premiumbotschaft senden wollen. Wann genau eine Broschüre sinnvoll ist und unter welchen Broschürentypen Sie wählen können, erfahren Sie in Kapitel 15.

Wie inszenieren Sie nun eine Broschüre? Nehmen wir als Beispiel den häufigsten Fall, eine Firmenbroschüre. Sie hat eine ähnliche Funktion wie die Internetseite, stellt also Ihr Unternehmen mit seinen Besonderheiten vor. Grundsätzlich gelten damit die selben Inszenierungsregeln wir beim Internetauftritt.

Doch gibt es auch wesentliche Unterschiede, die Sie beachten sollten:

- Papier und Format eröffnen neuen Möglichkeiten und Ausdrucksformen. So mutet eine große 16-seitige DIN-A4-Broschüre auf gutem Papier sehr hochwertig an, während der kleine Flyer – das DIN-A4-Blatt zwei Mal gefaltet – eher an den Massagesalon um die Ecke erinnert. Achten Sie deshalb darauf, dass Papierqualität oder Formatgröße nicht der Botschaftslinie widersprechen. Typischer Fall: Es wird am Material gespart, um die Versandkosten niedrig zu halten.
- Bei einer Broschüre gibt es keine Möglichkeit, mit Links zu arbeiten und zusätzliche Informationen auf zwei bis drei Ebenen zu verteilen. Die Gesamtmenge der Texte ist daher kleiner, die Firmenbroschüre muss sich auf wenige Kernaussagen beschränken. Die Gefahr besteht, dass Ihre Broschüre zu viel Text enthält, wodurch Grafik und Gesamteindruck leiden (oder, noch schlimmer, die Schrift ist zu klein und schwer lesbar).

Ein schönes Beispiel einer spannend inszenierten Broschüre sehen Sie in Abbildung 6. Es handelt sich um die Broschüre der Firma Sellympia von Vertriebstrainer Rainer Frieß. Für seine Positionierung wählte er die Metapher Olympia – ein Bild, das den Gedanken von Spiel und Spaß, verbunden mit hartem Training und Spitzenleistung vermittelt. Diese Botschaft spiegelt die Broschüre wider, klar und spannend in Szene gesetzt. Verkäufer und Vertriebsmanager werden hier in Sichtungswettkämpfen, im Trainingslager und im Höhencamp zu Olympioniken gemacht ...

Inszenierungsfall 3: Der Lebenslauf

Der Lebenslauf oder die Profile Ihrer angestellten Berater zählen zu den meistgelesenen Seiten Ihres Internetauftritts. Das allein schon ist Grund genug, ihn auch wirkungsvoll in Szene zu setzen.

Grundsätzlich gibt es hier zwei Varianten: das Faktenprofil und die persönliche Vorstellung. Während das Faktenprofil Ihren Lebenslauf präzise anhand aller relevanten Fakten darstellt, gibt Ihnen die persönliche Vorstellung die Möglichkeit, sich in einem zusammenhängenden Text vorzustellen. Im Durchschnitt rufen 60 bis 70 Prozent der Besucher einer Webseite das Faktenprofil auf, bei der persönlichen Vorstellung sind es 30 bis 40 Prozent der Besucher – doch ist davon auszugehen, dass diese kleinere Gruppe sich dann auch besonders für eine persönliche Vorstellung interessiert.

Faktenprofil oder persönliche Vorstellung

Sollen Sie nun ein Faktenprofil oder eine persönliche Vorstellung erstellen? Auch wenn es hierfür keine festen Regeln gibt, so lassen sich doch einige Gesichtspunkte nennen, die Sie abwägen sollten:

- Womit fühlen Sie sich wohl? Passt Ihnen eher das Persönliche? Oder liegt Ihnen eher die sachliche Auflistung?
- Haben Sie eine Story zu erzählen, die zur Kernbotschaft Ihres Geschäfts passt? Gibt es eine spannende, in sich schlüssige Geschichte, die belegt, warum Sie heute als Trainer für den Textileinzelhandel, Berater für Krisensituationen oder Coach für Chefärzte tätig sind? Wenn ja, spricht das für eine persönliche Vorstellung.
- Welche Variante passt besser zu Ihren Kunden und Ihrer Dienstleistung?

Bieten Sie zum Beispiel eine nüchterne betriebswirtschaftliche Beratungsleistung an, könnte eine lebendige persönliche Vorstellung eher irritieren. Ein faktenorientierter Bereichsleiter für Rechnungswesen und Controlling erwartet vermutlich eher einen systematisch gegliederten und chronologisch aufgebauten Lebenslauf.

Wenn jedoch Ihr Lebensweg vielfältig, kompliziert oder widersprüchlich ist, spricht viel für die persönliche Story: Da Sie hier nicht chronologisch alle Stationen nennen müssen, können Sie durch Weglassen und Kombinieren ein stimmiges Bild zeichnen, das zu Ihrem aktuellen Marktauftritt passt. Die Story bietet Ihnen die Möglichkeit, den Scheinwerfer auf die passenden Stationen Ihres Lebens zu richten, alle anderen dagegen im Dunkeln zu lassen.

Selbstverständlich können Sie auch beide Varianten erstellen – und in Ihrem Internetauftritt ein Faktenprofil und eine persönliche Vorstellung miteinander verbinden.

Das Faktenprofil: kurz und präzise

Ein Faktenprofil hat die Aufgabe, einem Interessenten einen schnellen und präzisen Überblick über Ihren Werdegang zu geben. Damit das gelingt, haben sich folgende Regeln bewährt:

- *Orientierung an der Kernbotschaft.* Achten Sie darauf, dass die aufgelisteten Fakten die Botschaft Ihres Marktauftritts widerspiegeln. Wenn Sie sich zum Beispiel als »Trainer für den Textileinzelhandel« positionieren wollen, sollte das Faktenprofil die Berufsstationen betonen, die mit dem Textileinzelhandel zu tun haben. Beim Abschnitt »Berufserfahrung« achten Sie darauf, eher die Großprojekte im Textileinzelhandel zu nennen.
- *Präzise Fakten.* Liefern Sie nur konkrete Fakten, also immer auch Jahreszahlen. Sprechen Sie also nicht von »langjähriger Berufserfahrung«, sondern sagen Sie:

  »2002–2008: Abteilungsleiter Personal in mittelständischem Maschinenbau-Unternehmen. Verantwortlich für 82 Mitarbeiter, Hauptaufgaben …«

Schreiben Sie nicht »Ausbildung zum Management-Trainer«, sondern:

»1999–2002: Ausbildung zum Management-Trainer am Institut … mit 360 Stunden Seminar, 120 Stunden Supervision. Schwerpunkte …«

Belassen Sie es bei den beruflich relevanten Informationen. Persönliche Interessen, Familienverhältnisse und Hobbys sollten nur dann auftauchen, wenn Sie auch für Ihre Arbeit relevant sind; ansonsten lenken sie vom Wesentlichen, nämlich der Kernbotschaft Ihres Marktauftritts, ab.

- *Nur wirkliche Ausbildungen.* Nennen Sie Ausbildungen konkret mit Namen, führen Sie aber nicht jedes Tagesseminar auf. Also nicht: »Zahlreiche Seminare im Bereich der provokativen Therapie«, sondern besser: »Drei einwöchige Seminare bei Frank Farelly, dem Begründer der provokativen Therapie«.
- *Keine Selbstverständlichkeiten.* Vermeiden Sie Sätze wie: »Ich bilde mich regelmäßig weiter« oder »Ein guter Alltagstransfer meiner Maßnahmen ist mir besonders wichtig.« Das sind Selbstverständlichkeiten, die Ihr Kunde von jedem guten Berater erwartet.

- *Kein Eigenlob.* Unterlassen Sie direktes und indirektes Eigenlob, weil es schnell angeberisch wirken kann. Vermeiden Sie zum Beispiel Formulierungen wie »Als erfahrene Trainerin ...«, »mit solidem psychologischem Know-how«, »dank zahlreicher Kontakte«.
- *Klare Gliederung.* Achten Sie auf eine übersichtliche Darstellung und klare Gliederung Ihres Faktenprofils. Gliedern Sie in Abschnitte wie zum Beispiel Ausbildung, Berufserfahrung, Branchenerfahrung. Am Ende können Sie das Profil mit einem kurzen Textabschnitt abrunden (»Warum ich als Berater arbeite und wie ich arbeite«).

Die persönliche Vorstellung: Ein spannendes Schreibstück

Mit der persönlichen Vorstellung präsentieren Sie Ihren Werdegang nicht als Faktenliste, sondern in Form eines Schreibstücks. Auch hier gilt natürlich wieder als erste Regel: Orientieren Sie sich an der Kernbotschaft Ihres Marktauftritts. Stellen Sie Ihren Werdegang so dar, dass er Ihre Positionierung möglichst gut unterstützt. Und was gehört noch zu einer guten persönlichen Vorstellung?

Beginnen Sie spannend, zum Beispiel mit einer Frage: »Wie wird ein Buchhalter zum Life-Coach?« Wählen Sie die Ich-Form, sofern Sie als Berater alleine sind und nicht Ihr Unternehmen vorstellen. Als Einzelunternehmer ist die Ich-Form authentisch und somit wirkungsvoller. Und nicht zuletzt: Achten Sie auf Verständlichkeit, vermeiden Sie »Beraterdeutsch«. Stellen Sie sich einen Kunden vor, der Ihnen gegenübersitzt und Sie nach Ihrem Werdegang gefragt hat. Schreiben Sie jetzt einfach in der Sprache, in der Sie diesem Kunden antworten würden. Nutzen Sie die Inszenierungsregeln für Texte (siehe »Die zwölf wichtigsten Inszenierungstechniken«).

Im Beratungsunternehmen: Kurzprofile der Berater

In einem Beratungsunternehmen mit mehreren Beratern kommt es darauf an, dem Leser einen schnellen Überblick über das hier tätige Beraterteam zu geben. Dies kann anhand einer Übersichtsseite erfolgen, von der aus die Kurzprofile der einzelnen Berater aufrufbar sind. Ein Beispiel hierfür ist das achtköpfige Team der Unternehmensberatung DETEGO (siehe Abbildung 7).

Abbildung 7: Beispiel für eine gelungene Vorstellung der Mitarbeiter

Inszenierungsfall 4: Die 60-Sekunden-Präsentation

Die 60-Sekunden-Präsentation ist ein Instrument, mit dem Sie Ihr Unternehmen innerhalb einer Minute vorstellen können. Es handelt sich dabei um einen kleinen Film, der nicht als Video gedreht, sondern einfach anhand von Bildern und Grafiken programmiert wird – eine selbstlaufende, 60-sekündige Bildschirmpräsentation. Der Film steht auf Ihrer Webseite und kann von jedem Interessenten angesehen werden. Das Entscheidende dabei: Es geht nicht darum, umfassend zu informieren, sondern neugierig zu machen. Es kommt also auch hier wieder auf die spannende Inszenierung an! Die Umsetzung erfolgt dann über einen Mediengestalter, der die von Ihnen entworfene Präsentation programmiert.

Für eine 60-Sekunden-Präsentation gibt es verschiedene Einsatzmöglichkeiten. Wenn zum Beispiel ein Interessent bei Ihnen anfragt und Sie miteinander telefoniert haben, können Sie ihm abschließend anbieten, ihm den Link für Ihre Kennlernpräsentation zuzusenden. Oder wenn jemand Sie weiterempfehlen möchte: Lassen Sie ihm einfach den Link für die 60-Sekunden-Präsentation zukommen, damit er ihn weitergeben kann. Auch wenn Sie einen Vortrag halten, können Sie davor oder danach die Präsentation abspielen. Je nach Einsatzziel sind verschiedene Varianten einer 60-Sekunden-Präsentation möglich – zum Beispiel zum Einsatz als Firmeninformation, zur Aufbereitung eines Themas oder zur Präsentation von Referenzen.

So greift zum Beispiel Business-Coach Gudrun Happich einen Kernaspekt ihrer Botschaftslinie heraus und erklärt ihn mithilfe einer 60-Sekunden-Präsentation: Als Diplom-Biologin liegt eine ihrer Stärken darin, Prinzipien aus der Natur auf unternehmerische Systeme zu übertragen. Wie das funktioniert, erklärt sie anhand einer sechsseitigen, animierten und selbst ablaufenden Kurzpräsentation.

Die 60-Sekunden-Präsentation von Gudrun Happich (siehe Abbildung 8) beginnt mit einem Satz, der die Zielgruppe anspricht und durch ein Nutzenversprechen auf das Folgende neugierig macht: »Führungskräfte und Unternehmer lernen vom erfolgreichsten Unternehmen aller Zeiten – der Natur.« Es folgen drei Beispiele, die dieses Versprechen einlösen. Vorgestellt wird jeweils ein Prinzip aus der Natur – und wird sogleich auf die Unternehmensrealität übertragen. Jedes Beispiel wird auf einer Seite vorgestellt, ist gleich aufgebaut und schließt mit einer Frage, die zum Weiterdenken anregt. Die Kunst dabei: Das alles geschieht je Beispiel in nur fünf Zeilen! Klarheit und Kürze sind hier das Inszenierungsgeheimnis – ein komplexes Thema wird auf wenige, plakative Kernaussagen reduziert.

Die Präsentation endet mit einem (auf drei Punkte beschränkten) Profil der Beraterin, den Kontaktdaten und der persönlichen Unterschrift.

GALILEO®
Institut für Human Excellence

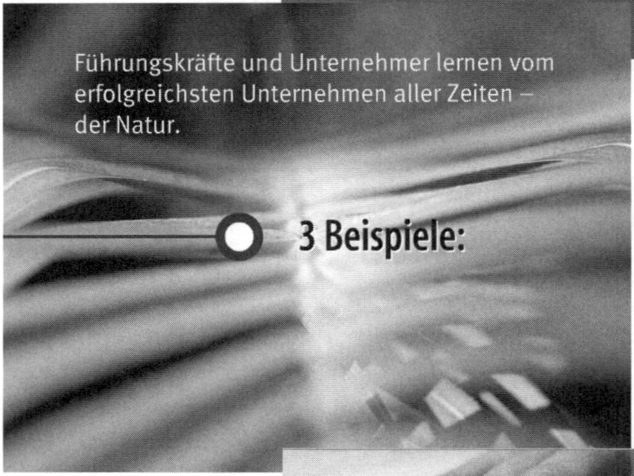
Führungskräfte und Unternehmer lernen vom erfolgreichsten Unternehmen aller Zeiten – der Natur.
3 Beispiele:

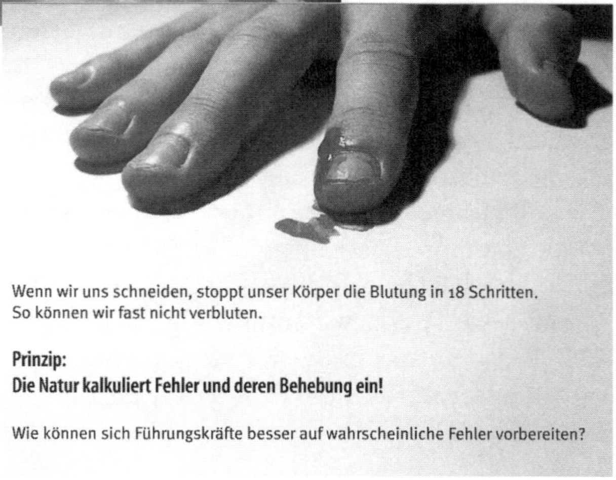
Wenn wir uns schneiden, stoppt unser Körper die Blutung in 18 Schritten.
So können wir fast nicht verbluten.
Prinzip:
Die Natur kalkuliert Fehler und deren Behebung ein!
Wie können sich Führungskräfte besser auf wahrscheinliche Fehler vorbereiten?

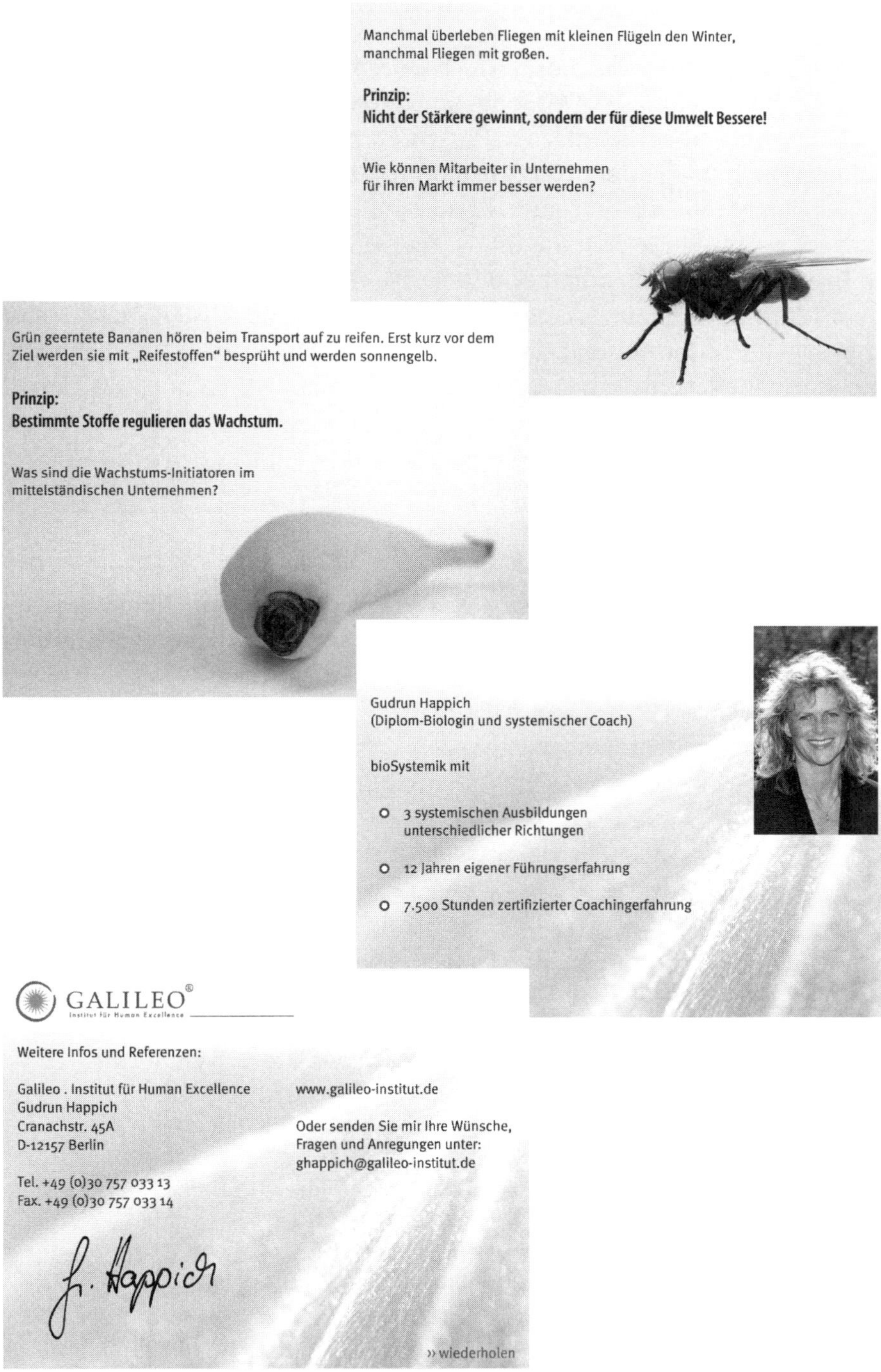

Abbildung 8: Beispiel für eine gelungene Kennenlernpräsentation

Die zwölf wichtigsten Inszenierungstechniken

Der Marketingerfolg von Beratern, Trainern und Coachs hängt entscheidend von guten Texten ab. Das fängt an beim einfachen Brief an einen Kunden, geht weiter über die Internet-Präsentation und reicht bis hin zu Fachartikel und Buch. In meinem Checklistenbuch[5] habe ich die zwölf wichtigsten Inszenierungstechniken für gute Texte zusammengefasst. Mithilfe der folgenden Checklisten lernen Sie die wesentlichen Prinzipien und Methoden von Inszenierung kennen und erhalten eine Anleitung, diese Techniken bei Ihrem Marktauftritt einzusetzen. Sie können die Checklisten hintereinander bearbeiten oder nur einzelne herausgreifen. Dabei gilt: Jede Technik ist für nahezu alle Kanäle nutzbar; was für Fachartikel gilt, ist auch für Vorträge, Broschüren, Internetseiten oder Mailings einsetzbar.

Technik 1: Kraftvolle Sprache

Mit einer guten Sprache können Sie enorm viel erreichen. Allein dadurch unterscheiden Sie sich von den allermeisten anderen Beratern, Trainern und Coachs.

Regel	Anregungen	Beachtet
Verzichten Sie auf Berater-deutsch	Vermeiden Sie Formulierungen aus dem Standardrepertoire der Beraterbranche (Prozessoptimierung, ressourcenorientierte Arbeitsweise ...)	❑
Wollen Sie spannend und anders sein? Dann schaffen Sie als erstes das Beraterdeutsch ab. Quälen Sie Ihre Leser und Zuhörer nicht mit Beraterphrasen.	Verzichten Sie auf meditativen Sprachfluss: »Bei der Prozessberatung wird der Mandant durch den Coach in die Lage versetzt, seine Problemstellungen eigenständig zu bewältigen. Bei dieser Vorgehensweise steht die Einbeziehung der betroffenen Führungskräfte und Mitarbeiter im Vordergrund, mit dem Ziel, eine breite Akzeptanz der Lösungsvorschläge zu erreichen und so eine erfolgreiche Umsetzung zu ermöglichen. Häufige Anwendungsgebiete sind ...« Präsentiert auf einer Meditations-CD wäre die einschläfernde Wirkung solcher Texte garantiert.	❑

5 Weyand, Giso: *Die 250 besten Checklisten für Berater, Trainer und Coachs,* München 2008, S. 218 ff.

	Vermeiden Sie Worte, die fachlich klingen, deren Bedeutung aber unklar ist (»systemische Arbeitsweise«, »Optimierung von Prozessketten«, »lebendiges Netzwerk«, »umsetzungsorientierter Beratungsansatz«).	❑
	Überprüfen Sie jeden Satz Ihres Artikels, Buchs, Vortrags oder Briefs auf Beraterdeutsch – und streichen Sie es ersatzlos.	❑
	Wenn Sie auf einen bestimmten Begriff nicht verzichten möchten, sollten Sie ihn mit kraftvollem Deutsch kombinieren. Beispiel: Statt »Wir optimieren Ihre Prozesslandschaft.« schreiben Sie besser: »Prozessoptimierung: Welche Abläufe sind unsinnig? Welche schlecht? Und wie lassen sie sich verbessern?« Oder treffen Sie den Nerv des Lesers mit dem einfachen, schlichten Satz: »Endlich bessere Prozesse«.	❑
Formulieren Sie verständliche Sätze	Hauptsätze ausreizen. Hauptsätze sind die erste Wahl für alle, die etwas Kraftvolles zu sagen haben und es klar sagen möchten.	❑
	Nebensätze anhängen. Nebensätze haben ihre Vorzüge: abgestufte Gewichtungen, sinnvolle Ergänzungen. Ihr häufigster und meist ihr bester Platz ist hinten: Der Hauptsatz hat eine Hauptsache mitgeteilt, nun folgt die Erläuterung.	❑
	Eingeschobene Nebensätze vermeiden, ebenso voneinander abhängige Nebensätze.	❑
	Vorangestellte Attribute vermeiden. Beispiel: »... eine auf die konkrete Aufgabenstellung und die jeweilige Unternehmenssituation abgestimmte Beratungsmethode«. Zwischen *eine* und *Beratungsmethode* liegen zehn Wörter, bis der Leser endlich erfährt, worum es geht.	❑
	Subjekt und Prädikat sollten nicht weiter als sechs Wörter auseinanderliegen – damit der Leser weiß, wovon Sie reden.	❑

	Schreiben Sie aktive Sätze. Passivkonstruktionen machen es dem Leser erheblich schwerer, einen Text zu verstehen. Beispiel: »In einem Finanzplan werden die in der Zukunft erwarteten Einzahlungen und Auszahlungen einander gegenübergestellt. So können rechtzeitig geeignete Maßnahmen zur Sicherung der Liquidität des Unternehmens eingeleitet werden.« Die Alternative dazu ist das Aktiv: »Ein Finanzplan stellt die erwarteten Einzahlungen und Auszahlungen einander gegenüber. So können wir rechtzeitig Maßnahmen einleiten, um die Liquidität des Unternehmens zu sichern.«	❑
Meiden Sie Fachjargon	Ein Fachausdruck ist sinnvoll, wenn er eingeführt ist und die Verständigung erleichtert. Beispiel: »Um auf Augenhöhe mit der Bank zu kommunizieren, betrachten Sie bitte zunächst Ihre BWA.« In diesem Fall ist BWA ein eingeführter Begriff, den jeder Unternehmer kennt. Prüfen Sie immer, ob ein Fachbegriff Ihrem Leser vertraut ist und die Verständigung erleichtert – andernfalls verzichten Sie darauf.	❑
Streichen Sie Überflüssiges	Ein Text gewinnt fast immer, wenn man ihn kürzt. Gehen Sie einen fertigen Artikel noch einmal durch – und streichen Sie alles Überflüssige. • Streichen Sie alle abgedroschenen Phrasen (»Das Ende der Fahnenstange«) • Streichen Sie Füllwörter (zum Beispiel wirklich, nun, ja, gar, so, ungefähr, auch) • Prüfen Sie, welche Adjektive Sie streichen können.	❑

Technik 2: Knackiger Titel

Der beste Text nützt Ihnen nichts, wenn ihn keiner liest. Was also tun? Wecken Sie Neugierde mit einem perfekten Titel. Hierfür gibt es mehrere Methoden.

Methoden für einen guten Titel		Angewendet
Kombination aus Haupt- und Unterzeile	Kombinieren Sie einen »Aufreißer« in der ersten Zeile mit einer Information in der zweiten Zeile. Beispiel (Titel für einen Newsletter, Artikel oder Vortrag): »Feuerwerk der Rhetorik (Hauptzeile, macht neugierig) 25 Strategien für Führungskräfte« (Unterzeile, liefert die Information)	❑
Ungewöhnliches Wortpaar	Führen Sie zwei Dinge zusammen, die auf den ersten Blick nicht zusammengehören. Beispiel (Titel eines Buches zum Thema Zeitmanagement): »Wenn du es eilig hast, gehe langsam«	❑
Metapher	Finden Sie eine Metapher. Sie lässt im Kopf des Lesers ein Bild entstehen und erzeugt damit Spannung. Beispiele: »Feuerwerk der Rhetorik« (statt »Überzeugend argumentieren«) »Die Kunst der Verführung« (statt »Marketing für Fortgeschrittene«)	❑
Frage	Formulieren Sie Ihren Titel als Frage (siehe auch Checkliste »Technik 5: Fragen einsetzen«) Mit einer Frage können Sie zum Beispiel den Leidensdruck Ihrer Zielgruppe ansprechen: »Wie lange können Sie überleben?« Gefolgt von der Unterzeile: »So entwickeln Sie neue Geschäfte in neuen Märkten«	❑
Provokation	Provozieren Sie mit dem Titel. Beispiel: »Deutsch für Berater!« – gefolgt von einer aufklärenden Unterzeile: »Kraftvolle Sprache als Marketinginstrument«	❑
Saloppe Umgangssprache	Formulieren Sie Ihren Titel locker-flockig umgangssprachlich. Auch damit können Sie dem beraterischen Alltagsgrau entfliehen. Beispiele: »In 30 Sekunden Top oder Flop« »Jetzt erst recht!« »Aus der Pleite lernen«	❑

Technik 3: Der gelungene Einstieg

Mit dem Titel haben Sie Neugier geweckt, nun müssen Sie den Leser oder Zuhörer in Ihr Thema hineinziehen. Hierzu benötigen Sie einen guten Einstieg.

Methoden für den gelungenen Einstieg		Angewendet
Beispiel	Stellen Sie ein konkretes Fallbeispiel an den Anfang. Achten Sie darauf, dass das Beispiel • den Leser oder Zuhörer in seiner Welt abholt • direkt zu Ihrer Botschaft oder Kernaussage hinleitet	❑
Frage	Wecken Sie das Interesse Ihres Lesers mit einer Frage. Beispiele: »Haben Sie schon einen gestandenen Unternehmer weinen sehen?« Das war der Vortragseinstieg eines Insolvenzverwalters vor BWL-Absolventen. Seine Aufgabe war es, aus der Praxis von Insolvenzen zu erzählen. Ein Artikel zum Thema Motivation beginnt mit den Worten: »Motivierte Mitarbeiter in einem vertrauensvollen Arbeitsklima sind sicherlich oberste Priorität der Wunschlisten aller Firmen.« Kürzer und viel spannender ließe sich der Einstieg als Frage formulieren: »Wer wünscht sich das nicht: allzeit motivierte Mitarbeiter?«	❑
Provokation	Eine Provokation macht neugierig, ist interessant – gleichgültig ob zu Beginn eines Vortrags, eines Briefes oder eines Artikels. Ein bekannter Rhetorik-Trainer leitet fast jeden seiner Vorträge mit den Worten ein: »Vergessen Sie alles, was Sie bisher von Rhetorik gehört haben.« Das provoziert – man ist gespannt, was jetzt kommt. Der provokative Einstieg sollte vier Kriterien beachten: • Die Provokation sollte intelligent sein. • Die Provokation darf nicht beleidigen. Ziel ist es, den Zuhörer oder Leser aus seinen gewohnten Denkbahnen zu werfen, niemals aber die Person anzugreifen. • Die Provokation muss zugleich die entscheidende Botschaft enthalten, die Sie im Folgenden erläutern wollen.	❑

	• Die Provokation muss sauber zu begründen sein. Mit einer Behauptung ohne Beweis setzen Sie Ihre Kompetenz und Ihren Ruf als Experte aufs Spiel.	❑
Zitat	Leiten Sie Ihren Beitrag mit einem Zitat ein. Sie könnten auf Mark Twain zurückgreifen: »Der Unterschied zwischen dem treffenden und dem fast treffenden Wort ist der zwischen einem Blitz und einem Glühwürmchen.« Und schon ist klar, worum es geht: um Perfektion, weil Kleinigkeiten in der Rhetorik entscheiden. Ein gelungenes Zitat wirkt gut, weil es • Ihre Kernaussage bündelt, • zeigt, dass auch andere Ihrer Meinung sind, • nur selten überinszeniert wirkt und damit auch für konservative Leser und Zuhörer anwendbar ist.	❑
Ungewöhnliche Handlung	Beginnen Sie mit einer ungewöhnlichen Handlung. Beispiel: Der Verkaufstrainer Rainer Frieß betritt die Bühne und hält eine Druckluft-Tröte wie beim Fußball in der Hand. Und er trötet – laut schallt es durch den Saal. Die Aufmerksamkeit ist blitzartig bei ihm. Zugleich ist die Tröte ein Hinweis auf sein Thema: Spitzenleistung in Sport und Vertrieb.	❑

Technik 4: Spannung halten

Nehmen Sie die klassische Theaterinszenierung in drei Akten zum Vorbild. So können Sie Ihren Vortrag oder Artikel von Anfang bis Ende spannend gestalten.

Inszenierung in drei Akten		**Ausgeführt**
Erster Akt	**Der Knalleffekt** Der Knaller am Anfang sichert Ihnen die Aufmerksamkeit *Siehe hierzu Checkliste »Technik 3: Der gelungene Einstieg«*	❑

	Anstoß Der Leser oder Zuhörer ist dabei. Nun gilt es, das Thema zu nennen, dessen Bedeutung aufzuzeigen und die Kernfrage zu stellen, die Sie in Folgenden beantworten werden. Beispiel: Ein Fachartikel über den optimalen Umgang mit der Bank könnte an dieser Stelle die Frage aufwerfen: »Wie kann ich auf Augenhöhe mit meiner Bank kommen?«	❑
	Informationen Nun folgt der erste Teil der Inhalte. Beispiel: Der Leser lernt die fünf wesentlichen Strategien kennen, um mit seiner Bank professionell umzugehen. Die Spannung lässt nach, es wird Zeit für einen Wendepunkt, der erneut für Spannung sorgt.	❑
	Wendepunkt 1 Überlegen Sie, wie Sie nun die Spannung wieder steigern. Welche Haken gibt es? Wo liegt im praktischen Alltag ein unerwartetes Problem? Beispiel: »Die fünf Strategien klingen bestechend einfach. In der Praxis stellt sich aber ein Problem, bei dem 90 Prozent aller kritischen Bankgespräche dann doch schiefgehen.« Das Publikum wartet gespannt – Vorhang auf für den zweiten Akt.	❑
Zweiter Akt	**Informationen** Nun folgt der zweite Teil der Inhalte. Beispiel: Die Leser lernen die Stolperfallen kennen, an denen kritische Bankgespräche in der Praxis immer wieder scheitern. Wieder lässt die Spannung nach – erneut wird es Zeit für einen Wendepunkt, der die Spannung wieder steigen lässt.	❑
	Wendepunkt 2 Überlegen Sie, wie Sie die Spannung erneut steigern. Beispiel: »Jetzt kennen Sie die Strategien und die Stolpersteine. Aber wie gehen Sie konkret vor, wenn Sie in zwei Wochen den Termin beim Banker haben? Merken Sie sich die fünf Tipps, die ich Ihnen abschließend mitgeben möchte.« Das Publikum hört wieder hin – Zeit für den dritten Akt.	❑

Dritter Akt	**Informationen** Nun folgt der dritte Teil der Inhalte.	❑
	Wendepunkt 3 Sorgen Sie am Ende noch einmal für einen Höhepunkt, steigern Sie noch einmal die Spannung. Beispiel: »Worauf kommt es also letztlich an, damit Sie im Gespräch mit der Bank erfolgreich sind? Was ist das Geheimnis, das 90 Prozent Ihrer Kollegen nicht kennen?«	❑
	Auflösung Die Auflösung rundet den Beitrag ab. Sie erreichen das Ziel, fassen zusammen und beantworten die im Anstoß aufgeworfene Kernfrage.	❑

Anmerkung: Das 3-Akte-Schema müssen Sie nicht starr anwenden; experimentieren Sie mit den Bausteinen. Wenn der Stoff oder die Zeit für einen dritten Akt nicht ausreicht, können Sie am Ende des zweiten Aktes auflösen.

Technik 5: Mit Fragen Neugier wecken

Fragen machen neugierig. Wie können Sie diese Inszenierungstechnik einsetzen, um Ihren Text oder Vortrag spannend zu machen? Lernen Sie drei Einsatzmöglichkeiten kennen.

Möglichkeiten		Getestet
Fragen als Aufhänger oder Einstieg	Beginnen Sie mit einer Frage, die Ihren Leser oder Zuhörer in seinem Arbeitsalltag abholt und zu Ihrem Thema hinführt. Beispiel: »Sind Sie auf Augenhöhe mit Ihrer Bank?« Damit erreichen Sie einen dreifachen Effekt: 1. Ihr Leser oder Zuhörer denkt sofort mit; denn eine Frage öffnet den Geist, regt dazu an, sich mit dem Thema zu beschäftigen. 2. Sie stellen einen Bezug zum Arbeitsalltag des Lesers oder Zuhörers her (im Beispiel das Problem, bei der Bank einen Kredit zu erhalten) 3. Sie geben das Thema des Vortrags vor (mit der Bank in Augenhöhe verhandeln können)	❑

<table>
<tr><td rowspan="2">Fragen zur Gliederung</td><td colspan="2">Gliedern Sie eine Rede oder einen Text mit Fragen.
Eine Gliederung wirkt spannender, wenn Sie die Überschriften zu Fragen umformulieren. Testen Sie den Effekt an folgendem Beispiel eines Vortrags zur »Leistungssteigerung im Vertrieb«:</td><td rowspan="2">❑</td></tr>
<tr><td>Klassische Gliederung
1. Einleitung
2. Bestandsaufnahme
3. Leistungshebel I: Die Vorbereitung
4. Leistungshebel II: Die persönliche Einstellung
5. Leistungshebel III: Verkaufstechniken
6. Checkliste
7. Mögliche Hindernisse auf dem Weg zum Vertriebserfolg
8. Abschluss</td><td>Gliederung in Frageform
1. Warum sind Sie hier?
2. Wie funktioniert Vertrieb meistens?
3. Wie lässt sich Leistung einfach steigern?
• Leistungshebel I: Die Vorbereitung
• Leistungshebel II: Die persönliche Einstellung
• Leistungshebel III: Verkaufstechniken
4. Was ist zu beachten?
5. Was steht Ihrem Erfolg im Weg?
6. Wie geht es weiter?</td></tr>
<tr><td>Fragen als Abschluss</td><td colspan="2">Oft bietet es sich an, einen Vortrag oder Text mit einer Frage abzuschließen, die zum Weiterdenken oder Handeln anregt.
Beispiel: War die Einleitungsfrage »Sind Sie auf Augenhöhe mit Ihrer Bank?«, könnten Sie abschließen mit der Frage: »Und wann sind Sie auf Augenhöhe mit Ihrer Bank?«</td><td>❑</td></tr>
</table>

Technik 6: Kreative Abweichung

Das in der Werbung wohl häufigste Inszenierungsinstrument ist die Abweichung von der Norm. Suchen Sie Ideen, um dieses Prinzip für Ihre Inszenierung einzusetzen.

Wovon können Sie abweichen?		Getestet
Normen in der Kommunikation	Weichen Sie von gewohnten Normen der Kommunikation ab: • von gewohnten Werbeinhalten (»Priester küsst Nonne«, »Ein schwangerer Mann«) • von Regeln der Gestaltung aus den Bereichen Sprache, Design, Bild, Typografie	❑
Gesellschaftliche Normen	Weichen Sie von gesellschaftlichen Erwartungen ab (sozialen, moralischen, religiösen/kirchlichen, ästhetischen Normen). Beispiel eines Coaching-Anbieters: »Wir behandeln alle unsere Kunden *ungleich*.«	❑
Allgemeine Erfahrung	Weichen Sie von der allgemeinen Erfahrung der Menschen ab. (»Strom ist gelb«)	❑
Allgemeinwissen	Weichen Sie von Daten ab, die allgemein als richtig gelten.	❑
Grundprinzip: Bestehende Erwartungen werden kommunikativ sinnvoll durchbrochen – was Aufmerksamkeit erregt und Neugier weckt.		

Quelle: Werner Gaede, Das kreative »Prinzip ABWeichung«, in: Weyand, Giso: *Sog-Marketing für Coaches,* Bonn 2007, S. 111 f.

Technik 7: Geschichten erzählen

Geschichten zu erzählen ist einer der effektivsten Wege, um Spannung aufzubauen. Gerade als Berater, Trainer oder Coach erleben Sie jeden Tag Neues. Erzählen Sie davon.

Spannungsaufbau durch Geschichten		Getestet
Bilder erzeugen	Erzählen Sie Geschichten aus dem Alltag Ihrer Arbeit beim Kunden. So holen Sie Ihren Leser oder Zuhörer in seiner Welt ab, regen seine Fantasie an – die Geschichte fängt an, sich in seinem Kopf abzuspielen. Anmerkung: Mit Geschichten finden Sie einen emotionalen Zugang zu Ihren Kunden. Sie erzeugen Bilder im Kopf des Lesers, was die nüchterne Beschreibung einer Strategie oder Umsetzungstechnik nicht vermag. Als Coach	❑

	oder Berater erleben Sie große und kleine Emotionen, Widerstände und Konflikte, innere und äußere Hürden, Kampf und Versöhnung. Zeigen Sie etwas davon. Nur so wird Ihre Arbeit erlebbar, und im Kopf Ihres Interessenten kann sich eine Vorstellung davon entwickeln.	
Rollenkonflikte ausspielen	Menschen haben unterschiedliche Drehbücher im Kopf, nach denen sie handeln. Nutzen Sie diese Tatsache, um mit einer Geschichte Spannung zu erzeugen. Beispiele: • Ein Projekt ist gescheitert. Der junge, ehrgeizige Projektleiter sieht den Fall aus seiner Perspektive völlig anders als der für die Kosten zuständige Bereichsleiter. Erzählen Sie nun die Geschichte aus dem Blickwinkel des Projektleiters, dessen Sichtweise bei seinem Chef auf völliges Unverständnis stößt – und schon sind Sie mitten im Thema Projektcoaching. • Möglich sind auch zwei Drehbücher in einer Person. So könnte ein Coach die Geschichte einer Kundin erzählen, die gleichzeitig an zwei Drehbüchern schreibt: für ihr Leben als Karrierefrau und für ihr Leben als Mutter und Familienfrau. Eine verzwickte Situation – und Gelegenheit für eine spannende Geschichte.	❑
Gut formulieren	Inszenieren Sie Ihre Geschichte spannend. Eine Geschichte entfaltet ihre Wirkung erst, wenn Sie spannend erzählt wird. Beachten Sie die in diesem Abschnitt vorgestellten Inszenierungstechniken (Checklisten »kraftvolle Sprache«, »gelungener Einstieg«, »mit Fragen Neugier wecken«).	❑

Technik 8: Metaphern

Ähnlich wie eine Geschichte weckt auch eine Metapher Assoziationen und lässt im Kopf des Lesers oder Zuhörers ein Bild entstehen.

Metaphern anwenden	Beachtet
Übertragen Sie ein Bild aus einem anderen Bereich auf Ihre Arbeit • Ein Rhetorik-Trainer drückt das Thema »Überzeugend argumentieren« im Titel seines Vortrags mit einer Metapher aus: »Feuerwerk der Rhetorik« • Ein Marketingberater nennt seinen Artikel nicht »Marketing für Fortgeschrittene«, sondern »Die Kunst der Verführung« – und lässt damit im Kopf des Lesers ein Bild entstehen, das seine Neugier weckt. • Der Hamburger Unternehmensberater Olaf Hinz spricht von »seemännischer Gelassenheit«, die er seinen Kunden vermittelt. Das damit assoziierte Bild: Zieht nachts ein Sturm auf, bleibt der Kapitän eines Schiffs ruhig, aber hoch konzentriert. Er prüft die Lage, trifft alle Vorkehrungen und weckt nur den Teil der Mannschaft, der wirklich gebraucht wird ...	❑
Achten Sie darauf, dass die Metapher verständlich ist. Nur dann kann sie wirken und die Emotionen des Lesers oder Zuhörers wecken.	❑
Achten Sie darauf, dass die Metapher die richtigen Assoziationen weckt. Beispiel: Ein Trainer nannte sein Rhetorik-Training »Schwarze Rhetorik«. Die Metapher wirkte in die falsche Richtung. Eine kleine Umfrage bei der Zielgruppe ergab: Man dachte an Voodoo-Puppen, abgebissene Hühnerköpfe und merkwürdige Tänze.	❑
Besser keine als eine schlechte Metapher. Finden Sie ein perfektes Bild für Ihre Tätigkeit, Ihren Vortrag, Ihren Artikel – oder verzichten Sie darauf.	❑

Technik 9: Leidensdruck ansprechen

Es gibt ein todsicheres Mittel, um Aufmerksamkeit zu erzeugen: Sprechen Sie den Leidensdruck an. Dem Dürstenden in der Wüste müssen Sie nur »Wasser« zurufen.

Inszenierung via Leidensdruck	Beachtet
Sprechen Sie im Titel und Einstieg ein Leidensdruckthema an – und kommen Sie im Verlauf des Textes oder der Rede immer wieder darauf zurück.	❑

Geben Sie dem Leser oder Zuhörer das Gefühl, dass Sie seinen Leidensdruck verstehen (zum Beispiel indem Sie eine Geschichte aus dem Arbeitsalltag eines Ihrer Kunden erzählen).	❑
Deuten Sie an, dass Sie in den folgenden Ausführungen eine praktikable Lösung vorstellen, die den Leidensdruck schnell und nachhaltig beseitigen kann.	❑
Erzeugen Sie Spannung, indem Sie – zunächst – nur wenig sagen. • Sprechen Sie das Leidensdruckthema an, warten Sie dann auf die Reaktion. Wenn Sie mit einem Interessenten im Gespräch sind: Sagen Sie nicht zu viel, warten sie, bis er nachfragt. (Schließlich möchten Sie ein »gefragter Experte«, nicht jedoch ein »sagender Experte« sein.) • Inszenieren Sie auch andere Marketingkanäle (Kurzvorstellung, Internetseite, 60-Sekunden-Präsentation ...) nach diesem Prinzip: Leidensdruck ansprechen, aber nicht zu viel sagen. Laden Sie den Interessenten stattdessen zu einem Dialog mit Ihnen ein.	❑

Technik 10: Persönliche Nähe herstellen

Persönliche Nähe schafft Betroffenheit. Beschreiben Sie keine anonyme Erfolgsstrategie, sondern schildern Sie den Fall eines Unternehmens – noch besser: eines Menschen.

Das Prinzip	Vorgehensweise und Beispiel	Geprüft
Persönliche Nähe herstellen	Angenommen, Sie halten einen Vortrag über Frühwarnsignale für eine Krise im Unternehmen. Welche Variante wird Ihre Zuhörer am stärksten berühren? • *Variante 1:* Sie stellen als Warnsignal heraus: »Die Liquidität sinkt.« • *Variante 2:* Sie beschreiben die Situation in einem Unternehmen: »Die XY Maschinenbau GmbH hat festgestellt, dass sie immer eine Liquidität von ... hat; innerhalb von vier Wochen ist dieser Wert abgesunken auf ...« • *Variante 3:* Sie berichten, wie der Controller zum Geschäftsführer kommt und feststellt: »Die Liquidität ist drastisch gesunken, unsere Rechnungen stehen immer länger aus – das heißt wir können unsere Lieferanten nicht mehr pünktlich bezahlen. Was machen wir denn jetzt?«	❑ ❑ ❑

	Keine Frage: Die dritte Variante fesselt die Zuhörer am stärksten. Die Not des Geschäftsführers wird deutlich, die Zuhörer leiden mit ihm.	
Mensch geht vor Unternehmen – Unternehmen geht vor Sache	Fragen Sie bei allem, was Sie vorstellen möchten: • Muss ich wirklich ganz nüchtern die Sache beschreiben? • Oder kann ich dies auch anhand einer Organisation oder eines Unternehmens tun? • Oder noch besser: Kann ich den Sachverhalt an einer konkreten Person festmachen?	❑

Technik 11: Teil für das Ganze

Treffen Sie eine Auswahl, lassen Sie einen Teil für das Ganze sprechen. So wenden Sie das Allgemeine in das Besondere, das Abstrakte in das Konkrete – und wirken spannend.

Das Prinzip	Anregungen und Beispiele	Beachtet
Pars pro toto – den Teil für das Ganze sprechen lassen • Spannend für den Leser: Das konkrete Detail bietet Farbe, Lebendigkeit, regt dazu an, auf das Ganze zu schließen. • Angenehm für Sie: Anstatt mühsam nach Vollständigkeit zu trachten, greifen Sie beherzt zwei oder drei Details heraus.	Listen Sie nicht alle 37 Leidensdruckthemen Ihrer Kunden auf, sondern beschränken Sie sich auf einige wenige, die als Teil für das Ganze sprechen.	❑
	Sagen Sie nicht »Ich berate Mittelständler in ... « und führen dann zehn Städte auf, sondern formulieren Sie: »Ich berate Mittelständler von Karlsruhe bis zum Bodensee.«	❑
	Schreiben Sie nicht: »Ich trainiere Vertriebsmitarbeiter in den Bereichen Persönlichkeitsentwicklung, Verkaufen, Abschlusstechniken, Führungstechniken, Mitarbeitergespräche, Preisverhandlungsstrategien, ...«, sondern teilen Sie einfach mit: »Ich biete Fullservice-Training für Vertriebsmitarbeiter – vom Finden einer Verkaufsstrategie bis zur Abschlusstechnik.«	❑
	Unter dem Menüpunkt »Projekte« auf Ihrer Webseite führen Sie nicht alle 32 Projekte auf, sondern fünf ausgewählte, die als Teil für das Ganze sprechen.	❑

	In der Bibel schreibt Matthäus (6, 26): »Sehet die Vögel unter dem Himmel an: Sie säen nicht, sie ernten nicht, sie sammeln nicht in die Scheunen; und euer himmlischer Vater nährt sie doch.« Die Vögel stehen beispielhaft für andere – für alle, die leben anstatt rund um die Uhr zu arbeiten. Wie würde der typische deutsche Berater den Gedanken formulieren? Etwa so: »Beachte Deine Work-Life-Balance. Arbeiten ist nicht das einzig mögliche Ziel im Leben. Vielmehr sind weitere Komponenten wie Freizeitaktivitäten, soziales Netzwerk und spirituelles Leben ebenfalls zu berücksichtigen.«	❑

Technik 12: Die magischen Satzzeichen

Schaffen Sie Spannung – mit Satzzeichen. Was beim Sprechen Betonung und Pausen ausdrücken, erreichen im Text Gedankenstrich, Doppelpunkt und Semikolon.

Das Prinzip	**Beispiele und Erläuterungen**
Gedankenstrich, Doppelpunkt und Semikolon lenken den Lesefluss.	Der Leser braucht Atempausen, und die Kunst des Schreibens besteht darin, sie ihm in den richtigen Abständen anzubieten – indem Sie einen Punkt setzen. Darüber hinaus können Sie Text lebendig und spannend gestalten: mit Doppelpunkt, Gedankenstrich und Semikolon.
Doppelpunkt *Faustregel:* • *Ein* Doppelpunkt pro Absatz weist auf die richtige Dosis hin • Kein Doppelpunkt auf einer ganzen Seite weist auf eine verschenkte Chance hin, Spannung zu erzeugen	Der Doppelpunkt weckt Spannung, weil er signalisiert: Jetzt kommt die Lösung, jetzt kommt die Antwort. *Prüfen Sie den Unterschied:* • »Bei unserer Arbeit setzen wir vor allem auf unsere Erfahrung.« • »Bei unserer Arbeit setzen wir vor allem auf eines: unsere Erfahrung.«

Gedankenstrich *Faustregel:* • *Ein* Gedankenstrich pro Absatz • Der Gedankenstrich gliedert den Lesefluss ähnlich wie ein Doppelpunkt	Der Gedankenstrich eignet sich, eine starke Aussage dramatisch zu unterstreichen. *Prüfen Sie den Unterschied:* • »Aus Sicht des Betroffenen ist dieser Punkt durchaus zu verstehen. Und dennoch kommen wir bei Betrachtung der Studien auf ein anderes Ergebnis.« • »Aus Sicht des Betroffenen ist dieser Punkt durchaus zu verstehen – und dennoch kommen wir bei Betrachtung der Studien auf ein anderes Ergebnis.«
Semikolon	Das Semikolon liegt in der Mitte zwischen Punkt und Komma: Es signalisiert eine stärkere Zäsur, die ein Komma nicht ausreichend verdeutlichen würde; ein Punkt an dieser Stelle aber könnte den falschen Eindruck erwecken, die Aussage sei abgeschlossen. Anders als der Punkt lädt das Semikolon *nicht* dazu ein, die Stimme zu senken und Atem zu holen – es kann die Lektüre sogar beschleunigen. Beispiel: Dieser Punkt wäre auch anders lösbar gewesen; eine Betrachtung der BWA hätte ausgereicht.

1.7 Bekannt werden: Die Profilierung

Der dritte Baustein des Sogmarketings, die Profilierung, ist eine mühsame Angelegenheit. Bekannt werden bedeutet ja, über normales Empfehlungsmarketing hinaus aktiv zu sein – also Fachartikel zu schreiben, Vorträge zu halten, sich bei Veranstaltungen zu zeigen, vielleicht sogar ein oder mehrere Bücher zu veröffentlichen. Es geht darum, konstant und über Jahre hinweg daran zu arbeiten, die eigene Bekanntheit zu steigern. Die meisten Berater, Trainer und Coachs scheuen den hierfür notwendigen Aufwand an Zeit und Energie.

Doch genau dieser dritte Baustein des Sogmarketings ist es, der Sie zum Experten macht. Angenommen Sie positionieren sich als Vertriebstrainer für Textileinzelhandel. Wenn Sie nun regelmäßig Artikel in den einschlägigen Fachmedien schreiben, dann ein Buch zu dem Thema veröffentlichen, zudem noch Vorträge halten, wenn man also in der Szene regelmäßig von Ihnen hört, dann prägt sich im Kopf Ihrer Zielgruppe unweigerlich die Botschaft ein: »Das ist der Vertriebsexperte für unsere Branche!« Nun sind Sie jemand, den man fragen muss, um den man nicht herumkommt, wenn es um das Thema Vertrieb im Textileinzelhandel geht.

Damit nicht genug: Wenn Sie den Ruf des Experten erworben haben, können Sie bis zu einem gewissen Grad sogar die Nachfrage steuern. Noch einmal angenommen, Sie sind als Vertriebsexperte im Textileinzelhandel bekannt. Vielleicht stellen Sie jetzt fest, dass viele Händler ihre Warenpräsentation verbessern könnten, zudem ist Ihnen hierzu eine neue Studie aus den USA aufgefallen. Das Thema könnte ein interessantes Geschäftsfeld sein, denken Sie – und schreiben nun einen Fachartikel, etwa in dem Tenor: »Neue Erkenntnisse für die Warenpräsentation: Wie Sie Ihren Umsatz um bis zu 10 Prozent steigern.« Und schon generieren Sie Anfragen, sofern zu diesem Thema tatsächlich ein Bedarf besteht.

Es ist zweifellos eine reizvolle Perspektive, die Nachfrage in eine gewünschte Richtung zu lenken. Denn wer möchte nicht die Art seiner Arbeit selbst mitbestimmen? Genau darin sehe ich einen der ganz großen Vorteile einer Profilierungsstrategie – im Unterschied etwa zum Empfehlungsmarketing, das für viele Berater, Trainer und Coachs als das Non-Plus-Ultra der Marketinginstrumente angesehen wird. Werden Sie nämlich weiterempfohlen, können Sie die Art eines Auftrags kaum steuern; Sie müssen dann schon Glück haben, dass der neue Kunde gerade das Thema nachfragt, das Sie interessiert.

Expertenstatus, Steuerung der Nachfrage – gute Argumente also, sich ernsthaft dem dritten Baustein des Sogmarketings zu widmen.

Wie gehen Sie nun am besten vor? Zur Wahl stehen Ihnen die klassischen Kanäle wie Fachartikel, Buch und Vortrag, aber auch neuere Kanäle wie Weblog oder Podcast (siehe hierzu Kapitel 15). Ich empfehle Ihnen, sich zwei oder drei Kanäle auszusuchen, die Ihnen persönlich am ehesten liegen. Wenn Sie ungern schreiben, konzentrieren Sie sich mehr auf Vorträge – und umgekehrt.

Vor allem aber: Bleiben Sie dran. Wenn Ihre möglichen Kunden nur ein- oder zweimal von Ihnen hören, prägt sich das nicht ein. Es ist nicht sinnvoll, einmal ein Buch zu schreiben und dann ein ganzes Jahr zu schweigen. Publizieren Sie stattdessen regelmäßig, finden Sie hierfür Ihren persönlichen Rhythmus. Schreiben Sie zum Beispiel drei Fachartikel pro Jahr und halten Sie zwei Vorträge. Oder führen Sie ein regelmäßiges Weblog, fassen Sie daraus die besten Themen hin und wieder in einem Fachartikel zusammen – und veröffentlichen Sie Ihr Wissen alle drei bis vier Jahre in Form eines Buches.

Das ist natürlich leichter gesagt als getan. Dennoch: Nehmen Sie sich die notwendige Zeit und planen Sie diese Zeit auch ein, um konsequent die von Ihnen bevorzugten Profilierungskanäle zu bedienen. Die Big Five dieser Kanäle lernen Sie im Folgenden (und in weiteren Kapiteln dieses Buches) näher kennen. Zuvor jedoch noch ein anderer Schritt: Anfangen sollten Sie – unabhängig vom Instrument, das Sie später einsetzen wollen – mit einer Themensammlung, aus der Sie später für alle Profilierungskanäle schöpfen können.

Erstellen Sie eine Themensammlung

Um regelmäßig publizieren zu können, hat es sich bewährt, zunächst eine Themensammlung anzulegen. Holen Sie Ihre Mitarbeiter zu einem kleinen Workshop zusammen, um gemeinsam einen Grundstock möglicher Themen zu erarbeiten. Folgende Fragen können bei der Themengenerierung helfen:

- Was sind die sieben größten Leidensdruckthemen Ihrer Leser?
- Welches Problem Ihrer Kunden können Sie am besten lösen?
- Was sind die fünf größten Stärken Ihres Unternehmens?
- Gibt es zu Ihren Beratungs- oder Coachingthemen Erfolgsgeheimnisse?
- Welches sind die fünf erfolgreichsten Projekte, die Sie mit Kunden umgesetzt haben?
- Was wird im Gebiet Ihrer Kernkompetenz immer wieder falsch gemacht?
- Was sind aktuelle Themen und Trends Ihres Fachbereichs? Wie denken Sie darüber?
- Was sind die drei provokativsten Thesen, die Sie zu Ihrem Fachbereich formulieren können?
- Was bekommt Ihr Kunde nur bei Ihnen?
- Worüber schreiben und referieren Kollegen? Welche Experten publizieren zu Ihrem Kernthema? Welche Aspekte können Sie aufgreifen und mit Ihren Erfahrungen »weiterdrehen«?
- Welche Themen legt die aktuelle wirtschaftliche Situation Ihrer Zielgruppe nahe? Können Sie zu diesen Themen etwas Besonderes beitragen?

Überlegen Sie im nächsten Schritt, wie Sie die gesammelten Themen gruppieren und priorisieren können. Wählen Sie dann zwei bis drei Themen aus, die Sie als Erstes angehen wollen. Prüfen Sie die Themen anhand folgender drei Kriterien:

- Relevanz: Hat das Thema in der aktuellen Situation einen konkreten Nutzen für sehr viele Leser oder Zuhörer?
- Neuigkeitswert: Enthält das Thema interessante Aspekte, die wirklich neu sind?
- Beitrag zur Positionierung: Transportiert das Thema zumindest teilweise Ihre Botschaftslinie?

Welche Ihrer Themen erfüllen diese drei Kriterien besonders gut? Anhand dieses einfachen Drei-Punkte-Filters können Sie die tragfähigen Themen identifizieren und eine konkrete Themenliste erstellen, mit der Sie nun starten können. Überprüfen wir als Beispiel einmal das bereits erwähnte Thema »Warenpräsentation«, das unser Vertriebstrainer für den Textileinzelhandel gerne angehen möchte. Dass dieses Thema tatsächlich trägt, kann er anhand der drei Kriterien schnell feststellen:

- *Relevanz:* Für nahezu alle Einzelhändler besteht die Möglichkeit, durch eine bessere Warenpräsentation die Umsätze deutlich zu steigern. Das Thema bringt somit für sehr viele Leser und Zuhörer aus der Zielgruppe einen konkreten Nutzen.
- *Neuigkeitswert:* Eine in Deutschland noch unbekannte Studie aus den USA hat neue, für die Zielgruppe relevante Aspekte zu diesem Thema zu Tage gefördert.
- *Beitrag zur Positionierung:* Das Thema festigt ganz klar das Image des Trainers als Experte im Textileinzelhandel – und unterstützt zudem den Einstieg in ein neues, in die Strategie passendes Geschäftsfeld.

Die Themensammlung sollte Sie von nun an ständig begleiten. Ergänzen Sie die Liste jedes Mal, wenn Ihnen eine Idee begegnet – sei es nach einem Gespräch beim Kunden, in der Diskussion mit Kollegen oder bei der Lektüre einer Fachzeitschrift. Jagen Sie dann die neuen Themenideen durch den Drei-Punkte-Filter und setzen Sie gegebenenfalls die Prioritäten neu: Welche zwei bis drei Themen möchten Sie in den kommenden Wochen und Monaten angehen?

Die Big Five für Ihre Profilierung

Elefant, Nashorn, Büffel, Löwe und Leopard – Sie kennen die Big Five der Großwildjagd? Lernen Sie jetzt auch die fünf großen Profilierungskanäle kennen, die Big Five für Ihre Profilierung: Fachartikel, Buch, Vortrag, Pressemitteilung und Themenangebote an renommierte Medien.

Fachartikel

Fachartikel sind Beiträge, die unter Ihrem Namen erscheinen. Regelmäßig eingesetzt bringen Sie ein hohes Renommee. Die Betonung liegt hier auf regelmäßig – denn die Wirkung beginnt erst, wenn Interessenten mehrfach von Ihnen lesen. Das strahlt Konstanz aus und man merkt: Sie sind ein gefragter Experte auf Ihrem Gebiet.

Fachartikel haben aber noch einen weiteren Vorteil: Sie eignen sich gut, um überhaupt einmal ins Publizieren einzusteigen. Ein Artikel hat zwei bis vier DIN-A4-Seiten, ist also überschaubar und hat genau die richtige Größe, um die erforderlichen Inszenierungstechniken zu üben – vom spannenden Einstieg bis zur anschaulichen Sprache. Nehmen Sie sich vor, Ihren ersten Artikel für eine Branchenzeitschrift Ihrer Kunden zu schreiben; denn kleine Branchenmedien ohne größere eigene Redaktion sind in der Regel dankbar für Artikel, die von Beratern kommen. Wenn Sie zum Beispiel Vertriebstrainer sind und chemische Anlagenbauer als Zielgruppe haben, könnten Sie bei der Fachzeitschrift *Chemie Technik* anfragen, ob sie an einem Beitrag zum Thema Vertrieb Interesse hat.

Um die in Frage kommenden Zeitschriften zu identifizieren, genügt es in der Regel, bei Ihren Kunden nachzufragen, welche Publikationen sie lesen und warum sie bestimmte Medien bevorzugen. Mit einer kleinen Internetrecherche können Sie dann die Bedeutung der genannten Zeitschriften überprüfen. Lassen Sie sich eine Ausgabe zukommen und stellen Sie fest, ob und in welcher Form hier ein Artikel von Ihnen erscheinen könnte.

Bevor Sie sich mit einem Artikelvorschlag – nicht mit dem fertigen Text! – an eine Redaktion wenden, sollten Sie überlegen, wie Sie das Thema dem Redakteur »verkaufen«. Gehen Sie hierzu noch einmal Ihre Themensammlung durch und überlegen Sie bei den einzelnen Themen, welche Zielrichtung ein Artikel haben könnte. Zum Beispiel kann ein Artikel

- eine provokative These in die Welt setzen, mit der Sie Aufsehen erregen (und die natürlich zu Ihrer Botschaftslinie passen muss),
- einen besonderen Erfolgshebel herausstellen, den Sie entwickelt und umgesetzt haben,
- Stolperfallen zeigen, auf die die Leser besonders achten sollten,
- ein konkretes Projektbeispiel schildern, aus dem sich besonders viel lernen lässt,
- Ergebnisse einer Befragung oder von Interviews vorstellen,
- eine Studie analysieren und deren konkrete Konsequenzen aufzeigen.

Halten Sie dann in Stichworten fest, welchen konkreten Nutzen der Leser hat. Welches Thema verspricht einen besonders hohen Nutzen? Formulieren Sie nun in einem Satz die Botschaft des Artikels: Welche Kernaussage möchten Sie den Lesern der Zeitschrift vermitteln? Und stellen Sie noch einmal den Neuigkeitswert heraus: Was ist das Neue an dem Thema? Welcher Aspekt ist noch unbekannt? Warum ist dieser neue Aspekt so wichtig? Idealerweise finden Sie dann noch einen Aufhänger. Warum soll ein Redakteur das Thema gerade jetzt aufgreifen? Anlässe können zum Beispiel ein bevorstehender Kongress sein, Ergebnisse einer noch unveröffentlichten Studie, ein neuer Aspekt zur aktuellen Diskussion, eine bevorstehende Gesetzesänderung, die unerwartete Konsequenz eines aktuellen Trends, ein neuer Trend mit gravierenden Folgen, ein Leidensdruckthema bei vielen Lesern.

Nun sind Sie gut vorbereitet, um für Ihren geplanten Artikel ein Exposé zu verfassen, mit dem Sie das Thema dem Redakteur anbieten. Das Exposé umfasst etwa eine Seite; es enthält im Wesentlichen den Titel, einen kleinen Heißmacher von fünf bis zehn Zeilen und eine Inhaltsangabe. Hinzu kommt noch eine kurze Information zu Ihnen als Autorin oder Autor, am besten mit Hinweis auf Ihre Internetseite. Achten Sie darauf, die Überschrift und den kleinen Heißmacher so spannend wie möglich zu formulieren, greifen Sie in zwei oder drei Stichworten möglichst auch den Leidensdruck der Leser auf, sodass der Redakteur merkt, dass Sie sich mit den Bedürfnissen der Leser auseinandergesetzt haben.

Hier das Beispiel für ein Exposé, mit dem Olaf Hinz das auf den ersten Blick trockene Thema »Projektmanagement« unter einem neuen, auf die Führung im Projekt zugespitzten Aspekt einer Fachzeitschrift verkaufte:

Wenn Schwierigkeiten zur Regel werden

Seemännische Gelassenheit in Projekten

Das Projekt läuft rund – ein Satz, der kaum einem Projektmanager je über die Lippen geht. Projekte sind immer ein Risiko, finden Freunde und Gegner und sind zu einem hohen Grad unkalkulierbar.

Über das Handwerkszeug guter Projektmanager wurde bereits viel gesprochen und geschrieben. Doch welche Haltung hilft einem Projektmanager, souverän und effizient zu agieren?
Seemännische Gelassenheit nennt Olaf Hinz diese Haltung. Ruhig, konzentriert und wach sollte ein Projektmanager sein – genau wie ein Kapitän auf der Brücke.
Klingt selbstverständlich, ist es aber nicht. Anhand von drei konkreten Situationen zeigt der Autor, welche Haltung in Projekten Realität ist und was für einen besseren Umgang mit Schwierigkeiten getan werden kann.

Inhalte

Operative Hektik

Was Projektmanager als Krise empfinden , ist in aller Regel schlichter Alltag: unvorhergesehene Veränderungen, Wechsel im Team, Fehler von Mitarbeitern, plötzliche Budgetprobleme und Änderungen der Zielvorgaben – all das gehört dazu. Statt in Panik zu verfallen und sofort Krisensitzungen einzuberufen, braucht es seemännische Gelassenheit. Es gilt, Veränderungen als das Wesen des Projektmanagements zu begreifen und schon bei der Projektplanung in Alternativen zu denken.
Ein guter Kapitän bleibt ruhig im aufziehenden Sturm und dreht sein Schiff in den Wind.

Ein Fass ohne Boden

Der Projektmanager erhält immer neue – steigende – Anforderungen durch die Auftraggeber. »Alles erfüllen« funktioniert nicht.
Jetzt heißt es, Position zu beziehen, Mut zum Nein zu entwickeln und die eigene Linie stringent zu verfolgen.
Auf dem Schiff hat der Kapitän das Sagen, nicht der Reeder.

Nicht der Lauteste hat das Ruder

Kernelement aller Projektarbeit ist der Wettbewerb um gute Mitarbeiter. Damit es bei der Verteilung dieser Ressource nicht zugeht wie auf einem Marktschreierwettbewerb, betreiben erfahrene Seebären eine vorausschauende Mikropolitik und binden den Reeder aktiv und vorausschauend in das Projekt ein; damit das Projekt die Spielräume hat, die es bei schnellen Segelmanövern braucht.

Olaf Hinz

berät/coacht als Partner von HRD Hamburg erfahrene sowie junge Führungskräfte und Projektleiter. Als bekennender Hanseat unterstützt er seine Kunden, ihre Aufgaben mit seemännischer Gelassenheit zu erfüllen. Gemeint ist damit eine konzentrierte, wache, entspannte und konsequente Haltung zu Herausforderungen und der eigenen Mannschaft. Vor seiner Selbstständigkeit war Olaf Hinz u.a. als Büroleiter von Peer Steinbrück, damals Wirtschaftsminister in Schleswig-Holstein, und als Personalmanager/Projektfinanzierer der LB Kiel (heute HSH Nordbank AG) tätig.

Sie sehen also: Auch für ein Exposé gelten die klassischen Inszenierungsregeln. Der Unterschied ist jedoch, dass Sie jetzt nicht Ihre Kunden ansprechen, sondern den Redakteur. Und hier gilt die Regel: Machen Sie es noch einen Grad spannender! Spitzen Sie das Thema auf eine klare These zu, übertreiben Sie lieber ein wenig, um die Neugier des Redakteurs zu wecken. Nur dann kann Ihr Thema unter den vielen Angeboten, die eine Redaktion jeden Tag erhält, tatsächlich auffallen.

Buch

Es ist und bleibt die Königsklasse des Beratermarketings: das eigene Buch. Für Ihre Bekanntheit kann es den entscheidenden Baustein legen. Kein anderes Medium leistet einen so großen Beitrag für Ihren Ruf als Experte – mit allen daran hängenden, bereits geschilderten positiven Effekten. Und auch der Versand des eigenen Buches, wenn jemand gerne mehr von Ihnen wissen möchte, wirkt ausgesprochen souverän. Ein Buch ist stets auch Ausdruck von Solidität und Kompetenz.

Nehmen Sie Ihre (für die Fachartikel erstellte) Ideensammlung zur Hand und überlegen Sie, ob eines der Themen für ein Buchprojekt in Frage kommt. Gibt es zum Beispiel ein Thema aus dem Bereich Ihrer Kernkompetenz, das wertvolle praktische Hilfestellung bietet? Oder können Sie zu einem aktuellen Trend Neues beitragen? Es sollte allerdings ein Trend sein, der für Ihre Zielgruppe weitreichende Folgen hat und deshalb zum Handeln zwingt. Oder enthält Ihre Themensammlung eine ungewöhnliche These, die vielleicht ein Buchthema hergibt? Wenn Sie wirklich etwas Neues und Einzigartiges präsentieren können, ist das natürlich der Idealfall – aber es ist nicht zwingend erforderlich. Worauf es ankommt, ist der Zuschnitt: dass Sie Ihr Thema für eine bestimmte Zielgruppe auf den Punkt bringen.

Bevor Sie ein Buch schreiben, benötigen Sie einen Verlag. Spätestens hier fangen die Probleme an: Nur wenige Berater kennen sich in der Verlagsbranche wirklich gut aus – und verstehen sich dann auch noch darauf, die Konditionen für ihr Buchprojekt auszuhandeln. Sie sollten deshalb erwägen, diesen Part einem Literaturagenten zu überlassen. In der Regel stellt ein Agent etwa 20 Prozent des Autorenhonorars in Rechnung, so dass Ihnen im Vorfeld keine Kosten entstehen und Sie auch kein finanzielles Risiko eingehen.

Um Ihre Idee zu »verkaufen«, sei es an den Verlag oder einen Agenten, benötigen Sie ein Exposé und ein Probekapitel. Anhand des Exposés kann sich der Lektor einen Überblick über das Projekt machen, und das Probekapitel zeigt ihm, ob Sie tatsächlich schreiben können. Wenn Sie das Exposé erarbeiten, werden Sie auch selbst feststellen, ob Ihre Buchidee tatsächlich trägt. Denn das Exposé zwingt Sie dazu, Ihre Idee auf den Punkt zu bringen.

Wenn alles gut läuft, werden Sie mit dem Verlag einen Autorenvertrag abschließen und können nun mit der eigentlichen Arbeit beginnen. Wenn es Ihr erstes Buch ist, sollten Sie eine reine Schreibzeit von 60 bis 90 Tagen veranschlagen. Insgesamt – also von der ersten konkreten Idee bis zum Erscheinen – dauert ein Buchprojekt in der Regel zwei bis drei Jahre.

Ihnen steht also ein langer, teilweise mühsamer Weg bevor, bei dem viele Fragen auftauchen. Antwort auf die häufigsten Fragen finden Sie in Kapitel 22.

Vorträge

Neben dem eigenen Buch zählen Vorträge zu den effektivsten Marketinginstrumenten für Berater, Trainer und Coachs. Vorträge sind das ideale Forum, um Ihre Kompetenz und gleichzeitig Ihren persönlichen Stil zu zeigen. Nirgendwo sonst kommen Sie so direkt und intensiv mit einem größeren Publikum in Berührung: Erst lesen die Teilnehmer Ihren Namen in der Ankündigung, dann stellt der Veranstalter Sie vor – und schließlich hören sie Ihnen 45 Minuten lang zu.

Wie Fachartikel entfalten auch Vorträge ihre eigentliche Wirkung, wenn Sie kontinuierlich dranbleiben, wenn man also immer wieder von Ihnen hört, weil Sie zwei bis drei Mal im Jahr vor Ihrer Zielgruppe auftreten. Doch kommt es durchaus auch vor, dass ein Vortrag sofort wirkt – nämlich dann, wenn sich Interessenten direkt im Anschluss bei Ihnen melden.

Voraussetzung ist natürlich, dass Sie eine mitreißende Rede halten. Prüfen Sie deshalb, ob Sie tatsächlich in der Lage sind, ein Thema unterhaltsam darzustellen. Folgt Ihnen das Publikum, lachen die Leute auch, wenn Sie einen Vortrag halten? Haben sie Freude, Ihnen zuhören, bleiben sie von Anfang bis Schluss bei der Stange? Und vor allem: Haben Sie selbst Spaß daran, auf der Bühne zu stehen? Wenn ja, dann sind Vorträge das Instrument Ihrer Wahl.

Nutzen Sie auch jetzt wieder Ihre Themensammlung, um mögliche Themen zu identifizieren. Gehen Sie ähnlich wie beim Fachartikel vor und prüfen Sie: Welches Thema verspricht einen besonders hohen Nutzen? Was ist das Besondere daran? Welche Aspekte sind noch unbekannt? Welchen aktuellen Aufhänger gibt es für das Thema?

So wie Sie einen Artikel einer Redaktion »verkaufen«, so müssen Sie einen Vortrag einem Veranstalter anbieten. Recherchieren Sie hierzu mögliche Veranstaltungen, zu denen das Thema passen könnte. Am einfachsten ist es wahrscheinlich, in der Region zu beginnen und zum Beispiel die Regionaltreffen von Verbänden zu nutzen. Haben Sie dort einen guten Vortrag gehalten, sind die Regionalclubs meist gerne bereit, bei der »Muttergesellschaft« eine Empfehlung auszusprechen, sodass Sie den Einstieg bei den bundes- oder europaweiten Veranstaltungen dieser Verbände schaffen. Weitere Gelegenheiten finden Sie bei Messen und Kongressen oder bei Vortragsveranstaltern der freien Wirtschaft. Prüfen Sie aber auch, ob es bei Ihren Kunden Anlässe gibt, als Redner aufzutreten, zum Beispiel bei einer Jahrestagung, bei einem Mitarbeitertreffen oder einem Kundenforum.

Wie bei einem Artikel benötigen Sie auch für einen Vortrag ein Exposé, um Ihr Thema einem Veranstalter anzubieten. Hier das Beispiel für einen Vortrag von Mathias Paul Weber, Steuerconflictcoach.

Ähnlich wie beim Exposé für einen Fachartikel besteht auch das Redeexposé aus vier Hauptelementen:

1. *Titel:* Finden Sie für Ihren Vortrag einen zugkräftigen Titel. Bewährt hat sich eine Zweiteilung aus reißerischer Schlagzeile und erklärendem Untertitel.

Beispiel:

»Mein Freund vom Finanzamt –

Wie Sie Steuerkonflikte souverän lösen«

2. *Heißmacher:* Präsentieren Sie die Kernidee Ihres Vortrags in 7 bis 15 Zeilen. Ziel ist es, den Veranstalter für das Thema zu begeistern. Was ist die Kernbotschaft? Warum ist das Thema gerade jetzt so aktuell? Warum spricht das Thema viele Menschen an? (Leidensdruckthema, konkreter Nutzen)?

»Denken Sie einmal an Ihr Finanzamt. Was fühlen Sie dabei? Die meisten von uns verbinden mit dem Finanzamt: Raubritter, Neider, Vollstrecker, Abzocker – kurz: den Feind.

Mathias Paul Weber behauptet: Ihr Finanzbeamter kann zum Geschäftsfreund werden.«

Vortragsexposé steuer**conflict**coach

Mein Freund vom Finanzamt

Wie Sie Steuerkonflikte souverän lösen

Denken Sie einmal an Ihr Finanzamt. Was fühlen Sie dabei?
Die meisten von uns verbinden mit Finanzamt: Raubritter, Neider, Vollstrecker, Abzocker kurz: den Feind.

Mathias Paul Weber behauptet:
Ihr Finanzbeamter kann zum Geschäftsfreund werden.

Das bringt Ihnen:

- kurzfristig: Deeskalation bedrohlicher Situationen
- mittelfristig: Lösung von steuerlichen Problemen
- langfristig: partnerschaftliche Kommunikation auf Augenhöhe

Klingt unglaublich? Seien Sie gespannt!!

Inhalt:

- Perspektivenwechsel: Ein Tag im Finanzamt
- Die drei häufigsten Steuerkonflikte und was Sie tun können
- Mein Freund vom Finanzamt. Ein Traum - und wie er Realität werden kann

Hörernutzen: Der Hörer erfährt,

- welche unternehmerischen Vorteile ein partnerschaftlicher Umgang mit dem Finanzamt hat
- wie er diesen trotz angespannter Situation erreicht
- wie er mit den häufigsten Steuerkonflikten souverän umgehen kann

Vortragsdauer:
von 30 - 90 Minuten variabel gestaltbar, als Workshop 2 - 4 Std.

Fazit:

Stellen Sie Ihr Verhältnis zum Finanzamt auf eine völlig neue Basis

Der Referent

Nach Ausbildung zum Steuerinspektor war ich jahrelang an der Oberfinanzdirektion Frankfurt/M. tätig. Ich kenne als Insider die Denk- und Vorgehensweise des Finanzamtes. Seit 12 Jahren bin ich Steuerberater und betreue meine Kunden erfolgreich bei der Deeskalation von Steuerkonflikten.

Mathias Paul Weber
Steuerberater · Dipl.-Finanzwirt

Marburger Str. 5
35719 Angelburg
Fon 06464 934 924
Fax 06464 913 907
info@steuerconflictcoach.de
www.steuerconflictcoach.de

Abbildung 9: Beispiel für ein gelungenes Vortragsexposé

3. *Gliederung:* Stellen Sie den Inhalt Ihres Vortrags anhand einer groben, aber aussagefähigen Gliederung dar. Überschriften und Stichworte sollen neugierig machen.
4. *Info zum Autor:* Stellen Sie sich selbst interessant vor – in wenigen Zeilen.

Während beim Exposé eines Fachartikels ein einfaches Textdokument genügt (einem Redakteur kommt es ausschließlich auf den Inhalt an), sollten Sie beim Redeexposé auch auf eine gute grafische Gestaltung achten. Marktauftritt und Exposé müssen absolut professionell sein!

Pressemitteilungen

Rechnen Sie nicht damit, dass Pressemitteilungen abgedruckt werden. Das kommt nur selten vor, hierfür lohnt die Mühe kaum. Dennoch zähle ich die Pressemitteilungen zu den Big Five der Profilierungskanäle. Warum?

Der Effekt ist auch hier wieder langfristig. Wenn Sie alle zwei bis drei Monate eine gute Pressemitteilung versenden, bleibt Ihr Name mit der Zeit im Gedächtnis der Redakteure und Journalisten hängen. Es ist ähnlich wie bei Ihren Kunden: Auch in den Redaktionen sollten Sie sich als Experte einen Namen machen. Pressemitteilungen sind hierfür ein gutes Instrument. Mit jeder Aussendung sammeln Sie Bekanntheitspunkte – so lange, bis ein Journalist Sie anruft, weil er für einen Artikel den passenden Experten benötigt.

Da recherchiert ein Redakteur zum Beispiel gerade eine Story zum Thema Kreditklemme und möchte wissen, wie mittelständische Unternehmen trotzdem Geld von ihrer Bank erhalten. Nun fällt ihm ein, dass er doch seit zwei Jahren von einem Bankstrategieberater Pressemitteilungen zum Thema »Kommunikation mit der Bank« erhält. Bislang hat ihn das wenig interessiert, doch jetzt benötigt er einen Experten zu diesem Thema – und greift zum Telefonhörer.

Doch Vorsicht, achten Sie auf die Qualität Ihrer Pressemitteilungen. Selbst wenn ein Redakteur nur einen flüchtigen Blick darauf wirft, empfindet er eine Presseinformation ohne Substanz und Neuigkeitswert als lästig. Wenn Sie sich bei den Medien einen Namen machen wollen, müssen Sie mit interessanten Themen auffallen, ansonsten schaden Sie auf Dauer Ihrem Ruf in den Redaktionen. Geben Sie deshalb nur dann eine Information an die Medien, wenn Sie wirklich etwas Interessantes zu sagen haben.

Was heißt das konkret? Wenn Sie das Instrument »Pressemitteilungen« einsetzen möchten, benötigen Sie regelmäßig ein tragfähiges Thema und einen dazu passenden aktuellen Anlass. Das ist nicht einfach, aber durchaus machbar. Folgende Anregungen können Ihnen dabei helfen:

- *Inszenieren Sie aktuelle Anlässe* – zum Beispiel, indem Sie gezielt eine Befragung starten und so eine These mit neuen und exklusiven Zahlen untermauern. Oder indem Sie ein Forum, einen Kongress oder eine Vortragsreihe mit prominenten Rednern auf die Beine stellen.
- *Legen Sie eine Studie auf.* Die Pressemitteilung sollte hier jedoch nur die Zweitverwertung sein. Bieten Sie die Ergebnisse der Studie zunächst exklusiv einer Zeitschrift an. Warten Sie ab, bis der Artikel dort erschienen ist. Lösen Sie dann mindestens vier bis fünf interessante Einzelaspekte aus der Studie heraus. Machen Sie daraus eigenständige Themen, die Sie verteilt über die kommenden Monate zu Pressemitteilungen verarbeiten.
- *Schaffen Sie Anlässe mit prominenten Persönlichkeiten* (Abgeordnete, Bürgermeister, Kammerpräsident, Unternehmenschef des größten lokalen Arbeitgebers ...). Laden Sie hierzu die Lokalzeitung zu einem Fototermin ein und bereiten Sie einen Pressetext vor.
- *Versenden Sie an ausgewählte Fachredaktionen monatlich eine Pressemitteilung aus Ihrem Spezialgebiet* mit jeweils einer nützlichen Information für die Leser (»Tipp vom Experten«). Auch wenn eine Veröffentlichung die Ausnahme bleibt: In den Redaktionen werden Sie mit der Zeit als Experte bekannt, auf den man bei aktuellem Anlass zurückgreift.

Generell gilt: Nutzen Sie aktuelle Anlässe! Können Sie als Experte zu einem aktuellen Ereignis, einem neuen Trend oder einer gerade hochkochenden Diskussion etwas Interessantes beitragen? Wenn ja, packen Sie diesen Aspekt in die Form einer Pressemitteilung, die Sie sofort an die Medien senden. Fügen Sie den Hinweis hinzu, dass Sie gerne auch zu einem weitergehenden Gespräch oder Interview zu Verfügung stehen.

Ein Beispiel hierfür ist die folgende Pressemitteilung eines Rhetoriktrainers, der sich damit in vielen Redaktionen einen Namen machte:

Pressemitteilung

Was Claudia Schiffer und Osama Bin Laden gemeinsam haben

Nach dem 11.September konnte man es tagtäglich von fast allen Nachrichtensprechern hören: Osama bin Laden ist der Top-Terrorist des 21. Jahrhunderts. Eine fatale Formulierung, bedenkt man den eigentlichen Sinn der Vorsilbe »Top«. Laut Duden markiert die Vorsilbe »Top« das nachfolgende Wort als die Spitze seiner Art, als etwas das zum Besten gehört. Wir kennen Top-Models wie Claudia Schiffer, Top-Acts der Musikszene und Top-Schauspieler. Alle werden sie bejubelt von Medien und ihrem Publikum.

»Die Vorsilbe ›Top‹ erhebt das Subjekt in einen höheren Rang. Umso mehr wundert es mich, dass Osama Bin Laden immer häufiger als Top-Terrorist bezeichnet wird«, sagt xxx, Direktor des Instituts für xxx. Tagtäglich beschäftigt er sich mit der Wirkung von Stimme und Sprache auf Menschen. »Ich kenne viele Fälle, in denen eine kleine Vorsilbe große Probleme verursacht hat. Deshalb erschreckt mich der leichtsinnige Gebrauch unserer Sprache immer mehr. Osama Bin Laden ist definitiv der meistgesuchte Terrorist des 21. Jahrhunderts. Aber ihn als Top-Terroristen, also den Besten aller Terroristen, zu bezeichnen, ist einfach nur unpassend und nimmt den Opfern der Terroranschläge auf New York jegliche Würde.«
Aktueller Anlass:
Neben Osama Bin Laden wurden in einer TV-Reportage nun auch andere Terroristen, wie z. B. Weinrich und Carlos als »Top-Terroristen« bezeichnet. Eine Internet-Recherche zum Begriff »Top-Terrorist« ergab über 1.000 Einträge, alleine in Deutschland.

Rückfragen bitte an:
...

Bevor Sie Ihre erste Pressemitteilung versenden, benötigen Sie einen Presseverteiler. Überlegen Sie hierzu im ersten Schritt, welche Zielgruppen Sie erreichen möchten: Wer soll sie lesen? Ausgangspunkt ist hier Ihre Botschaftslinie. Recherchieren Sie dann im zweiten Schritt, welche Medien diese Zielgruppen lesen, hören oder sehen. Sind es Tageszeitungen, Yellow-Press-Titel, Publikumszeitschriften, Fachzeitschriften, Branchen- und Verbandszeitschriften, Hörfunk, Fernsehen, Internet-Portale, Mitarbeiterzeitschriften, Kundenmagazine?

Überlegen Sie im dritten Schritt: Welche dieser Medien könnten sich für Ihr Thema generell interessieren? Welche Zeitschriften sowie Hörfunk- und Fernsehprogramme haben Themenschwerpunkte, die zu Ihrem Leitthema passen? In welches Ressort beziehungsweise in welche Sendung könnten Ihre Themen passen?

Auf Basis dieser Vorarbeiten können Sie nun im vierten Schritt den Presseverteiler aufbauen. Beschaffen Sie sich im Internet oder durch einen Anruf in den Redaktionen die Kontaktdaten der relevanten Medien. Richten Sie dann eine kleine Pressedatenbank ein, die folgende Angaben enthalten sollte: Name des Mediums, Redaktion und Ressort, Ansprechpartner (Name, Telefon, E-Mail), Adresse, Art des Mediums (Tages- oder Wochenmagazin, Fachzeitschrift et cetera), Erscheinungsweise (täglich, wöchentlich, monatlich), Redaktionsschluss.

Nehmen Sie in Ihre Pressedatenbank auch freie Journalisten auf, sofern diese zu Ihrem Themenbereich Artikel schreiben. Wenn Sie zwei bis drei

Monate lang die relevanten Medien verfolgen, werden Ihnen einige Namen auffallen. Freie Journalisten benötigen für ihre Arbeit ständig gute Themen und kompetente Experten. Und genau da können Sie einhaken: Wenn Sie einem freien Journalisten gute Themenanregungen geben und interessante Kontakte vermitteln, stehen die Chancen gut, dass er Sie im Gegenzug gelegentlich in seinen Artikeln zitiert. Erwarten Sie nicht zu viel: Im Regelfall wird er Sie in einem Artikel als einen von mehreren Experten zitieren, weil er ein Thema stets aus verschiedenen Perspektiven beleuchtet. Dennoch: Auch das ist ein wertvoller weiterer Baustein für Ihre Bekanntheit.

Themenangebote an renommierte Medien

Zwischen den Fachzeitschriften und den großen Wirtschaftsmagazinen, aber auch Zeitungen wie *Handelsblatt* oder *FAZ*, gibt es einen entscheidenden Unterschied: Die Redakteure der großen Magazine und Zeitungen schreiben in aller Regel die Artikel selbst, Fremdautoren kommen nur in begründeten Ausnahmefällen oder einigen wenigen Rubriken zum Zuge. Stattdessen zitiert der Redakteur Unternehmer, Praktiker, Wissenschaftler und andere Experten in seinen Artikeln.

Und genau da liegt ihre Chance als Experte: Ihr Ziel sollte es sein, hin und wieder in einem Artikel als Experte aufzutauchen – mit ein oder zwei Zitaten, im Idealfall auch mit einem kurzen Interview, vielleicht sogar mit Foto. Medienarbeit für *manager magazin*, *WirtschaftsWoche* und Co. bedeutet in erster Linie, dass Sie sich bei einer Redaktion als Experte für ein bestimmtes Thema ins Spiel bringen.

Gelingt Ihnen das, können Sie bei Ihren potenziellen Kunden wertvolle Bekanntheitspunkte sammeln. Denn es ist ein großer Unterschied, ob Sie auf Ihrer Internetseite unter dem Menüpunkt »Veröffentlichungen« zwei Artikel in der *FAZ*, drei im *Handelsblatt* und einen in der *WirtschaftsWoche* aufführen oder sechs Mal das Branchenblättchen Ihres Verbands nennen. Wenn Sie es als Experte in ein renommiertes Medium schaffen, haben Sie in den Augen der allermeisten Menschen eine Qualitäts-TÜV bestanden – und das Renommee des Mediums färbt wiederum auf Sie ab.

Im Vergleich zu einer Fachzeitschrift gelten bei den großen Medien »verschärfte Bedingungen«, wenn Sie mit einem Thema Erfolg haben wollen. Wichtig, aktuell, neu, spannend, exklusiv, Nutzen bringend: das sind die Kriterien, an denen eine Redaktion tagaus tagein mögliche Themen prüft. Achten Sie insbesondere auf Relevanz, Aktualität und Neuigkeitswert, wenn Sie ein Thema anbieten. Worin liegt das Neue und Besondere?

Und dennoch: Meist landet Ihr Themenvorschlag direkt im elektronischen Papierkorb – nur sehr selten wird den Redakteur ein Thema so sehr interessieren, dass er sich bei Ihnen meldet. Sie müssen deshalb dranbleiben. Mehr noch als bei der normalen Pressearbeit ist langer Atem notwendig (mehr hierzu in Kapitel 23).

Fazit

Marketing, wie es in diesem Buch verstanden wird, möchte einen Sog erzeugen – einen Sog, der dafür sorgt, dass bei Ihnen regelmäßig Anfragen eingehen. Erreicht wird dieser Sog aus einer Kombination aus Handwerk und Haltung: durch die drei Bausteine Positionierung (anders sein), Inszenierung (spannend sein) und Profilierung (bekannt werden), kombiniert mit der Haltung des souveränen Experten, der mit seinen Kunden das Gespräch auf Augenhöhe sucht.

In diesem Basiskapitel haben Sie die drei Bausteine des Sogmarketings und ihr Zusammenspiel näher kennengelernt. Einzelne Aspekte daraus vertiefen die folgenden Kapitel, die Antwort geben auf die häufigsten Praxisfragen bei der Umsetzung eines erfolgreichen Marktkauftritts.

Teil II:

Praxisfragen

2 Wie finde ich mein Alleinstellungsmerkmal?

Das Wichtigste vorweg ...

Natürlich ist es ideal, eine Alleinstellung zu finden. Doch nur wenige Berater schaffen das, denn zu sehr ähneln die Leistungen einander. Einen Ausweg bietet das Modell der »strategischen Erfolgsposition« (SEP). In diesem Kapitel erfahren Sie, wie Sie eine solche SEP entwickeln, kritisch überprüfen und für Ihren Marktauftritt einsetzen.

»Was ist meine Alleinstellung?« Viele Berater suchen fast schon verzweifelt nach der »Nische«, nach dem »USP« oder eben dem »Alleinstellungsmerkmal«. Sie haben das Gefühl, einem Phantom nachzujagen. Ein gutes Produkt haben sie, auch sind sie Experte auf ihrem Gebiet, aber eine kleine Marktrecherche macht dann immer wieder deutlich: Mit ihrem Angebot sind sie nicht allein, denn die Wettbewerber bieten ein ähnliches Produkt an. Die Suche nach der Alleinstellung macht sie ratlos.

Das ist auch kein Wunder. Die meisten Berater, Trainer und Coachs haben ihren Beruf nicht gewählt, um Marketing zu betreiben, sondern um gute Arbeit für den Kunden zu leisten. Für das eigene Marketing lesen sie einige Ratgeber, recherchieren im Internet oder erinnern sich noch vage an ein paar Grundregeln, die sie in ihrem Studium gelernt haben. Und all das läuft dann auf einen Ratschlag hinaus: Such dir ein Alleinstellungsmerkmal.

So lernen angehende Unternehmer im *Gabler Kompakt-Lexikon Unternehmensgründung*[6]: »Der Unique Selling Proposition (= Alleinstellungsmerkmal, USP) beschreibt eine unter marktwirtschaftlichen Gesichtspunkten herausragende Eigenschaft eines Produkts oder eines Markenartikels, wodurch es einen der Konkurrenz überlegenen Wettbewerbsvorteil genießt und es besonders einzigartig erscheint.«

Auch ein Streifzug durchs Internet bestätigt immer wieder: Es kommt auf die Einzigartigkeit an, auf Superlative wie »schnellster aller Zeiten«, »kleinster je gebauter«, »zuverlässigster seiner Klasse«, »billigster verfüg-

---

6 Kollmann, Tobias (Hrsg.), *Gabler Kompakt-Lexikon Unternehmensgründung*, Wiesbaden 2005.

barer« oder »robustester« – eben auf ein Merkmal, das gegenüber den Konkurrenzangeboten einzigartig ist. »Nur mit einem USP gewinnen Sie Kunden«, behauptet der Experte eines Existenzgründungs-Portals. Bekannte Positionierungs-Experten wie Peter Sawtschenko argumentieren ebenfalls in diese Richtung: »Nach Hunderten von Beratungen kann ich Ihnen versichern, dass es so gut wie immer Spezialisierungs- beziehungsweise Wachstums- oder Produktalleinstellungspotenziale gibt, und zwar auch in scheinbar ausweglosen Situationen.«

Das alles klingt einleuchtend und Erfolg versprechend. Also machen sich auch die meisten Berater, Trainer und Coachs auf den Weg, um ihre Alleinstellung zu suchen. Das Problem ist nur: Die wenigsten von ihnen sind erfolgreich – und das nicht, weil sie etwas falsch machen, sondern weil das Konzept »Alleinstellung« zu viel von ihnen verlangt.

2.1 Alleinstellung – die Latte zu hoch gehängt

Halten wir einmal inne und überlegen: Was heißt das eigentlich, ein Alleinstellungsmerkmal zu haben? Was wird da verlangt? Genau genommen sind es drei Dinge:

1. Sie benötigen ein Merkmal, das Sie von allen anderen Beratern unterscheidet – und zwar wirklich von *allen.* Denn sonst wäre es ja keine *Allein*stellung.
2. Dieses Merkmal muss zudem Ihren Kunden einen großen Nutzen bieten. Wenn Sie viermal so schnell sprechen können wie Ihre Wettbewerber, stehen Sie damit zwar alleine, bieten Ihren Kunden aber keinen wesentlichen Vorteil.
3. Schließlich ist es wichtig, dass dieses Merkmal auch einfach kommunizierbar ist.

Alle drei Kriterien müssen zutreffen, damit ein Alleinstellungsmerkmal vorliegt, das auch betriebswirtschaftlich sinnvoll ist. Wenn Sie also nächtelang grübeln und dennoch keine Alleinstellung finden, ist das kein Wunder. Für eine wirkliche Alleinstellung ähneln sich die Beratungsthemen einfach zu sehr – bezogen auf die Beraterbranche hängt die Latte »Alleinstellung« zu hoch.

Hinzu kommt ein Aspekt, der die Suche nach einer Alleinstellung zusätzlich erschwert: Wie kann ein Berater, Trainer oder Coach überhaupt feststellen, ob es sich bei einem Merkmal tatsächlich um eine Alleinstellung handelt? Angesichts der großen und unübersichtlichen Zahl an

Wettbewerbern wäre hierfür eine aufwendige Konkurrenzanalyse notwendig.

In anderen Branchen ist das wesentlich einfacher: Ein Maschinenbauer für Spezialmaschinen etwa hat meist nur einige wenige Wettbewerber, die ein vergleichbares Produkt anbieten. Für ihn genügt dann oft schon eine Patentrecherche oder Anfrage bei seinen Patentanwälten, um festzustellen, ob es eine bestimmte Innovation schon gibt. Für Berater bestehen diese Möglichkeiten nicht.

2.2 Die Strategische Erfolgsposition (SEP)

Den meisten Beratern hilft es also herzlich wenig, wenn Marketingexperten von ihnen ein Alleinstellungsmerkmal fordern. Was aber tun?

Anstelle der Alleinstellung benötigen wir eine Definition, die dem Beratungsmarkt gerechter wird. Ich empfehle, mit der »strategischen Erfolgsposition« (SEP) zu arbeiten. Das Modell geht auf den Schweizer Ökonom Cuno Pümpin zurück, der hierfür 1983 mit dem Schweizer Innovationspreis ausgezeichnet wurde. Eine strategische Erfolgsposition definierte er als »eine in einer Unternehmung durch den Aufbau von wichtigen und dominierenden Fähigkeiten bewusst geschaffene Voraussetzung, die es dieser Unternehmung erlaubt, Konkurrenzüberlegenheit und damit langfristig überdurchschnittliche Ergebnisse zu erreichen«.[7] Im Kern geht es also um die Fähigkeit, die es einem Unternehmen erlaubt, im Vergleich zur Konkurrenz auch längerfristig überdurchschnittliche Ergebnisse zu erzielen.

Zahlreiche Wissenschaftler, Unternehmensberater und Praktiker beziehen sich seitdem auf dieses Konzept und haben es mit Blick auf ihre Situation konkretisiert. Einer von ihnen ist Klaus Kobjoll, Inhaber und Geschäftsführer des Tagungshotels Schindlerhof bei Nürnberg. Der Hotelier hat eine Strategie entwickelt, das eigene Unternehmen über den Service zu differenzieren und diesen als strategische Erfolgsposition aufzubauen. Er entwickelte eine Definition für SEP, die ich Ihnen leicht modifiziert vorstellen möchte:

Eine SEP liegt vor, wenn Sie über eine Fähigkeit oder Eigenschaft verfügen,

- bei der Sie um 30 Prozent besser sind
- als 90 Prozent Ihrer Wettbewerber,

7 Pümpin, Cuno: *Management strategischer Erfolgspositionen,* Bern 1982.

- bei der die Wettbewerber mindestens 3 Jahre benötigen, um sie zu kopieren,
- die einfach kommunizierbar ist,
- die zu Ihnen passt und
- von Ihrer Zielgruppe benötigt wird.

Nun handelt es sich dabei natürlich nicht um wissenschaftlich exakt berechnete Zahlen, sondern um Leitwerte. Es geht nicht darum, die genannten Werte – 30 Prozent, 90 Prozent, 3 Jahre – exakt zu treffen. Vielmehr sind sie als Richtungsvorgaben zu verstehen, die es Ihnen ermöglichen, die Intensität einer SEP einzuschätzen. Die Festlegung erfolgt dabei weitgehend intuitiv, denn eine solide Marktforschung wird in den meisten Fällen viel zu aufwendig sein.

Doch wie kommt es überhaupt zu diesen Zahlen? 30 Prozent besser in einer Eigenschaft zu sein als die meisten Ihrer Mitbewerber ist eine Minimalvoraussetzung, um im Markt wahrgenommen zu werden. Ansonsten sind Sie »einer von vielen« – 10 oder 20 Prozent Andersartigkeit reichen für eine bewusste Wahrnehmung in aller Regel nicht aus.

Auch »90 Prozent der Mitbewerber« ist ein grober Richtwert. Der Gedanke dahinter wird Ihnen jedoch die Suche nach Ihrer Besonderheit erheblich erleichtern: Wir rücken damit ab vom Anspruch, absolut einzigartig zu sein – wie es uns das Konzept der Alleinstellung abverlangt. Auch hier gilt: Die Prozentzahl ist ein »gefühlter Wert«, sie wäre nur durch aufwendige Marktforschung belegbar. Nach meiner Erfahrung genügt es aber, hier dem eigenen Gefühl zu folgen und zur Absicherung die Meinung eines Branchenexperten einzuholen. Hieraus ergibt sich in aller Regel ein ausreichend gutes und umfassendes Bild.

Die dritte Zahl, drei Jahre Kopierzeit, sichert einen ausreichenden Wettbewerbsvorsprung. Die Zahl resultiert aus dem Gedanken, dass ein neues Berater- oder Coachingprodukt meist eine Einführungszeit von etwa zwei bis drei Jahren benötigt.

2.3 Acht SEP-Kategorien für Berater

Wie lässt sich das SEP-Konzept nun speziell auf Berater, Trainer und Coachs zuschneiden? Eine SEP kann zum Beispiel eine besondere Methode sein, die Sie entwickelt haben und durch die Sie sich maßgeblich (mindestens zu 30 Prozent!) von den Methoden der meisten (mindestens 90 Prozent!) Kollegen unterscheiden. Oder Sie sind auf eine bestimmte Zielgruppe spezialisiert – etwa indem Sie Verkaufstraining speziell für den Einzelhandel anbieten.

Das sind nur zwei Möglichkeiten, viele weitere sind denkbar. Grundsätzlich kann sich eine SEP auf die folgenden acht Kategorien beziehen. Manchmal ist es nur eine Kategorie, die die SEP ausmacht, zum Beispiel wenn ein Berater sich auf die Automobilzulieferer konzentriert (Kategorie »Branchenspezialisierung«), meist leitet sich eine SEP aber aus einer Kombination von zwei oder mehr Kategorien ab. Das ist zum Beispiel bei dem Berater der Fall, der Verkaufstraining (Kategorie »Thema/Inhalt«) für den Einzelhandel (Branche) anbietet.

Kategorie 1: Thema/Inhalt

Eine SEP kann sich auf ein Thema beziehen. Dahinter steht die Strategie, sich als Experte für ein Spezialgebiet zu positionieren und hieraus eine Erfolgsposition zu entwickeln. Sie benötigen hierfür ein Thema, in dem Sie sich nicht nur gut auskennen, sondern das Sie auch wirklich zu Ihrer Sache und auf Dauer zur Grundlage Ihres Geschäfts machen wollen.

Ein solches Thema kann zum Beispiel die »Einführung von Sprachdialogsystemen in mittelständischen Unternehmen« sein. Doch Vorsicht: Viele Berater, Trainer und Coachs denken, sie haben ein einzigartiges Thema, das aber bei näherem Hinsehen dann doch von sehr vielen Wettbewerbern besetzt ist. Es lohnt sich also in jedem Fall, Experten für die Beratungsbranche zu fragen.

Kategorie 2: Hierarchieebene der Kunden

Ein Berater kann seine Besonderheit über die Hierarchieebene definieren – zum Beispiel indem er festlegt, nur mit Geschäftsführern zu arbeiten. Wenn Sie zum Beispiel selbst 30 Jahre Geschäftsführer waren, kann diese Positionierung sinnvoll sein. Die Erfolgsposition beruht dann darauf, dass Sie im Unterschied zu den allermeisten Ihrer Wettbewerber mit Ihren Kunden wirklich auf Augenhöhe kommunizieren – Sie sprechen deren Sprache und kennen deren Probleme.

Infrage kommt diese Kategorie nur, wenn Sie Ihre Kunden eindeutig einer Hierarchieebene (Geschäftsführer, Bereichsleiter, Abteilungsleiter) zuordnen können. Und auch hier gilt: Sie sollten sich sicher sein, dass Sie Ihr Angebot dauerhaft an diese Zielgruppe richten wollen.

Kategorie 3: Branchenspezialisierung

Wenn Sie sich in einer Branche besonders gut auskennen, können Sie die Branchenspezialisierung zum Ausgangspunkt Ihrer SEP machen. Allerdings kann hier – mehr noch als bei der inhaltlichen Spezialisierung – die Zahl der Wettbewerber für eine SEP zu hoch sein. In diesem Fall bietet es sich an, die Branchenspezialisierung mit einer anderen Kategorie zu kombinieren. Ein Beispiel ist der Coach, der in Krankenhäusern (Kategorie »Branchenspezialisierung«) speziell Chefärzte (Kategorie »Hierarchieebene«) coacht.

Auch wenn die Branchenspezialisierung aufgrund der eigenen Herkunft oft naheliegt, sollte man sich klar sein, ob man sie wirklich möchte. Viele angehende Berater, die nach langen Jahren aus ihrem Beruf aussteigen, um sich selbstständig zu machen, haben wenig Interesse, in der gleichen Szene weiterhin unterwegs zu sein.

Kategorie 4: Erfahrung

Langjährige Erfahrung ist ein Merkmal, das sich vor allem in Kombination mit einer anderen Kategorie gut für den Aufbau einer Erfolgsposition nutzen lässt. Wenn Sie zum Beispiel auf die Immobilienwirtschaft spezialisiert sind und Ihr Unternehmen 7 Partner hat, die jeweils über 30 Jahre Erfahrung in der Immobilienwirtschaft verfügen – dann können Sie mit 210 Jahren gebündelter Branchenerfahrung aufwarten. Zweifellos ein Argument, das sich für eine SEP eignet!

Um das Argument »Erfahrung« auszuspielen, sollten Sie als Richtwert mindestens zehn Jahre erfolgreich als Berater, Coach oder Trainer tätig gewesen sein – oder aber langjährige Erfahrungen aus der Branche Ihrer Kunden mitbringen.

Kategorie 5: Meinungsführerschaft

Ein Berater betreibt in seiner Szene oder Branche – neudeutsch ausgedrückt – das Agenda-Setting: Ihm gelingt es, über die Medien Trends zu beschreiben, Themen zu setzen und die öffentliche Agenda zu bestimmten. Auch so lässt sich eine SEP aufbauen – denn manchem Kunden erscheint es durchaus attraktiv, einen solchermaßen prominenten Berater zu buchen.

Eine auf Meinungsführerschaft aufgebaute SEP erfordert viel Durchhaltevermögen – denn entscheidend ist ja, dass die SEP über Jahre hält.

Ein gutes Beispiel ist jene Einkaufsberatung, deren Geschäftsführer mit seinem Bestseller *Milliardengrab Einkauf* zum Meinungsführer im Einkaufsbereich wurde und in der Folge mit seinem Unternehmen kräftig expandierte.

Kategorie 6: Marktführerschaft

Wenn Sie in einem Markt als Platzhirsch gelten, verfügen Sie über ein starkes Unterscheidungsmerkmal, das Sie als SEP nutzen können. Als Marktführer üben Sie nicht nur auf Kunden, sondern auch auf Öffentlichkeit und Medien eine starke Anziehung aus; Marktführerschaft wird mit Überlegenheit assoziiert. Das schafft Einfluss und Bekanntheit – und stärkt damit wiederum Ihre Marktstellung (was Ihnen nicht zuletzt die Chance eröffnet, höhere Preise durchzusetzen).

Es ist also weniger der direkt ausgewiesene Marktanteil, der hier zählt und für die SEP entscheidend ist. Dahinter steht vielmehr eine »tiefere psychologische Führerschaft«, wie es Marketing-Wissenschaftler Hermann Simon ausdrückt – eine Führerschaft, »die den Anspruch erhebt, Branchen-Standards zu setzen, die Regeln zu definieren und zu modifizieren«. In seinem Bestseller *Hidden Champions*[8] weist Simon nach, dass Marktführer tatsächlich eine signifikant höhere Rendite erzielen.

Kategorie 7: Methode

Ein Berater hat eine völlig neue Methode entwickelt, die seinen Kunden großen Nutzen bietet – auch hieraus lässt sich eine SEP entwickeln. Als zum Beispiel Ende der 90er-Jahre die Methode der »Unternehmenstheater« aufkam, war dies für die zunächst wenigen Anbieter einige Jahre lang eine SEP – bis dann der Wettbewerb nachzog.

Manchmal ist es noch nicht einmal der Nutzen einer Methode, sondern vor allem deren Unterhaltungswert, der die SEP ausmacht. Das zeigt zum Beispiel Rolf H. Ruhleder, der als »Deutschlands härtester Rhetorik-Trainer« gilt und es fertig gebracht hat, durch sein besonderes Auftreten und seine ungewöhnliche Methode die Dortmunder Westfalenhalle mit 14.000 Teilnehmern zu füllen. Manche seiner Anhänger reisen 200 oder 300 Kilometer, um die Ruhleder-Show zu erleben.

[8] Simon, Hermann: *Hidden Champions des 21. Jahrhunderts*, Frankfurt/Main 2007.

Kategorie 8: Preis

Auch der Preis bietet die Möglichkeit für eine SEP – wobei ich Beratern von einer Positionierung über niedrige Preise abrate. Aus einem einfachen Grund: Der Preis ist für den Kunden ein wichtiger Maßstab für die Wertigkeit einer Beratung, das heißt es gilt hier das Motto »Billige Ratschläge sind nicht allzu viel wert«.

Umgekehrt wird aber ein Schuh daraus: Je höher der Preis, desto wertvoller erscheint dem Kunden oft die Leistung. Noch einmal Rolf Ruhleder, er gilt nämlich nicht nur als der härteste, sondern auch als der »teuerste Trainer Deutschlands«: Ein Coaching-Tag mit ihm kostet 17.500 Euro – ein Preis, der etwas Außergewöhnliches erwarten lässt, aber eben auch selbst etwas Außergewöhnliches ist. »Ich glaube, Herr Ruhleder bekommt diesen Betrag, weil er ihn fordert«, sagte einer seiner Kunden in einem kürzlich geführten Interview. Fügte dann aber auch hinzu, dass es »im Endeffekt gut angelegtes Geld war«. Genau so muss eine erfolgreiche Positionierung über den Preis funktionieren!

2.4 Wie Sie Ihre SEP finden

Haben Sie sich bislang vergeblich nach Ihrem Alleinstellungsmerkmal gesucht, bietet Ihnen die SEP, die strategische Erfolgsposition, möglicherweise eine gangbare Alternative. Sie erreichen damit dasselbe Ziel, nämlich eine Positionierung, die Sie vom Wettbewerb in ausreichendem Maß abhebt – ohne dass Sie jedoch den absoluten Anspruch einer Alleinstellung einlösen müssen.

Sammeln Sie anhand der folgenden Checkliste zunächst Ideen, wie in Ihrem Fall die SEP lauten könnte. Im zweiten Schritt stellen Sie diese SEP-Ideen auf den Prüfstand – und entscheiden sich im dritten Schritt für eine SEP. Die Fragen orientieren sich an den acht Kategorien, die Sie im vorhergehenden Abschnitt kennengelernt haben. An den zutreffenden Antworten werden Sie erkennen, aus welcher Kategorie (oder Kombination an Kategorien) Sie in Ihrem Fall die SEP herleiten können.

Ein Beispiel: Sie kommen aus der Automobil-Zulieferbranche und haben sich als Berater selbstständig gemacht. Dann wird es Ihnen leichtfallen, die Fragen der Kategorie »Branchenspezialisierung« zu beantworten. Stellen Sie dann fest, in welchen weiteren Kategorien Sie die Fragen mit »trifft zu« beantwortet haben. Aus der Kombination der Kategorien können Sie Ideen und Hypothesen für Ihre SEP ableiten.

Schritt 1: Erarbeiten Sie Ihre SEP-Ideen

Beantworten Sie alle Fragen. Anhand der positiven Antworten erkennen Sie, aus welchen Kategorien Sie Ihre SEP herleiten sollten.

Kategorie	Jeweils drei Leitfragen	Trifft zu
Thema/Inhalt	1. Gibt es ein Thema, in dem Sie sich besonders gut auskennen?	❑
	2. Arbeiten Sie auch wirklich in diesem Thema? Ist es mindestens zu 90 Prozent Ihr Geschäft?	❑
	3. Passt das Thema in der Wahrnehmung Ihrer Zielgruppe zu Ihnen?	❑
Hierarchieebene der Kunden	1. Lassen sich Ihre Kunden eindeutig einer Hierarchieebene (zum Beispiel Geschäftsführer, Bereichsleiter, Abteilungsleiter) zuordnen?	❑
	2. Sind Sie mit den Besonderheiten, Interessen und der Sprache dieser Hierarchieebene vertraut? Haben Sie vielleicht sogar selbst in dieser Hierarchieebene gearbeitet?	❑
	3. Sind Sie sicher, dass Sie Ihr Angebot dauerhaft an diese Hierarchieebene richten wollen?	❑
Branchenspezialisierung	1. Können Sie spontan die 25 brennendsten Probleme einer Branche benennen?	❑
	2. Haben Sie selbst ausgesprochen intensive Erfahrung in dieser Branche (sei es noch als Angestellter oder schon als Berater)?	❑
	3. Würden Sie von den wichtigen Entscheidern der Branche auch als Sparringspartner wahrgenommen und ernst genommen?	❑
Erfahrung	1. Können Sie als Berater, Coach oder Trainer auf eine mindestens zehnjährige Erfahrung verweisen oder eine besonders lange Erfahrung in der Branche, Hierarchie etc. Ihrer Kunden?	❑
	2. Ist Ihre Anzahl an Referenzen und erfolgreichen Projektbeispielen überzeugend?	❑

	3. Schöpfen Sie aus einem Fundus an Beispielen, Geschichten und Anekdoten, wenn Sie mit einem Kunden über Ihre Arbeit sprechen?	❑
Meinungsführerschaft	1. Können Sie fünf provokative Thesen formulieren, mit denen Sie in Ihrer Szene Aufsehen erregen würden?	❑
	2. Werden Sie regelmäßig von Medien und Veranstaltern angefragt – als Autor und Interviewpartner, als Referent und Redner?	❑
	3. Sind Sie in der Lage, immer wieder neue Themen zu finden, um die öffentliche Diskussion auf Ihrem Gebiet zu bestimmen?	❑
Marktführerschaft	1. Haben Sie in einem klar benennbaren Markt den eindeutig größten Marktanteil?	❑
	2. Lässt sich absehen, dass Sie diesen Marktanteil in den nächsten fünf Jahren ausbauen oder zumindest halten?	❑
	3. Können Sie mit vertretbarem Aufwand die Umsätze Ihres größten Wettbewerbers verfolgen und zuverlässig abschätzen?	❑
Methode	1. Gibt es eine Methode, die Sie besonders gut beherrschen?	❑
	2. Unterscheidet sich diese Methode maßgeblich von anderen Methoden?	❑
	3. Haben Sie diese Methode schon bei mindestens fünf Kundenprojekten erfolgreich eingesetzt?	❑
Preis	1. Bewegen Sie sich im Premiumsegment?	❑
	2. Sind Sie dauerhaft ausgebucht?	❑
	3. Passen der Wert Ihrer Leistung und die durch das Honorar vermittelte Wertbotschaft zusammen?	❑

Schritt 2: Überprüfen Sie Ihre SEP-Ideen

Sie haben nun festgestellt, welche strategische Erfolgspositionen in Ihrem Fall infrage kommen könnten. Jetzt gilt es, die Ergebnisse auf den Prüfstand zu stellen. Überlegen Sie zunächst, ob die Kriterien der SEP-Definition erfüllt sind: Ist die Eigenschaft oder Kombination an Eigenschaften, mit der Sie sich im Markt positionieren wollen, um 30 Prozent besser als bei 90 Prozent der Mitbewerber? Und hält dieser Unterschied mindestens drei Jahre?

Stellen Sie dann Ihre SEP-Ideen anhand folgender drei Fragen weiter auf den Prüfstand:

1. *Zielgruppe*: Passt die SEP-Idee überhaupt zu Ihren potenziellen Kunden?
2. *Kundennutzen*: Bietet die SEP für Ihre Kunden einen wesentlichen Vorteil?
3. *Verständlichkeit*: Ist die SEP leicht kommunizierbar?

Das Kriterium Zielgruppe lässt sich am einfachsten mit einem Beispiel verdeutlichen, bei dem es nicht erfüllt ist. Wenn Ihre SEP lautet: »Ich habe eine zuverlässige Methode entwickelt, wie unternehmerische Entscheidungen besonders schnell und sicher getroffen werden können«, – dann mag die Methode noch so fantastisch sein, für eine SEP ist sie völlig untauglich, wenn Sie als Zielgruppe »Verkäufer« ausgewählt haben.

Der zweite Prüfstein ist der Kundennutzen, den Ihre SEP bieten muss. Wechseln Sie in die Perspektive des Kunden und überlegen Sie: Welche Anforderungen stellt mein Kunde? Was ist ihm bei meiner Beratung, meinem Training oder Coaching besonders wichtig? Wenn ich ihn danach frage, würde er dann mit den Merkmalen antworten, aus denen ich meine SEP bilden möchte? Machen Sie den Test, fragen Sie einige Ihrer Kunden. Wenn die überwiegende Zahl der Befragten die Merkmale Ihrer SEP-Idee nicht nennt, sollten Sie die Idee noch einmal überdenken.

Ein Beispiel: Angenommen Sie wollen Ihre SEP auf der Besonderheit »Marktführerschaft im Segment Produktionsoptimierung bei kleinen Automobilzulieferern« aufbauen. Fragen Sie nun einige Kunden, ob ihnen die darin enthaltenen Kriterien wirklich wichtig sind – ob sie also besonderen Wert darauf legen, dass der Berater

- gut bekannt und im Geschäft ist (Kategorie: Marktführerschaft),
- die Eigenheiten der Branche kennt (Kategorie: Branchenerfahrung),
- sich ausschließlich auf Produktionsoptimierung konzentriert (Kategorie: Thema).

Wenn die Kunden alle drei Kriterien bestätigen, dürfte die Marktführerschaft in Verbindung mit Branchenerfahrung und Thema tatsächlich eine

Kombination sein, auf der Sie eine SEP aufbauen können. Wenn die Kunden dagegen die Priorität auf die Branchenerfahrung und das Thema setzen, ist die Marktführerschaft womöglich gar nicht so wichtig – und würde zum Aufbau der SEP auch nicht viel beitragen.

Die dritte Anforderung, die Verständlichkeit, lässt sich ganz einfach austesten: Können Sie Ihre SEP-Idee in einem Satz so beschreiben, dass ein Kunde sie auf Anhieb versteht? Nur wenn Ihnen das gelingt, werden Sie die SEP später auch für Ihren Marktauftritt wirkungsvoll einsetzen können.

Schritt 3: Treffen Sie Ihre SEP-Entscheidung

Hat eine Ihrer SEP-Ideen den Prüfkriterien standgehalten? Glückwunsch! Sie verfügen damit über eine strategische Erfolgsposition, die Ihnen einen echten Wettbewerbsvorteil verspricht. Wie Sie nun weiter vorgehen können, erfahren Sie im nächsten Abschnitt.

Sind alle Ihre SEP-Ideen durchgefallen? Das ist schade und sicherlich nicht ideal, denn eine SEP ermöglicht Ihnen eine substanzielle Differenzierung am Markt. Ich empfehle deshalb, das SEP-Problem nicht ad acta zu legen. Versuchen Sie weiterhin, aus Ihrem Angebot eine Besonderheit zu entwickeln, mit der Sie sich von 90 Prozent Ihrer Kollegen abheben – auch wenn das nicht so schnell gelingt und vielleicht sogar Jahre dauert.

Bis es soweit ist, können Sie auf eine Zwischenlösung zurückgreifen – nämlich eine Differenzierung allein über das Marketing. Überlegen wir hierzu kurz, wie ein potenzieller Kunde vorgeht. Zunächst trifft er eine Vorauswahl, indem er Empfehlungen einholt, Verbände fragt oder die Fachpresse betrachtet. Die Marktauftritte dieser vielleicht fünf oder sechs Berater überfliegt er dann – und stellt fest, dass sie für ihn alle sehr ähnlich klingen, zum Beispiel so:

Herzlich Willkommen!

XY Consulting berät und begleitet Unternehmen und Organisationen während des ganzen Prozesses einer Innovation oder Veränderung. Sie werden bei der Erstellung von Konzepten und der anschließenden Umsetzung in die Praxis unterstützt. Geboten wird Ihnen eine pragmatische, anpackende, konstruktive, kreative und ergebnisorientierte Beratung aus der Praxis für die Praxis. ...

Und nun taucht ein Anbieter auf, der bereits in den ersten Zeilen seines Marktauftritts eine Besonderheit zeigt, so wie etwa Olaf Hinz:

»Als bekennender Hanseat unterstütze ich meine Kunden, ihre Aufgaben mit seemännischer Gelassenheit zu erfüllen. Gemeint ist damit: ...«

Endlich etwas, das auffällt und Neugier weckt. Es genügt also, eine Besonderheit herauszustellen, um im Einheitsgrau der austauschbaren Beraterangebote positiv aufzufallen. Schon damit ist ein entscheidender Schritt gelungen: Der Interessent beschäftigt sich mit Ihnen statt dem Mitbewerber – womit ja das wesentliche Marketingziel der Positionierung erreicht ist.

Dieses Vorgehen verschafft Ihnen Luft, bis Sie Ihre strategischen Hausaufgaben gemacht und eine echte SEP gefunden haben. Es gibt sogar Berater, die allein auf eine »Besonderstellung« ihres Marktauftritts setzen – und damit seit Jahren auch ohne eine SEP erfolgreich sind (mehr hierzu in Kapitel 3).

2.5 Wie Sie Ihre SEP wirkungsvoll einsetzen

Nun folgt der Praxiseinsatz. Es geht also darum, Ihre strategische Erfolgsposition wirkungsvoll am Markt auszuspielen – sprich: damit Aufmerksamkeit zu erregen, Anfragen zu generieren und möglichst viele Kunden zu gewinnen. Diese Wirkung kann Ihre SEP nur entfalten, wenn Sie Produktpolitik und Marktauftritt konsequent an ihr ausrichten. Hierfür sind zwei Schritte notwendig: Zunächst fassen Sie die SEP in griffige Worte, indem Sie eine Kernbotschaft oder »Botschaftslinie« formulieren. Im zweiten Schritt setzen Sie diese Botschaftslinie dann bei jeder Gelegenheit und auf allen Marketingkanälen ein.

Schritt 1: Die Botschaftslinie entwickeln

Die SEP haben Sie festgelegt, Sie wissen nun, mit welcher Besonderheit Sie sich im Markt positionieren wollen. Um die SEP nun für das Marketing handhabbar zu machen, formulieren Sie daraus eine Kernbotschaft oder Botschaftslinie. Sie gibt Antwort auf die Frage: »Wer bin ich?« beziehungsweise »Wer sind wir?«

Die Botschaftslinie will einen potenziellen Kunden weder überreden noch überzeugen, auch nicht vollständig informieren. Sie soll vielmehr auf die Leistung, die Sie anbieten, neugierig machen. Der Interessent soll sie als Angebot zum Dialog empfinden. Die Botschaftslinie besteht aus einem

Einstieg, der Ihre Tätigkeit kurz und klar definiert, und einer Beschreibung der Besonderheiten Ihres Angebots. Sie bildet den Kern Ihres Marketings, den Sie dann in unterschiedlichen Varianten formulieren und auf allen Marketingkanälen kommunizieren.

Zwei Beispiele für eine Botschaftslinie:

- Sie haben festgestellt, dass Ihre SEP darin liegt, Spitzenverkäufer im Maschinenbau zu trainieren. Dann kann Ihre Botschaftslinie lauten: »Ich bin Verkaufstrainer im Maschinenbau (Einstieg) – und zwar speziell für die besten Verkäufer Ihres Unternehmens (Besonderheit).«
- Oder nehmen wir wieder das Beispiel des Branchenexperten, der seine SEP auf der »Marktführerschaft im Segment Produktionsoptimierung bei kleinen Automobilzulieferern« aufbauen möchte. Seine Botschaftslinie könnte sein: »Ich bin Berater für Produktionsoptimierung. Und zwar mit folgenden Besonderheiten: Ich arbeite ausschließlich für mittelständische Automobilzulieferer – und bin hier der unumstrittene Marktführer.«

Mehr zur Entwicklung einer Botschaftslinie finden Sie in Kapitel 1.5.

Schritt 2: Mit der Botschaftslinie arbeiten

Nehmen wir einmal an, Sie werden beim Gespräch auf einer Messe oder bei der Vorstellungsrunde eines Seminars danach gefragt, was Sie eigentlich machen. Was sagen Sie dann? Die meisten Berater tun sich mit der Antwort schwer und fangen an, ihre Leistungen aufzuzählen. Meist ist das Ergebnis für beide Seiten unbefriedigend: Der Gefragte hat den Eindruck, das Wichtigste am Ende doch vergessen zu haben – und der Frager weiß am Ende dann doch nicht so recht, was sein Gegenüber nun genau macht.

In solchen Situationen kann eine Botschaftslinie sehr nützlich sein: Auf die Frage, was Sie machen, antworten Sie einfach mit einer Variante Ihrer Botschaftslinie – und schaffen es so, in ein bis zwei Sätzen das wirklich Entscheidende zu sagen und die Neugier des anderen zu wecken.

Das Beispiel zeigt: Ihre Botschaftslinie ist ein Instrument, das es Ihnen erlaubt, bei jeder sich bietenden Gelegenheit die Kernbotschaft und damit Ihre Positionierung zu vermitteln. Die Botschaftslinie ist das Vehikel, um die dahinter stehende SEP ins Bewusstsein Ihrer Zielgruppe zu transportieren. Indem Sie Ihre Botschaftslinie in immer neuen Variationen permanent und konsequent auf allen Marketingkanälen einsetzen, beginnt sie zu wirken, und der Markt fängt an, Ihr Angebot wahrzunehmen.

Die Betonung liegt auf »permanent und konsequent«. Internetseite, Broschüren, Präsentationen, Infomappen, Fachartikel – egal wo: Stets sollte Ihre Kernbotschaft transportiert werden. Stellen Sie diese Botschaft immer möglichst an den Anfang. Denn Kunden, Interessenten, aber auch die Redakteure in den Verlagen werden täglich mit Informationen überschüttet, die in der Regel alle ähnlich klingen und austauschbar wirken. Es kommt deshalb darauf an, dass Sie sofort auf den Punkt kommen. Einer neuen Nachricht schenkt der Empfänger nur wenige Sekunden Aufmerksamkeit. Diese Zeit müssen Sie nutzen.

Untersuchungen belegen, dass nur wenige Sekunden zur Verfügung stehen, bevor sich das Wahrnehmungsfenster wieder schließt. »Unsere Bewusstsein ist durch eine zeitliche Bühne von etwa drei Sekunden gekennzeichnet«, unterstreicht der Hirnforscher Ernst Pöppel, Professor für Medizinische Psychologie an der Universität München, in seinem Buch *Hirnforschung für Manager*[9]. »Nur bis etwa drei Sekunden können wir die Zeit exakt überblicken.« Und in einem Interview in der Online-Ausgabe der *WirtschaftsWoche* (7. Juli 2008) erläutert er: »Das Gehirn überprüft ständig, was es Neues in der Welt gibt. Ganz unbewusst fallen deswegen alle zwei bis drei Sekunden Entscheidungen: Bleibe ich dran oder wende ich mich einer anderen Sache zu? In etwa wie beim Fernseh-Zapping: Nach drei Sekunden habe ich genug Informationen und kann entscheiden, ob ich umschalte.«

Die Konsequenz ist klar. Ob schriftlich in der Broschüre oder mündlich in der Kurzvorstellung – es kommt darauf an, in den ersten drei Sekunden die Neugier des Gegenübers zu wecken. Nutzen Sie hierfür die Botschaftslinie, die in wenigen Worten das Besondere an Ihnen und Ihrem Unternehmen ausdrückt.

Setzen Sie Ihre Botschaftslinie durchgängig in Ihrem Marktauftritt ein – auch »zwischen den Zeilen«. Formulieren Sie Ihre Botschaft also nicht nur verbal, sondern transportieren Sie diese auch auf der Metaebene. Das kann auf vielfältige Weise geschehen: über Form und Aufmachung der Internetseite oder Firmenbroschüre, über die Auswahl der Fotos, den Schreibstil, über Referenzen und Kundenstimmen (mehr hierzu in Kapitel 10).

Nehmen wir noch einmal das Beispiel des Beraters für Produktionsoptimierung in der mittelständischen Automobilzulieferindustrie. Wie vermittelt er seine Botschaft? Zunächst wird er auf seiner Internetseite oder Firmenbroschüre seine Botschaftslinie explizit formulieren und so platzieren, dass sie sofort ins Auge fällt. Auch alle anderen Inhalte wie Leistungs-

[9] Pöppel, Ernst: *Zum Entscheiden geboren: Hirnforschung für Manager*, München 2008.

beschreibung, Projektbeispiele, Referenzen, Lebenslauf oder Publikationsliste wird er so konzipieren, dass sie die Botschaftslinie unterstützen.

Darüber hinaus kann er noch weitere, indirekt wirkende Möglichkeiten nutzen, um seine Botschaft zu vermitteln. Etwa im Aufbau der Internetseite: Dort könnte er zum Beispiel einen Menüpunkt »Kundenprobleme« einfügen. Hier schildert er kurz und treffend die sechs brennendsten Probleme speziell der kleinen Automobilzulieferer – mit dem Effekt, dass der Leser hieraus auf die Branchenkompetenz schließen wird. Oder er richtet einen Menüpunkt »Aktuelles aus der Branche« ein, unter dem der Leser echte Insiderinformationen findet.

Auch der Schreibstil kann ein wirkungsvolles Instrument sein, um die Botschaft implizit zu vermitteln. Im Falle des Beraters für die kleinen Automobilzulieferer sollten die Texte vor allem zwei Kriterien erfüllen: Zum einen sollten sie direkt und klar sein, um der handfesten und direkten Denkweise des mittelständischen Unternehmers entgegenzukommen. Zum anderen sollten sie aber auch das eine oder andere technische Detail enthalten, das die besondere Kompetenz des Beraters gerade im Automobilzulieferbereich belegt.

Fazit

Eine echte Alleinstellung finden die wenigsten Berater, Trainer und Coachs – zu sehr gleichen sich hierfür ihre Angebote. Eine gangbare Alternative bietet jedoch der Aufbau einer strategischen Erfolgsposition (SEP), die eine ausreichende Differenzierung am Markt ermöglicht.

Damit die SEP ihre Wirkung entfaltet, müssen Produktpolitik und Marktauftritt konsequent an ihr ausgerichtet werden – wofür zwei Schritte notwendig sind: Fassen Sie die SEP zunächst in griffige Worte, indem Sie eine Kernbotschaft oder »Botschaftslinie« formulieren. Im zweiten Schritt setzen Sie diese Botschaftslinie in unterschiedlichen Varianten dann bei jeder Gelegenheit und auf allen Marketingkanälen ein.

3 Was tun, wenn ich kein Alleinstellungsmerkmal und keine strategische Erfolgsposition (SEP) habe?

Das Wichtigste vorweg …

Gut ein Drittel der Berater sucht vergeblich nach einer Alleinstellung oder strategischen Erfolgsposition (SEP). Zu viele Wettbewerber bieten letztlich ganz ähnliche Produkte an. Der Ausweg liegt darin, sich allein über ein Besonderstellungsmerkmal zu differenzieren. Gemeint ist damit ein Merkmal, durch das Sie auffallen – das also die Neugier des Kunden weckt und ihn dazu veranlasst, sich mit Ihrem Angebot zu befassen.

Mancher Berater verzweifelt schier an der Suche nach der Alleinstellung – und er steht damit nicht alleine. Wo soll es auch herkommen, jenes einzigartige Beraterprodukt, das noch dazu einen echten Kundenvorteil bietet? Ich empfehle daher, von der harten Definition der Alleinstellung abzurücken und stattdessen als Ziel eine strategische Erfolgsposition (SEP) ins Auge zu fassen: eine Fähigkeit oder Eigenschaft, bei der Sie den meisten Ihrer Wettbewerber auf längere Zeit deutlich überlegen sind. Genauer gesagt: Gegenüber 90 Prozent Ihrer Wettbewerber sind Sie um mindestens 30 Prozent besser – und das für mindestens drei Jahre (siehe Kapitel 2).

Doch selbst wenn die Latte damit deutlich niedriger hängt: Viele Berater reißen sie noch immer. Zu ähnlich sind sich die Produkte auf dem Beratermarkt. Von denen, die ernsthaft nach einer SEP suchen, sind etwa 60 bis 70 Prozent erfolgreich. Die anderen suchen vergeblich nach einem Merkmal, durch das sich ihr Angebot substanziell von den meisten Mitbewerbern unterscheidet.

Das klingt zunächst beunruhigend. Hat dieses Drittel der Berater, Trainer und Coachs dann überhaupt noch eine Perspektive? Ist es zum Beispiel möglich, ohne eine SEP das Honorar auf ein einträgliches Niveau anzuheben – oder werden diese Berater, Trainer und Coachs ständig um ihre Existenz kämpfen müssen?

In solch einer Situation, wenn ein Berater vergeblich nach einer Alleinstellung oder SEP sucht, sind drei Dinge hilfreich:

1. Nicht aufregen. Hinsetzen, entspannen und sich vor Augen führen: Gut ein Drittel der Wettbewerber hat ebenfalls keine SEP – und lebt damit zum Teil gar nicht schlecht. Manchmal sogar Jahrzehnte lang.
2. Am Thema bleiben. Strategisches Ziel sollte es weiterhin sein, eine SEP zu entwickeln. Denn auf Dauer kann es ein ernstes Problem werden, sich vom Wettbewerb faktisch nicht zu unterscheiden.
3. Eine Lösung über das Marketing finden. Wer mit seiner Produktstrategie nicht weiterkommt, kann auch eine Differenzierung allein über den Marktauftritt erreichen. Hierzu benötigt er ein Besonderstellungsmerkmal.

3.1 Das Besonderstellungsmerkmal

Versetzen wir uns einen Moment in die Lage des Unternehmers, der einen Berater sucht. Wenn er bei Google den Begriff »Organisationsberater« eingibt, erhält er 160.000 Treffer. Er wird sich dann vielleicht fünf oder zehn Internetseiten ansehen, ohne recht zu wissen, welchen Anbieter er in die engere Auswahl nehmen soll. Allzu ähnlich wirken die Angebote; überall ist von Prozessen, Optimierung, Aufbauorganisation, Prozessorganisation oder kontinuierlicher Verbesserung die Rede. Doch plötzlich, bei der siebten Homepage, bleibt er merkwürdigerweise hängen – er fängt an zu lesen.

Was ist geschehen? Offenbar unterscheidet sich der siebte Organisationsberater von allen anderen – obwohl auch er optimierte Prozesse und neue Strukturen verspricht. Es gibt da etwas, was den Interessenten beim Vorbeisurfen festhält. Es hat mit dem Produkt nichts zu tun, verleiht dem Anbieter aber dennoch eine besondere Stellung. Nennen wir es deshalb »Besonderstellungsmerkmal« – und definieren wir es als ein Merkmal, das auf den ersten Blick auffällt und das Interesse eines potenziellen Kunden weckt.

Olaf Hinz zum Beispiel, Organisationsberater und Coach aus Hamburg, hat es verstanden, durch eine Besonderstellung auf sich aufmerksam zu machen. Wer im Internet seine Seite aufruft, sieht, dass er von diesem Mann zusätzlich profitieren kann: »Als bekennender Hanseat unterstütze ich meine Kunden darin, ihre Aufgaben mit seemännischer Gelassenheit zu erfüllen«, heißt es da. Keine Frage: Die »seemännische Gelassenheit« ist ein Merkmal, das ihn vom Marktauftritt seiner Wettbewerber abhebt.

Betrachten wir das Besonderstellungsmerkmal noch etwas genauer. Welche Kriterien muss es erfüllen? Entscheidend sind sechs Aspekte:

Das Besonderstellungsmerkmal muss ...

- ... *einfach kommunizierbar sein* – sprich: Die Besonderstellung lässt sich in einem Satz ausdrücken. (»Ich unterstütze meine Kunden darin, ihre Aufgaben in seemännischer Gelassenheit zu erfüllen.«)
- ... *Neugierde beim Kunden wecken.* (»Bekennender Hanseat, seemännische Gelassenheit? Dieser Typ interessiert mich!«).
- ... *bei der Zielgruppe positiv besetzt sein.* Ein aufbrausender bayerischer Bierbrauer könnte mit seemännischer Gelassenheit kaum etwas anfangen; für ihn wäre diese Besonderstellung kaum positiv besetzt. Doch zählt er auch nicht zur Zielgruppe, die Olaf Hinz ansprechen möchte.
- ... *dem Kunden einen Nutzen bringen.* Wer lernt, seine Themen künftig mit seemännischer Gelassenheit anzupacken, profitiert davon. Die Eigenschaft »Deutschlands fettester Betriebsberater« dagegen wäre zwar ein besonderes Merkmal, würde dem Kunden aber keinen Nutzen bringen.
- ... *glaubwürdig sein.* Das Merkmal muss zum Berater oder Beratungsunternehmen passen. Seemännische Gelassenheit wäre bei einem bayerischen »Impulsmenschen« nicht glaubwürdig.
- ... *das tägliche Geschäft betreffen.* Ein Merkmal, das nicht das Hauptgeschäft des Beraters unterstützt, ist entweder wirkungslos oder führt den Kunden in die Irre. Wer sein Geld zu 90 Prozent als Verkaufstrainer im Einzelhandel verdient, wird mit seemännischer Gelassenheit seine Klientel eher irritieren.

3.2 Wie Sie Ihre Besonderstellung finden

Gelassenheit, Härte, Präzision: Gibt es eine Eigenschaft, die Sie besonders auszeichnet? Meist leitet sich eine Besonderstellung aus dem persönlichen Stil des Beraters ab. Oder – im Falle eines Beratungsunternehmens – aus dessen Leitlinien und Werten, die sich letztlich wiederum auf die Persönlichkeit der dort tätigen Berater zurückführen lassen. Folgende Fragen können Ihnen helfen, mögliche Besonderstellungsmerkmale aufzuspüren:

- Worin liegt meine hervorstechende Charaktereigenschaft (bei Unternehmen: eine herausragende Eigenschaft), die im Auftreten oder der Beratungsarbeit zum Tragen kommt?

Praxisfragen

- Was ist mir (unserem Unternehmen) in der Zusammenarbeit mit Kunden besonders wichtig?
- Was ist mir (unserem Unternehmen) im Kundenservice besonders wichtig?
- Worin liegen meine (unsere) Stärken in der Kommunikation mit Kunden?
- Was ist das hervorstechende Persönlichkeitsmerkmal, das Kunden immer wieder rückmelden?
- Woran erkennt man meinen (unseren) Arbeitsstil?
- Was schätzen Kunden besonders an mir (uns)?
- Wo liegen meine Ecken und Kanten?
- Welche Ecken und Kanten melden mir Kunden zurück?
- Kann ich diese Ecken und Kanten interessant darstellen?
- Was sind Dinge, die für mich selbstverständlich sind, die Kunden aber in der Zusammenarbeit besonders mögen?
- Wo hilft meine Art (oder die Art meines Unternehmens) den Kunden, besonders schnell das gewünschte Ergebnis zu erzielen?

Leiten Sie aus den Antworten vier oder fünf Merkmale ab, die das Besondere Ihrer Persönlichkeit oder Ihres Stils ausdrücken. Stellen Sie dann die Ergebnisse auf den Prüfstand, indem Sie jedes Merkmal anhand der folgenden sechs Kriterien checken, die für ein Besonderstellungsmerkmal erfüllt sein müssen:

Prüfkriterien für das Besonderstellungsmerkmal	**Erfüllt**
Einfach kommunizierbar (in einem Satz!)	❑
Weckt Neugierde beim Kunden	❑
Positiv besetzt bei der Zielgruppe	❑
Bietet dem Kunden einen Nutzen	❑
Ist glaubwürdig	❑
Betrifft das tägliche Geschäft	❑

Welche Ihrer Merkmale erfüllen alle sechs Kriterien? Wählen Sie Ihr Besonderstellungsmerkmal aus, mit dem Sie sich im Markt positionieren wollen.

3.3 Wie Sie Ihre Besonderstellung einsetzen

Eine Besonderstellung muss auf allen Marketingkanälen kommuniziert werden – denn sie kann ihre Wirkung nur entfalten, wenn die Zielgruppe sie kennt. Hier gilt dieselbe Vorgehensweise wie bei einer Alleinstellung oder einer SEP (siehe Kapitel 2). Zunächst formulieren Sie eine Botschaftslinie, die im ersten Teil Ihre Tätigkeit kurz und klar definiert und dann die Besonderstellung benennt, etwa nach dem Muster: »Ich bin Organisationsberater – mit der Besonderheit, dass ich als bekennender Hanseat meine Kunden darin unterstütze, ihre Aufgaben mit seemännischer Gelassenheit zu erfüllen.«

Die Botschaftslinie erlaubt es Ihnen, in den ersten drei Sekunden die Neugier des Gegenübers zu wecken – sei es im Internet, in der Broschüre oder mündlich in der Kurzvorstellung. Diese Kernbotschaft sollte nicht nur in Worten, sondern immer auch auf indirektem Wege beim Interessenten ankommen, über den Aufbau von Internet und Broschüren, die Aussagekraft von Bildern – und vor allem auch über das persönliche Auftreten und den persönlichen Stil. Mit anderen Worten: Jedes Element Ihres Marktauftritts sollte die Botschaft Ihrer Besonderstellung widerspiegeln – auf eine kraftvolle und spannende Weise.

Genau darin liegt nämlich das Erfolgsgeheimnis: Nur wenige Mitbewerber nutzen die Möglichkeit, eine Besonderheit spannend in Szene zu setzen. Stattdessen langweilen sie ihre potenziellen Kunden mit »Beraterdeutsch« und immer gleichen Leistungsaufzählungen. Nutzen Sie also Ihre Chance und heben Sie sich durch eine spannende Inszenierung ab (siehe Kapitel 1.6).

3.4 Stärken und Schwächen der Besonderstellung

Der Nachteil der Besonderstellung ist schon angeklungen: Sie beruht nicht auf einem echten Produktvorteil, sondern ist letztlich nur ein Marketinginstrument, um den Kampf um die Aufmerksamkeit zu gewinnen. Das funktioniert nur so lange, wie dieses Merkmal tatsächlich auffällt. Käme ein Großteil der Mitbewerber ebenfalls auf die Idee, ihre persönliche Note zu kommunizieren, kann die Besonderstellung schnell an Kraft verlieren. Der Kunde würde sich dann letztlich doch an den Anbietern mit einer Alleinstellung oder SEP orientieren, um den Berater zu finden, der sein aktuelles Problem am besten zu lösen verspricht. Dennoch: Es gibt Berater, die sich allein mit einer Besonderstellung am Markt behaupten.

Im Idealfall entwickeln sie ihre Besonderstellung zu einer Marke, mit der sie sich dauerhaft vom Wettbewerb unterscheiden. Marketingwissenschaftler nennen das »Differenzierung durch Identitätsgestaltung«[10]: Je nach Image der Marke oder des Anbieters kann ein Produkt, selbst wenn es sich von Wettbewerberprodukten ansonsten kaum unterscheidet, dem Käufer Unterschiedliches bieten. Ein Beispiel sind Zigaretten, die sich vom Geschmack her kaum unterscheiden und auch über die gleichen Kanäle auf die gleiche Weise verkauft werden; sie sind dennoch unterschiedlich erfolgreich. Auch große Brauereien investieren viel Geld, um ihr Bier durch ein markantes Markenimage zu positionieren.

Der amerikanische Marketingprofessor Philip Kotler nennt drei Kriterien für eine erfolgreiche »Differenzierung durch Identitätsgestaltung«:

1. Das Wesentlichste der Differenzierung sollte durch eine *einzigartige Botschaft* übermittelt werden.
2. Diese Botschaft sollte auf eine *unverwechselbare Art* gestaltet sein, sodass sie nicht mit ähnlichen Botschaften der Wettbewerber verwechselt wird.
3. Die Botschaft sollte von *gefühlsmäßiger Ausdruckskraft* sein, sodass nicht nur die Vernunft, sondern auch die Gefühlswelt des Käufers angesprochen wird.

Die »seemännische Gelassenheit« von Olaf Hinz – so zeigt ein Abgleich mit diesen Kriterien – hat durchaus das Zeug, sich zu einer Marke zu entwickeln. Allerdings fügt Philip Kotler auch hinzu: »Die Identitätsgestaltung erfordert viel Kreativität und Fleiß, wenn daraus ein starkes Marken- oder Unternehmensimage resultieren soll.«

Fazit

Wenn Sie mit der Suche nach einer Alleinstellung oder strategischen Erfolgsposition (SEP) nicht weiterkommen, können Sie auch allein durch Ihren Marktauftritt eine Differenzierung erreichen. Hierzu benötigen Sie ein Besonderstellungsmerkmal – ein Merkmal, das auf den ersten Blick auffällt und das Interesse eines potenziellen Kunden weckt. In der Regel leitet sich eine Besonderstellung aus dem persönlichen Stil des Beraters oder – im Falle eines größeren Beratungsunternehmens – aus dessen Leitlinien und Werten ab. Das strategische Ziel, eine SEP zu entwickeln, sollten Sie dennoch im Auge behalten. Denn auf Dauer kann es ein ernstes Problem werden, sich vom Wettbewerb faktisch nicht zu unterscheiden.

---

10 Kotler, Philip, u. a.: *Marketing-Management*, München 2007, S. 420.

4 Was tun, wenn meine Alleinstellung kopiert wird?

Das Wichtigste vorweg ...
Eine Alleinstellung oder besondere Überlegenheit im Sinne einer strategischen Erfolgsposition (SEP) hält nur eine gewisse Zeit. Beginnen Sie deshalb rechtzeitig damit, neue Ideen zu entwickeln. In diesem Kapitel erfahren Sie, wie Sie den hierfür notwendigen Innovationsprozess in Gang bringen.

Wie schnell dem Aufstieg der Niedergang folgen kann, erlebte ein kleines, auf Krankenhäuser spezialisiertes Beratungsunternehmen. Mit Erfolg besetzte es Ende der 90er-Jahre eine Marktnische: Ein neues Gesetz verlangte damals von den Krankenhäusern, ein »umfassendes Qualitätsmanagement« nachzuweisen – und stellte die meisten Häuser vor die Notwendigkeit, ihre Prozesse und Abläufe neu zu gestalten. Zwar hatten im Zuge der »ISO-9.000-Welle« zahlreiche Berater das Thema Qualitätsmanagement auf ihre Fahnen geschrieben, doch kaum einer von ihnen nahm die Entwicklung in der kleinen Krankenhausbranche wahr. So gelang es unserem Beratungsunternehmen, zwar keine Alleinstellung, aber doch eine echte strategische Erfolgsposition einzunehmen. Es dauerte nicht lange, und die Aufträge kamen über Weiterempfehlung; eine aktive Akquise war nicht mehr notwendig.

Nach zwei bis drei Jahren änderte sich die Lage. Das Beratungsunternehmen geriet gleich von zwei Seiten unter Druck: Zum einen drängten sich immer mehr Konkurrenten in die Nische; sogar große Beratungskonzerne riefen »Krankenhausabteilungen« ins Leben und präsentierten sich als Spezialisten dieses Marktes. Zum anderen zeichnete sich eine Marktsättigung ab, denn unter dem Druck der gesetzlichen Vorgaben hatten die meisten Krankenhäuser das Thema »Qualitätsmanagement« inzwischen aufgegriffen. Die Folgen waren unvermeidlich: Die steigende Zahl der Anbieter einerseits und die sinkende Nachfrage andererseits ließen das Potenzial der Erfolgsposition dahinschmelzen, der Sog kam zum Erliegen.

Das Beispiel zeigt: Es ist gefährlich, sich auf einer strategischen Erfolgsposition auszuruhen. Generell lässt sich beobachten, dass in der Beratungsbranche gute Ideen, Branchenspezialisierungen, Themenzuschnitte oder Inszenierungen nach einer gewissen Zeit kopiert werden. Die meisten Beraterprodukte folgen damit dem klassischen Produktlebenszyklus, der aus den fünf Phasen besteht: Einführung, Wachstum, Reife, Sättigung und Rückgang (siehe Abbildung 10).

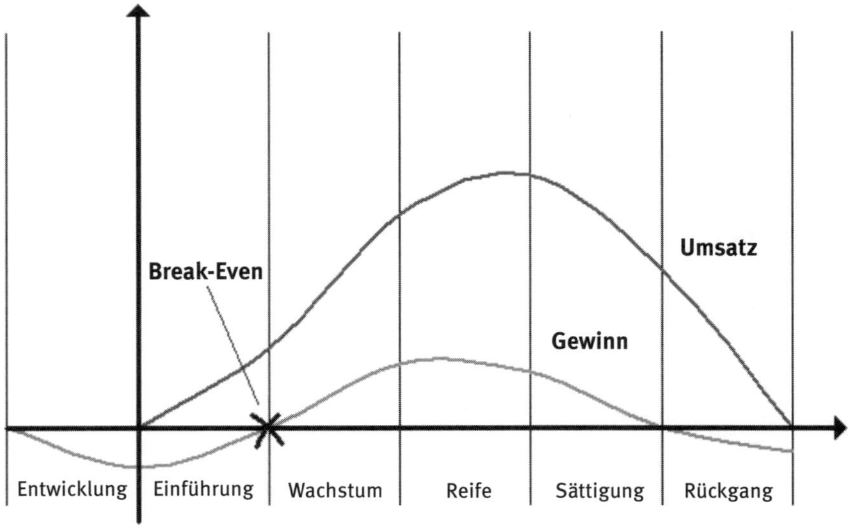

Abbildung 10: Produktlebenszyklus

4.1 Der Produktlebenszyklus – und seine Bedeutung für Berater

Der klassische Produktlebenszyklus lässt sich auch auf eine Alleinstellung oder eine strategische Erfolgsposition (SEP) und damit auf die Situation von Beratern, Trainern und Coachs übertragen. Wie in Kapitel 2 erläutert, liegt eine SEP dann vor, wenn Sie über eine Fähigkeit oder Eigenschaft verfügen, bei der Sie um 30 Prozent besser oder anders sind als 90 Prozent Ihrer Wettbewerber – und bei der die Wettbewerber mindestens drei Jahre benötigen, um Sie zu kopieren. Diese Definition weist bereits darauf hin, dass die SEP nach einigen Jahren durch Nachahmer gefährdet ist.

Eine Alleinstellung oder SEP entfaltet ihre Wirkung in der Einführungs- und Wachstumsphase. Dann wird sie als attraktive Besonderheit wahrgenommen – ein Effekt, der in der Reife- und Sättigungsphase nachlässt. Sobald ein Angebot sich auf dem Markt etabliert hat und immer mehr Konkurrenten mit einer ähnlichen Leistung nachziehen, verliert es seine besondere Stellung im Markt.

Was bedeutet das für Sie als Berater, Trainer oder Coach? Ziel Ihres Marktauftritts ist es (wie in Teil I ausgeführt), einen Sog aufzubauen: Ihr Angebot und seine Darstellung sind so attraktiv, dass Anfragen und Aufträge von selbst kommen. Überträgt man dieses Modell auf den Produktlebenszyklus, ergibt sich folgendes Bild:

- In der *Einführungsphase* gehen Sie mit Ihrer SEP an den Markt. Mithilfe einer griffig formulierten Kernbotschaft kommunizieren Sie die SEP; der Markt fängt an, auf Sie aufmerksam zu werden.
- Nach zwei bis drei Jahren, in denen Sie Ihre SEP konstant in den Markt tragen, erreichen Sie die Wachstumsphase. Sie spüren den Sog, die ersten Anfragen kommen von selbst, die Gewinne steigen.
- Die *Reifephase*, in der Regel die längste Marktphase, ist anhaltend profitabel. Der Sog ist entstanden, es kommt ein regelmäßiger Nachfragestrom. Im Idealfall übersteigt die Nachfrage Ihre Kapazität, sodass Sie die Kunden aussuchen und höhere Preise durchsetzen können. Andererseits erwacht nun auch die Konkurrenz. Die Zahl der Wettbewerber steigt, die Ihre SEP nachahmen und versuchen, sich auf ähnliche Weise im Markt zu positionieren. Es ist an der Zeit, sich über Innovationen Gedanken zu machen.
- Die *Sättigungsphase* ist erreicht, wenn Sie mit Ihrem Angebot kaum noch zusätzliche Kunden gewinnen können. Anfragen, Umsatz und Gewinn haben ihren Zenit überschritten; die Kurven fangen an, langsam abzusinken.
- In der *Rückgangsphase* kommt der Sog zum Erliegen, die Nachfrage geht deutlich und irreversibel zurück.

Es besteht also bereits in der Reifephase Handlungsbedarf. Auch wenn in dieser Phase die Aufträge von selbst kommen und Sie alle Hände voll zu tun haben: Jetzt ist der richtige Zeitpunkt, um über Innovationen nachzudenken – denn von der Idee bis zur Markteinführung dauert es in der Regel zwei bis drei Jahre. Die meisten Berater reagieren hier zu spät. Viele befassen sich erst dann mit Neuem, wenn sie Langeweile befällt, weil sie nun schon seit Jahren immer das Gleiche machen. Andere reagieren erst, wenn die Nachfrage zu sinken anfängt. In beiden Fällen ist es kaum noch möglich, ein strategisch angelegtes Innovationsmanagement einzuleiten.

Den Zeitpunkt, zu dem Sie den Innovationsprozess beginnen sollten, können Sie an drei Indizien erkennen.

Indiz 1: Sie befinden sich in der Boom-Phase

Wenn der Laden brummt, ist es Zeit, an die Zukunft zu denken. Genau dann, wenn Sie an Expansionsstrategien arbeiten und möglicherweise Ihre Kapazitäten erweitern, sollten Sie auch überlegen, mit welcher Innovationsstrategie Sie dem Auslaufen des Lebenszyklus begegnen wollen.

Indiz 2: Nachlassendes Medieninteresse

Wenn Sie Fachartikel anbieten, Bücher schreiben oder sich als Redner engagieren: Sie spüren plötzlich, dass das Interesse an Ihrem Thema nachlässt.

Indiz 3: Immer mehr Nachahmer

Sie entdecken immer mehr Mitbewerber, die Ihr Angebot kopieren oder in Kernpunkten nachahmen.

4.2 Innovationsmanagement für Berater: Zwei Basisstrategien

Was also tun? Grundsätzlich sind zwei Strategien möglich:

1. *Weiterentwicklung der bestehenden SEP:* Sie entwickeln das bestehende Angebot weiter, um auf diese Weise das Potenzial Ihrer SEP möglichst lange zu erhalten und möglichst vollständig auszuschöpfen.
2. *Aufbau einer Nachfolge-SEP:* Sie bauen eine neue SEP auf, die Ihre alte Erfolgsposition ablöst, sobald deren Potenzial aufgebraucht ist.

Entweder suchen Sie also nach Wegen, um Ihre SEP zu verteidigen und durch gezielte Innovationen die Sättigungs- und Rückgangsphase hinauszuschieben. Sie sorgen also dafür, dass Sie die Kuh möglichst lange melken können – schließlich haben Sie viel Aufwand in die Aufzucht gesteckt. Oder Sie entwickeln rechtzeitig eine neue strategische Erfolgsposition, die Ihre alte SEP spätestens am Ende der Sättigungsphase ablöst.

Die folgenden Abbildungen verdeutlichen die beiden Strategien: Im ersten Fall schieben Sie das Absinken Ihrer SEP-Kurve nach hinten – im zweiten Fall bauen Sie eine neue SEP auf, die ihre alte rechtzeitig vor dem Absinken ersetzt.

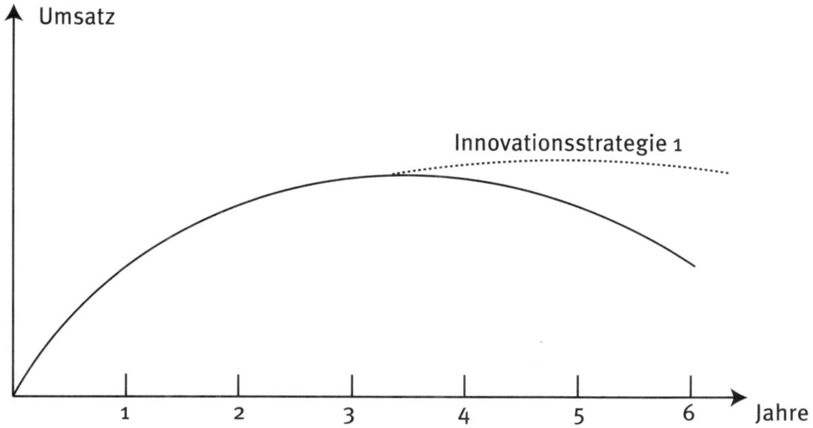

Abbildung 11: Innovationsstrategie 1 – Weiterentwicklung der bestehenden SEP

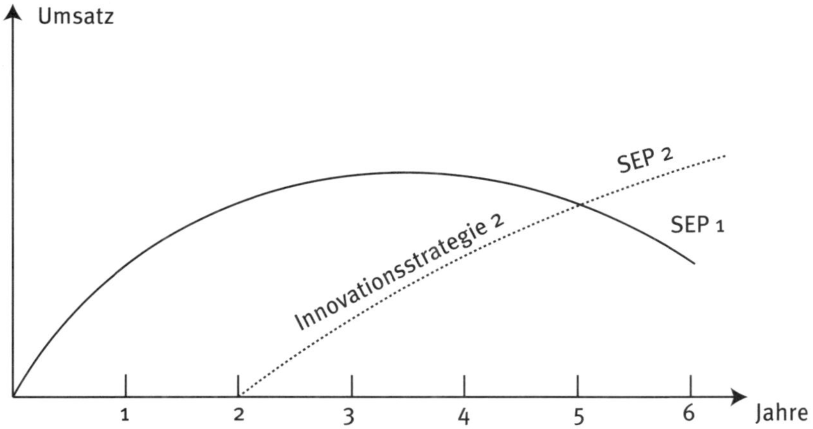

Abbildung 12: Innovationsstrategie 2 – Aufbau einer Nachfolge-SEP

Natürlich kann es sinnvoll sein, beide Strategien parallel zu verfolgen. Zum einen entwickeln Sie die bestehende SEP weiter, um das Maximum aus ihr herauszuholen, schieben also das Absinken der Kurve möglichst lange hinaus. Gleichzeitig machen Sie sich aber auch schon Gedanken über eine neue SEP – denn letztlich lässt sich der Lebenszyklus einer SEP kaum auf ewige Zeit verlängern, sodass Sie früher oder später dann doch eine neue Erfolgsposition benötigen. Sehen wir uns im Folgenden die beiden Strategien etwas näher an.

Strategie 1: Weiterentwicklung der bestehenden SEP

Strategie 1 hat das Ziel, die Sättigungs- und Rückgangsphase möglichst lange hinauszuschieben. Es gibt durchaus Berater, denen das über viele Jahre gelingt. Sie halten Nachahmer in Schach, indem sie ihr bestehendes Angebot laufend modifizieren und immer wieder neu an die Wünsche ihrer Kunden anpassen.

Die Möglichkeiten, ein Produkt attraktiv zu halten oder sogar wieder zu verjüngen, werden generell unterschätzt. Selbst wenn schon Schwächen erkennbar sind und der Sog deutlich nachlässt, kann sich diese auf die Zyklus-Verlängerung abzielende Strategie noch lohnen. Das belegen auch Erfahrungen aus den unterschiedlichsten Branchen – wie der amerikanische Marketing-Wissenschaftler Philip Kotler beobachtet. So erlebten alternde Marken wie Persil oder Odol wiederholt ein Markt-Comeback. Viele ältere Produkte, die dem Ende ihres Lebensweges nahe scheinen, verfügen in Wirklichkeit noch über ein großes Erfolgspotenzial, beobachtet Kotler und rät: »Der Marketingverantwortliche sollte sich davor hüten, alternde und schon etwas schlappe Produkte zu vernachlässigen oder nur halbherzig zu verteidigen. Hier ist eine Vorwärtsstrategie oft am besten.«

Das gilt auch für Berater. Die von Kotler geforderte Vorwärtsstrategie bedeutet zweierlei: Erstens sollten Sie alles daran setzen, weiterhin neue Kunden zu gewinnen – denn nur so schöpfen Sie das Potenzial Ihrer SEP aus. Konkret heißt das, im Marketing nicht nachzulassen, vielleicht sogar die Anstrengungen zu intensivieren. Und zweitens benötigen Sie eine Innovationsstrategie, um Ihr Angebot stets an neue Kundenanforderungen anzupassen.

Lernen von den »Hidden Champions«

Es geht also darum, eine bestehende SEP möglichst lange zu erhalten und gegen Nachahmer zu verteidigen. Wie erreichen Sie das?

Hier gibt es eine gute Nachricht: Im Grunde genügen einfache Maßnahmen, die Sie ohne große Marktuntersuchung und ohne großen Aufwand umsetzen können. An dieser Stelle können wir Berater, Trainer und Coachs von den erfolgreichen mittelständischen Unternehmen lernen. Wie die Analyse der *Hidden Champions* von Hermann Simon zeigt, erfolgen Innovationen dort in der Regel nicht in Form großer, sprunghafter Durchbrüche: »Vielmehr gleicht Innovation einem kontinuierlichen Verbesserungsprozess«, beobachtet der Wissenschaftler. »Innovation ist in diesen Unternehmen, in denen jede neue Auflage eines Produktes irgendwie verbessert ist und daher den Vorgänger übertrifft, eine kontinuierliche Aktivität.« Daraus zieht er einen bemerkenswerten Schluss: »Vermutlich ist Innovation viel häufiger von dieser graduellen Art, als allgemein angenommen wird.«

Sie können also schon viel erreichen, wenn Sie Ihr Angebot immer wieder in einem ausgewählten Detail verändern. Hierbei haben Sie gegenüber den von Hermann Simon untersuchten Mittelständlern einen großen Vorteil: Als Berater sind Sie ungleich näher am Kunden, als ein Mittelständler, der sich auf die Rückmeldungen seiner Verkäufer oder Kundendienstmitarbeiter verlassen muss. Nutzen Sie also die Nähe zum Kunden und reagieren Sie schnell auf neue Problemlagen.

Kleine, aber wirkungsvolle Modifikationen

Es geht somit nicht darum, das Angebot in der Substanz zu verändern. Die Botschaftslinie bleibt unverändert. Vielmehr geht es darum, durch kleine, aber wirkungsvolle Modifikationen dem Kunden zu vermitteln, dass Sie in Ihrem Gebiet mit der Zeit gehen und in der Lage sind, neu auftauchende Probleme zu lösen. Sehen wir uns einige Beispiele an:

Als Ende 2008 die Wirtschaftskrise aufzog, passten einige Berater innerhalb weniger Wochen die »Verpackung« ihrer Leistungen der neuen Situation an: Anstatt wie bisher ein Gesamtprojekt mit zum Beispiel 100 Beratertagen anzubieten, schnürten sie mehrere Einzelpakete, die der Kunde hintereinander buchen konnte. So konnten sie das Risiko für den Kunden senken, ohne Zugeständnisse in der Honorarhöhe zu machen. Auf diese Weise blieben sie für ihre Kunden mit der bestehenden SEP attraktiv.

- Ein auf Kundenmanagement spezialisiertes Beratungsunternehmen spürte, wie immer mehr Wettbewerber nachzogen und die SEP anfing, an Potenzial zu verlieren. Daraufhin rückte das Unternehmen einen Teilbereich seines Tätigkeitsfeldes strategisch stärker in den Mittelpunkt und positionierte sich als Spezialist für Serviceinnovationen. Zu diesem Thema publizierten die Berater Fachartikel und Bücher, außerdem wählten sie bewusst innovative Projekte aus, die in dieses Segment passten. Das Unternehmen gewann schnell an Profil und konnte seinen Vorsprung im Markt erfolgreich verteidigen. Ein kleiner strategischer Schritt hatte genügt, das Potenzial der strategischen Erfolgsposition wiederherzustellen.
- Ein auf Top-Verkäufer spezialisierter Vertriebstrainer reagierte auf sinkende Absätze seiner Kunden, indem er sein Angebot inhaltlich auf die

neue Situation einstellte. Standen bislang eher konzeptionelle Fragen wie die richtige Vertriebsstrategie oder eine effiziente Terminvorbereitung im Vordergrund, trainierte er jetzt konkrete Verkaufsstrategien, um die Verkäufe schnell zu erhöhen. Denn die Verkäufer wollten jetzt vor allem Eines: den Umsatzeinbruch abfangen.

- Ein auf Turnaround-Management spezialisiertes Beratungsunternehmen baute seine strategische Erfolgsposition konsequent aus, als sich im Herbst 2008 die Wirtschafskrise abzeichnete: In einer Tag-und-Nacht-Aktion verfassten die Partner der Beratung innerhalb von sechs Wochen einen Wegweiser zum Thema »Management in der Rezession«, den sie über Banken, Medien und direkt an Kunden und potenzielle Kunden vertrieben. Einerseits bot dieser Ratgeber der Zielgruppe, nämlich mittelständischen Unternehmen, konkrete Hilfestellung, um in der Krise richtig zu agieren. Zugleich festigte das Beratungsunternehmen seine Positionierung als Turnaround-Spezialist.

Entscheidend ist also, dass Sie am Ball bleiben und Ihre besondere Lösung laufend an die aktuelle Problemlage der Kunden anpassen. Achten Sie auf die Bedürfnisse Ihrer Kunden und erkennen Sie Fragen, die sich neu auftun – und auf die Sie mit Ihrer SEP die Antwort geben können. Nutzen Sie so Ihren Vorsprung im Markt und verteidigen Sie auf diese Weise Ihre Positionierung gegen Nachahmer. Die folgenden Fragen können Ihnen helfen, geeignete Innovationsideen zu finden.

Anknüpfungspunkt: Bedürfnisse und Wünsche der Kunden

1. Wie hat sich die wirtschaftliche Situation Ihrer Kunden in der letzten Zeit verändert? Können Sie durch eine Veränderung Ihres Angebots hierauf reagieren?
2. Lassen Sie die Abschlussbesprechungen aller Projekte des zurückliegenden Jahres Revue passieren: Welche Kritik, Beschwerden und Wünsche haben Ihre Kunden geäußert?
3. Welche Probleme sind in den letzten Monaten bei der Projektarbeit oder Auftragsausführung vor Ort aufgetaucht? Wo sind Verbesserungen möglich?
4. Welche Fehler oder Defizite Ihrer Kunden sind Ihnen während der Projektarbeit aufgefallen? Was wird dort falsch gemacht?
5. Welche Probleme haben Ihnen die Geschäftsführer Ihrer Kunden im vertraulichen Gespräch, zum Beispiel bei einem Abendessen, geschildert?

Anknüpfungspunkt: Externe Ereignisse und Trends

1. Gibt es neue wissenschaftliche Erkenntnisse, die Sie für eine Ergänzung Ihres Angebots nutzen können?
2. Verändert die aktuelle wirtschaftliche Entwicklung die Problemlage bei Ihren Kunden? Wie können Sie mit Ihrem Angebot hierauf antworten?
3. Welche längerfristigen Trends gibt es, die für Ihre Kunden wichtig sind? Wie können Sie hierauf mit Ihrem Angebot reagieren?
4. Gibt es absehbare gesetzliche Änderungen, auf die Ihre Kunden reagieren müssen? Wie können Sie Ihr Angebot hierauf zuschneiden?

Anknüpfungspunkt: Wettbewerb

1. Wie verhalten sich Ihre Wettbewerber, sprich: die Nachahmer Ihrer SEP? Welche Besonderheit können Sie diesen Wettbewerbern gegenüber herausstellen?
2. Welche Anregungen bietet Ihnen das Angebot Ihrer Wettbewerber? Gibt es Aspekte, die Sie für eigene Innovationen nutzen können?

Im Kern besteht die Aufgabe darin, neue Lücken zu entdecken und mit dem bestehenden Angebot zu schließen. Im folgenden Abschnitt geht es dagegen um die Möglichkeit, für eine neue Lücke ein neues Angebot zu entwickeln.

Strategie 2: Aufbau einer Nachfolge-SEP

Die zweite strategische Option liegt darin, eine neue SEP aufzubauen. Ziel ist es, mit dieser neuen SEP möglichst genau dann die Wachstumsphase zu erreichen, wenn der Zyklus der alten SEP abzufallen beginnt (siehe Abbildung 11).

Zunächst benötigen Sie also eine neue SEP-Idee. Grundsätzlich können Sie hierzu auf die acht SEP-Kategorien aus Kapitel 2.3 zurückgreifen und die Checkliste für das Erarbeiten von SEP-Ideen in Kapitel 2.4 nutzen.

Leitfrage für die Suche einer Nachfolge-SEP

Speziell bei der Suche nach einer Nachfolge-SEP hat es sich zusätzlich bewährt, von folgender Leitfrage auszugehen: *»An welcher Stelle hat sich meine SEP (oder Alleinstellung) oder mein Angebot organisch weiterentwickelt?«*

Lassen Sie die letzten Jahre Revue passieren: Welches Modul oder welcher Teil Ihres Angebots wurde besonders oft in Anspruch genommen? Welche Aspekte haben eine besonders gute Resonanz gefunden? Welche Kundengruppe hat besonders häufig gebucht? Hat sich am Rande Ihres Aufgabenspektrums ein Aufgabenfeld zu einem »Renner« entwickelt? Die Antworten auf diese und ähnliche Fragen geben Ihnen Hinweise auf mögliche neue Geschäftsfelder, in denen Sie eine SEP aufbauen können.

Beispiele:

- Ein Berater für die Automobilindustrie entdeckt, dass auch Zulieferer an seiner Leistung interessiert sind. Also könnte er sein Geschäft dorthin ausweiten und hieraus eine neue SEP entwickeln.
- Ein Vertriebstrainer, der Spitzenverkäufer trainiert, stellt fest, dass sich immer öfter auch Geschäftsführer für ihn interessieren und ihn mit der Konzeption ganzer Vertriebsstrategien beauftragen. Auch hier könnte eine neue SEP liegen, die sich organisch aus dem bisherigen Geschäft entwickeln lässt.

Häufig liegt die Lösung darin, ein bestehendes Angebot auf einen neuen Markt oder eine neue Zielgruppe zu übertragen – eine Strategie, die nach Feststellung von Hermann Simon auch bei den mittelständischen Hidden Champions weit verbreitet ist, allerdings auch viel Kraft und Beharrlichkeit verlangt.

Nehmen wir noch einmal das Beispiel des Vertriebstrainers, der sich in der Branche Automobilzulieferer auf die drei Prozent der besten Verkäufer spezialisiert hat: Er könnte seine Verkäufer-Expertise auf die Zielgruppe der Einkäufer übertragen und eine SEP bei Spitzeneinkäufern der Autoindustrie aufbauen. Das Know-how aus den Verkäufertrainings würde zusammen mit der Branchenerfahrung eine gute Grundlage bilden, ein Angebot für die andere Seite, die der Einkäufer, zu entwickeln. Vorausgesetzt natürlich, Leistung B soll Leistung A langfristig ablösen.

Innovationen brauchen oft frischen Wind – und den können auch neue Leute bringen. Selbst als kleines Beratungsunternehmen können Sie überlegen, ob Sie nicht einen neuen Mitarbeiter an Bord holen, der einerseits Ihre Kernkompetenz verstärkt, andererseits aber neue Ideen mitbringt und Ihnen hilft, eine Nachfolge-SEP aufzubauen.

Diese Möglichkeit nutzte zum Beispiel ein Beratungsunternehmen, das Kundenmanagement-Lösungen für Handelsunternehmen entwickelt hatte. Als die bisherige SEP sich der Sättigungsphase näherte, entwickelte das Unternehmen verschiedene neue Ideen – und stellte dann eine neue Mitarbeiterin aus der Touristikbranche an. Mit ihrer Hilfe war es möglich, das vorhandene Konzept auf die Touristik zu übertragen und hier eine neue SEP aufzubauen.

Überprüfen Sie Ihre Innovationsideen

Sie haben nun einige Ideen für die Nachfolge-SEP entwickelt. Bevor Sie jetzt an die Umsetzung gehen, sollten Sie die Ideen sorgfältig prüfen. Generell birgt die Entwicklung eines neuen Produkts – womöglich noch für einen neuen Markt – hohe Risiken. Die Gefahr liegt vor allem darin, dass die Neuentwicklung mehr Ressourcen bindet als geplant, die Sie dann von Ihrem aktuellen Geschäft abziehen müssen.

Eine Innovationsstrategie, die auf die Entwicklung neuer SEP-Ideen abzielt, kann schnell dazu führen, dass Sie Ihre Kräfte »verzetteln«. So folgten viele Berater in den vergangenen Jahren den Wünschen Ihrer Kunden und boten immer mehr neue Leistungen an. In Zeiten der Hochkonjunktur entwickelte sich das Angebot stark in die Breite – mit bösem Erwachen in der Wirtschaftskrise. Zwar wurden auch in der Rezession weiterhin nahezu alle Beratungsleistungen nachgefragt, jedoch mit einem entscheidenden Unterschied: Die Auftraggeber wählten gezielt jene Berater aus, die auf dem jeweiligen Gebiet wirklich die Spezialisten sind. Nur ihnen traute man zu, dass sie in Krisenzeiten zuverlässigen Rat geben. Berater, die zu breit aufgestellt waren, hatten deshalb das Nachsehen – und dies, obwohl sie durch ihre neuen Angebote ja eigentlich bewiesen hatten, dass sie in der Vergangenheit besonders innovativ waren. Wie entgehen Sie dieser Falle? Worauf kommt es bei einer Innovationsstrategie wirklich an?

Machen wir hierzu einen kurzen Ausflug in die Strategielehre. Im Wesentlichen stehen sich hier zwei Denkschulen gegenüber: Die Lehre von den Wettbewerbskräften, hauptsächlich vertreten durch Michael Porter, stellt den Markt in den Vordergrund. Ein Unternehmen sollte Märkte besetzen, die gute Chancen versprechen; die erforderlichen internen Fähigkeiten müssen in der Folge entwickelt werden. Diese Denkschule schlägt also ein Vorgehen von außen nach innen vor. Dem steht die Strategie gegenüber, die für ein Vorgehen von innen nach außen plädiert – ein Unternehmen sollte sich bei der Entwicklung seiner Strategie hauptsächlich an seiner Kernkompetenz orientieren. Nach dieser Lehre bilden also die internen Ressourcen den Ausgangspunkt für das strategische Management.

Mit Blick auf diese beiden, einander auf den ersten Blick ausschließenden Lehrmeinungen kommt Hermann Simon bei seiner Studie über die Hidden Champions zu dem Ergebnis: Die wirklich erfolgreichen Unternehmen verstehen es, beide Ansätze miteinander zu verbinden. Sie kombinieren externe Chancen, die ihnen Märkte, Kunden und Wettbewerb bieten, mit ihren internen Ressourcen, also ihren Kernkompetenzen, besonderen Fähigkeiten und Stärken. Die Schlussfolgerungen, die der Wissenschaftler zieht, lassen sich auf Beratungsunternehmen übertragen und setzen die entscheidenden Leitplanken für eine erfolgreiche Innovationsstrategie:

- Die Besinnung auf die Kernkompetenz ist notwendig, aber nicht hinreichend. Eine starke Fähigkeit, die der Markt nicht schätzt, lässt sich auch nicht in einen Markterfolg verwandeln.
- Die Ausrichtung an Marktchancen ist ebenfalls notwendig, für sich alleine jedoch unzureichend und zudem höchst gefährlich. Simon: »Falls sehr gute Marktaussichten bestehen, das Unternehmen jedoch keine überlegenen internen Kompetenzen entwickeln kann, diese zu nutzen, wird es scheitern. Dies ist die typische Falle, in die Diversifikationsprojekte laufen.«

Entscheidend ist also, Marktchancen zu nutzen, die auf Bestehendem aufbauen: Ist die Marktchance mit den Ressourcen Ihres Unternehmens vereinbar? Stellen Sie unter diesem Blickwinkel Ihre Innovationsideen auf den Prüfstand – und entscheiden Sie erst dann, welche Idee Sie umsetzen wollen.

Konkret schlage ich vor, bei jeder Idee an den Anfang der Strategiefindung zurückzugehen (wie in Kapitel 2 beschrieben): Prüfen Sie jede Idee anhand der Kriterien, die für eine strategische Erfolgsposition zwingend erfüllt sein müssen; entwickeln Sie dann für die ausgewählte SEP eine Botschaftslinie, und verändern Sie schließlich Ihre Marketingstrategie.

Fazit

Der klassische Produktlebenszyklus lässt sich auch auf die strategische Erfolgsposition (SEP) sowie das Beratungsangebot und damit auf die Situation von Beratern, Trainern und Coachs übertragen: Eine SEP entfaltet ihre Wirkung in der Einführungs- und Wachstumsphase, durchläuft dann eine Reifephase – bis dann in der Sättigungsphase ihr Potenzial aufgebraucht und der Niedergang nicht mehr aufzuhalten ist.

Für Berater, Trainer und Coachs gibt es grundsätzlich zwei Innovationsstrategien, um diesem Niedergang entgegenzuwirken und den Wettbewerbsvorsprung zu verteidigen:

- *Weiterentwicklung der bestehenden SEP.* Durch kleine, aber wirkungsvolle Modifikationen vermitteln Sie dem Kunden, dass Sie in Ihrem Gebiet mit der Zeit gehen und in der Lage sind, neu auftauchende Probleme zu lösen. Die Innovation setzt somit am *bestehenden Angebot* an.
- *Aufbau einer Nachfolge-SEP.* Anstatt die alte SEP zu modifizieren, entwickeln Sie eine neue SEP (oder im Idealfall eine neue Alleinstellung). Die Nachfolge-SEP sollte genau dann zum neuen Umsatzbringer werden, wenn die alte SEP »aufgebraucht« ist.

5 Wie hebe ich mich von der Masse ab, ohne mich zu verbiegen?

Das Wichtigste vorweg ...

Es ist ein Grundthema der Branche: Berater, Trainer und Coachs bieten ähnliche Leistungen an, und es fällt ihnen schwer, sich von den Mitbewerbern abzuheben. Wie kann es gelingen, den Kampf um die Aufmerksamkeit dennoch zu gewinnen? Die Antwort in einem Satz: Es kommt auf den Dreiklang aus Positionierung, Inszenierung und Profilierung an.

»Wie hebe ich mich von den anderen ab, ohne mich zu verbiegen?« Hinter dieser Frage verbirgt sich eine weitverbreitete Auffassung, die oft nicht weiterhilft. Denn wer so fragt, unterstellt in der Regel, dass er in der Sache anders sein muss, damit er am Markt Erfolg hat – er sucht nach einer Alleinstellung. Das ist aus meiner Sicht kein hilfreicher Gedanke, weil es für Berater, Trainer und Coachs nur sehr schwer ist, eine Alleinstellung zu finden, eine solche Alleinstellung aber auch gar nicht notwendig ist (wie bereits in Kapitel 2 ausgeführt).

Halten wir uns vor Augen, was das Ziel von Marketing ist: Es geht darum, einen Sog zu erzeugen, also zu erreichen, dass Interessenten von sich aus auf Sie zukommen. Wer das erreichen will, muss sich tatsächlich von der Masse abheben. Es muss ihm gelingen, in der großen Zahl der Anbieter aufzufallen. Eine Alleinstellung ist hierfür natürlich ideal, doch kann man diesen Kampf um Aufmerksamkeit auch auf andere Weise gewinnen – und das ohne sich deswegen verbiegen zu müssen.

Wie gelingt das? Wechseln wir einen Augenblick lang die Perspektive und überlegen, wie sich die Situation eines Interessenten darstellt, der ein Anliegen hat und hierfür nach einem Berater, Trainer oder Coach sucht. Dieser Interessent wird zunächst versuchen, für sein spezielles Anliegen eine Vorauswahl zu treffen – etwa indem er bei Verbänden und IHKs nachfragt, sich Namen aus Wirtschafts-, Fach- und Branchenzeitschriften notiert oder im Internet recherchiert. Schon dieser Schritt ist mühsam, wenn etwa die Google-Eingabe der Stichworte »Berater, Mittelstand,

Logistik« 199.000 Treffer, »Berater, Mittelstand, Controlling« 270.000 Treffer oder »Berater, Mittelstand, Marketing« 352.000 Treffer anzeigt.

Doch auch die auf 10 bis 15 Kandidaten eingegrenzte Vorauswahl bereitet Kopfzerbrechen. Überall Marktauftritte, die gleich klingen, Standardsätze, die sich ähneln:

- »Wir verstehen uns als Dienstleistungsunternehmen, dessen Aktivitäten in erster Linie darauf gerichtet sind, unseren Klienten problemorientierte, effiziente und umfassende Beratung bei der Bewältigung entscheidender betrieblicher Problemstellungen und Fragen zu bieten. Hierbei ist es unser Ziel, unsere Geschäftspartner bei der Optimierung von Personal- und Organisationsentscheidungen zu unterstützen.«
- »Wir stehen unseren Klienten mit Beratungskompetenz als Partner zur Seite, um gemeinsam Lösungen zu erarbeiten und umzusetzen.«
- »Als Partner mittelständischer Unternehmen wollen wir uns permanent an neue Herausforderungen des Mittelstands anpassen und proaktiv mit unseren Kunden Lösungsmöglichkeiten entwickeln.«
- »Zwei Aspekte stehen immer im Fokus unserer Arbeit: kundenspezifische Beratung durch ausgeprägte Kundenorientierung und Überzeugung durch umsetzungsorientierte und qualitativ hochwertige Leistung.«

Wie soll der Ratsuchende nun entscheiden, mit welchen zwei oder drei Kandidaten er Kontakt aufnehmen soll?

5.1 Den Kampf um Aufmerksamkeit gewinnen

Aus Ihrer Sicht als Berater, Trainer oder Coach hat der gleichförmige Marktauftritt der allermeisten Wettbewerber einen großen Vorteil: Es ist gar nicht so schwer, auch mit einer kleinen Besonderheit aufzufallen. Ein Hilfesuchender, der im Meer der Berater zu ertrinken droht, greift auch nach einer einfachen Holzplanke, die ihm einen ersten Halt verspricht.

Den Kampf um Aufmerksamkeit können Sie also schon einfach dadurch gewinnen, dass Sie mit einer Besonderheit auf sich aufmerksam machen. Wie in Teil I dargestellt, kommt es hierbei auf drei Dinge an: erstens auf die Besonderheit selbst, zweitens auf eine spannende Inszenierung dieser Besonderheit – und drittens darauf, die Besonderheit im Markt bekannt zu machen. Entscheidend ist also der Dreiklang aus Positionierung, Inszenierung und Profilierung. Um Aufmerksamkeit zu gewinnen und den ersehnten Sog zu erzeugen, ist ein Mix aus allen drei Faktoren erforderlich.

Mix heißt aber auch, dass die Anteile unterschiedlich gewichtet sein können: Haben Sie eine Alleinstellung, macht diese Ihren Marktauftritt fast schon per se spannend – entsprechend leicht haben Sie es bei Inszenierung und Profilierung. Wenn Sie sich dagegen nur mit einer Besonderheit positionieren, müssen Sie erheblich mehr Zeit und Mühe in die beiden anderen Bereiche investieren: in das Spannendsein und Bekanntwerden. Was Ihnen beim Anderssein fehlt, können Sie über gute Inszenierung und erfolgreiche Profilierung kompensieren.

Die Lösung liegt also nicht darin, sich zu verbiegen, um durch Anderssein im Markt aufzufallen, sondern darin, eine vorhandene Besonderheit aufzugreifen und diese ins rechte Licht zu rücken. Was heißt das konkret?

Schritt 1: Besonderheit finden (Positionierung)

Gehen Sie von Ihren Kernkompetenzen aus. Entwickeln Sie hieraus, wenn möglich, eine strategische Erfolgsposition (SEP), durch die Sie sich inhaltlich im Markt abheben, das heißt von den meisten Wettbewerbern deutlich unterscheiden. Wie das funktioniert, ist in Kapitel 2 beschrieben. Gelingt Ihnen diese inhaltliche Unterscheidung nicht, benötigen Sie zumindest eine Besonderheit, mit der Sie im Markt auffallen. Das kann ein Persönlichkeitsmerkmal sein, wie zum Beispiel die »seemännische Gelassenheit«, die Organisationsberater Olaf Hinz vermarktet. Auch ein spezielles Thema kann eine Besonderheit sein – so wie die Unternehmensberatung O'Donovan Consulting AG zum Beispiel das Thema »Serviceinnovationen in der Touristik« besetzt hat.

Schritt 2: Besonderheit inszenieren

Im nächsten Schritt gilt es, diese Besonderheit spannend zu inszenieren. Was Ihnen bei der inhaltlichen Unterscheidung vom Wettbewerb fehlt, können Sie mit einer spannenden Inszenierung wieder wettmachen. Bauen Sie Ihre Internetseiten deshalb nicht nach Schema F auf (»Herzlich willkommen bei ...«, dann die Menüpunkte »Leistung«, »Wir über uns«...), sondern inszenieren Sie ihn spannend und aufregend – wie zum Beispiel der Führungscoach Wolfgang Zimmermann, dessen Webauftritt für den Besucher fast schon wie eine persönliche Begegnung mit dem künftigen Sparringspartner wirkt.

Schritt 3: Bekannt werden (Profilierung)

Schließlich gilt es, die Besonderheit über möglichst viele Marketing- und PR-Kanäle zu kommunizieren. Legendär ist das Beispiel jener kleinen Einkaufsberatung, die mit einem Bestseller, dem *Milliardengrab Einkauf*, zu Bekanntheit gelangte und dadurch gewachsen ist.

Halten wir also fest: Den Kampf um Aufmerksamkeit gewinnt, wer das Handwerkliche aus Positionierung, Inszenierung und Profilierung gut erledigt. Ein Defizit auf einem der drei Felder lässt sich durch ein Plus auf den anderen Feldern kompensieren – das Gesamtbild bleibt dennoch stimmig. Ein Berater muss sich deshalb keineswegs verbiegen, um auf dem Feld der Positionierung etwas ganz Besonderes anzubieten. Es genügt, wenn er eine persönliche, ihm eigene Besonderheit aufgreift – diese dann aber umso spannender inszeniert.

5.2 Die Besonderstellung inszenieren – drei Beispiele

Die folgenden drei Beispiele zeigen, wie ein gelungener Mix aus Positionierung und Inszenierung aussehen kann. Wenn dann jeweils noch eine gelungene Profilierung hinzukommt, stehen die Chancen gut, im Kampf um die Aufmerksamkeit aufzufallen und den begehrten Sog zu erzeugen (siehe Teil I). Bei den Beispielen handelt sich um einen Coach, einen Trainer und eine Unternehmensberatung.

Wolfgang Zimmermann (www.wolfgang-zimmermann.com)

Viele Berater, Trainer oder Coachs sind auf sehr spezifische Themenbereiche spezialisiert. Demgegenüber hat Wolfgang Zimmermann sehr vielfältige Kunden, die vom Funktionär in der Gewerkschaft bis zur Führungskraft und zum Unternehmenschef der unterschiedlichsten Unternehmen reichen. Das Besondere an seiner Dienstleistung ist, dass er seinen Kunden hilft, sich mit Fragen auseinanderzusetzen – er ist also in erster Linie ein Reflexionspartner. Diese Kernbotschaft gilt es nun im Marketing zu vermitteln, nämlich dass Wolfgang Zimmermann Reflexionspartner für sehr vielfältige Kunden ist.

»Als Sparringspartner unterstütze ich Unternehmer und gute Führungskräfte, sich mit wichtigen Fragen auseinanderzusetzen«, erklärt er deshalb im ersten Satz seines Webauftritts. Das klingt im Grunde nicht aufregend, viele andere Coachs bieten das auch an. Nur: Sie benennen es nicht so klar! Sie haben nicht den Mut, das Sich-Auseinandersetzen mit einem Thema bereits als Kern der Leistung und damit als ihre Besonderheit zu definieren.

Der einleitende Satz informiert den Leser kurz und knapp über die Tätigkeit – er weiß nun, worum es geht. Wenn er an der Dienstleistung interessiert ist, stößt er nun sofort auf eine Reihe von Besonderheiten, die ihn auf der Internetseite halten:

- Da ist zunächst der *persönliche* Stil, der durchgängig in Bildern, Texten und Design zum Ausdruck kommt. Große Fotos zeigen den Coach in seiner Umgebung und beim Gespräch – mal nachdenklich, in die Ferne blickend, dann wieder dem Partner zugewandt, aufmerksam zuhörend, dann erklärend und sprechend. Auch die Texte, in Ich-Form geschrieben, sprechen persönlich an. Fragen leiten den Leser, der sich unversehens im Dialog mit Wolfgang Zimmermann wiederfindet.
- Eine *Metapher* prägt sich selbst dem flüchtigen Besucher ein: Wolfgang Zimmermann ist derjenige, der ein Coaching gerne mit einer anspruchsvollen Bergtour vergleicht. Dass er selbst passionierter Bergsteiger ist und irgendwo bei Garmisch wohnt, bleibt bei dieser Gelegenheit zusätzlich hängen.
- Die *Benennung von Leidensdruckthemen* gleich auf der ersten Seite, verpackt in sieben Fragen, holt den Besucher bei seinem Problem ab – zumindest kann er die Eckpfeiler der Themen abschätzen, mit denen sich Wolfgang Zimmermann beschäftigt.
- Unter der Rubrik *Projektbeispiele* beschreibt Wolfgang Zimmermann einige seiner Projekte und belegt damit auch die Vielfalt der Kunden und Themen, mit denen er sich auseinandersetzt. Die Beispiele zeigen den Interessenten sehr anschaulich, was sie von ihm erwarten können.
- Wer nun neugierig geworden ist, kann auch noch anhand einiger *Audiosequenzen* die Arbeitsweise und Persönlichkeit von Wolfgang Zimmermann näher kennenlernen. Vor allem hört er auch dessen Stimme, was zusätzlich Sicherheit und Vertrauen vermittelt. Mit den Audiostücken, bei denen es sich um kurze Interviews handelt, erlebt der Zuhörer den Coach erstmals im Gespräch – was die spätere Dialogsituation mit dem Kunden ein wenig vorwegnimmt und dadurch noch spannender und interessanter wirkt.

Am Ende stößt der Besucher auf den *Chemie-Check*, ein ebenso ungewöhnliches wie einfaches Instrument, das zum Mitmachen reizt – und den Interessenten erneut auf der Webseite festhält (siehe Abbildung 13) »Für eine gute Sparringspartnerschaft müssen wir auch gut zueinander passen«,

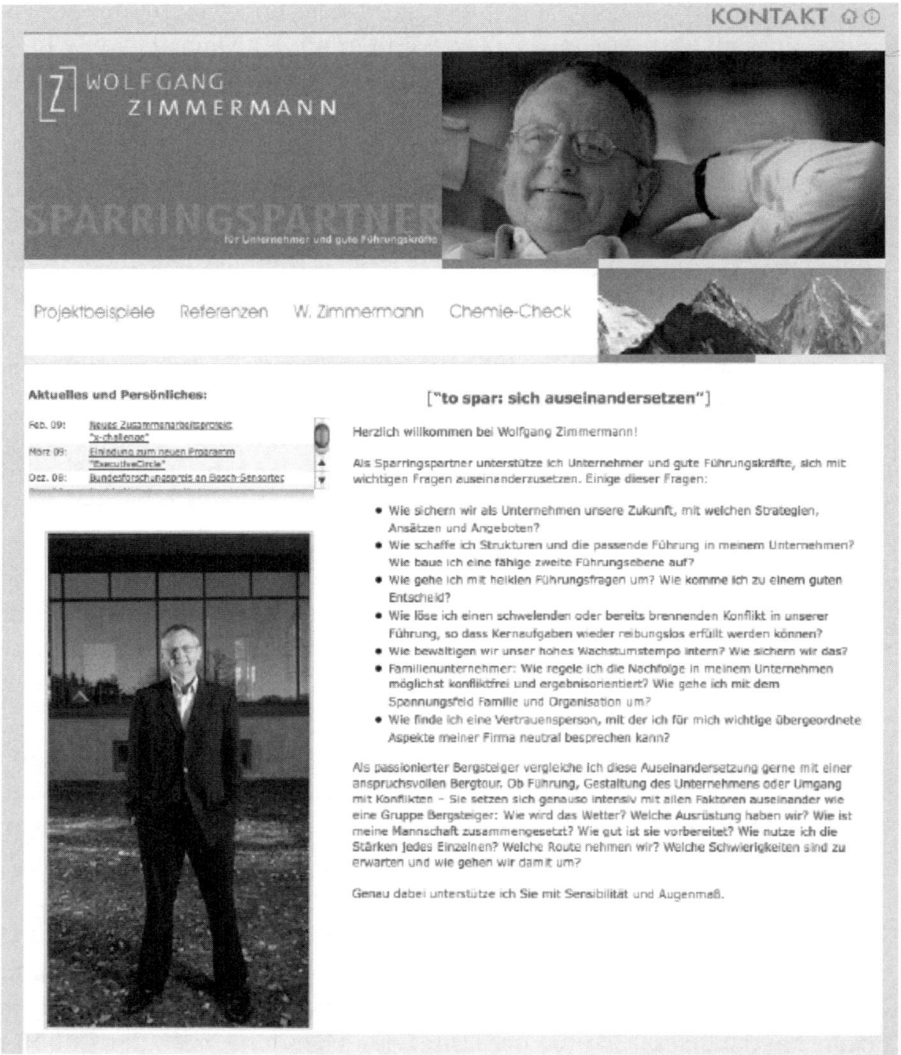
KONTAKT
WOLFGANG
ZIMMERMANN
SPARRINGSPARTNER
für Unternehmer und gute Führungskräfte
Projektbeispiele
Referenzen
W. Zimmermann
Chemie-Check
Aktuelles und Persönliches:
Feb. 09:
"x-challenge"
März 09:
Einladung zum neuen Programm
"ExecutiveCircle"
Dez. 08:
["to spar: sich auseinandersetzen"]
Herzlich willkommen bei Wolfgang Zimmermann!
Als Sparringspartner unterstütze ich Unternehmer und gute Führungskräfte, sich mit wichtigen Fragen auseinanderzusetzen. Einige dieser Fragen:
Wie sichern wir als Unternehmen unsere Zukunft, mit welchen Strategien, Ansätzen und Angeboten?
Wie schaffe ich Strukturen und die passende Führung in meinem Unternehmen? Wie baue ich eine fähige zweite Führungsebene auf?
Wie gehe ich mit heiklen Führungsfragen um? Wie komme ich zu einem guten Entscheid?
Wie löse ich einen schwelenden oder bereits brennenden Konflikt in unserer Führung, so dass Kernaufgaben wieder reibungslos erfüllt werden können?
Wie bewältigen wir unser hohes Wachstumstempo intern? Wie sichern wir das?
Familienunternehmer: Wie regele ich die Nachfolge in meinem Unternehmen möglichst konfliktfrei und ergebnisorientiert? Wie gehe ich mit dem Spannungsfeld Familie und Organisation um?
Wie finde ich eine Vertrauensperson, mit der ich für mich wichtige übergeordnete Aspekte meiner Firma neutral besprechen kann?
Als passionierter Bergsteiger vergleiche ich diese Auseinandersetzung gerne mit einer anspruchsvollen Bergtour. Ob Führung, Gestaltung des Unternehmens oder Umgang mit Konflikten – Sie setzen sich genauso intensiv mit allen Faktoren auseinander wie eine Gruppe Bergsteiger: Wie wird das Wetter? Welche Ausrüstung haben wir? Wie ist meine Mannschaft zusammengesetzt? Wie gut ist sie vorbereitet? Wie nutze ich die Stärken jedes Einzelnen? Welche Route nehmen wir? Welche Schwierigkeiten sind zu erwarten und wie gehen wir damit um?
Genau dabei unterstütze ich Sie mit Sensibilität und Augenmaß.

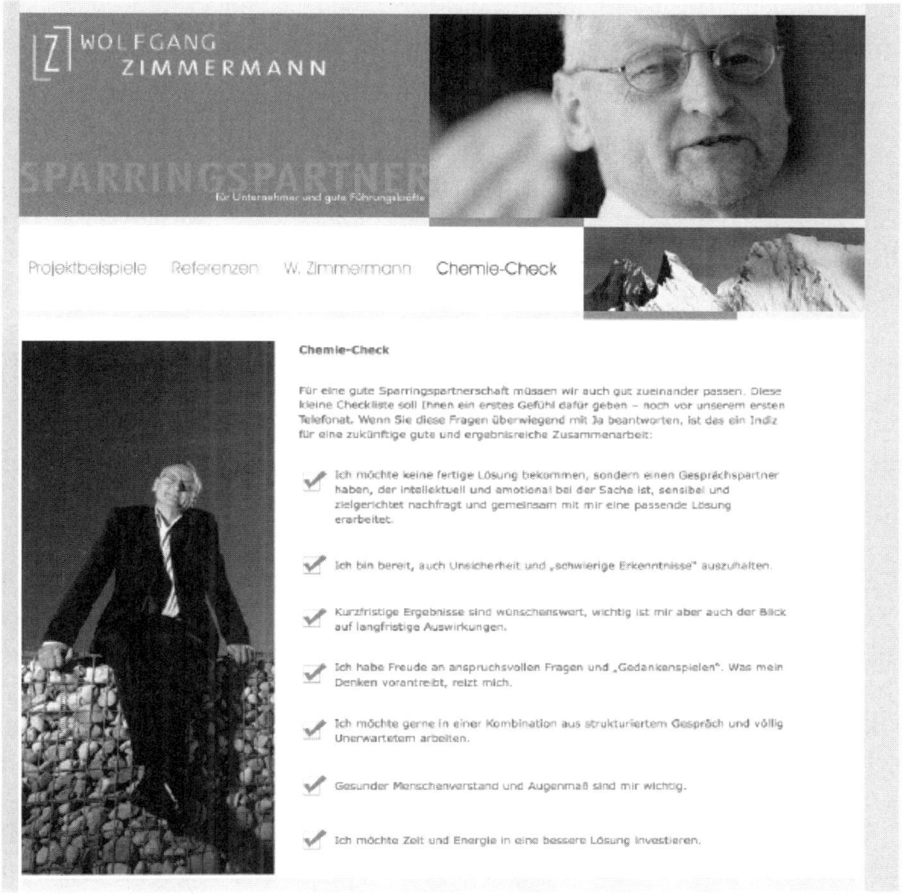

Abbildung 13: Beispiel für eine gelungene Inszenierung der Besonderstellung – Internetseite

liest er hier. »Diese kleine Checkliste soll Ihnen ein erstes Gefühl dafür geben – noch vor unserem ersten Telefonat. Wenn Sie diese Fragen überwiegend mit Ja beantworten, ist das ein Indiz für eine zukünftige gute und ergebnisreiche Zusammenarbeit: ...« Es folgen sieben Punkte zum Ankreuzen. Nach sieben Mal »Ja« ist der Griff zum Telefonhörer gar nicht mehr so weit ...

Die Internetseite gibt nicht nur einen plastischen Eindruck von der Tätigkeit, sondern stellt bereits ein Dialogangebot an den Leser dar. Deutlich wird, wie gut die Positionierung, nämlich Sparringspartner für Unternehmer und gute Führungskräften zu sein, in Verbindung mit der Inszenierung wirkt. In der Summe ergeben die verschiedenen, in Text, Bild und Design hervorragend umgesetzten Elemente ein ungewöhnliches Gesamtbild, das den Führungscoach Wolfgang Zimmermann sofort von anderen unterscheidet. Ein guter Beleg dafür, dass man sich durch Inszenierungstechniken von der Masse abheben kann!

Rainer Frieß (www.sellympia.com)

Eine schöne Form der Besonderstellung hat der Vertriebstrainer Rainer Frieß gefunden. Leitgedanke ist ein Bild aus dem Leistungssport: Hier kommt es auf wenige Prozent an, um zu gewinnen. Zwischen dem besten Hürdenläufer der Welt und dem besten Deutschen liegen weniger als 0,5 Sekunden – das Etwas mehr an Leistung entscheidet. Und so ist es auch im Verkauf, auch hier liegen zwischen dem besten und zweitbesten Verkäufer keine 20 Prozent, sondern vielleicht drei oder fünf Prozent.

Es geht also darum, einen Spitzenverkäufer um genau diese drei bis fünf Prozent zu verbessern. Folglich bietet Rainer Frieß ein »LeistungsTuning für den Spitzenvertrieb« an.

Aus diesem Leitgedanken resultiert die Metapher von Spitzensport und Olympia, die Rainer Frieß konsequent für die Inszenierung seines Marktauftritts nutzt. Hieraus ist ein unverwechselbares Bild entstanden, mit dem er sich sehr erfolgreich im Wettbewerb differenziert.

Die Metapher »Olympia« bildet zunächst das Kernelement bei der Positionierung. Das Bild vermittelt den Gedanken von freudvollem Siegen, verbunden mit hartem Training und Spitzenleistung. »Im Sport muss Training Spaß machen, aber auch etwas bewirken – ich muss besser werden«, sagt Rainer Frieß. Genau diese Idee ist das Besondere an seinem Konzept: Die Aussicht auf ein hartes Vertriebstraining soll bei den Verkäufern nicht zu Lernwiderständen führen, sondern Begeisterung am Wettkampf auslösen.

Abbildung 14: Beispiel für eine gelungene Inszenierung der Besonderstellung – Broschüre (außen)

Diese Besonderstellung in der Positionierung nimmt Rainer Frieß als Ausgangspunkt, um nun auch einen spannenden und unverwechselbaren Marktauftritt zu inszenieren. Hierbei spielt er das Olympia-Bild auf allen Kanälen – sei es im Internet, seiner Firmenbroschüre, auf Austeilkarten an die Trainingsteilnehmer oder mit einem speziellen »Sellympia-Koffer«. Dieser enthält einen nachgebauten 110-Meter-Hürdenlauf, anhand dessen er sein Konzept präsentiert; jede Hürde steht dabei für eine Phase im Verkaufsgespräch.

Die Inszenierung setzt sich fort bei der Vorstellung der Leistungen: Die Verkäufer und Vertriebsmanager werden in verschiedenen Modulen »olympiareif« gemacht – unter anderem in Sichtungswettkämpfen, im Trainingslager und im Höhencamp. Die Metapher »Olympia« ist der rote Faden, der das Leistungsangebot zusammenhält und für den Interessenten sofort zu etwas Besonderem macht.

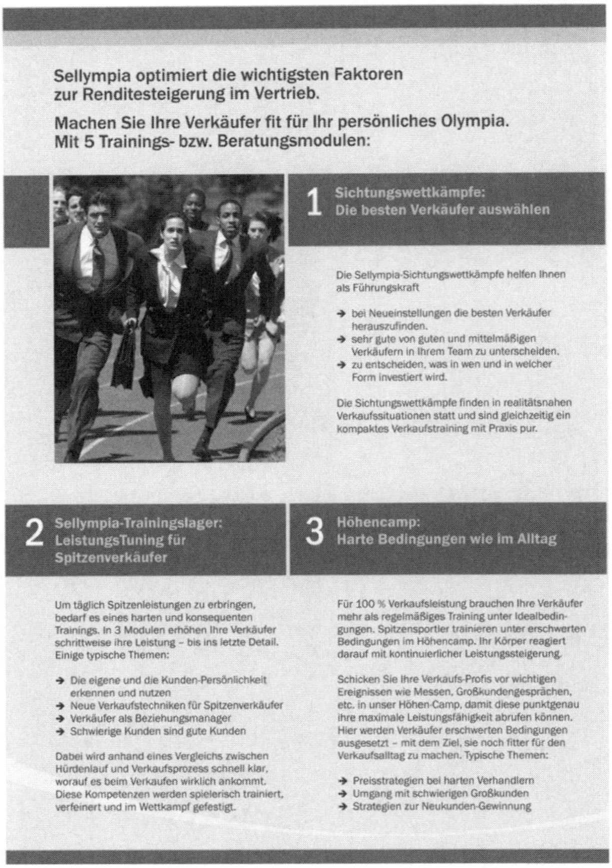

Sellympia optimiert die wichtigsten Faktoren zur Renditesteigerung im Vertrieb.

Machen Sie Ihre Verkäufer fit für Ihr persönliches Olympia. Mit 5 Trainings- bzw. Beratungsmodulen:

1 Sichtungswettkämpfe: Die besten Verkäufer auswählen

Die Sellympia-Sichtungswettkämpfe helfen Ihnen als Führungskraft

- bei Neueinstellungen die besten Verkäufer herauszufinden.
- sehr gute von guten und mittelmäßigen Verkäufern in Ihrem Team zu unterscheiden.
- zu entscheiden, was in wen und in welcher Form investiert wird.

Die Sichtungswettkämpfe finden in realitätsnahen Verkaufssituationen statt und sind gleichzeitig ein kompaktes Verkaufstraining mit Praxis pur.

2 Sellympia-Trainingslager: LeistungsTuning für Spitzenverkäufer

Um täglich Spitzenleistungen zu erbringen, bedarf es eines harten und konsequenten Trainings. In 3 Modulen erhöhen Ihre Verkäufer schrittweise ihre Leistung – bis ins letzte Detail. Einige typische Themen:

- Die eigene und die Kunden-Persönlichkeit erkennen und nutzen
- Neue Verkaufstechniken für Spitzenverkäufer
- Verkäufer als Beziehungsmanager
- Schwierige Kunden sind gute Kunden

Dabei wird anhand eines Vergleichs zwischen Hürdenlauf und Verkaufsprozess schnell klar, worauf es beim Verkaufen wirklich ankommt. Diese Kompetenzen werden spielerisch trainiert, verfeinert und im Wettkampf gefestigt.

3 Höhencamp: Harte Bedingungen wie im Alltag

Für 100 % Verkaufsleistung brauchen Ihre Verkäufer mehr als regelmäßiges Training unter Idealbedingungen. Spitzensportler trainieren unter erschwerten Bedingungen im Höhencamp. Ihr Körper reagiert darauf mit kontinuierlicher Leistungssteigerung.

Schicken Sie Ihre Verkaufs-Profis vor wichtigen Ereignissen wie Messen, Großkundengesprächen, etc. in unser Höhen-Camp, damit diese punktgenau ihre maximale Leistungsfähigkeit abrufen können. Hier werden Verkäufer erschwerten Bedingungen ausgesetzt – mit dem Ziel, sie noch fitter für den Verkaufsalltag zu machen. Typische Themen:

- Preisstrategien bei harten Verhandlern
- Umgang mit schwierigen Großkunden
- Strategien zur Neukunden-Gewinnung

Abbildung 15: Beispiel für eine gelungene Inszenierung der Besonderstellung – Broschüre (innen)

Das Beispiel lehrt uns, wie man bei der Positionierung klassische Vertriebstrainings-Themen so zuschneiden kann, dass sie eine sehr spezielle Zielgruppe und einen sehr speziellen Themenzuschnitt haben: Aus allgemeinem Vertrieb wird »Spitzenvertrieb« und aus Vertriebstraining wird »Leistungstuning«. Dieser Grundgedanke ist dann in eine konsequente Bildsprache übersetzt – sodass die Dienstleistungen nicht mehr Personalauswahl, Vertriebstraining und Probelauf heißen, sondern Sichtungswettkampf, Trainingslager und Höhencamp.

Eine solche Positionierung funktioniert allerdings nur dann, wenn sie nicht ein Deckmäntelchen darstellt, sondern der Trainer davon wirklich überzeugt ist und dementsprechend auch die geeigneten Methoden, Techniken und Fähigkeiten anbietet. Nur dann kann, wie im Falle Rainer Frieß, etwas Eigenständiges daraus entstehen.

O'Donovan Consulting AG (www.odonovan.de)

»Es ist schon erstaunlich: Sie sehen ein und dasselbe Theaterstück, gespielt von unterschiedlichen Ensembles – und dazwischen liegen Welten! Offen gesagt: Bei Unternehmensberatungen ist es nicht viel anders. Ab einer gewissen Klasse beherrschen sie alle ihr Handwerk, und auch die Inhalte sind ähnlich. Gravierende Unterschiede gibt es jedoch im Anspruch und im Wie der Beratung.«

Mit diesen Worten begrüßt die O'Donovan Consulting AG ihre Internet-Besucher – und holt den Leser genau bei dem Problem ab, mit dem er sich bei der Suche nach einem Berater gerade herumschlägt: Alle spielen mehr oder weniger dasselbe Theaterstück – auch O'Donovan. Doch die spielen anders? Schon ist seine Neugierde geweckt.

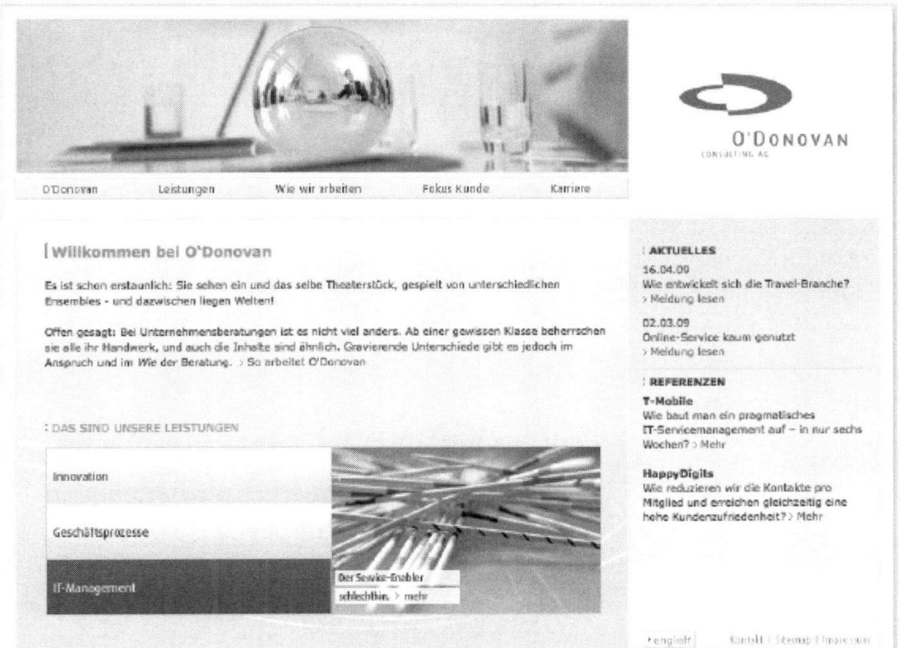

Abbildung 16: Beispiel für eine gelungene Inszenierung der Besonderstellung – Startseite Internet

Das Beratungsunternehmen kombiniert drei Besonderheiten. Zum einen hat es sich mit dem Thema »Serviceinnovationen« positioniert. Das Zweite ist das bereits auf der Startseite angesprochene »Wie«. Unter einem eigenen Menüpunkt »Wie wir arbeiten« erfährt man Näheres: Hier stellt O'Donovan drei Besonderheiten seiner Arbeitsweise heraus, verbunden im dem Hinweis »Das *Wie* macht den Unterschied«.

Das dritte Element ist ein realistischer Blick auf die eigene Zunft: Das fängt bei der Botschaft an, nämlich dass ab einer gewissen Klasse ähnliche Beratung auch ähnliche Leistung bringt, die Unterscheidung jedoch im Wie liegt. Deutlich wird darin eine realistische Sichtweise, die im Gegensatz zu manch anderem Beratungsunternehmen steht, das von sich behauptet, es hätte eine einzigartige Leistung zu bieten.

Die eigene Zunft nehmen die Berater von O'Donovan nicht immer nur bierernst, sondern gelegentlich auch einmal mit einem zwinkernden Auge wahr. So erhielten die Kunden zum Beispiel eine Weihnachtskarte mit einem Phrasengenerator, der das Beraterdeutsch aufs Korn nahm und zum Beispiel Wünsche wie »fröhliche Prozessoptimierung« oder »besinnliche Projektsteuerung« hervorbrachte:

Frohe Weihnachten

»Maßgeschneiderte Lösungen« sind zum geflügelten Wort der Beraterbranche geworden. Einen Bereich haben wir Berater jedoch sträflich vernachlässigt: maßgeschneiderte Weihnachtskarten.
Und damit Sie das gute alte Beraterdeutsch auch in der Weihnachtszeit nicht missen müssen, können Sie sich passend für Ihr Projekt die richtigen Weihnachtsgrüße zusammenstellen – viel Freude dabei.
Und natürlich wünschen wir Ihnen von ganzem Herzen auch eine ruhige und schöne Weihnachtszeit.
Ihre O'Donovan Consulting AG

Maßgeschneiderte Grüße

Einfach die gewünschten Wortbestandteile wählen, ankreuzen, und fertig sind sie – Ihre maßgeschneiderten Weihnachtsgrüße. Beispiel: »Fröhliche Prozessoptimierung« oder auch »Besinnliche Projektsteuerung«.

❑	Fröhliche	❑	Projekt	❑	-implementierung
❑	Herzliche	❑	Prozess	❑	-tage
❑	Besinnliche	❑	Mitarbeiter	❑	-optimierung
❑	Frohe	❑	Bereichs	❑	-steuerung
❑	Schöne	❑	Abteilungs	❑	-integration
❑	Gesegnete	❑	Callcenter	❑	-regelung
❑	Ruhige	❑	Fest	❑	-übergreifende Konzeption
❑	Kraftspendende	❑	Customer-Care	❑	-zertifizierung

In einem anderen Jahr versandte O'Donovan eine Weihnachtskarte mit beigelegtem Badezusatz – »wunderbar entspannend«, mit dem kleinen Nebeneffekt, dass der Kunde in der beraterfreien Winterpause nicht auf den Schaum verzichten muss, »der unserer Branche immer nachgesagt wird«:

Frohe Weihnachten

Bald ist wieder Weihnachtszeit – und wir möchten uns ganz herzlich bei Ihnen für die gute Zusammenarbeit bedanken. Wir wünschen Ihnen frohe und erholsame Festtage!
Um Ihnen den Übergang vom hektischen Tagesgeschäft zur Weihnachtszeit zu erleichtern, haben wir Ihnen einen Badezusatz beigelegt. Er ist wunderbar entspannend und hat noch einen kleinen Nebeneffekt: Sie müssen in der beraterfreien Zeit nicht auf den Schaum verzichten, der unserer Branche immer nachgesagt wird.
Wir freuen uns indes auf unseren weiteren persönlichen Kontakt im Jahr 2008 und wünschen gute Erholung!
Herzlich,
Ihr Team der
O'Donovan Consulting AG

Fazit

Eine Alleinstellung ist natürlich ideal, aber nicht notwendig. Ein Berater, Trainer oder Coach muss sich deshalb auch nicht verbiegen, nur um am Markt substanziell anders zu sein. Es genügt, eine Besonderheit herauszustellen und diese dann spannend zu inszenieren. Den Kampf um die Aufmerksamkeit gewinnen Sie mit einem Dreiklang aus Positionierung, Inszenierung und Profilierung – wobei Sie Dominanz und Farbe der Einzeltöne selbst festlegen.

6 Gibt es einen Markt für meine (neue) Leistung?

Das Wichtigste vorweg …

Sie haben ein neues Angebot entwickelt und sind eigentlich überzeugt, dass es angenommen wird. Eigentlich – genau da liegt das Problem: Sie wissen nicht, ob wirklich ein Markt vorhanden ist, eine professionelle Marktforschung wollen oder können Sie sich aber nicht leisten. In diesem Fall bietet sich die hier vorgestellte kleine Markt- und Wettbewerbsanalyse an. Sie ist zwar mit wirklicher Marktforschung nicht vergleichbar, gibt aber doch eine Entscheidungsgrundlage, die weit über das bloße Bauchgefühl hinausgeht.

Eine Alleinstellung oder strategische Erfolgsposition (SEP) hält nur eine gewisse Zeit, sodass die Notwendigkeit besteht, permanent neue Produktideen zu entwickeln und neue Erfolgspositionen aufzubauen – so haben wir beim Thema Innovationsmanagement festgestellt (siehe Kapitel 4). Nun stellt sich natürlich bei jeder neuen Produktidee die Frage: Gibt es hierfür wirklich einen Markt?

Um das herauszufinden, können Sie ein Marktforschungsinstitut beauftragen – oder Sie vertrauen Ihrem Bauchgefühl und testen Ihre Idee, indem Sie die neue Leistung auf gut Glück anbieten. Beide Varianten sind unbefriedigend: Für ein Beratungsprodukt in einem klar definierten Marktsegment ist eine wirkliche Marktforschung in aller Regel überdimensioniert, der Aufwand für Einzelunternehmer oder kleine Beratungsunternehmen zu hoch. Andererseits ist es auch fahrlässig, allein nach Gefühl zu handeln und ohne jede Absicherung an den Markt zu gehen.

Was also tun? An dieser Stelle empfehle ich einen dritten Weg, der mit echter Marktforschung wenig zu tun hat, aber dennoch eine recht solide Entscheidungsgrundlage schafft. Er besteht aus zwei Instrumenten, einer kleinen Marktrecherche und einer einfachen Wettbewerbsanalyse. Mit der Marktrecherche loten Sie aus, ob für Ihre Idee überhaupt ein Markt vorhanden ist; mithilfe der Wettbewerbsanalyse finden Sie heraus, inwieweit sich Ihre Produktidee vom Angebot der drei bis sieben wichtigsten Konkurrenten unterscheidet.

6.1 Die kleine Marktrecherche

»Gibt es einen Markt für meine Leistung?« Als Einzelberater oder kleines Beratungsunternehmen finden Sie die Antwort am einfachsten mithilfe einer kleinen Marktrecherche, bei der Sie den betreffenden Markt beobachten, Kunden befragen und mit Experten sprechen.

Markt beobachten

Beobachten Sie Ihren Zielmarkt. Einfache Möglichkeiten bieten hierfür Internet, Fachzeitschriften, Studien und Datenbanken.

Internet – Basisrecherche und laufende Beobachtung

Einen ersten Überblick können Sie sich mit einer Internetrecherche verschaffen. Beachten Sie dabei auch Foren und Plattformen, auf denen sich Ihre Zielgruppe trifft und austauscht. Ebenso können Weblogs oder die Online-Auftritte von Verbänden und Fachmedien wertvolle Informationen liefern. Überlegen Sie, welche Newsletter Sie möglicherweise abonnieren – oder nutzen Sie den kostenlosen Dienst »Google Alerts« (www.google.de/alerts): Nach Eingabe eines Suchbegriffs sendet Ihnen der Dienst täglich oder wöchentlich eine E-Mail zu, um Sie auf neue Online-Nachrichtenbeiträge zu Ihrem Thema hinzuweisen. Google Alerts ist damit eine einfache Möglichkeit, um über ein Thema oder eine Branche auf dem Laufenden zu bleiben.

Fachzeitschriften der Kunden auswerten

Die wohl beste Informationsquelle, um einen Markt einzuschätzen, sind die von Ihren Kunden gelesenen Fachzeitschriften. Wohlgemerkt: die von den Kunden gelesenen Zeitschriften, denn es kommt hier weniger auf die einschlägigen Fachmagazine Ihrer eigenen Branche an.

Zumindest wenn Sie auf eine Branche oder einen klar definierten Bereich wie Einkauf, Marketing oder Controlling spezialisiert sind, lohnt sich das regelmäßige Lesen der in diesem Bereich führenden Fachzeitschriften. Immerhin steht hinter diesen Medien ein Redaktionsteam, das nichts anderes tut, als die Branche zu beobachten, Artikel zu recherchieren oder über neue Studien zu berichten – und das alles immer unter dem

Blickwinkel: Welche Themen sind für die Leser wichtig, was bewegt die Leser?

Das Anliegen einer guten Fachredaktion ist es, für ihr Blatt die Themenführerschaft zu erzielen und dabei vor allem die Leidensdruckthemen der Leser aufzugreifen – denn genau das macht das Magazin spannend und lesenswert. Da nun auch Sie mit Ihrem neuen Produkt auf ein Leidensdruckthema Ihrer Kunden abzielen, sollten Sie unbedingt prüfen, welche Rolle Ihr Thema in den Fachmedien spielt: Ist es überhaupt ein Thema? Wenn ja, in welche Richtung wird es diskutiert? Und vor allem: Wer äußert sich dazu? Von wem sind die betreffenden Artikel geschrieben? Wer wird darin zitiert? Womöglich ein Beraterkollege, der das Thema ebenfalls besetzen möchte?

Nebenbei bemerkt: Wenn Sie auf diese Weise die einschlägigen Fachmedien auswerten, sind Sie schon auf halbem Weg, selbst zum Autor zu werden. Überlegen Sie doch gleich mit, welche Anknüpfungspunkte es für eigene Beträge geben könnte – machen Sie eine kleine Liste, mit der Sie später einmal auf die Redaktion zugehen können (mehr hierzu in Kapitel 1.7).

Studien und Datenbanken

Wenn Sie sich über Internet und Fachzeitschriften auf dem Laufenden halten, werden Sie auch Hinweise auf aktuelle Studien über den Markt Ihrer Zielgruppe erhalten. Es kann sich lohnen, solche Untersuchungen zu beschaffen – oft bieten sie wertvolle Informationen, um die Marktsituation einzuschätzen. Aber auch Studien zum Beratungsmarkt können nützliche Hinweise zur Einschätzung Ihrer Marktposition bringen.

Eine weitere gute und einfach nutzbare Informationsquelle sind Datenbanken, die Sie nach Unternehmen oder bestimmten Themen durchforsten können. Hierzu zählen zum Beispiel die Wirtschaftsdatenbank Genios (www.genios.de), die Firmendatenbank von Hoppenstedt (www.firmendatenbank.de) oder die Wissensdatenbank TEMA des Fachinformationszentrums FIZ-Technik (www.fiz-technik.de). Einen Einstieg bietet das bei der Universitätsbibliothek Regensburg angesiedelte Datenbank-Infosystem (DBIS), das eine Datenbanksuche nach Stichworten oder Fachrichtungen ermöglicht. Der unter www.bibliothek.uni-regensburg.de/dbinfo aufrufbare Dienst weist auf rund 2.700 über das Internet verfügbare Datenbanken hin.

Die kommerziellen Datenbanken ermöglichen es, einen Überblick über ein Thema zu erhalten oder gezielt nach Branchen- und Unternehmensdaten zu recherchieren. Zwar lassen sich diese Informationen meist auch über eine kostenlose Google-Recherche aufspüren, jedoch mit meist wesentlich höherem Zeitaufwand – was die Nutzungsgebühren der Datenbanken relativiert.

Kunden befragen

Zweite wichtige Informationsquelle für Ihre kleine Marktrecherche sind die potenziellen Kunden. Drei oder vier Gespräche können schon gute Anhaltspunkte für die Chancen Ihrer Produktidee geben.

Ein Stück gründlicher können Sie es machen, wenn Sie eine kleine Studie oder Umfrage machen. Ein Personalberater, der sich im Bereich Banken und Versicherungen positionieren will, wählt zum Beispiel das Thema »Herausforderungen von Banken und Versicherungen bei der Personalsuche« – und schon hat er einen Anlass, mit entsprechenden Entscheidern Kontakt aufzunehmen. Vier bis fünf kurze, prägnante Fragen am Telefon bringen schnell die gewünschte Klarheit. Schon nach dem fünften Interview wird er in der Lage sein, die Chancen seiner Produktidee erheblich besser einzuschätzen.

Wenn Sie nicht nur eine Umfrage machen, sondern eine Studie auflegen, gelten allerdings bestimmte Qualitätskriterien; zum Beispiel sollten für die Auswertung mindestens 100 Datensätze vorhanden sein. Idealerweise gewinnen Sie einen Wissenschaftler als Partner, sodass Sie später mit einer Studie an die Öffentlichkeit gehen können, die »in Kooperation mit dem Lehrstuhl X der Universität Y« erstellt wurde.

Die fertige Studie verschafft Ihnen nicht nur Klarheit über Ihre Produktidee, sondern ist auch darüber hinaus nützlich. Zum Beispiel bietet sie die Chance, die Presse für eine Berichterstattung zu gewinnen oder eigene Fachartikel zu schreiben. Zudem können Sie die Ergebnisse bei Branchenveranstaltungen vorstellen und diskutieren – was Ihnen erneut die Gelegenheit gibt, noch einmal auszutesten, ob Sie mit Ihrer Produktidee richtig liegen.

Ein weiteres, in der Praxis bewährtes Instrument ist ein Kundenworkshop. Es handelt sich hierbei um eine besondere Form einer Kundenveranstaltung, die sich vor allem dann lohnt, wenn Sie Ihre Positionierung über ein intensives Kundenfeedback noch einmal reflektieren und absichern möchten. Laden Sie hierzu einige Kunden ein, zu denen Sie eine vertrauensvolle Beziehung haben und von denen Sie sich interessante Ideen versprechen – und zahlen Sie ihnen für diesen Tag dann auch ein Honorar. Engagieren Sie einen Moderator, und fordern Sie die Teilnehmer dazu auf, Ihre Positionierung noch einmal infrage zu stellen.

Die Ergebnisse des Workshops sind in aller Regel sehr aufschlussreich und können dazu beitragen, die Positionierung zu konkretisieren. Entscheidend für den Erfolg ist, dass der Workshop gut strukturiert und professionell moderiert wird. Dann wird es gelingen, für Ihre Positionierung neue und ergänzende Aspekte zu sammeln, vielleicht sogar Ideen zu neuen Marktfeldern zu generieren.

Mit Experten sprechen

Die dritte Informationsquelle sind Experten. Grundsätzlich kommen hierfür infrage:

- Marketingberater, die auf den Beratermarkt spezialisiert sind,
- Gespräche mit befreundeten Journalisten,
- Wissenschaftler und Trendforscher,
- »alte Beraterhasen«, von deren Erfahrung Sie profitieren können.

Aber Vorsicht: Jeder Experte schaut durch seine »Brille«. Ein Marketingberater wird Ihnen die optimale Marketingsicht verraten, ein befreundeter Fachjournalist eher inhaltliche Aspekte berücksichtigen, Trendforscher mehr von der Zukunft sprechen und »alte Beraterhasen« werden vor allem aus ihrem Erfahrungsschatz schöpfen (der möglicherweise aktuelle Marktänderungen nicht ausreichend berücksichtigt).

Dennoch lohnt es sich, die Meinungen der Experten anzuhören. Sie finden auf diese Weise mit Sicherheit einige weitere wertvolle Steine für Ihr Informationspuzzle. Denn genau darauf kommt es an: aus verschiedenen Teilstücken ein schlüssiges und damit zuverlässiges Gesamtbild zusammenzusetzen.

6.2 Die Wettbewerberanalyse

Hat die kleine Marktrecherche Sie in Ihrem Vorhaben bestätigt, können Sie das durch eine Wettbewerberanalyse noch einmal zusätzlich absichern. Auch hier empfehle ich ein einfaches Instrument, das natürlich ebenfalls keine absolute Sicherheit ins Marketing bringt, aber doch eine recht gute Einschätzung der Wettbewerbssituation ermöglicht. Es gibt Antwort auf die Frage: »Wo stehe ich mit meinem Vorhaben im Vergleich zu meinen härtesten Konkurrenten?«

Die Methode geht davon aus, dass Ihr geplantes Angebot auf einer strategischen Erfolgsposition (SEP) aufbaut (siehe Kapitel 2). Das heißt, die angebotene Leistung verfügt über eine Eigenschaft oder Kombination von Eigenschaften, die um 30 Prozent besser ist als bei 90 Prozent der Wettbewerber – und für deren Nachahmung die Konkurrenz mindestens drei Jahre benötigt. Die Wettbewerberanalyse erfolgt in sechs Schritten.

Schritt 1: Identifizieren Sie die drei bis fünf Wettbewerber, die für die SEP eine wirkliche Konkurrenz darstellen. Wenn es mehr Wettbewerber sind, dürfte es sich kaum um eine SEP handeln – in diesem Fall sollten Sie noch einmal bei der Entwicklung der SEP nachbessern.

Schritt 2: Legen Sie für jedes Merkmal der SEP konkrete Kriterien dafür fest, wie sich dieses Merkmal in der Praxis auswirkt. Wenn etwa ein Merkmal der SEP »mindestens 20 Jahre Beratungserfahrung« lautet, lassen sich hieraus zum Beispiel folgende Kriterien ableiten:

- 15 bis 20 Jahre als Coach gearbeitet,
- Internetseite bringt diese Erfahrung zum Ausdruck,
- Praxisbeispiele in Fachartikeln belegen die Erfahrung,
- Medien zitieren den Coach als »erfahrenen Experten«,
- Kunden loben die Erfahrung in Referenzstimmen.

Schritt 3: Schätzen Sie ab, wie stark diese Kriterien bei den einzelnen Wettbewerbern ausgeprägt sind. Vergeben Sie hierzu Schulnoten von 1 (»erfüllt dieses Kriterium hervorragend«) bis 6 (»erfüllt dieses Kriterium überhaupt nicht«).

Schritt 4: Stellen Sie das Ergebnis in Form einer Matrix mit folgenden Spalten dar: Kriterium, Note Wettbewerber A, Note Wettbewerber B, Note Wettbewerber C, … (siehe Abbildung 17).

Schritt 5: Analysieren Sie die Matrix anhand folgender Fragen:

- Bei welchen Kriterien sind die Wettbewerber besonders schwach?
- Bei welchen Kriterien sind die Wettbewerber besonders stark?
- Bei welchen Kriterien punkten Sie gegenüber Ihren Wettbewerbern?

Schritt 6: Ziehen Sie Ihre Konsequenzen aus der Analyse: Halten Sie fest, welche Kriterien Sie künftig bei Ihrer Marktstrategie besonders betonen werden – nämlich jene, bei denen Ihre Wettbewerber deutlich schwächer sind als Sie.

Wenn zum Beispiel beim SEP-Merkmal »20 Jahre Beratungserfahrung« nur ein Wettbewerber das Instrument »Fachartikel« nutzt, um seine Erfahrungen aktiv zu kommunizieren, ist die Konsequenz klar: Dann sollten Sie versuchen, Ihre Praxiserfahrungen vor allem auf diesem Wege zu kommunizieren.

Kriterien	Mitbewerber		
	A	B	C
15 bis 20 Jahre als Coach gearbeitet	❻	❻	❻
Internetseite bringt diese Erfahrung zum Ausdruck	❹	3	❺
Praxisbeispiele in Fachartikeln belegen die Erfahrung	3	❺	❻
Medien zitieren den Coach als »erfahrenen Experten«	0	0	0
Kunden loben die Erfahrung in Referenzstimmen	2	2	2
Die Werte entsprechen Schulnoten: »1« = erfüllt das Kriterium hervorragend »6« = erfüllt dieses Kriterium überhaupt nicht »0« = Information nicht vorhanden			

Abbildung 17: Wettbewerberanalyse für ein SEP-Merkmal

Fazit

Wie lässt sich feststellen, welche Marktchancen für die Leistung eines Beraters, Trainers oder Coachs bestehen? Wer kein Marktforschungsinstitut beauftragen möchte, sich aber nicht nur auf sein Bauchgefühl verlassen will, kann einen dritten Weg wählen: Er besteht aus zwei Instrumenten, einer kleinen Marktrecherche und einer einfachen Wettbewerberanalyse.

Mit der Marktrecherche loten Sie aus, ob für Ihre Idee überhaupt ein Markt vorhanden ist; mithilfe der Wettbewerberanalyse finden Sie heraus, inwieweit sich Ihre Produktidee vom Angebot der drei bis sieben wichtigsten Konkurrenten unterscheidet. Im Rahmen der Möglichkeiten ohne strukturierte Marktforschung schafft das eine recht solide Entscheidungsgrundlage.

7 Wie vermeide ich, dass ein großes Leistungsspektrum nach Bauchladen aussieht?

Das Wichtigste vorweg ...

Der Markt verlangt den spezialisierten Profi. Von dieser Annahme lassen sich die meisten Berater, Trainer und Coachs leiten. Vielen von ihnen bereitet es deshalb Kopfschmerzen, wenn sie ein breites Themen- und Leistungsspektrum anbieten. »Das sieht nach Bauchladen aus«, denken sie – und wissen nicht, wie sie dennoch einen professionellen Marktauftritt hinbekommen sollen.

Hinter dieser von vielen Beratern gestellten Frage verbergen sich oft zwei Annahmen. Erstens steht dahinter die Annahme, dass Marketing heißt, sein Leistungsspektrum möglichst gut darzustellen – dass also der Kunde sehr genau wissen will, wie meine Dienstleistung im Detail aussieht. Und zweitens unterstellt die Ausgangsfrage, dass ein Spezialanbieter immer besser ist als ein breit aufgestelltes Unternehmen und damit ein Bauchladen per se schlecht ist. Beides lohnt sich zu hinterfragen.

7.1 Wofür der Kunde sich wirklich interessiert

Der Gedanke, dass Sie im Marketing unbedingt Ihre Leistungen umfassend erläutern müssen, ist ebenso weitverbreitet wie irreführend. Marketing, so haben wir in Teil I definiert, ist ein Dialogangebot an den potenziellen Kunden – und zwar mit dem Ziel, dass ein persönlicher Kontakt entsteht und Sie einen Dialog auf Augenhöhe beginnen können.

Stellt sich also die Frage, wie Sie das Interesse eines Ratsuchenden wecken, damit er mit Ihnen Kontakt aufnimmt. Was möchte er von Ihnen wirklich wissen? Ist das eine umfassende Beschreibung Ihrer Leistungen, obwohl diese ja oft austauschbar mit denen anderer Berater sind? Oder ist es etwas anderes? Die Praxis zeigt, es sind die folgenden Fragen, die den Besucher Ihrer Internetseite in der Regel interessieren:

Praxisfragen

1. *»Was bietet dieser Berater an?«* Der Ratsuchende möchte in einem oder wenigen Sätzen wissen, welche Dienstleistung Sie anbieten. Er benötigt also keine Leistungsbeschreibung, sondern eine Kurzinformation wie zum Beispiel »Beratungsunternehmen für die Immobilienbranche« oder »Trainer für Spitzenverkäufer«.
2. *»Kann dieser Berater mein Anliegen nachvollziehen?«* Der Ratsuchende möchte das Gefühl haben, dass Sie verstehen können, um was es bei ihm geht – ob Sie seinen Leidensdruck, seine Situation, sein aktuelles Thema nachvollziehen können.
3. *»Was bringt mir dieser Berater für mein konkretes Problem?«* Der Ratsuchende interessiert sich für den inhaltlichen Nutzen Ihres Angebots. Wofür genau soll er sein Geld ausgeben, welche konkreten Resultate kann er erwarten?
4. *»Ist dieser Berater kompetent?«* Der Ratsuchende möchte sich vergewissern, ob Sie tatsächlich die Kompetenz haben, sein Problem zu lösen.
5. *»Was bringt mir dieser Berater emotional?«* Der Ratsuchende erwartet zumindest unbewusst auch einen emotionalen Nutzen – zum Beispiel Sicherheit, Überblick oder Souveränität. Deshalb sollte Ihre Ansprache ihm auch diesen emotionalen Nutzen in Aussicht stellen.

Um einen Interessenten zu gewinnen, genügt es, wenn Ihr Webauftritt oder Ihre Firmenbroschüre diese Leitfragen beantwortet. Eine umfassende Darstellung aller Leistungen – was auf den Leser dann tatsächlich breit und langweilig wirkt! – ist hierfür nicht erforderlich (siehe Kapitel 9).

7.2 Finden Sie den roten Faden

Wenn Sie an die genannten fünf Fragen denken, die den Kunden wirklich interessieren, haben Sie schon einen großen Teil des »Bauchladen-Problems« gelöst: Ihr Auftritt spricht Kopf und Bauch des Kunden gleichermaßen an.

Nun kann es aber trotzdem sein, dass Sie viele Themen haben, die eine lange Liste ergeben. Es gibt auch kleine Beratungsunternehmen oder Einzelberater, die ausgehend von ihrer Kernkompetenz eine größere Anzahl von Einzelangeboten entwickelt haben – etwa wenn ein Vertriebstrainer auch Kommunikationstraining, Rhetorik-Training, Konfliktlösung in Teams sowie Zeit- und Selbstmanagement anbietet. Werden diese Themen dann aufgelistet und auch nur kurz beschrieben, kann das auf den Leser schnell breit und konzeptlos wirken.

Was tun? Suchen Sie nach einem roten Faden! Auch eine Studie, die wir für das Buch *Der richtige Berater* bei rund 250 Unternehmen gemacht haben, zeigt vor allem Eines: Bei der Auswahl eines Beraters spielt ein schlüssiges Gesamtbild die entscheidende Rolle – was insbesondere bedeutet, dass die Leistungen eines Beraters in einem logischen Zusammenhang zueinander stehen müssen. Mit anderen Worten: Es kommt auf den roten Faden an.

Der konkrete rote Faden hängt natürlich vom individuellen Fall ab. Grundsätzlich sollten Sie aber von Ihrer Kernbotschaft oder Botschaftslinie ausgehen, die Sie bei der Entwicklung der Positionierung erarbeitet haben (siehe Teil I). Nehmen Sie diese Botschaftslinie zum Ausgangspunkt, um ein Ordnungsprinzip für Ihre Leistungen zu finden. Im Allgemeinen gibt es hierfür dann vier grundsätzliche »Aufhänger«:

- *Branche.* Oft hat ein Berater zwar ein breites Leistungsspektrum, ist aber nur in ein, zwei oder drei Branchen unterwegs. Ein Beispiel ist ein Organisationsberater für die Automobil-Zulieferindustrie. In diesem Fall bietet es sich an, die Leistungen unter dem Blickwinkel dieser Kundengruppe darzustellen.
- *Besondere Herangehensweise.* Die Einzelelemente einer breiten Angebotspalette lassen sich mithilfe eines besonderen Zuschnitts zu einem Ganzen zusammenfügen. So spitzt zum Beispiel Vertriebstrainer Rainer Frieß (www.sellolympia.de) seine Dienstleistung Vertrieb zu auf Spitzenvertrieb und auf eine Optimierung in den letzten drei bis fünf Prozent – und macht damit deutlich, dass alle Angebote das Ziel haben, die besten Verkäufer noch besser zu machen.
- *Personengruppe.* Wenn sich ein Angebot an eine bestimmte Personengruppe (Personalentwickler, Einkäufer, Controller) wendet, besteht die Möglichkeit, die Leistungen an den besonderen Interessen dieser Gruppe »aufzuhängen«. Wer zum Beispiel Personalentwickler berät, kann auf seiner Internetseite einfach deren sieben häufigste Probleme nennen – und kurz die Lösung beschreiben. Schon hat er einen roten Faden, an den er seine Angebote knüpfen kann.
- *Persönliche Note.* Ein Berater, Trainer oder Coach kann seine Leistungen auch an einer persönlichen Stärke oder Besonderheit festmachen. So wie etwa Olaf Hinz, der sich als bekennender Hanseat vermarktet – und sein Angebot unter das Leitmotiv der »seemännischen Gelassenheit« stellt.

Hinter allen diesen Wegen, einen roten Faden zu spinnen, steht immer ein Grundgedanke: »Ich muss wegkommen von der Idee, meine Leistung in den Mittelpunkt rücken und mein Angebotsspektrum darstellen zu wollen. Stattdessen muss ich aus der Perspektive des Kunden überlegen: Wer genau ist mein Kunde? Was braucht er, was sind seine Themen?«

Mit diesem Perspektivenwechsel wird es Ihnen relativ leicht gelingen, einen Leitgedanken zu finden, an dem Sie Ihr Angebot ausrichten können.

7.3 Pars pro toto – einen Teil für das Ganze sprechen lassen

Der rote Faden bringt Ihr Angebot in eine nachvollziehbare Ordnung, die einzelne Leistung wird so zum Bestandteil eines schlüssigen Ganzen – so weit, so gut. Die Wahrscheinlichkeit, dass Ihr Auftritt langweilig bleibt, ist dennoch groß, wenn Sie jetzt die fünf genannten Fragen (siehe Kapitel 7.1) umfassend beantworten – wenn Sie also zum Beispiel wirklich alle Anliegen der Kunden formulieren, alle emotionalen Nutzenargumente aufzählen, alle denkbaren konkreten Probleme des Kunden ansprechen, alle Kompetenzbeweise anführen und alle Lebensstationen präsentieren.

Haben Sie deshalb Mut zur Lücke! Lassen Sie einen Teil für das Ganze sprechen – nach dem Prinzip »pars pro toto« (siehe Kapitel 1.6). Anstatt sich um Vollständigkeit zu bemühen, greifen Sie einfach einige wenige Leistungen aus Ihrem Angebot heraus – und überlassen es dem Leser, hieraus auf Ihr gesamtes Leistungsspektrum zu schließen. Anstatt durch Aufzählungen zu langweilen, erzeugen Sie Spannung: Die Lücke regt den Leser dazu an, nun auf das Ganze zu schließen. Sofort wird er sich fragen, ob dieses Ganze auch sein Problem einschließt. Und schon hat er einen ersten Anreiz, mit Ihnen in Kontakt zu treten!

So hat ein Beratungsunternehmen, das sich auf eine Branche wie zum Beispiel die Immobilienwirtschaft konzentriert, in der Regel ein breites Angebotsspektrum. Das Prinzip »pars pro toto« bedeutet dann, dem Interessenten die Eckpfeiler zu nennen – etwa so: »Wir unterstützen die Immobilienbranche von der Erstellung einzelner Studien über klassische betriebswirtschaftliche Beratung bis hin zum Interim-Management in komplexen Projekten.« Den negativen Eindruck eines Bauchladens vermeiden Sie also in drei Schritten:

1. *Perspektive wechseln:* Nicht Ihre Leistungen interessieren den Kunden, sondern ob Sie der richtige Problemlöser oder Ansprechpartner für sein akutes Problem sind.
2. *Roten Faden finden:* Ihre Leistungen benötigen einen »Aufhänger« – nur so kann Ihr Angebot dem Kunden ein schlüssiges Gesamtbild vermitteln.
3. *Pars pro toto:* Zählen Sie nicht alles auf, sondern benennen Sie immer die Eckpfeiler, die für das Ganze sprechen. Also: typische Kundenanliegen, typische Projekte, typische Problemlösungen.

Beispiel Comes Real GmbH

Wie sich ein breites Leistungsspektrum schlüssig präsentieren lässt, zeigt die Comes Real GmbH, eine in der Immobilienbranche tätige Unternehmensberatung. Als Leitmotiv, an dem sich der Marktauftritt und damit auch das Leistungsangebot ausrichten, gab sich das Unternehmen den Claim »Die Immobilien-Experten« – ein Namenszusatz, der neben dem Logo steht und sich auch auf jeder Seite des Internetauftritts wiederfindet.

Anstatt alle Leistungen in einer endlosen Liste aufzuzählen, werden sie in kurze Projektbeschreibungen gepackt. Unter dem Menüpunkt »Projekte« findet der Leser sieben akute Problemstellungen aus der Branche: »Ein Initiator geschlossener Immobilienfonds versinkt im Chaos ...Was tun?«, »Wie lässt sich die drohende Insolvenz einer Wohnungsgesellschaft abwenden?«, »Wie managen wir ein zugekauftes großes Immobilienportfolio?« – um drei Beispiele zu nennen. Antwort auf diese Fragen geben kurze Projektbeschreibungen, bei denen die Comes Real GmbH ihren jeweiligen Lösungsweg darstellt. Einzelleistungen wie »Stabilisierung von Fondsgesellschaften«, »Restrukturierung der Aufbau- und Ablauforganisation« oder »Entwicklung von Exit-Strategien für Mitarbeiter, anplatzierte Fonds und Vorratsobjekte« werden damit auf elegante Weise in eine kurze Story eingebunden und stellen die Eckpfeiler des Leistungsspektrums damit in einen sinnvollen, für den Ratsuchenden sofort einleuchtenden Zusammenhang.

Auch die Referenzen sind nach diesem Prinzip angelegt: Wie bei den Projektbeispielen stehen die hier genannten Leistungen im Zusammenhang mit den Lösungen, die das Comes-Real-Team für seine Kunden erbracht hat. Wer die Rubrik »Kundenstimmen« anklickt und die einzelnen Zitate liest, erhält in der Summe nicht nur einen Überblick über das breite Angebotsspektrum, sondern bekommt sogar den Eindruck, dass er als Kunde eben von dieser Breite profitieren könnte: »Comes Real ist ein effizienter Problemlöser. Das gilt für kleinere immobilienwirtschaftliche Themen wie für anspruchsvolle Großaufgaben«, bescheinigt etwa der Bereichsleiter eines großen Immobilienfinanzierers. Ein Bankdirektor schätzt besonders »die Vernetzung der verschiedenen Aufgabenstellungen bei der Immobilie« – und der Geschäftsführer einer anderen Finanzierungsgesellschaft stellt fest: »Ihre hervorragende Marktkenntnis, Ihr sehr gutes Netzwerk, Ihr wohnungswirtschaftliches Know-how und Ihre fundierten Ratschläge in den vergangenen zwei Jahren haben uns sehr dabei geholfen, ein in Deutschland erfolgreicher privater Eigentümer von Wohnungsbeständen zu sein.«

Abbildung 18: Ein gelungenes Beispiel für die Präsentation eines breiten Leistungsspektrums in einer Story

Das zeigt also: Ein Beratungsunternehmen kann, was Leistungen und Inhalte angeht, breit aufgestellt sein – und mit diesem scheinbaren »Bauchladen« auch erfolgreich sein. Voraussetzung hierfür ist, dass die Strategie schlüssig und der rote Faden erkennbar ist.

Fazit

Was tun im Falle eines breiten Leistungsspektrums? Wechseln Sie in die Perspektive des Kunden – und überlegen Sie, nach welchem Leitgedanken Sie Ihre Einzelleistungen ordnen und in ein schlüssiges Ganzes bringen können. Sie benötigen eine Lokomotive, an die Sie die einzelnen Waggons ankoppeln können. Dabei muss klar sein: Auf die Lok kommt es an! Den Kampf um die Aufmerksamkeit gewinnen Sie mit der Leitidee, an die Sie die Einzelelemente Ihres Angebots knüpfen.
Sollte Ihnen der Zug zu lang erscheinen, zeigen Sie dem Kunden nicht alle 20 Waggons, sondern nur den ersten, einen mittleren und den letzten Wagen. Auf diese Weise gewinnt er eine gute Vorstellung vom ganzen Zug und wird auf die Waggons dazwischen schließen. Pars pro toto – der Teil steht hier fürs Ganze: ein ebenso einfaches, wie wirkungsvolles Prinzip, um ohne inhaltlichen Verlust auf eine lange Auflistung zu verzichten.

8 Warum ist mein größter Konkurrent schlechter, aber erfolgreicher als ich?

Das Wichtigste vorweg ...

Sie sind fest davon überzeugt: Ihre Leistung ist besser als die Ihres größten Konkurrenten. Dennoch bemerken Sie, dass immer wieder Wettbewerber Aufträge erhalten, die eigentlich Sie hätten bekommen müssen. Woran liegt das? Wenn Ihre Leistung tatsächlich hervorragend ist, spricht vieles für einen Fehler im Marketing. Dieses Kapitel hilft Ihnen, die Schwachstelle zu entdecken.

Wenn Ihr größter Konkurrent erfolgreicher ist, kann das viele Gründe haben: Es kann an dessen Produkt liegen, an der Gesamtstrategie, an guten Kontakten oder besonderen Beziehungen. Also an Gründen, die mit Marketing nichts oder nicht direkt zu tun haben. Wenn Sie jedoch fest überzeugt sind, dass Ihre Leistungen überlegen sind, hat das bessere Abschneiden der Konkurrenz vermutlich wirklich etwas mit Ihrem Marketing zu tun: Die Kunden haben die Vorteile Ihres Angebots nicht erkannt.

Auch dann können die Gründe vielfältig sein – lassen sich aber letztlich auf eine Ursache zurückführen: Der Konkurrent ist deshalb besser, weil er den Dreiklang aus Positionierung, Inszenierung und Profilierung besser beherrscht. Erfolgreicher als Ihnen gelingt es ihm, sich mit einer Besonderheit zu positionieren, seine Besonderheit spannend zu inszenieren – und die Besonderheit seines Angebots im Markt bekannt zu machen (mehr hierzu in Teil I).

Überlegen Sie mithilfe der folgenden Checkliste, warum Ihr Konkurrent erfolgreicher ist; kreuzen Sie die zutreffenden Punkte an.

8.1 66 Gründe für das bessere Marketing Ihres Konkurrenten

Bereich	Mein Konkurrent ist erfolgreicher, weil er ...	Trifft zu
Positionierung	... ein Alleinstellungsmerkmal oder eine strategische Erfolgsposition (SEP) hat, und ich nicht.	❑
	... zwar kein Alleinstellungsmerkmal, aber eine Besonderheit gefunden hat, die er konsequent in den Markt trägt.	❑
	... eine SEP oder Besonderheit hat, die sofort einleuchtet.	❑
	... eine SEP oder Besonderheit hat, die für die Zielgruppe sehr wichtig ist.	❑
	... eine SEP oder Besonderheit hat, die im Augenblick sehr gefragt ist.	❑
	... in seiner Positionierung auch die persönliche Note seiner Berater nutzt.	❑
	... sich auf bestimmte Marktfelder konzentriert, die wenig besetzt sind.	❑
	... sich auf eine Branche konzentriert, in der er besonders gut ist.	❑
	... sich auf eine bestimmte Zielgruppe konzentriert und nur diese anspricht.	❑
	... ein Thema besetzt, das neuartig ist.	❑
	... eine Methode entwickelt hat, die einen sicht- und spürbaren Nutzen bringt.	❑
	... seine Positionierung auf eine wesentlich längere Erfahrung gründet.	❑
	... eine größere Zielgruppe anspricht.	❑
	... eine Zielgruppe anspricht, die bereit ist, für Leistung angemessene Preise zu bezahlen.	❑
	... eine Zielgruppe anspricht, die von der allgemeinen Konjunktur relativ unabhängig ist.	❑
	... seine Positionierung glaubwürdig ist.	❑
	... er konsequent seine Positionierung vertritt und nicht versucht, zugleich auf mehrere, nicht verwandte Themen zu setzen.	❑

Inszenierung	... den Leidensdruck der Kunden anspricht.	❑
	... von Kunden und nicht von sich spricht.	❑
	... mit gut gemachter Grafik arbeitet.	❑
	... lebhafte Fotos zeigt.	❑
	... eine gute Bildsprache hat.	❑
	... spannende Texte hat, dabei auf Beraterdeutsch verzichtet.	❑
	... Inszenierungsregeln nutzt, um seine Texte gut zu machen.	❑
	... Projekte auf seiner Internetseite so lebhaft und spannend schildert, dass man versteht, worum es geht.	❑
	... Referenzen mit Namen und Position des Kunden einsetzt.	❑
	... seine Referenzen mit Botschaften verbindet, die sich konsequent an der Botschaftslinie ausrichten.	❑
	... nach dem Prinzip »weniger ist mehr« seine Internetseite spannend gestaltet, anstatt den Interessenten mit erschöpfender Information zu erschlagen.	❑
	... auch den emotionalen Nutzen seines Angebots transportiert.	❑
	... das Angebot konsequent aus der Perspektive des Kunden darstellt.	❑
	... sich und seine Berater im Internet persönlich und stimmig zur Botschaftslinie vorstellt.	❑
	... seine Kompetenz anhand einer laufend aktualisierten Publikationsliste belegt.	❑
	... seine Internetseite durch Extras wie Audio oder Video aufwertet.	❑
	... den Kundenkontakt mit einem regelmäßigen Beraterbrief pflegt.	❑
	... alle Marketingkanäle und Materialien (vom Internetauftritt über die Broschüre bis zur Visitenkarte) in Design, Bildsprache und Text konsequent an der Botschaftslinie ausrichtet.	❑
	... mit einem spannenden Einstieg bei allen Texten und Vorträgen sofort Interesse erzeugt.	❑
	... seine Inszenierung glaubwürdig ist.	❑

	... einen guten Firmennamen hat, der seine Botschaft unterstützt.	❑
Profilierung	... überhaupt Profilierungskanäle nutzt.	❑
	... regelmäßig in verschiedenen Medien publiziert.	❑
	... regelmäßig Fachvorträge hält.	❑
	... nicht nur auf ein Instrument wie Artikel oder Vorträge setzt, sondern die Instrumente kombiniert.	❑
	... Kontakte zu Redaktionen, Verlagen und Journalisten unterhält.	❑
	... immer wieder in einschlägigen Fachmedien genannt wird.	❑
	... ein Buch oder sogar mehrere Bücher publiziert hat.	❑
	... bei seinen Publikationen Themen findet, die mit seiner Kernbotschaft (Botschaftslinie) übereinstimmen.	❑
	... knackige Titel findet, sowohl für Vorträge als auch für Fachartikel und Bücher.	❑
	... nur bei namhaften Verlagen publiziert.	❑
	... sich immer wieder bei Branchentreffen, Verbänden oder Kamingesprächen ins Gespräch bringt.	❑
	... Leserbriefe schreibt.	❑
	... sich aktiv als Experte anbietet, wenn sein Thema aus aktuellem Anlass von den Medien aufgegriffen wird.	❑
	... regelmäßig Pressemitteilungen versendet.	❑
	... einen Newsletter oder Beraterbrief herausgibt.	❑
	... Web 2.0-Möglichkeiten wie Blog oder Podcast einsetzt.	❑
	... regelmäßig in einer Online-Community wie Xing oder anderen Internetforen mit Kunden diskutiert.	❑
	... auf Presseanfragen umgehend und persönlich reagiert.	❑
	... jährlich zu einem aktuellen (zur Botschaftslinie passenden) Thema ein Kundenforum mit bekannten Referenten veranstaltet.	❑
	... sich erfolgreich auf Messen präsentiert.	❑

... seine Kunden regelmäßig kontaktiert.	❑
... einen besseren persönlichen Kontakt zu seinen Kunden aufbaut.	❑
... im Umgang mit Kunden professioneller ist.	❑
... seine persönlichen Beziehungen nicht nur zu Kunden pflegt, im Sinne eines professionellen Networkings.	❑
... selbstbewusst auftritt – in Kundenterminen wie in Interviews oder Vorträgen.	❑
... Kunden aktiv zu Stammkunden ausbaut.	❑
... systematisch daran arbeitet, weiterempfohlen zu werden.	❑
... seine Internetseite bei Suchmaschinen in der Ergebnisliste auf den ersten Plätzen erscheint.	❑

Ziehen Sie nun das Resümee. Welche Gründe treffen zu? Wenn die Ursache für das bessere Abschneiden Ihres Konkurrenten im Marketing liegt (was wir ja vorausgesetzt haben), kennen Sie nun die Antwort auf die Ausgangsfrage: Sie wissen, warum Ihr größter Konkurrent zwar schlechter, aber dennoch erfolgreicher ist. Meist wird es eine Kombination mehrerer Gründe sein.

Fazit

Ist Ihr Konkurrent erfolgreicher als Sie und liegen die Gründe hierfür im Marketing, lässt sich die Ursache in einem Satz zusammenfassen: Er beherrscht das Zusammenspiel von Positionierung, Inszenierung und Profilierung besser. Im Einzelnen kommen dann sehr viele Gründe infrage. Die Checkliste dieses Kapitels hilft, die in Ihrem Fall zutreffenden Gründe aufzuspüren und so auch Anhaltspunkte zu finden, um das Marketing gezielt zu verbessern. Vielleicht wird sich die Situation dann schon in einem Jahr drehen ...

9 Wie mache ich aus einem trockenen Thema einen spannenden Marktauftritt?

Das Wichtigste vorweg …

Prozessoptimierung, Ablaufbeschreibungen, Projektcontrolling, Kennzahlensysteme, Teamentwicklung, systemisches Coaching, Change-Management – der Kunde, der nach einem Berater, Trainer oder Coach sucht, stößt immer auf die gleichen Begriffe. Die Angebote ähneln einander nicht nur, sie wirken auf Dauer auch eintönig, fast einschläfernd. Wie lässt sich aus so trockener Materie dennoch ein spannender Marktauftritt machen?

Hinter dieser Frage steckt eine fatale Annahme – die Annahme nämlich, die Themen von Beratern, Trainern und Coachs seien trocken. Doch schon Henri Nannen, langjähriger Chefredakteur der Zeitschrift *Stern*, sagte: »Es gibt keine trockenen Themen, sondern nur trockene Schreiber.« Es geht also nicht um das Thema an sich, sondern um die Art und Weise, in der es dargestellt wird.

Es stimmt, die meisten Marktauftritte sind langweilig. Wenn ein Berater einfach nur »systemische Organisationsentwicklung« anbietet, kann er damit keinen Hund, keine Katze und keine Maus hinterm Ofen hervorlocken. Dieser Berater weist im Grunde nur auf ein methodisches Repertoire hin, das Organisationen dabei hilft, sich in Veränderungsprozessen weiterzuentwickeln. Das klingt nicht nur trocken, sondern hat auch einen begrenzten Informationswert – denn systemische Organisationsentwicklung bieten auch viele andere Berater.

Wie aber kann man es spannend machen? Bleiben wir bei dem Beispiel. Gibt man das Suchwort »systemischer Organisationsberater« bei Google ein, erhält man zahlreiche Anbieter. Einen davon habe ich willkürlich herausgegriffen, es handelt sich also keineswegs um ein besonders negatives Beispiel.

Auf der Startseite findet der Leser folgenden Text, mit dem das Beratungsunternehmen erklärt, was es anbietet:

Systemische Organisationsentwicklung

Perspektivenvielfalt und Einzigartigkeit

Organisationen sind komplexe Systeme und werden von Menschen gestaltet. Systemische Organisationsentwicklung fokussiert daher auf die Prozesse, die zwischen den Mitgliedern, Gruppen und Teams einer Organisation bestehen, und zwar im Sinne einer zweck- und zieldienlichen Gestaltung von Kommunikation.
Dabei nutzt systemische Organisationsentwicklung und -beratung die Erkenntnisse moderner systemischer Theorien. Dynamische Prozesse werden aus unterschiedlichen Perspektiven beschrieben und Interventionen im Sinne einer nützlichen Erweiterung von Möglichkeiten betrachtet. Dabei helfen »angemessen unangemessene« Inputs als wohlwollende Verstörung zur Anregung und Entwicklung neuer Sichtweisen und damit einhergehender neuer Handlungsoptionen.
Systemische Organisationsentwicklung respektiert die Einzigartigkeit jedes Menschen durch eine wertschätzende Haltung und betrachtet dessen Kompetenzen und Ressourcen innerhalb der Organisationskultur, ohne ihn nur darauf zu reduzieren.
Mehr noch: Gerade die autonomen Selbstorganisationskräfte des Menschen im Sinne eines eigensinnigen und nicht gezielt steuerbaren Wesens sorgen für Weiterentwicklung und damit für permanentes Lernen in Abhängigkeit sich ständig ändernder Kontexte.

Was empfinden Sie? Wahrscheinlich Langeweile. Wer einen Berater sucht und den dritten oder vierten Texte dieser Art lesen muss, ist wahrlich nicht zu beneiden. Überlegen wir einmal, was diesen Text so trocken macht – und wie man das ändern kann.

9.1 Falsche Grundannahme

Langeweile hat vor allem einen Grund: Der Leser fühlt sich nicht angesprochen. Und genau das ist bei diesem Text der Fall. Den Leser bedrängt ein Problem, er hat ein konkretes Anliegen, sonst würde er nicht nach einem Berater suchen. Wenn er die Internetseite aufruft, möchte er deshalb vor allem wissen, ob dieser Berater für ihn der richtige sein könnte: »Versteht er mich? Ist er in der Lage, mein Problem zu lösen?« Stattdessen erfährt er, was systemische Organisationsberatung ist, dass Organisationen komplexe Systeme sind, dass es darauf ankommt, die Prozesse zwischen den einzelnen Teilorganisationen zu betrachten ...

Unsere systemische Organisationsentwicklung gibt sich in ihrem Text große Mühe, das scheinbar Besondere ihrer Leistung herauszustellen, vermutlich mit dem Gedanken, sich auf diese Weise inhaltlich vom Wettbewerb zu unterscheiden. Dumm ist nur, dass der Leser sich hierfür im Augenblick höchstwahrscheinlich gar nicht interessiert. Was er sucht, ist vor allem eine Antwort auf die Frage, ob der Berater ihm bei seinem konkreten Problem helfen kann. Und genau darauf gibt ihm der Text keine Antwort.

9.2 Drei Fragen für eine neue Sichtweise

Halten wir also fest: Spannend wird ein Marktauftritt, wenn er den Kunden bei seinem Anliegen anspricht. Stattdessen beschreiben jedoch die meisten Berater ihre Leistungen aus der eigenen Perspektive und reden damit am Kunden vorbei.

Drehen wir also die Sichtweise um, indem wir Internetseite und Texte anhand folgender drei Fragen konzipieren. Die erste Frage gilt den Themen, die den Kunden bewegen, die zweite fragt nach dem emotionalen Nutzen und die dritte nach dem inhaltlichen Nutzen des Angebots.

Frage 1: Welchen Leidensdruck haben meine Kunden, was beschäftigt sie?

Überlegen Sie, in welcher Situation sich Ihr Kunde befindet. Wobei genau benötigt er Rat und Hilfe? Typische Situationen, in denen ein systemischer Berater helfen kann, sind zum Beispiel:

- Zwei Unternehmen haben fusioniert – und es soll zusammenwachsen, was eigentlich nicht zusammengehört. Der Kunde steht unter dem Druck, die verlangten »Synergien« zu schaffen.
- Ein Unternehmen kämpft mit Absatzeinbrüchen, der Kunde muss seine Organisation anpassen und zugleich Mitarbeiter entlassen.
- Ein Unternehmen erlebt einen Wachstumsschub, auf den die Organisation nicht vorbereitet ist.

Unser systemischer Organisationsberater sollte also herausfinden, welche konkreten Situationen es gibt, die seinen Kunden schlaflose Nächte bereiten. Wenn er die Eckpfeiler dieser Leidensdruckthemen seiner Kunden dann auf der Startseite des Internetauftritts konkret benennt, fühlt der Ratsuchende sich angesprochen – und die bislang trockene Präsentation wird spannend.

Frage 2: Welchen emotionalen Nutzen bietet meine Leistung dem Kunden?

Die zweite Überlegung zielt auf die emotionalen Wünsche des Kunden ab. Sicher – der Kunde sucht eine sachliche Lösung. Und dennoch bewegen ihn emotionale Themen wie zum Beispiel: Wie kann ich in dieser Situation mehr Sicherheit erreichen? Wie kann ich mehr Überblick bekommen?

Das wird am Beispiel der Fusion deutlich: Der verantwortliche Manager sucht auf der sachlichen Ebene einen Berater, der dabei hilft, die neuen Prozesse zu gestalten und zu implementieren – das ist klar. Doch plagen ihn noch ganz andere Sorgen, bei denen er sich auch Unterstützung wünscht:

- Die Konflikte zwischen den Mitarbeitern eskalieren, die Situation wird immer chaotischer; er braucht deshalb auch ein Mindestmaß an Sicherheit und Stabilität.
- Er möchte die Kontrolle behalten. Deshalb braucht er einen verlässlichen Überblick, um die Situation im Griff zu behalten.
- Bei aller Härte der erforderlichen Maßnahmen möchte er seine Unternehmenskultur möglichst beibehalten.

Das bedeutet, dass diesem Manager neben der sachlichen Problemlösung in der aktuellen Situation drei emotionale Werte besonders wichtig sind: Sicherheit, Überblick und Wertschätzung.

Gerade ein systemischer Organisationsberater ist prädestiniert, diesen emotionalen Nutzen anzubieten, indem er dem Kunden gegenüber folgende Aspekte herausstellt:

- Zu den Aufgaben eines Organisationsberaters zählt es, den Kunden an die Hand zu nehmen und mit ihm gemeinsam den Prozess zu steuern – ihm also Sicherheit bei einer Veränderung in der Organisation zu geben.
- Ein systemischer Berater verliert sich nicht im Detail, sondern betrachtet zunächst die Gesamtzusammenhänge. Wenn also bei einer Fusion zwei Unternehmenskulturen zusammengeführt werden, erkennt der Systemiker, auf welche Weise die Kulturen miteinander vernetzt und welche Dynamiken am Werk sind. Er verschafft dem Kunden einen Überblick.
- Die systemische Arbeitsweise ist per se sehr wertschätzend. Das drückt der folgende Satz aus dem Text unseres Beispielfalles auch aus: »Systemische Organisationsentwicklung respektiert die Einzigartigkeit jedes Menschen durch eine wertschätzende Haltung und betrachtet

dessen Kompetenzen und Ressourcen innerhalb der Organisationskultur, ohne ihn nur darauf zu reduzieren.« Was hier jedoch fehlt, ist die Verknüpfung mit der konkreten Situation des Kunden. Was bedeutet die wertschätzende Haltung etwa im Falle einer Reorganisation, bei der Mitarbeiter versetzt oder womöglich entlassen werden?

Es gibt also neben dem Leidensdruck noch einen zweiten großen »Spannungsfaktor« für den Marktauftritt: den emotionalen Nutzen. Ein Kunde möchte nicht nur eine sachliche Lösung für das offiziell ausgeschriebene Problem, sondern sucht auch Hilfe bei anderen, ihn persönlich bedrängenden Problemen – zum Beispiel hat er das Bedürfnis nach Sicherheit oder Überblick. Wenn also ein Anbieter diese Bedürfnisse anspricht und durch seinen Marktauftritt auch belegt, dass er sie erfüllen kann, darf er sich der Aufmerksamkeit des Ratsuchenden gewiss sein.

Frage 3: Was ist der inhaltliche Nutzen?

Selbstverständlich möchte der Ratsuchende auch Gewissheit darüber, dass der Anbieter das anstehende konkrete Problem lösen kann. Er interessiert sich deshalb auch für den inhaltlichen Nutzen: Er will wissen, welche konkreten Resultate er erwarten kann.

Anstatt wie im Beispielfall den Platz auf der Startseite mit allgemeinen Ausführungen über systemische Organisationsberatung zu vergeuden, ließe sich hier auch schon der konkrete Nutzen nennen. Was genau bringt die systemische Beratung? Sie kann zum Beispiel das schlummernde Ideen- und Veränderungspotenzial im Unternehmen aktivieren, Kommunikationsstörungen beseitigen oder Arbeitsprozesse optimieren. Ein systemischer Berater kann darauf spezialisiert sein, die Unternehmensstrategie an veränderte Marktbedingungen anzupassen und die Organisation daraufhin auszurichten. Oder er bietet sein spezielles Wissen an, um die eventuell destruktive Dynamik einer Fusion in einen produktiven Veränderungsprozess zu verwandeln.

Die Beschreibung sollte kurz sein, also keine große Abhandlung über sämtliche abstrakten Vorteile einer systemischen Beratung enthalten. Es genügt, den Nutzen in wenigen Worten darzustellen. Die einleitende Formulierung kann hierbei zum Beispiel lauten:

- »Das bringt Ihnen ...«
- »Für Sie konkret bedeutet das ...«
- »Das Ziel der Beratung ist immer ...«

9.3 Spannung schaffen heißt: Denken aus der Perspektive des Kunden

Auf der Grundlage dieser Überlegungen lässt sich nun eine völlig andere, keineswegs mehr trockene Internetseite machen. Ausgehend von den drei Fragen nach Leidensdruck, emotionalem Nutzen und inhaltlichem Nutzen könnte der systemische Organisationsberater aus unserem Beispielfall seinen Internetauftritt wie folgt inszenieren:

Der Starttext spricht die Leidensdruckthemen A, B und C an:

»Unsere Kunden erleben Veränderungen in ihrem Unternehmen. Gleich ob es Thema A, B oder C ist – immer gilt es, in kurzer Zeit Sicherheit und Überblick zu gewinnen. Genau das machen wir mit systemischer Organisationsentwicklung.

→ *Lesen Sie hier sieben Projektbeispiele. (Link zum Anklicken)*

→ *Lesen Sie hier, was unsere Kunden sagen. (Link zum Anklicken)«*

Ein ergänzender Satz bekräftigt dann noch einmal den emotionalen Zusatznutzen »Sicherheit« und »Wertschätzung«:

»Das Schöne daran: Sie erleben das Gefühl, das Projekt selbst im Griff zu haben – denn wir helfen Ihnen, Ihre eigenen Lösungen zu entwickeln.«

Wenn Sie diesen Einstieg mit dem Ausgangstext vergleichen, werden Sie feststellen: Der Perspektivenwechsel, das heißt die Ausrichtung des Textes an der Interessenslage des Kunden, macht die Darstellung sofort wesentlich interessanter.

Zum Text kommen weitere Elemente hinzu, die den Internetauftritt spannend machen: Der Berater sollte sich nun fragen, welche Fotos er zeigt. Soll er einfach nur sich und seine Berater abbilden? Oder kann er auch die Veränderungsprozesse im Unternehmen lebendig werden lassen – zum Beispiel durch Fotos aus einem Gruppenworkshop, bei dem die Mitarbeiter gemeinsam ein Thema anpacken, zusammen diskutieren oder am Tisch sitzen und grübeln?

Auch kurze Audiobeiträge können den Auftritt nicht nur lebendiger machen; sie bieten auch eine zusätzliche Möglichkeit, die Kernbotschaft auf eine sehr persönliche Weise zu vermitteln. Am besten eignet sich hierfür die Interviewform, das heißt der Berater antwortet auf die Fragen eines Dritten. Dieser kann zum Beispiel fragen:

- »Was sind denn die typischen Themen, mit denen Ihre Kunden auf Sie zukommen?«
- »Ein mittelständischer Maschinenbauer hat Sie kürzlich gerufen, weil ein wichtiges Entwicklungsprojekt zu scheitern drohte. Was haben Sie getan, um das Projekt noch zu retten?«
- »Eines Ihrer Hauptthemen ist die Begleitung von Fusionen. Angenommen ein deutscher Automobilkonzern fusioniert mit einem englischen Automobilkonzern. Was geht Ihnen als Erstes zu diesem Thema durch den Kopf?«

Ein solches Frage- und Antwortspiel, das sich um die Leidensdruckthemen der Kunden dreht, veranschaulicht die Leistungen und schafft vor allem auch Nähe. Der Ratsuchende erlebt den Berater sehr unmittelbar – was ihm bei seiner Hauptfrage hilft, nämlich ob es sich um den für ihn richtigen Berater handelt.

Ein weiteres Element, das Spannung erzeugt: Nicht alles sagen! Es genügt, die wichtigsten Eckpfeiler zu setzen, einen Teil des Ganzen zu zeigen. Den Rest soll sich der Interessent denken – oder eben nachfragen. Der Marktauftritt soll ein Dialogangebot sein, nicht erschöpfend informieren. Ziel ist es ja, dass der Kunde auf Sie zukommt!

Fazit

Nicht das Thema ist trocken – sondern die Form seiner Darstellung. Nur deshalb wirken die meisten Marktauftritte von Beratern, Trainern und Coachs trocken und langweilig. Spannend wird ein Marktauftritt, wenn er die Perspektive wechselt. Der Berater verabschiedet sich von der Annahme, dass seine Leistungen und er selbst wichtig sind. Wichtig ist allein der Kunde: dessen Leidensdruck, dessen emotionale Wünsche, dessen konkreter Nutzen. Daran orientiert lässt sich jedes Thema spannend darstellen. Umgekehrt wirkt selbst das spannendste Thema langweilig, wenn der Berater es aus der Eigenperspektive darstellt.

10 Wie erreiche ich einen einheitlichen Marktauftritt?

Das Wichtigste vorweg ...
Ein einheitlicher Marktauftritt zählt zu den entscheidenden Erfolgsfaktoren im Marketing – denn widersprüchliche Botschaften gefährden die Glaubwürdigkeit und damit die Marktchancen eines Anbieters. Notwendig ist deshalb eine Kernbotschaft, die über alle Marketingkanäle kommuniziert wird. Nur so kann ein stimmiges und damit glaubwürdiges Gesamtbild entstehen.

Widersprüche, die irritieren: Ein Berater bezeichnet sich als Spezialist für die Reorganisation von Krankenhäusern, einige Referenzen und zwei Projektbeispiele auf der Internetseite stammen aber aus der Immobilienwirtschaft. Ein Coach präsentiert sich als Sparringspartner für Führungskräfte, während gleichzeitig von ihm ein Fachartikel über Karrieretipps für Berufseinsteiger erscheint. Ein Organisationsberater verspricht klare und übersichtliche Strukturen, doch selbst Gutwillige schaffen es nicht, Texte und Menüführung seiner Internetseite zu verstehen.

Solche Widersprüche irritieren nicht nur, sie kosten auch Aufträge. Spricht man nämlich mit Auftraggebern, seien es Mittelständler oder Großunternehmen, Geschäftsführer oder Personalentwickler – die Antwort ist immer die gleiche: Bei der Suche nach einem Berater legen sie Wert darauf, einen roten Faden zu erkennen. Ein stimmiger und damit glaubwürdiger Gesamteindruck ist für sie ein wichtiges Auswahlkriterium.

Bei der Frage nach dem »einheitlichen Marktauftritt« steht also viel auf dem Spiel: Ihre Glaubwürdigkeit.

10.1 Ausgangspunkt: Die Kernbotschaft

Ausgangspunkt für eine stimmige Kommunikation ist stets die Kernbotschaft, mit der sich Ihr Unternehmen positioniert. Vor dem Marktauftritt steht also die strategische Basisarbeit: eine Positionierung erarbeiten und hieraus eine Botschaftslinie ableiten (mehr hierzu in Teil I).

Mit der Kernbotschaft oder Botschaftslinie haben Sie ein Instrument an der Hand, das es Ihnen erlaubt, konsistent zu kommunizieren. Das geschieht dadurch, dass Sie alle Marketingaktivitäten an dieser Botschaft ausrichten: Internettexte, Broschüren, Fachartikel, Vorträge, Interviews, Fotos, Farben, Design – jedes Element, das Ihr Erscheinungsbild mitbestimmt, unterstützt die Kernbotschaft, darf ihr zumindest nicht widersprechen. Klopfen Sie jede Marketingmaßnahme daraufhin ab!

Beachten Sie dabei drei Grundregeln für den Umgang mit der Kernbotschaft:

1. Möglichst überall anwenden.
2. Nicht zu aufdringlich kommunizieren. Wenn Sie die Botschaftslinie in immer gleichen Sätzen ständig wiederholen, mutet es allzu gewollt an – so als hätte es Ihnen der Marketingfachmann diktiert.
3. Variieren! Die Kernbotschaft ist das Thema einer Melodie, die Sie nun in vielfältigen Variationen spielen. So bringen Sie Abwechslung und Spannung in den Marktauftritt, ohne das Leitmotiv zu verlieren.

10.2 Anwendungsfelder für die Kernbotschaft

Die Kernbotschaft »möglichst überall« anwenden – was heißt das konkret? Anwendungsfelder der Kernbotschaft sind zum einen verschiedene Basismaterialien (zum Beispiel Texte, Fotos, Referenzen), zum anderen die einzelnen Profilierungskanäle (zum Beispiel Fachartikel, Buch, Vortrag) – und nicht zuletzt die persönliche Vorstellung.

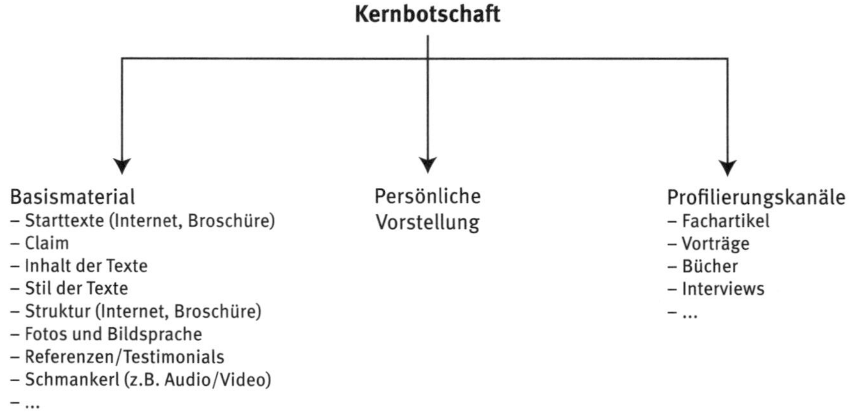

Abbildung 19: Anwendungsfelder der Kernbotschaft

Für eine stimmige Marktkommunikation kommt es darauf an, alle drei Bereiche – Basismaterial, Profilierungskanäle, persönliche Vorstellung – an der Kernbotschaft auszurichten (siehe Abbildung 19). Die hier genannten Anwendungsfelder der Botschaftslinie sind exemplarisch, also nicht vollständig. Dennoch kann die Übersicht als Orientierung dienen, um einen einheitlichen Marktauftritt zu entwickeln – wie wir im folgenden Abschnitt am Beispiel eines Personalberaters durchspielen werden.

10.3 Wie Sie einen einheitlichen Marktauftritt entwickeln

Stellen wir uns eine Personalberatung vor, die sich auf Banken und Versicherungen spezialisiert hat – und zwar mit der Kernbotschaft: »Wir sind extrem hartnäckig. Wir bleiben dran, auch wenn's wehtut.«

Die Positionierung besteht also aus zwei Elementen:

- Spezialisierung auf Banken und Versicherungen (Branche),
- Hartnäckigkeit bei schwierigen Aufträgen (persönliche Besonderheit).

Die Berater sind bekannt dafür, dass sie sich »festbeißen«, dass sie an einem Auftrag dranbleiben, bis sie ihn erfüllt haben. Wenn etwa ein Kunde einen hochkarätigen und seltenen Spezialisten benötigt, wird so lange gesucht, bis er gefunden ist.

Beides, die Branchenspezialisierung und die besondere Hartnäckigkeit, muss das Unternehmen nun durch seinen Marktauftritt vermitteln. Dies geschieht, indem es hierfür Basismaterial, persönliche Vorstellung und Profilierungskanäle nutzt (siehe Abbildung 19).

Gestaltung des Basismaterials

Starttexte (Internet, Broschüre)

Das erste, worauf ein Interessent stößt, ist der Text auf der Startseite im Internet oder auf der ersten Seite der Firmenbroschüre. Hier erwartet er eine klare erste Information, damit er sich orientieren kann. In etwa sollte hier also stehen:

> *»Wir sind als Personalberater spezialisiert auf Banken und Versicherungen.«*

Oder mit etwas mehr Esprit formuliert:

»Wir arbeiten für eine sehr spezielle Branche: Banken und Versicherungen.«

Oder:

»Unsere Kunden sind sehr speziell, denn als Banken und Versicherungen haben sie besondere Wünsche.«

An diese Grundinformation schließt sich dann möglichst schnell der zweite Teil der Botschaftslinie an: ein Hinweis auf die Besonderheit des Unternehmens. Der nächste Satz sollte also auf das hartnäckige Dranbleiben an Spezialfällen hinweisen, ohne jedoch den Eindruck zu erwecken, dass diese Fälle das alleinige Geschäft ausmachen. Die Formulierung könnte wie folgt lauten:

»Deshalb kennen wir Ihre alltäglichen Aufgaben besonders gut und können sie schnell lösen – von klassischen Problemen bis zu schwierigen Spezialthemen.«

Nun hat das Beratungsunternehmen zwar seine Kernbotschaft mitgeteilt, aber noch nicht belegt, dass es diese Versprechen tatsächlich einlöst. Diesen Beweis tritt es an, indem es jetzt beispielhaft Probleme benennt, für die es engagiert wird. Der Text könnte also folgendermaßen weitergehen:

»Diese Themen können sein: ...«

Beschrieben wird nun jeweils in einem Satz eine Reihe typischer Aufträge, zum Beispiel drei Standardthemen und drei Spezialprobleme. Ich empfehle, die Themen in Wir-Form als Zitate des Kunden zu formulieren, also konsequent aus Kundensicht darzustellen – denn hier kommt es ganz besonders auf die Sprache des Kunden an, der bei seinen Kernproblemen abgeholt werden soll. Für ein Standardthema könnte der Satz lauten:

»Wir suchen für die Region Mittlerer Neckar einen Firmenkundenbetreuer für kleine und mittlere Unternehmen.«

Bei einem hochkarätigen Spezialproblem wäre die Formulierung zum Beispiel:

»Wir suchen einen Rückversicherungsspezialisten, der sich insbesondere mit internationalen Schienennetzen exzellent auskennt.«

Halten wir fest: Der Interessent weiß nun, was das Beratungsunternehmen macht, ist über dessen Besonderheit informiert – und erkennt anhand der Beispiele, dass dieses Angebot auch eingelöst wird. Zudem fühlt er sich angesprochen, weil die Beispielthemen in seiner Sprache formuliert sind und seine Probleme betreffen.

Entscheidend ist jetzt, dass die weiteren Texte (ebenso wie alle anderen Materialien und Marketingkanäle!) die Botschaft bestätigen und diesen ersten Eindruck festigen. Mit Blick auf das Basismaterial gilt das vor allem für den Claim, die Inhalte der weiteren Texte, ebenso für Textstil, Struktur, Fotos und Bildsprache, Leidensdruckthemen, Referenzen und alle zusätzlichen »Schmankerl« wie etwa Video- oder Audiointerview.

Claim

Wir bleiben beim Beispiel der hartnäckigen Personalberatung. Der Claim könnte hier wie folgt lauten:

»Personalberatung für Banken und Versicherungen – gerne auch in schwierigen Fällen.«

Inhalte der weiteren Texte

Wie geht es weiter, was folgt dem Starttext? Entscheidend ist wieder die Konsistenz: Alle folgenden Texte dürfen nicht im Widerspruch zur Kernbotschaft stehen, sondern sollten sie zusätzlich unterstreichen. Ideal eignen sich hierfür Projektskizzen, in denen sich die besondere Expertise, aber auch die Hartnäckigkeit der Berater widerspiegeln.

Die Projektbeispiele findet der Leser unter einem eigenen Menüpunkt. Jedes Beispiel ist einheitlich gegliedert: Der Überschrift und einem kurzen Vorspann folgen die Gliederungspunkte Auftrag, Vorgehensweise und Ergebnis. Im Idealfall ist der Kunde mit Namen genannt und wird auch zitiert.

Wieder begegnet dem Leser das beharrliche Dranbleiben der Personalberater an schwierigen Fällen. »Vier Wochen suchte unser Team nach einem geeigneten Kandidaten, trotz intensiver Bemühungen zunächst ohne Erfolg. Daraufhin sind wir einen ganz neuen Weg gegangen ...« – so beginnt zum Beispiel die Beschreibung der Vorgehensweise, als es um den Auftrag ging, einen Rückversicherungsspezialisten zu finden, der sich insbesondere mit internationalen Schienennetzen exzellent auskennt.

Größere Projekte können durchaus auch auf ein bis zwei Bildschirmseiten vorgestellt werden, wenn sie beispielhaft für die Leistungen des Unternehmens sind und einen guten Einblick in die Tätigkeit der Berater geben. Mit der folgenden Projektskizze belegt die Personalberatung, dass sie nicht nur weltweit Topleute aufspürt, sondern auch in den Großunternehmen selbst die künftige Führungselite identifiziert. Wiederum wird deutlich, wie gründlich die Berater ihre Aufgabe durchführen – manchmal bis zum bitteren Ende:

Assessment-Center zur Potenzialermittlung

Top-Manager von übermorgen identifiziert

Der weltweit tätige XX-Versicherungskonzern suchte in den eigenen Reihen nach den Top-Managern von übermorgen. Wir unterstützten das Unternehmen, die geeigneten Nachwuchskräfte zu finden – mit einem überraschenden Ergebnis.

Auftrag

Unter den rund 20.000 Mitarbeitern sollten wir die Leistungsträger identifizieren, die in der Lage sein würden, die langfristige Strategie des Konzerns zu realisieren.

Vorgehensweise

Nach einem ersten Gespräch mit der Unternehmensleitung schlugen wir ein dreistufiges Verfahren vor:

- *Selbstselektion:* Der Bereich Personalentwicklung konzipiert ein sehr anspruchsvolles Trainingsprogramm. Jedem Interessenten sollte klar sein, dass ihm dieses Programm neben der Tagesarbeit viel Zeit und Engagement abverlangen würde.
- *Auswahlverfahren:* Wer sich dennoch zu dem Programm meldet, nimmt an einem Assessment-Center teil.
- *Zweijähriges Training:* Wer das Auswahlverfahren schafft, wird für das Trainingsprogramm zugelassen und zählt damit zum Top-Führungsnachwuchs des Unternehmens.

Die Konzernleitung stimmte dem Vorschlag zu, das Projekt konnte starten. Für den Erfolg unserer Arbeit war es entscheidend, Ziele und Strategie des Konzerns genau zu kennen. Der erste Schritt war daher ein Workshop mit der Unternehmensleitung.

Anhand der Ergebnisse des Strategieworkshops definierten wir die Anforderungen an die künftigen Top-Führungskräfte. Insbesondere legten wir die Kompetenzen fest, die notwendig sind, um die Strategie des Unternehmens zu realisieren.

Nach dem Motto »Wir suchen die Leute, die das Unternehmen in die Zukunft führen« präsentierten der Vorsitzende der Geschäftsführung und der Personalleiter das Projekt in den einzelnen Unternehmensbereichen; sie stellten das geplante Trainingsprogramm inklusive Anforderungskatalog vor.
Letzter Schritt: Die Interessenten, die sich gemeldet hatten, durchliefen ein Gruppen-Auswahlverfahren (Assessment-Center). So stellten wir fest, welche Kandidaten tatsächlich über das Potenzial verfügen, um die Vision des Unternehmens zu realisieren. Als Beobachter nahmen am Assessment-Center neben zwei Beratern auch der Personalleiter und der Vorsitzende der Geschäftsführung teil.

Ergebnis

Das Ergebnis überraschte alle Beteiligten. Für das Programm hatten sich lediglich 20 mögliche Potenzialträger gemeldet – bei 20.000 Mitarbeitern erstaunlich wenige. Und nur fünf von ihnen schafften es, die Hürde des Assessment-Centers zur Aufnahme in das Trainingsprogramm zu nehmen.
Während der Personalleiter das Ergebnis als niederschmetternd empfand, sah die Konzernleitung darin eine Aufforderung, schnell zu handeln: »Wir wissen jetzt, dass wir in einer sehr gefährlichen Lage sind«, konstatierte der Vorsitzende der Geschäftsführung. »Wir benötigen dringend frische Top-Kräfte für den Führungsnachwuchs.«

Insgesamt erstellte das Personalberatungsunternehmen sieben solcher Projektskizzen. Die Fälle waren so ausgewählt, dass sie das Spektrum des Beratungsunternehmens verdeutlichen – vom hochkomplizierten Spezialfall bis zur einfachen Standardvermittlung. Da alle geschilderten Fälle aus dem Bereich Banken und Versicherungen stammen, spiegeln sie automatisch auch die Branchenkompetenz wider.

Stil der Texte

Der zurückhaltende, aber klare Stil der Texte unterstützt ebenfalls die Botschaftslinie. Er trifft den Ton der Banken- und Versicherungswelt, was durch die gelegentliche Verwendung eines Fachbegriffs aus der Branche unterstrichen wird. Denn hier gilt die Regel: Ein Berater, Trainer oder Coach sollte im Marketing stets eine ähnliche Sprache sprechen wie seine Zielgruppe (und seine eigene Sprache, das »Beraterdeutsch«, tunlichst vermeiden).

Machen Sie einen einfachen Test: Stellen Sie sich vor, ein Kunde unterhält sich mit einem Kollegen über Sie und Ihre Inhalte. Würde er so sprechen, wie Sie Ihr Marketingmaterial formulieren? Lesen Sie den Text laut vor und überlegen Sie, an welchen Textstellen er im Gespräch anders formulieren würde. Selbstverständlich gibt es zwischen gesprochenem und geschriebenem Text Unterschiede. Dennoch hilft Ihnen diese Übung, Ihre Texte wesentlich anschaulicher und damit auch kundennäher zu verfassen.

Das Personalberatungsunternehmen möchte mit seinem Sprachstil aber nicht nur die Diktion des Kunden treffen, sondern gleichzeitig auch das Hartnäckige, das An-der-Sache-Dranbleiben zum Ausdruck bringen. Es achtet deshalb darauf, keinen allzu sanften Ton anzuschlagen, sondern in einem eher harten, etwas zackig wirkenden Stil zu schreiben. Die Texte haben deshalb eher kurze Sätze, arbeiten auch viel mit Doppelpunkten (siehe Kapitel 1.6).

Struktur (Internetseite, Broschüre)

Wenn Sie die Struktur Ihrer Internetseite festlegen, haben Sie die Wahl: Sie können die Seite mit den üblichen Menüpunkten (Leistungen, Wir über uns, Referenzen, Kontakt) konzipieren, vergeben sich damit aber eine große Chance – denn die Menüpunkte werden neben dem Starttext als Erstes wahrgenommen. Oder Sie weichen vom Üblichen ab und machen die Menüpunkte zu Botschaftsträgern.

Wie das geht? Kommen wir zurück zum erfundenen Beispiel der Personalberatung. Wer die Internetseite aufruft, erblickt neben dem Starttext folgende Menüpunkte:

- Klassische Anliegen,
- Spezialaufträge,
- Referenzen,
- XY Consulting,
- Kontakt.

An den Menüpunkten erkennt ein Besucher der Seite sofort, dass die Personalberatung einerseits die klassischen Dienstleistungen anbietet, andererseits ihre Kunden in Spezialfällen unterstützt. Die Neugier wird den Leser als Erstes dazu verleiten, den Menüpunkt »Spezialfälle« anzuklicken – und schon lernt er die Besonderheit des Anbieters kennen. Hier findet er Projektbeschreibungen, verbunden mit Namen und Zitaten der jeweiligen Kunden, und erhält so einen konkreten Einblick in die Tätigkeit des Beratungsunternehmens.

So erfasst der Leser sehr schnell die besondere Kompetenz dieser Beratertruppe. Da nun die Welt nicht nur aus Spezialfällen besteht, findet er unter dem Punkt »Klassische Anliegen« auch Beispiele für Standardprojekte. Das Spektrum der Leistungen wird damit deutlich – ein eigener Menüpunkt »Leistungen« erübrigt sich.

Fotos und Bildsprache

Fotos bieten die Chance, einem Unternehmen Gesicht, Emotion und Nähe zu geben. Doch nur wenige Berater, Trainer und Coachs nutzen diese Möglichkeit. Anstatt durch gute Fotos das Besondere ihrer Leistung wirkungsvoll in Szene zu setzen, werden lieber Sonnenblumen, lachende Menschen oder sich über ein Dokument beugende Personen an einem Besprechungstisch abgebildet. Wesentlich besser sind da schon Internetseiten mit Fotos der Berater, auch wenn diese den Besucher immer nur freundlich anlächeln.

Im Falle unserer Personalberatung passen die freundlich lächelnden Gesichter jedoch nicht zum Markenzeichen der »Hartnäckigkeit«. Die Bildsprache sollte hier auch zum Ausdruck bringen, wie sich die Berater an einem Thema festbeißen. Erreicht wird das zum Beispiel durch Fotos, die zeigen

- wie die Berater miteinander am Besprechungstisch sitzen und hitzig diskutieren,
- wie ein Berater den Kopf in die Hände stützt und darüber grübelt, wie es jetzt weitergehen könnte,
- wie ein anderer Berater nachdenklich aus dem Fenster schaut ...

Natürlich gibt es immer auch ein oder zwei Fotos, bei denen ein Berater den Besucher der Internetseite offen und freundlich ansieht. Insgesamt vermitteln die Bilder aber das beharrliche Dranbleiben, das Nachdenken über schwierige Fälle, die Suche nach neuen Lösungen.

Referenzen/Testimonials

Referenzen und Kundenstimmen sind hervorragende Botschaftsträger. Sie zählen nicht nur zu den meistgelesenen Teilen der Internetseite, ihre Aussagen genießen zudem eine hohe Glaubwürdigkeit. Sie bestimmen deshalb maßgeblich den Gesamteindruck, den ein Interessent von Ihnen erhält.

Umso verheerender wirken sich hier Widersprüche aus. Nehmen wir an, ein Bankvorstand sucht einen Personalberater für Spezialfälle, ihm wird ein Beratungsunternehmen empfohlen und nun besucht er noch kurz die Internetseite, bevor er Kontakt aufnimmt. Er klickt auf den Menüpunkt »Referenzen« – und entdeckt hier Kundenstimmen nicht nur aus Banken und Versicherungen, sondern auch aus der Automobilindustrie und Spielzeugbranche. Lobende Worte zwar, aber eine absolut irritierende Branchenmixtur! Vielleicht doch nicht der richtige Tipp, dieser Berater?

So verheerend solche Widersprüche sein können, so hervorragend ist der Effekt von Referenzen und Testimonials, wenn sie stimmig sind und richtig eingesetzt werden. Wie kein anderes Instrument eignen sie sich dazu, Ihre Kernbotschaft zu transportieren und zudem auf höchst elegante Weise Ihre Kompetenzen zu vermitteln. Denn nicht Sie selbst loben sich für gute Leistung, sondern das Lob kommt aus dem Mund Ihrer Kunden und ist damit besonders glaubwürdig. Auf eine sorgfältige Auswahl und Präsentation der Referenzen sollten Sie deshalb großen Wert legen.

Das bedeutet vor allem eines: Nicht wahllos Referenzen sammeln und listen! Vielmehr sollten Sie die Referenzen so auswählen, dass sie zur Botschaftslinie passen und insgesamt ein stimmiges Bild ergeben. Konkret heißt das, bei den einzelnen Kunden aktiv Zitate und Statements einzuholen, und zwar so, dass jede Kundenstimme einen bestimmten Aspekt Ihrer Leistung herausstellt.

Wie erreichen Sie das? Folgende Vorgehensweise hat sich bewährt: Überlegen Sie zunächst, welche Kunden für die einzelnen Aspekte Ihrer Botschaftslinie infrage kommen. Wenn Sie dann einen Kunden anrufen, fragen Sie ihn zunächst, ob er grundsätzlich für eine Referenz bereit ist. Wenn ja, schlagen Sie vor, dass Sie ihm die Arbeit abnehmen und einen Entwurf formulieren, bei dem er selbstverständlich alle Freiheit hat, ihn später noch zu verändern. Fast immer ist der Kunde gerne einverstanden. Fragen Sie ihn dann, was ihm besonders wichtig ist, bitten Sie ihn also um zwei oder drei Stichworte. Nun haben Sie die Möglichkeit, anhand der Stichworte das Statement frei zu gestalten und mit Ihrer Botschaftslinie zu verbinden.

Achten Sie darauf, dass sich die Kundenstimmen inhaltlich ergänzen. Spielen Sie die Melodie Ihrer Botschaftslinie, aber variieren Sie und setzen Sie jedes Mal einen neuen Akzent. Auch muss die Botschaftslinie keineswegs wörtlich in den Kundenstimmen vorkommen. So heißt es zum Beispiel in der Botschaftslinie unserer Personalberatung »Hartnäckigkeit bei schwierigen Aufträgen« – was aber keineswegs bedeutet, dass diese Formulierung nun wörtlich in den Referenzen erscheinen muss. Da kann es dann zum Beispiel heißen:

»Das Projekt stellte uns vor große Herausforderungen, denn die Aufgabe war sehr kompliziert. Ihre Berater haben den Auftrag jedoch mit großer Geduld und viel Verständnis gut gelöst.«

Ein solches Statement nennt die Hartnäckigkeit nicht explizit, vermittelt aber dennoch die Botschaft des beharrlichen Dranbleibens – so lange, bis selbst eine komplizierte Aufgabe erfolgreich gelöst ist.

Schmankerl

Nun können Sie in Ihren Internetauftritt noch einige Schmankerl einbauen – Elemente also, die noch einmal zusätzlich die Botschaftslinie verdeutlichen. Das kann zum Beispiel eine 60-Sekunden-Präsentation sein (siehe Kapitel 1.6). Oder Sie können kurze Interviews in Form von Audio- oder Videosequenzen anbieten, die ein Interessent per Mausklick abspielt.

Zurück zu unserer Personalberatung: Sie wählt zwei Interviewvarianten, die es ihr ermöglichen, noch einmal auf eine besondere Weise die Botschaftslinie zu vermitteln.

Variante 1: ein Interview mit dem Geschäftsführer des Beratungsunternehmens. Er erhält Gelegenheit, auf folgende Fragen zu antworten:

- Was sind denn die Themen, die derzeit die Banken und Versicherungen bewegen? (Der Geschäftsführer antwortet hierauf spontan und beweist so die Branchenkompetenz.)
- Mit welchen Fällen haben Ihre Berater zu tun, worin liegt ihr Alltagsgeschäft? (Der Geschäftsführer erhält die Gelegenheit, auf zwei oder drei typische Fälle hinzuweisen, die für das Standardgeschäft stehen.)
- Erinnern Sie sich an einen Fall, an dem Sie sich selbst fast die Zähne ausgebissen hätten? (Der Geschäftsführer vermittelt mit seiner Antwort die besondere Kompetenz bei schwierigen Spezialfällen.)
- Gibt es denn Fälle, die Sie nicht lösen konnten? (Nun kann der Geschäftsführer durchaus auch einmal einräumen: »Ja, das gibt's. Wir haben da einen Fall, bei dem sind wir selbst nach fast zwei Jahren noch nicht wirklich weitergekommen ...«)

Variante 2: ein Interview mit einem Kunden, dem Vorstandsvorsitzenden einer Versicherung. Fragen und Antworten drehen sich hier zunächst um ein konkretes Projekt, das alle Beteiligten vor besondere Schwierigkeiten gestellt hat. Die Antworten spiegeln eine hohe Zufriedenheit des Kunden und eine gute Zusammenarbeit wider. Gefragt wird der Versicherungschef dann aber auch nach seiner generellen Einschätzung: Welche Themen im Bereich Personalauswahl bewegen ihn heute, im Vergleich zur Situation vor zehn Jahren? Welche Trends sieht er, die für die Zukunft Bedeutung haben?

Ein solches Kundeninterview hat einen dreifachen Effekt: Es vermittelt Branchenkompetenz, gibt Einblick in die Arbeitsweise des Beratungsunternehmens – und ist zugleich eine hervorragende Referenz.

Persönliche Vorstellung

Was für das Basismaterial gilt, lässt sich auf die persönliche Vorstellung übertragen: Wieder kommt es darauf an, sich an der Botschaftslinie zu orientieren und die Kernbotschaft zu kommunizieren. Wie Sie bei der persönlichen Vorstellung konkret vorgehen, erfahren Sie in Kapitel 11. Entscheidend ist hier der Grundgedanke, sofort einen Dialog zu suchen – also nicht mit einem Monolog über Ihre Leistungen zu langweilen. Nennen Sie zunächst einfach Ihren Beruf, ergänzt durch einen Halbsatz, der Ihre Besonderheit ausdrückt, in etwa so wie Sie es in Ihrer Botschaftslinie formuliert haben.

Im Falle unserer Personalberatung kennt selbstverständlich jeder Berater die Botschaftslinie, die er bei seinen persönlichen Kontakten dann auch zum Ausdruck bringt. Stellt sich einer der Berater zum Beispiel auf einer Messe vor, sagt er ganz einfach: »Wir sind eine Personalberatung, spezialisiert auf Banken und Versicherungen. Unser Steckenpferd sind die ganz besonders schwierigen Fälle.« Nun macht er eine Pause – und kann fast sicher sein, dass sein Gegenüber nachfragt, weil er wissen möchte, was das denn für Fälle sind. Und schon ist das Gespräch zustande gekommen. Nun kann der Berater ein Beispiel erzählen: »Gerade letzte Woche haben wir erlebt ...«

Eine besondere Form der Präsentation sind die »Schönheitswettbewerbe«, wenn man sich bei einem Kunden um einen Auftrag bewirbt. Wieder kommt es darauf an, die Vorstellung an der Botschaftslinie auszurichten – ganz gleich zu welchem Thema Sie präsentieren.

»Erlauben Sie mir, zwei Sätze zu unserem Unternehmen zu sagen: Wir sind zehn Berater und machen ...« So fangen üblicherweise die Vorstellungen an. Der Geschäftsführer der Personalberatung in unserem Beispiel hat sich eine spannendere Variante ausgedacht, mit der er eindrücklich die besondere Kompetenz seines Unternehmens vermittelt: »Ich möchte Ihnen ganz kurz drei Fälle aus der Vergangenheit schildern, die sehr schön charakterisieren, wofür wir stehen«, beginnt er. Dieser Satz macht neugierig, denn jeder will nun wissen: Was sind das für Fälle? Der Berater schildert in wenigen Worten, aber doch sehr anschaulich drei Spezialfälle – und schon haben die Zuhörer einen Eindruck, wie die Berater arbeiten, was in dieser Beratung passiert und wofür sie steht.

Profilierungskanäle

Neben Basismaterial und persönlicher Vorstellung sind die Profilierungskanäle das dritte wesentliche Anwendungsfeld der Botschaftslinie. Wenn Sie an die Medien gehen, Vorträge halten oder ein Buch schreiben – immer sollte auch ein Aspekt der Botschaftslinie darin vorkommen.

Im Falle der Personalberatung publiziert nicht nur der Geschäftsführer, auch alle anderen Berater sind mit dabei – was den Effekt enorm erhöht. Denn es ist ein gewaltiger Unterschied, ob der Geschäftsführer drei Artikel im Jahr publiziert und drei Vorträge hält – oder ob zehn Berater mit 30 Artikeln und 30 Vorträgen den Namen eines Beratungsunternehmens verbreiten.

Um die Aktivitäten aufeinander abzustimmen, treffen sich alle Berater jährlich zu einem Workshop, bei dem die Ergebnisse gefeiert, neue Themen diskutiert und konkrete Public-Relations-Ziele vereinbart werden (siehe Kapitel 18). Das gemeinsame Themenfinden und das gut abgestimmte Vorgehen haben mit den Jahren dazu geführt, dass die Berater die Botschaftslinie ihres Unternehmens in- und auswendig kennen. Sie haben es gelernt, strategisch für das eigene Unternehmen mitzudenken. Dementsprechend selbstsicher präsentieren sie sich und das Unternehmen in der Öffentlichkeit.

Zum Beispiel publizieren Sie Fachartikel aus eigenen Projekten, die den Ruf des Unternehmens als Spezialist für schwierige Fälle festigen. Der Geschäftsführer selbst hält auf einem Bankenforum einen Vortrag zum Thema »Härtefälle in der Personalauswahl – wie Sie schwierige Personalprobleme lösen«. Und gemeinsam arbeitet das Team an einem Buch zum Thema »Hochkarätige Spezialisten finden«; am Beispiel der Banken- und Versicherungsbranche soll es 50 ungewöhnliche Wege zeigen, um besonders anspruchsvolle Positionen zu besetzen.

Selbstverständlich stehen die Berater auch jederzeit für ein Interview zur Verfügung – und lenken dann das Thema geschickt auf die Botschaftslinie. Gefragt nach den aktuellen Personaltrends antwortete etwa der Geschäftsführer: »Na ja, es wird in Zukunft tatsächlich so sein, dass hochkarätige Spezialisten gesucht werden. Zum Teil gibt es heute schon Themen, für die Sie nur zehn Spezialisten weltweit haben. Da geht es dann nicht nur darum, diese zu finden und auszuwählen, sondern sie auch zu überzeugen, eine neue Stelle überhaupt anzutreten. Hierzu müssen Sie alle Möglichkeiten der Einflussnahme ausspielen, auch taktisch klug vorgehen ...«

Und schon hört man ihn wieder: den Spezialisten für schwierige Fälle, der nicht lockerlässt, bis er seine Aufgabe erfolgreich zu Ende geführt hat.

Fazit

Ausgangspunkt für einen einheitlichen Marktauftritt ist stets die Botschaftslinie oder Kernbotschaft, mit der sich ein Unternehmen positioniert. Internettexte, Broschüren, Fachartikel, Vorträge, Interviews, Fotos, Farben, Design – jedes Element, das das Erscheinungsbild mitbestimmt, sollte sich daran ausrichten.

Es gibt vor allem drei große Anwendungsfelder der Kernbotschaft:

- Basismaterialien wie Texte, Fotos und Referenzen,
- die einzelnen Profilierungskanäle wie Fachartikel, Buch und Vorträge,
- die persönliche Vorstellung.

Wenn Sie alle drei Felder konsequent anhand Ihrer Kernbotschaft gestalten (wie in diesem Kapitel am Beispiel einer Personalberatung gezeigt), stehen die Chancen gut, dass Ihr Gesamtauftritt interessant, stimmig und damit auch glaubwürdig wirkt.

11 Wie stelle ich mich vor, ohne mein Gegenüber zu langweilen?

Das Wichtigste vorweg ...

»Was machen Sie eigentlich beruflich?« Im Grunde eine ganz einfache Frage. Mit der Antwort jedoch tun sich Berater, Trainer und Coachs ungemein schwer – wollen sie doch die Gelegenheit nutzen, mit dem Frager ins Gespräch und möglichst auch ins Geschäft zu kommen. Das Dilemma ist nur: Einfach zu sagen »ich bin Berater«, klingt banal. Wer aber anfängt, auch nur das Wichtigste über seine Arbeit zu berichten, redet unversehens so lange, dass dem Gegenüber die Füße einschlafen ...

Seminarpause, Mittagsbuffet. An einem Stehtisch kommen zwei Teilnehmer ins Gespräch. Der eine, ein Maschinenbau-Unternehmer, fragt den anderen, was er denn beruflich mache. Er habe sich vor sieben Jahren als Trainer selbstständig gemacht, antwortet dieser, darüber sei er sehr froh, das Geschäft laufe gut. Gerade komme er von einem Industriekunden, der ihn seit drei Jahren regelmäßig buche: »Der hat mir erzählt, dass zurzeit alle Einkäufer versuchen, den Preis zu drücken, wegen der Krise. Immer die gleiche Drohung: Ihr müsst uns mit dem Preis entgegenkommen, sonst tut es uns leid. Was ich diesem Kunde rate? Klar, gerade in wirtschaftlich schwierigen Zeiten muss ein Verkäufer extrem verhandlungssicher sein. Genau darauf bereite ich ihn vor ...«

Der Trainer redet weiter, erklärt sein Konzept, spricht von »strategischem Verkauf«, der Notwendigkeit des »zielorientierten Vorgehens« und wie man durch »Beziehungsmanagement die Basis für einen dauerhaften Erfolg schafft«.

Der Maschinenbau-Unternehmer fängt an, seine Frage zu bedauern. Verstohlen schielt er hinüber zum Nachbartisch, an dem eine angeregte Unterhaltung läuft. Er leert seinen Teller, nutzt eine kurze Pause im Redefluss des Trainers, verabschiedet sich höflich, holt Nachschub am Buffet – und gesellt sich zur Gruppe am Nachbartisch.

Eine verpatzte Gelegenheit! Nicht nur der Maschinenbauer hat unter der Situation gelitten, sondern noch viel mehr der Trainer, der verzweifelt versucht hat, sein Gegenüber für seine Arbeit zu interessieren – und am Ende genau das Gegenteil erreichte.

11.1 Vom Elend mit der Kurzpräsentation

Wie dieser Verkaufstrainer haben die meisten Berater, Trainer und Coachs große Schwierigkeiten, sich kurz vorzustellen. Der Grund liegt darin, dass der Angesprochene sich selbst enorm unter Druck setzt. In den zwei Minuten, die er zur Verfügung hat, versucht er Unmögliches zu schaffen:

- Erstens möchte er gut darüber informieren, was er tut. Er will nicht einfach nur Berater, Trainer oder Coach sein, denn davon gibt es ja viele. »Ich bin Verkaufstrainer, aber nicht irgendeiner, sondern mache etwas ganz Besonderes, habe eine fantastische Methode«, denkt er, der andere müsse das unbedingt begreifen.
- Zweitens möchte er sein Gegenüber von seinem Produkt überzeugen: »Nicht nur ich als Person bin gut, sondern auch das, was ich anbiete.« Er will vermitteln, dass er eine nützliche, auf die Bedürfnisse des Kunden zugeschnittene Leistung erbringt. Und für diese Leistung soll sich der andere begeistern!
- Drittens will er einen guten Eindruck machen. Seine kurze Vorstellung soll spannend sein, gleichzeitig möchte er aber auch kompetent und seriös wirken.
- Viertens möchte er keinesfalls den Eindruck erwecken, er bräuchte dringend Aufträge: »Ich muss absolut souverän wirken!«
- Und fünftens soll die Präsentation natürlich perfekt sein: »Das muss sitzen«, denkt er, »und gleichzeitig total locker rüberkommen.«

So setzt sich unser armer Berater nun selbst unter Druck. Er sitzt zu Hause und rauft sich die Haare: Wie soll er diesen Anforderungen gerecht werden? Am Ende kommt er zu dem Ergebnis, dass ihm das nicht gelingt. Entweder gibt er jetzt auf, oder er versucht es trotzdem – was dann endet wie im Beispiel des Maschinenbauers. Fazit: Beide Seiten haben ihr Elend mit der Kurzpräsentation – der eine, weil er an seinen Ansprüchen scheitert, der andere, weil er sich den missglückten Versuch anhören muss.

Bei manchen Beratern ist daraus eine regelrechte Negativspirale entstanden: Nach ersten misslungenen Vorstellungen verfestigt sich bei dem Betroffenen der Eindruck, sich einfach nicht gut präsentieren zu können.

So ist er beim nächsten Mal noch verkrampfter, hat noch mehr Angst, etwas falsch zu machen – und die entgangenen Chancen häufen sich.

Das ist schade. Denn das persönliche Kennenlernen auf Messen oder Empfängen, bei Seminaren oder Vorstellungsrunden kann für Berater, Trainer und Coachs ein hocheffektives Marketinginstrument sein. Kaum ein anderer Weg bietet eine so gute Möglichkeit, Erfolg versprechende Kontakte zu knüpfen.

11.2 Natürlichkeit siegt

Wie kann ein Berater dieser Misere entgehen? Zunächst einmal, indem er sich definitiv klarmacht: In zwei Minuten ist es schlicht unmöglich, den anderen umfassend zu informieren, die eigenen Besonderheiten zu erklären, dabei interessant, spannend, überzeugend und souverän zu wirken – und gleichzeitig auch noch den Gesprächspartner kennenzulernen. Deshalb kann es sich lohnen, zu Ihrer Natürlichkeit zurückzukehren.

Denn ist es nicht wie bei einem Blind Date? Wer vorher alles Mögliche lernt und dann versucht, das Gelernte einzusetzen, wird schwerlich ein vernünftiges Gespräch in Gang bringen. Der eine erzählt, der andere erzählt – aber es entsteht keine gemeinsame Schwingung. Und genau auf die kommt es doch an, wenn eine Beziehung entstehen soll!

Aus dem Alltagsleben wissen wir eigentlich recht gut, wann eine solche gemeinsame Schwingung entsteht – nämlich dann, wenn wir uns geben, wie wir sind. Die schönsten Gespräche entstehen, wenn wir sie auf uns zukommen lassen. Wenn wir einfach sagen, was wir machen, aber auch zuhören und Rückfragen stellen, uns also ehrlich für den anderen interessieren.

Und genau das ist auch meine Empfehlung für ein Kennenlernen im Geschäftsleben: Nehmen Sie eine natürliche Haltung ein! Egal welchen Inhalt Sie bei einer Kurzvorstellung vermitteln möchten, zunächst kommt es auf eine Haltung an, die dem Gegenüber die Bereitschaft zum Dialog signalisiert. Das Hauptziel im Marketing liegt darin, mit einem potenziellen Kunden ins Gespräch zu kommen – und dafür ist zunächst ein gelungener Gesprächseinstieg notwendig. Der kann übers Wetter oder irgendein anderes Thema laufen, das ist völlig egal.

Wenn Sie dann nach dem Gesprächseinstieg jedoch gefragt werden, was Sie beruflich machen, sollten Sie natürlich eine gute Antwort parat haben. Das ist dann aber erst der zweite Schritt, denn die Grundregel lautet: erst die für einen Gesprächseinstieg offene Haltung einnehmen, dann das Inhaltliche nachschieben.

11.3 Drei Phasen der Kurzvorstellung

Wenn es dann inhaltlich wird, kann es hilfreich sein, die folgenden drei Phasen zu unterscheiden:

- *Phase 1:* Kurz informieren
- *Phase 2:* Spannung aufbauen
- *Phase 3:* Folgeimpuls setzen

Natürlich kommt es auch hier – wie überall im Marketing – auf die strategische Vorarbeit an: Was macht Sie für den potenziellen Kunden interessant? Worin liegt Ihre besondere Leistung? Letztlich sind Sie für einen möglichen Geschäftspartner nur attraktiv, wenn Sie ihm einen echten Vorteil bieten können. Das setzt voraus, dass Sie tatsächlich etwas Substanzielles in der Hand haben. Greifen Sie deshalb zurück auf Ihre Positionierung und Ihre Botschaftslinie, die das Besondere Ihres Angebots in wenigen Worten formuliert (siehe Kapitel 1.5 und 2).

Nun können Sie nach den drei Phasen vorgehen, wobei es durchaus sein kann, dass Sie nur bis zur Phase 1 kommen und das Gespräch dann bereits in Gang kommt. Phase 2 ist dann nicht mehr notwendig, den Folgeimpuls (Phase 3) sollten Sie am Ende dennoch nicht vergessen.

Phase 1: Kurz informieren

Unter normalen Umständen, in einem vernünftigen Gespräch unter erwachsenen Menschen, käme niemand auf die Idee, auf die schlichte Frage nach seinem Beruf eine große Show zu machen. Warum sich also so viele Gedanken machen? Sagen Sie zunächst einfach, was Sie sind – Unternehmensberater, Trainer, Coach.

Beginnen Sie also mit einer schlichten Information, zum Beispiel mit dem Satz: »Ich bin Coach für Projektmanager.« Nennen Sie einfach Ihren Beruf, vielleicht noch ergänzt durch einen Halbsatz, der Ihre Besonderheit ausdrückt – so wie Sie es in Ihrer Botschaftslinie (siehe Kapitel 1.5) formuliert haben. Geeignet sind Sätze wie: »Ich bin Unternehmensberater, speziell für Sanierungsfälle« oder »Ich bin Trainer, speziell für Top-Einkäufer in der Automobilindustrie.«

Häufig höre ich den Einwand, dass sich mit schlichten Berufsangaben beim Gegenüber kein Interesse wecken lasse. Natürlich: Wenn Sie Hollywood-Regisseur wären, würde das für mehr Neugier sorgen – Sie sind es aber nicht. Belassen Sie es also bei dem, was Sie sind.

Sagen Sie einfach: »Ich bin Vertriebstrainer« – und halten Sie dann bereits inne, um zu sehen, wie der andere reagiert. Es kann sein, dass er etwas irritiert schaut, vielleicht aber auch interessiert oder sogar begeistert reagiert. Die Wahrscheinlichkeit ist groß, dass er dann nachfragt. Tut er das tatsächlich, ist Ihre Präsentation beendet. Denn das mit der Präsentation verfolgte Marketingziel liegt ja darin, dass Sie mit einem potenziellen Kunden in einen Dialog über Ihr Thema kommen. Fragt der Gesprächspartner nach, haben Sie dieses Ziel erreicht.

Wenn der Gesprächspartner keine Rückfrage stellt, Sie aber interessiert oder fragend anblickt, sollten Sie mit Phase 2 fortfahren: Spannung aufbauen.

Phase 2: Spannung aufbauen

Sie nennen also Ihren Beruf – und Ihr Gegenüber sieht Sie fragend an. Nun können Sie Spannung aufbauen, indem Sie aus der großen Zahl Ihrer Leistungen einen interessanten Aspekt herausgreifen und kurz schildern. Sprechen Sie ein Thema an, das Ihren Gesprächspartner wahrscheinlich interessiert:

»Meine Kunden beschäftigt vor allem die Frage, wie man ...«

»Was ich festgestellt habe: In der Wirtschaftskrise kann der Einkauf besonders günstige Preise herausholen. Genau damit befasse ich mich derzeit intensiv ...«

Beachten Sie dabei die Regeln für eine gute Inszenierung, um Spannung zu erzeugen (siehe Kapitel 1.6). Zum Beispiel können Sie Spannung aufbauen, indem Sie eine Frage stellen oder eine Metapher einsetzen. »Fragen öffnen den Geist« lautet ein bekannter Satz von Gehirn- und Lernforschern. Dieses Prinzip können Sie zum Erzeugen von Aufmerksamkeit und Spannung nutzen. Idealerweise kombinieren Sie eine Frage gleich mit dem Leidensdruck. Beispiel: Ein Unternehmensberater, dessen besondere Stärke die schnelle Umsetzung von Organisationsprojekten ist, könnte nun sagen:

»Mich beschäftigt vor allem eine Frage: Was sind die drei größten Hebel, um eine schnelle Veränderung in Ihrem Unternehmen zu bewirken?«

Sie können die Frage auch indirekt stellen. »Meine Kunden beschäftigt vor allem die Frage, ...« Die Wirkung ist die gleiche wie bei der direkten Frage: Die Neugier des Gesprächspartners wird geweckt. Der Gesprächspartner fühlt sich bei der indirekten Frage jedoch nicht aufgefordert, sich selber einzuschalten – so manchem behagt dies mehr.

Spannung können Sie auch erzeugen, indem Sie eine Metapher einsetzen. Sie lässt im Kopf des Lesers ein Bild entstehen und so einen abstrakten Zusammenhang anschaulich vor Augen zu führen. Hier das Beispiel einer Beraterin für Projektmanagement:

> *»Ich vergleiche Projektmanagement gerne mit den Tellerjongleuren im Zirkus. Die kennen Sie vielleicht, das sind diese Leute, die permanent 10 bis 15 Teller auf Stäben in der Luft balancieren. Genau das ist für mich Projektmanagement: ständig viele Teilbereiche am Laufen zu halten ...«*

Achten Sie auf einen natürlichen, freundlichen Tonfall. Stellen Sie sich vor, Sie sitzen auf dem Sofa und plaudern mit Ihrem Gesprächspartner.

Spätestens jetzt sollte eine Rückfrage kommen. Wenn das nicht der Fall ist und Sie merken, dass eine gemeinsame Schwingung nicht zustande kommt, sollten Sie mit dem Präsentieren einfach aufhören. Sie können Ihr Gegenüber dann noch nach seinem Beruf fragen – und wenn sich auch daraus kein Gespräch entwickelt, lassen Sie es bleiben. Es macht geschäftlich wenig Sinn, sich eine Stunde lang mit jemandem zu unterhalten, der offensichtlich nichts von Ihrer Dienstleistung wissen will.

Phase 3: Folgeimpuls setzen

Wenn Sie erfolgreich waren, also ein gutes Gespräch geführt haben, sollten Sie den Gesprächspartner nicht einfach ziehen lassen. Zumindest wenn Sie das Gefühl haben, er könnte für Sie interessant sein, sollten Sie einen Folgeimpuls setzen. Versuchen Sie, mit dem Gesprächspartner in Verbindung zu bleiben – etwa so:

- »Ich halte nächste Woche einen Vortrag zum Thema. Wenn Sie mögen, geben Sie mir Ihre Karte, ich schicke Ihnen gerne eine Einladung.«
- »Ich habe gerade ein kleines Interview für die Zeitschrift xy dazu gegeben. Wenn Sie wollen, schicke ich Ihnen gerne ein Exemplar.«
- »Falls Sie das interessiert: Ich habe einen Check-up entwickelt, mit dem Sie Verbesserungspotenziale Ihres Projektmanagements ermitteln kön-

nen. Der ist kostenlos, und ich schicke Ihnen gerne den entsprechenden Link.«

Suchen Sie also nach einem Weg, um in Kontakt zu bleiben – ohne aufdringlich zu sein, in einem natürlichen Ton. Im nächsten Schritt gilt dann die klassische Networking-Regel: Fassen Sie nach, und sei es nur ein Dankeschön für das nette Gespräch (siehe Kapitel 16).

11.4 Die gelungene Kurzvorstellung – drei Beispiele

Seminarpause, Mittagsbuffet. An einem Stehtisch kommen zwei Teilnehmer ins Gespräch. Der eine, ein Maschinenbau-Unternehmer, fragt den anderen, was er denn beruflich mache. Willi Kreh, Bankstrategieberater, würde sagen: »Ich bin Bankstrategieberater.« Pause, keine Rückfrage. Er fährt also fort: »Ich unterstütze Unternehmer, damit sie auf Augenhöhe mit der Bank kommen können. Das ist ein Problem, das ich in der Praxis immer wieder erlebe – nämlich dass Banken Unternehmer regelrecht antanzen lassen, wenn diese zum Beispiel einen Kredit brauchen.« Pause. Und tatsächlich sagt jetzt der Maschinenbau-Unternehmer: »Stimmt, genau! Das habe ich erlebt ...« Der Dialog kommt in Gang, das Ziel ist erreicht.

Wolfgang Zimmermann, Führungscoach, würde sagen: »Ich bin Sparringspartner für Unternehmer und gute Führungskräfte.« Pause, der andere fragt: »Was ist denn das?« Der Coach fährt fort: »Was ich damit meine, ist wirklich Sparringspartner im Wortsinn. Es kommt von ›to spar‹, sich auseinandersetzen. Und das trifft auch am ehesten den Kern meiner Arbeit. Ich helfe Unternehmern und guten Führungskräften, sich mit Themen auseinanderzusetzen.« Der Maschinenbau-Unternehmer ist interessiert und fragt nach: »Was kann das für ein Thema sein?« Der Coach: »Erst kürzlich habe ich erlebt, ...« Ein Dialog entsteht.

Gudrun Happich, Business-Coach und bioSystemik-Expertin, würde sagen: »Ich bin Business-Coach.« Pause, keine Reaktion, aber interessierter Blick. Sie fährt fort: »Und was ich noch mit in die Arbeit einbringe: Ich bin Diplom-Biologin und beschäftige mich zusätzlich mit der Frage, was Unternehmen von der Natur lernen können.« Pause. Der Maschinenbau-Unternehmer blickt irritiert, weiß offensichtlich nicht, was er mit dieser Aussage anfangen soll. Die Beraterin fährt fort, hilft ihm auf die Sprünge: »Die Natur ist ein System, das Jahrmillionen überlebt hat und immer wieder auf Fortbestand aus ist. Und um Wachstum und Fortbestand geht es meinen Kunden auch – man kann von der Natur sehr viel für das Unternehmen lernen. In der Fachsprache sagen wir dann, das Unternehmen ist ein soziales System, so wie die Natur ein biologisches System ist. Und für beide gelten ähnliche Regeln.« Der Maschinenbau-Unternehmer findet das interessant, aber doch noch recht unkonkret. »Und daraus könnte ich etwas lernen?« Und schon sind beide im Dialog, die Beraterin kann nun mit einem Beispiel antworten: »Nehmen Sie einmal Folgendes, erst letzte Woche habe ich erlebt ...«

Fazit

Das persönliche Kennenlernen auf Messen, Empfängen, bei Seminaren oder Vorstellungsrunden kann für Berater, Trainer und Coachs ein hocheffektives Marketinginstrument sein. Kaum ein anderer Weg bietet so gute Möglichkeiten, Erfolg versprechende Kontakte zu knüpfen. Vielen fällt es jedoch schwer, diese Chance tatsächlich zu nutzen. Sie versuchen, alles Wichtige und Notwendige in kürzester Zeit mitzuteilen, sie streben eine perfekte Präsentation an – und scheitern genau daran.

In der Praxis hat es sich bewährt, eine solche perfekt inszenierte Präsentation gar nicht erst zu versuchen. Besser ist es, eine natürlich Haltung einzunehmen und im ersten Schritt ganz einfach ins Gespräch zu kommen: Signalisieren Sie Ihrem Gegenüber ehrliches Interesse und die Bereitschaft zu einem Dialog. Fragt der Gesprächspartner dann nach Ihrem Beruf, genügt zunächst eine kurze, informative Antwort. Warten Sie die Reaktion ab und versuchen Sie dann, ein inhaltliches Gespräch in Gang zu bringen.

12 Wie werde ich für neue und bestehende Kunden unwiderstehlich?

Das Wichtigste vorweg ...

Wer wäre es nicht gerne, unwiderstehlich für seine Kunden? Nehmen wir an, das Marketingkonzept ist stimmig, das heißt Sie haben Ihre Positionierung erarbeitet und machen auch schon eine ganze Menge für Ihre Inszenierung und Profilierung. Nur eines fehlt Ihnen noch: das gewisse Etwas, das Sie unwiderstehlich macht. Nähern wir uns dem Thema mit einer Analogie: der Kunst des Flirtens.

Was macht einen Flirt erfolgreich? Auch wenn das wohl nicht endgültig zu beantworten ist, führt uns ein kurzes Brainstorming schnell einige wichtige Aspekte vor Augen:

- Das Spiel von Nähe und Distanz,
- eine klare persönliche Haltung,
- echtes Interesse am Gegenüber,
- die Balance von Zuhören und Sprechen,
- das Ansprechen von »Herzensthemen«,
- Intelligenz plus gepflegte äußere Erscheinung,
- die Fähigkeit, sich gut zu verkaufen, aber nicht zu übertreiben,
- begehrt zu sein und schwer zu haben.

Nutzen wir einfach einmal den Flirt als Metapher, die uns auf die Spur bringt, was nun eigentlich einen Berater, Trainer oder Coach für seine Kunden unwiderstehlich macht.

12.1 Das Spiel von Nähe und Distanz

Wann schaut man sich an, wann blickt man weg? Wann bewegt man sich aufeinander zu, wann voneinander weg? Wann spricht man eher sachlich, wann eher emotional? Die Abwechslung, das Spiel von Nähe und Distanz sorgt für Spannung und Anziehungskraft.

Nicht anders verhält es sich bei einem Berater, auch er weckt durch dieses Spiel von Nähe und Distanz Interesse bei seinen Kunden. Einmal beschreibt er die großen Strategien, redet also über die globalen, für das Unternehmen bedeutenden Themen. Ein anderes Mal spricht er direkt den Leidensdruck des Entscheiders an, ist ihm dadurch ganz nahe; er beschreibt die Situation, die den Kunden auch persönlich beschäftigt und bewegt.

Auch durch Bilder erzielt er diesen Effekt – durch eine Bildsprache, in der Nähe und Distanz einander abwechseln, sei es im Internet oder in der Broschüre. Da sieht man einmal den nachdenklichen Coach, der am Fenster steht und in die Ferne schaut, dann wieder den aufmerksam zugewandten Zuhörer, der dem Kunden fest in die Augen blickt. Auch die Texte können einmal einen sehr vertraulichen, angenehmen Ton vermitteln – dann aber auch wieder in eine eher kühle, distanzierte Sprache wechseln, um strategische Relevanz zu zeigen.

Fast überall im Marketing lässt sich dieses Spiel aus Nähe und Distanz in Szene setzen. Im Internet, in Broschüren, Fachartikeln, Büchern oder im persönlichen Gespräch: Stets können Sie Nähe erzeugen, indem Sie zum Beispiel den Leidensdruck des Kunden aufgreifen, Hilfestellung anbieten und konkrete Lösungsbeispiele schildern – dann aber auch wieder auf Distanz gehen, einen Schritt zurücktreten, dem Kunden an der richtigen Stelle auch einmal widersprechen, ihn vielleicht sogar provozieren oder als Berater zeigen, dass man »schwer zu haben ist«.

12.2 Eine klare persönliche Haltung

Ganz klar: Wenn ich einen Partner attraktiv finden soll, erwarte ich von ihm eine gewisse Haltung. Ich möchte spüren, dass er sich in wichtigen Fragen eine eigene, persönliche Meinung gebildet hat. Was heißt das übertragen auf Berater, Trainer und Coachs?

Auch hier wünscht sich der Kunde einen Geschäftspartner mit einer klaren Haltung – denn das schafft Klarheit und Berechenbarkeit, löst aber auch Gefühle wie Anerkennung und Respekt aus. Drei Beispiele verdeutlichen das:

1. Ein sehr bekannter Medientrainer, der in den 90er-Jahren Mitglied im Medientrainingsteam von Bill Clinton war, nutzte seine Prominenz und fällte für sich eine klare Entscheidung: Er arbeitet nur 50 Tage im

Jahr mit Kunden und erzeugt damit bewusst eine Verknappung, die ihm ein sehr hohes persönliches Honorar ermöglicht (nämlich 16.000 Euro pro Tag). Mit seiner Haltung macht er deutlich, dass er nur sehr schwer zu haben ist. Das geht so weit, dass er selbst keine Visitenkarten hat, sondern stattdessen den anderen um seine Visitenkarte bittet – mit der Bemerkung, dass er sich bei Interesse an einer Zusammenarbeit bei ihm meldet. Natürlich hat diese Haltung einen arroganten Unterton; sie wird hier jedoch bewusst eingesetzt, um die Verknappung herbeizuführen.

2. Eine völlig andere Haltung zeigt ein Rhetorik-Trainer aus Schwaben, der ebenfalls sehr bekannt ist, viele Bücher geschrieben hat und seit 20 Jahren erfolgreich im Geschäft ist. Er hat sich entschieden, im Mittelpreissegment zu bleiben, weil er weiterhin Mitarbeiter aus den mittleren Unternehmensebenen trainieren möchte. Ihm ist seine Zielgruppe lieb und teuer, während er mit Kunden, die sich Tageshonorare von 6.000 oder 7.000 Euro leisten können, eher weniger zu tun haben möchte. Konsequenz ist die klare Haltung, ein Trainer für das mittlere Preissegment zu sein und zu bleiben.
3. Das dritte Beispiel ist ein Berater, der sich entschieden hat, auf seine Work-Life-Balance zu achten. Er hat für sich festgelegt, dass es jeden Monat genau eine Woche gibt, in der er unterwegs ist. Mit seinen Kunden verhandelt er so, dass es wirklich bei dieser einen Woche bleibt. Im Zweifelsfall verzichtet er auch auf einen Auftrag, wenn dieser sich mit seiner Planung nicht vereinbaren lässt. Ebenfalls eine klare Haltung: Dieser Berater möchte seine Selbstständigkeit nach seinem Leben ausrichten und nicht umgekehrt.

Eine klare Haltung setzt voraus, dass man seine Positionierung erarbeitet hat und von der Richtung, in die man gehen möchte, überzeugt ist. Denn nur dann können auch Strategie, Marketing und persönliches Auftreten bestimmt und stimmig sein. Nur dann weiß ein Berater zum Beispiel, in welchem Preissegment er sich bewegt, wo die Untergrenze seines Honorars liegt und wie oft er kostenlos zu einem Kunden geht, bevor er einen Auftrag erhält. Eine Haltungsfrage ist es auch, ob ein Berater seine Broschüre wahllos verschickt oder sie nur aushändigt, wenn er vorher mit einem Interessenten gesprochen hat.

Es sind diese Details, an denen der Kunde schnell merkt: Hinter diesem Marktauftritt steht eine feste persönliche Haltung.

12.3 Echtes Interesse am Gegenüber

Sich für den anderen wirklich interessieren, ihm zuhören und nachfragen – privat wie im Geschäftsleben liegt darin das vielleicht wichtigste Erfolgsgeheimnis.

Nehmen wir das Beispiel der Kurzvorstellung: Ein Interessent fragt Sie, was Sie eigentlich beruflich tun. Wenn Sie jetzt einen Monolog beginnen und anfangen, Ihre Leistungen herunterzubeten, wird der andere sich schnell langweilen – unwiderstehlich werden Sie so garantiert nicht. Ganz anders, wenn Sie die Frage nach Ihrem Beruf als Einstieg in einen Dialog nutzen. Sprich: Sie antworten nur mit einem kurzen Satz, warten die Reaktion ab, gehen auf den anderen ein, zeigen Interesse an seinem Anliegen und bringen eine gemeinsame Schwingung im Gespräch zustande (siehe Kapitel 11). Für beide Seiten kann das der Beginn einer großen Partnerschaft sein.

Zeigen Sie echtes Interesse am Gegenüber – in der Sache und an der Person. Wenn Sie auf eine Branche spezialisiert sind, sollten Sie sich mit den Nöten dieser Branche befassen. Sind Sie auf eine Zielgruppe spezialisiert, zum Beispiel auf Personalentwickler, dann fragen Sie: Was bewegt »meine Leute« jeden Tag? Wie kann ich ihnen nützen, wie kann ich ihnen noch mehr Sicherheit bieten? Ein Kunde spürt, wenn ihm echtes Interesse entgegengebracht wird – im persönlichen Gespräch, aber auch schon, wenn er eine Internetseite liest und dort auf seine tatsächlichen Probleme angesprochen wird.

Bemühen Sie sich deshalb, Hintergründe und Motive zu verstehen und dann auch auf der Internetseite konkret zu benennen. Ein einfaches Beispiel: Wenn Sie Produktionsberatung anbieten, kann der Grund für einen Unternehmer, Sie zu buchen, zum Beispiel darin liegen,

- dass er in einer Restrukturierungsphase mehr Überblick haben möchte,
- dass er unter hohem Kostendruck steht und schnelle Maßnahmen ergreifen muss,
- dass er eine günstigere Produktion braucht, um die vorgesehene Strategie einer Preisführerschaft realisieren zu können.

Es geht also darum, auch hinter die Kulissen zu schauen und die Beweggründe Ihrer Zielgruppe aufzuspüren. Wenn Ihnen das gelingt, zeigen Sie echtes Interesse an Ihrem Kunden: Er fühlt sich verstanden und fasst Vertrauen zu Ihnen.

12.4 Balance von Zuhören und Sprechen

Klar, im Flirt: Wenn ich nur rede, entsteht nichts – und wenn ich nur zuhöre, wird auch nichts daraus. Das gilt auch für einen Berater: Er darf nicht zu viel sagen – sollte aber doch genug verraten, damit der Kunde neugierig wird.

Es kommt also auf die Balance von Zuhören und Sprechen an. Das heißt zum Beispiel für die Internetseite: Sie sollte Anreize bieten, damit ein Dialog entstehen kann, nicht jedoch alles sagen. Wenn sie umfassend und erschöpfend informiert, wird sie kaum mehr einen Dialog anstoßen.

Oder ein Berater gibt einen regelmäßigen Newsletter heraus: Anstatt alle Seiten mit den eigenen Expertenbeiträgen und denen seiner Mitberater zu füllen, bringt er auch Beiträge von Kunden, führt Interviews und befragt Branchenexperten. Auch auf diese Weise weckt der Berater Interesse, weil er nicht nur selbst spricht, sondern andere zu Wort kommen lässt. Wieder ist es die Balance von Zuhören und Sprechen, die attraktiv wirkt.

Das gilt auch bei »Schönheitswettbewerben«. Wenn ein Kunde fünf Berater zum Präsentationstermin einlädt, bieten diese in der Regel eine Powerpoint-Schlacht – sie erzählen, erzählen, erzählen. Es geht aber auch anders: Zum Beispiel schicken Sie im Vorfeld einen Fragebogen an den Kunden, holen auf diese Weise einige gezielte Auskünfte ein und bauen in die Präsentation auch Interaktionen ein. Oder aber Sie verzichten ganz auf eine Powerpoint-Präsentation, sprechen also mit den Kunden, erzählen von typischen Beispielen, die Sie zum anstehenden Thema erlebt haben, geben Ratschläge aus der Praxis, fragen nach. Anstelle einer Präsentation führen Sie ein Gespräch – und wieder gelingt die Balance von Zuhören und Sprechen.

Um einen Powerpoint-Monolog zu vermeiden, hat sich ein Projektmanagement-Berater sogar ein ganz eigenes Hilfsmittel ausgedacht: Der Berater entwarf ein Puzzle, das sich zu einer Projektlandschaft zusammensetzen lässt. Zum Präsentationstermin bringt er dieses Puzzle mit, das er nun auf den konkreten Fall anwendet. Gemeinsam mit dem Kunden baut er Stein für Stein die Prozesslandschaft auf – bis schließlich das Gesamtbild des Projekts auf dem Tisch liegt.

12.5 Ansprechen von »Herzensthemen«

Selbstverständlich nimmt man sich der Herzensthemen des anderen an, will man im Flirt erfolgreich sein. Interessiert sich die Partnerin für Theater oder italienische Mode, versucht man sein Bestes und befasst sich eben auch damit.

Abbildung 20: Beispiel für eine gelungene äußere Erscheinung

Und so ist es bei den Beratern auch: Herzensthemen, das sind die Leidensdruckthemen, die den Kunden bewegen. Attraktiv sind Sie, wenn Sie hierfür eine Lösung anbieten können.

Überlegen Sie deshalb, was Ihre Interessenten zurzeit bewegt. Kennen Sie die Schwierigkeiten, mit denen sich die einzelnen Entscheider in den Kundenunternehmen aktuell beschäftigen? Wissen Sie, wie sich die Branche entwickelt und welche Nöte für Ihre Kunden daraus entstehen? Können Sie sich in deren Arbeitsalltag hineinversetzen? All das hilft Ihnen, zu verstehen, was Ihre Kunden bewegt – entweder im Sinne echter Leidensdruckthemen oder auch im Sinne kleinerer Alltagsprobleme.

12.6 Intelligenz plus gepflegte äußere Erscheinung

Intelligent und gepflegt – zwei Eigenschaften, mit denen sich Staat machen lässt. Eine gepflegte äußere Erscheinung, verbunden mit Intelligenz wirkt ohne Zweifel attraktiv.

Auch dieser Gedanke lässt sich auf das Marketing übertragen. Was man hier beobachtet: Viele Berater können mit guten Inhalten aufwarten, erfüllen also vorbildlich den Aspekt der Intelligenz, haben aber bei der äußeren Erscheinung Nachholbedarf.

Um attraktiv zu wirken, gehört aber beides zusammen – denn was nützen intelligente Inhalte, wenn die Fotos der Internetseite schlecht sind oder die Grafik wie selbst gebastelt aussieht? Viel ansprechender ist da doch ein grafisch schön gestalteter Webauftritt oder eine professionell gemachte Broschüre, die sich gut anfühlt, wenn man sie in die Hand nimmt. Das gilt auch für hochwertiges Briefpapier anstelle selbst kopierter Bögen und für andere Äußerlichkeiten, die oft übersehen werden, aber durchaus zur Attraktivität beitragen.

Wie sich ein scheinbar unattraktives Thema wie Nichtrauchertraining intelligent und schön darstellen lässt, zeigt das Beispiel der Matheja Personalentwicklung, die das Thema »Nichtrauchen« als Erfolgsprojekt für Unternehmen anbietet (siehe Abbildung 20).

12.7 Sich gut verkaufen, aber nicht übertreiben

Wer sich gut verkauft, wer es versteht, sich ins rechte Licht zu rücken, dabei aber auch nicht übertreibt, erhöht seine Chancen im Flirt – denn es ist immer schön, einen Menschen zu gewinnen, der weiß, wie er sich darstellt.

Auch das lässt sich ins Marketing übertragen: Attraktiv sind Sie, wenn Sie um die Wirkung Ihrer Kommunikation wissen, wenn Sie ein Gefühl für Sprache haben und es verstehen, Botschaften so zu formulieren, dass sie die gewünschte Wirkung entfalten. Bei Fachartikeln schaffen Sie es, ein Thema so zu verpacken, dass es die Neugier des Lesers weckt. Ebenso gelingt es Ihnen, in Vorträgen, Präsentationen oder in einem Buch Ihre Themen spannend zu inszenieren, ohne dabei zu übertreiben.

Die Kunst liegt darin, Ihre Fähigkeiten und Kompetenzen klar zu vermitteln, ohne dabei aufdringlich oder arrogant zu wirken. Erwähnen Sie beispielsweise in einem Buch sehr viele Praxisbeispiele, plaudern aus dem Nähkästchen des Beraterallags, zeigen ehrlich Schwierigkeiten und Probleme aus Projekten und wie Sie sie gelöst haben. Bieten Sie ein facettenreiches, interessantes Bild, zeigen Sie Ihre Kompetenzen und Ihre Fähigkeit zur Selbstreflexion – und werden Sie dabei nicht aufdringlich.

12.8 Begehrt sein und schwer zu haben

Begehrt und schwer zu haben: Zum Spiel gehört immer auch eine gewisse Verknappung. Wer schwer zu haben ist, so lautet die Botschaft, muss wohl gefragt sein, hat anscheinend noch andere Wahlmöglichkeiten. Umgekehrt verliert schnell an Attraktivität, wer sich allzu sehr bemüht. Nicht umsonst schreibt man zum Beispiel in einem Arbeitszeugnis »er war bemüht« und meint damit: »Er hat es versucht, aber nicht hinbekommen.«

Nicht anders ist es bei einem Berater: Viele Kunden schmücken sich gerne mit einem viel zitierten Experten, der eine entsprechende Bekanntheit und Beliebtheit genießt. Der besondere Reiz liegt natürlich darin, dass diese Persönlichkeit eigentlich nur schwer zu bekommen ist.

Machen Sie sich also ein wenig rar. Präsentieren Sie nicht einfach kostenlos vor Ort, sondern stellen Sie vorher gezielte Fragen und vereinbaren zumindest eine Spesenerstattung. Erlauben Sie sich Konditionen (Honorar, Zeitpunkt, Projektdauer, Projektbeteiligte et cetera) mit dem Kunden auszuhandeln, statt einfach nur in Dienstleistermentalität das Projekt abzuarbeiten.

Fazit

Es ist eine besondere Mischung, die Sie für Ihre Kunden unwiderstehlich macht. Machen Sie es wie beim Flirt: Wechseln Sie in Nähe und Distanz ab, vermitteln Sie eine feste persönliche Haltung, zeigen Sie echtes Interesse am Gegenüber, finden Sie die Balance von Zuhören und Sagen, sprechen Sie die »Herzensthemen« Ihrer Kunden an, achten Sie auf ein gepflegtes und intelligentes Auftreten, verkaufen Sie sich gut, aber übertreiben Sie nicht. Und schließlich: Achten Sie darauf, dass Sie nicht zu leicht zu bekommen sind. Acht Regeln also, die sich im Flirt bewährt haben – und auch einen Berater, Trainer oder Coach attraktiv für seine Kunden machen.

13 Wie sieht ein gutes Angebot aus?

Das Wichtigste vorweg ...

Ein Angebot kann mehr als nur ein Angebot sein: Es kann zugleich ein Marketinginstrument sein, um sich von der Konkurrenz abzuheben. Richtig eingesetzt erhöht es die Chance, im Auswahlverfahren des Kunden zum Zuge zu kommen. Die Idee liegt darin, von der klassischen Form abzuweichen – nicht nur, um dadurch aufzufallen: Das Angebot sollte so gestaltet sein, dass der Kunde sich mit seinen Bedürfnissen verstanden fühlt und auch schon einen ersten Eindruck von Ihrer Lösungskompetenz erhält.

Werfen wir einen Blick auf das Angebot eines auf Qualitätsmanagement spezialisierten Beratungsunternehmens. Adresse, Logo, dann die Überschrift: »Aufbau und Einführung eines Qualitätsmanagementsystems nach ISO 9001:2000«; es folgen Anrede und erster Satz: »... wie am Telefon besprochen, unterbreiten wir Ihnen hiermit ein Angebot zur Einführung eines Qualitätsmanagementsystems nach ISO 9001:2000 mit dem Ziel, die Zertifizierungsreife des Systems zu erreichen.« Dann die Hauptüberschrift: »Beratungsumfang zur Einführung des Managementsystems«; darunter folgen schön abgesetzt neun Punkte: Durchführung eines Informationsgespräches mit dem Geschäftsführer des Unternehmens, Vertragsabschluss, Analyse des Ist-Zustandes/Definition des Soll-Zustandes, Bewertung des Ist-Zustandes, Zielstellung, Spezifizierung des QM-Systems und Projektablaufplan, Entwurf des Qualitätsmanagement-Handbuches (QMH), Erarbeitung von ausgewählten QM-Verfahrens-/Arbeits-/Prüfanweisungen sowie Abstimmung zu den vom Unternehmen zu erstellenden oder vorhandenen Dokumentationen, Implementierung der Abläufe/Einweisung und Schulung, Audit- oder Prüfungsnachbereitung.

Jeder dieser neun Schritte enthält Unterpunkte; bei Punkt 1, dem Informationsgespräch mit dem Geschäftsführer steht: »Das Gespräch beinhaltet die:

- Ausarbeitung und Abstimmung der Unternehmenszielstellung mit der Einführung des Qualitätsmanagementsystems, den externen Forderungen und internen Vorteilen,

- Erläuterung der Beratungsmethode (Moderation des Projektes im Auftragsfall),
- Erläuterung der Vorteile des Qualitätsmanagementsystems,
- Erläuterung des Zertifizierungsvorganges.

Umfang: 4–5 Stunden, kostenfrei.«

Weiter geht es mit Punkt 2, Vertragsabschluss, dann mit Punkt 3, Analyse des Ist-Zustands und so weiter. Nach der detaillierten Beschreibung der neun Punkte folgt die zweite Hauptüberschrift »Kostenumfang«. Darunter sind die Anzahl der Tagewerke und die Kosten aufgelistet, sauber gegliedert nach den zuvor beschriebenen Schritten.

Ohne Zweifel ist dieses Angebot mustergültig. Es ist präzise, umfassend, kurzum: Es erfüllt alle klassischen Anforderungen an ein Angebot. Spannender geht es trotzdem.

Was ich hier ausführe, widerspricht gängigen Vorstellungen. Es hat sich aber bei meinen Kunden schon so gut bewährt, dass ich Ihnen meine Variante vom »perfekten Angebot« an dieser Stelle vorstellen möchte.

13.1 Inszenieren Sie Ihr Angebot

Die Grundidee liegt darin, ein Angebot auch als Bestandteil des Marktauftritts zu begreifen – und wie jedes andere Marketinginstrument nach den Regeln der Inszenierung (siehe Kapitel 1.6) an der Botschaftslinie auszurichten und spannend zu gestalten. Hieraus ergeben sich die unterschiedlichsten Inszenierungsmöglichkeiten, die von einer Variation des klassischen Angebots bis hin zu einer völlig ungewohnten, grafisch komplett durchgestalteten Variante reichen.

Betrachten wir die einzelnen Elemente eines Angebots noch etwas näher und vergleichen das klassische Angebot mit einer möglichen spannenderen Alternative (siehe Tabelle).

Angebotselemente im Vergleich

Klassisches Angebot	Spannendere Variante
Powerpoint-Datei (bzw. deren Ausdruck)	Gestaltete Word-Datei (bzw. deren Ausdruck, DIN A4, Hochformat)
Logo des Kunden	Evtl. Logo des Kunden

Projektname	Leitfrage, die spannend die Aufgabe des Projekts beschreibt
Zielsetzung	»Das haben wir verstanden: ...« *(kurze Zusammenfassung in eigenen Worten und die Schlüsse, die der Berater daraus zieht)* *oder:* »Was Sie sagen werden: ...« *(kurze Zusammenfassung, wie der Kunde in seinen Worten das Ergebnis beschreiben wird)*
Unsere Leistungen	»Das machen wir (in aller Kürze): ...« *(Es folgen drei Erfolgshebel und drei Stolpersteine plus Hinweis: »Details im Anhang«)*
Ihre Investition	Ihre Investition Basisbausteine Optionale Bausteine
Kontakt	»Drei Fragen, mit denen wir uns beschäftigen sollten: ...« *(Dialogangebot)*

Dateiformat

Die meisten herkömmlichen Angebote sind im Powerpoint-Dateiformat erstellt. Es handelt sich also um Powerpoint-Folien, die ausgedruckt und geheftet sind. Für den Leser ist dieses Format eher unhandlich, weil eine Seite nur wenige Informationen enthält und er deshalb viel blättern muss. Zudem steht das breite Format seinen Lesegewohnheiten entgegen. Mit plakativer Aufmachung und großen Schriften ist Powerpoint als Begleitinstrument für Präsentationen konzipiert, nicht aber für gedrucktes Material gedacht.

Alternative

Besser ist eine gestaltete Wordvorlage, die einen Ausdruck im A4-Hochformat ermöglicht; denn das ist das gewohnte Leseformat. Durch eine professionelle grafische Gestaltung wirkt das Angebot dann charmanter als das des Fensterbauers um die Ecke.

Logo des Kunden und Projektname

Im klassischen Angebot wird gerne neben den Projektnamen das Logo des Kunden gesetzt. Dahinter steht oft der Gedanke, dass der Kunde gerne sein eigenes Logo sieht – analog zum Argument vieler Verkäufer, der Kunde höre seinen eigenen Namen am liebsten. Dieser Überlegung kann man folgen, für zwingend halte ich sie nicht. Ein Angebot kann dieses Element enthalten, muss es aber nicht.

Nun folgt im klassischen Angebot der Projektname, also die Benennung des ausgeschriebenen Auftrags. Dies geschieht oft in genau den Worten, die der Kunde vorgegeben hat. Also zum Beispiel: »Einführung eines Qualitätsmanagementsystems nach ISO 9001:2000 mit dem Ziel, die Zertifizierungsreife des Systems zu erreichen.«

Es liegt auf der Hand, dass dieser gesamte Einstieg für den Kunden langweilig ist – liest er doch genau das, was er ohnehin schon weiß. Er sieht sein eigenes Logo, dann folgen der Name des eigenen Projektes und schließlich die umwerfende Überschrift »Angebot«. Das alles ist für den Kunden völlig uninteressant; aus Marketingsicht wird der erste »Hingucker« auf das Angebot auf diese Weise komplett verschenkt.

Alternative

Geben Sie nicht wortwörtlich den Projektnamen wieder, sondern beginnen Sie mit einer Leitfrage. Denn eine Frage ist ein wirkungsvolles Inszenierungsinstrument: Sie weckt die Aufmerksamkeit des Leser und regt ihn dazu an, mitzudenken (siehe Ende des Kapitels 1.6).

Anstelle des Projektnamens »Einführung eines Qualitätsmanagementsystems nach ISO 9001:2000 mit dem Ziel, die Zertifizierungsreife des Systems zu erreichen« können Sie also schreiben: »Wie führen Sie ein Qualitätsmanagementsystem ein – und erreichen gleichzeitig eine erfolgreiche Zertifizierung?«

Ein anderes Beispiel: Statt »Führungskräfteentwicklungsprogramm für bisherige Fachkräfte« können Sie sagen: »Wie machen wir aus bisherigen Fachkräften gute Führungskräfte?«

Zielsetzung

Es folgt nun, meist unter der Überschrift »Zielsetzung«, eine genaue Beschreibung des Projektziels. Auch hier wird der Kunde wieder mit Bekanntem konfrontiert – denn das beschriebene Ziel ist ja das, was er in seiner Ausschreibung oder im persönlichen Gespräch selbst vorgegeben hat. Als Grund wird hier immer wieder angegeben, dass man dem Kunden signalisieren möchte: »Ja, ich habe dich verstanden, ich kenne dein Ziel ganz genau!«

Das mag psychologisch begründet sein – fest steht aber auch, dass Sie den Kunden erneut durch die Wiedergabe von Bekanntem langweilen.

Alternative

Geben Sie das Ziel nicht eins zu eins aus der Ausschreibung wieder, sondern setzen Sie eigene Akzente. Das kann wie folgt geschehen:

- Wählen Sie die Überschrift: »Das haben wir verstanden«
- Formulieren Sie nun kurz die Ziele des Projekts, aber in eigenen Worten mit kurzen, kommentierenden Ergänzungen. Wenn der Kunde in der Ausschreibung fordert, dass die Zertifizierung in neun Monaten erfolgen soll, nennen Sie dieses Ziel, fügen aber hinzu: »Wir sehen in diesem Ziel die eigentliche Herausforderung für das Projekt. Doch sind wir es gewohnt, durch stringentes Projektmanagement auch unter höchstem Zeitdruck ein Qualitätsmanagementprojekt erfolgreich zur Zertifizierung zu bringen.«

Bereits im Abschnitt »Zielsetzung« können Sie auf diese Weise auf kritische Erfolgsfaktoren hinweisen und Ihre besondere Kompetenz andeuten.

Eine andere Variante: Unter der Überschrift »Was Sie nach dem Projekt sagen werden« legen Sie dem Kunden sieben Sätze in den Mund, die er am Ende des Projekts sagen wird, etwa in der Art:

- »Wir haben es geschafft. Unser Unternehmen ist nach ISO 9001:2000 zertifiziert.«
- »Wir werden ständig besser: Unsere Mitarbeiter achten viel stärker als in der Vergangenheit auf Qualität.«
- »Die Fehlerquote hat sich durch das Projekt um 30 Prozent, die Ausschussquote um 10 Prozent verringert.« Et cetera.

Sie legen dem Kunden also die Aussagen in den Mund, die er am Ende des Projektes sagen wird. Auch auf diese Weise zeigen Sie ihm, dass Sie seine Ziele verstanden haben – aber auf eine originellere Weise als im klassischen Angebot. Und: Sie erreichen ihn viel persönlicher und spannender, als Sie das mit einer klassischen Zielbeschreibung schaffen, und erreichen damit auch die Emotionen des Gegenübers.

Leistungsbeschreibung

Nun folgt, oft unter der Überschrift »Unsere Leistungen«, eine ausführliche Darstellung der Maßnahmen, die das Beratungsunternehmen zur Durchführung des Projektes anbietet. Im Beispiel »Einführung eines Qualitätsmanagementsystems« waren dies die eingangs genannten neun Punkte, die auf gut drei DIN-A4-Seiten erläutert wurden.

Alternative

Halten Sie sich extrem kurz! Beschränken Sie den Umfang auf maximal eineinhalb Seiten, auf denen Sie

- unter der Überschrift »In alle Kürze: Das machen wir«
- einen Überblick über den Projektablauf geben und
- einige wenige Kernpunkte benennen, auf die es ankommt (zum Beispiel »Drei Erfolgshebel aus unserer Sicht« und »Drei Stolpersteine aus unserer Sicht«).

Im Unterschied zum klassischen Angebot beschreiben Sie nicht im Detail, welche Workshops, Schulungen und andere Maßnahmen Sie durchführen wollen, sondern geben hierzu nur einen knappen Überblick. Dafür vermitteln Sie dann aber bereits beraterische Kompetenz, indem Sie auf Erfolgshebel und kritische Punkte hinweisen. Sie zeigen damit nicht nur, dass Sie sich mit der Situation des Kunden auseinandergesetzt haben, sondern geben ihm auch schon erste, für den Projekterfolg wesentliche Hinweise. Und Sie zeigen, dass Sie das Wesentliche des Projekts erkannt haben und tatsächlich in der Lage sind, das Projekt mit Überblick zu steuern – für den Kunden ein wichtiger Sicherheitsaspekt.

Schreiben Sie nähere Ausführungen zu Ihren Maßnahmen dann in einen Anhang, etwa mit der Überschrift »Unsere Leistungen im Detail« – und verweisen Sie darauf. So vermeiden Sie es, die wirkungsvolle Inszenierung des Angebots durch eine seitenlange detaillierte Leistungsbeschreibung zu beeinträchtigen.

Kosten

Nun folgt im klassischen Angebot der Punkt »Ihre Investition« oder »Kosten«. Im Beispiel sind die Kosten in Form einer dreispaltigen Tabelle dargestellt: Die erste Spalte listet die Leistungen auf, die zweite Spalte die Anzahl der Tagewerke und die dritte die »Kosten in Euro zuzüglich Mehrwertsteuer«; die letzte Zeile der Tabelle enthält die Gesamtzahl der Tagewerke und Kosten.

Alternative

Ein klassischer Punkt, den man durchaus klassisch lassen kann. Hilfreich kann es in vielen Fällen sein, zwischen Basisbausteinen, die in jedem Fall notwendig sind, und optionalen Bausteinen zu unterscheiden. Ein Angebot in Form eines kleinen »Baukastens« erhöht die Chance, dass Ihr Angebot nicht wegen eines hohen Gesamtpreises von vornherein ausscheidet.

Kontakt

Üblicherweise folgen der Kostenaufstellung noch die Kontaktdaten: Ansprechpartner, Adresse, Telefon, E-Mail, Internetadresse.

Alternative

Der Abschluss des Angebots kann viel spannender gestaltet werden! Statt einfach nur unter der Überschrift »Kontakt« Ihre Adresse hinzuschreiben, können Sie ein Dialogangebot machen. Unter der Überschrift »Drei Fragen, mit denen wir uns jetzt beschäftigen sollten« kann zum Beispiel der Qualitätsmanagement-Berater mit folgenden Fragen sein Angebot abschließen:

- Möchten Sie vorab einen Kurztest durchführen, der Ihnen in einem halben Tag Auskunft über Ihr derzeitiges Qualitätsniveau gibt?
- Bei welcher Zertifizierungsgesellschaft sollten Sie sich am besten anmelden?
- Welche Software sollten Sie für die Selbstbewertung einsetzen, um später die Anforderungen des Zertifizierers zu erfüllen?

13.2 Oder Sie machen es ganz anders ...

Vertriebstrainer Rainer Frieß verband seinen Leitgedanken »Verbesserung für die Besten« mit der Metapher von Spitzensport und Olympia, die er für die Inszenierung seines Marktauftritts nutzt. Er inszeniert auf diese Weise seine Botschaft absolut konsequent, bis hin zur Gestaltung seiner Angebote.

Die grafisch komplett durchgestalteten Angebote vermitteln ein unverwechselbares Bild, das die Aufmerksamkeit auf sich zieht und den Trainer mit Sicherheit von allen Konkurrenten unterscheidet – ein Beispiel für die ganz hohe Schule der Angebotserstellung. Abbildung 21 zeigt beispielhaft zwei Seiten aus einem insgesamt zehnseitigen Angebot für ein Training zum Spitzenverkäufer. Auf ähnliche Weise sind auch die anderen Seiten gestaltet, die den Kunden anhand folgender Überschriften durch das Angebot führen:

- *Der Weg dahin:* Themenschwerpunkte
- *Der Härtetest:* Im Höhencamp fit für den großen Einsatz
- *Das Budget für die Olympiaklasse:* Ihre Investition
- *Einige Fakten* zum Sellympia-Team
- *Der Maßstab:* Das sagen erfolgreiche Sellympia-Kunden
- *Ihr Startschuss:* So geht es weiter

Fazit

Wenn Sie ein Angebot anders als Ihre Konkurrenten gestalten, wenn Sie es spannend inszenieren, erhöhen Sie die Chance, damit aufzufallen und den Auftrag zu erhalten. Die Grundidee liegt darin, das Angebot als Bestandteil des Marktauftritts zu begreifen – und wie jedes andere Marketinginstrument nach den Regeln der Inszenierung an der Kernbotschaft auszurichten und zu gestalten. Hieraus ergeben sich die unterschiedlichsten Inszenierungsmöglichkeiten, die von einer Variation des klassischen Angebots bis hin zu einer völlig ungewohnten, grafisch komplett durchgestalteten Variante reichen.

Ein gutes Angebot fällt aber nicht nur durch eine andere Form oder Aufmachung auf, sondern ist auch inhaltlich so angelegt, dass der Kunde sich mit seinen Bedürfnissen verstanden fühlt und bereits einen ersten Eindruck von der Lösungskompetenz des Anbieters erhält.

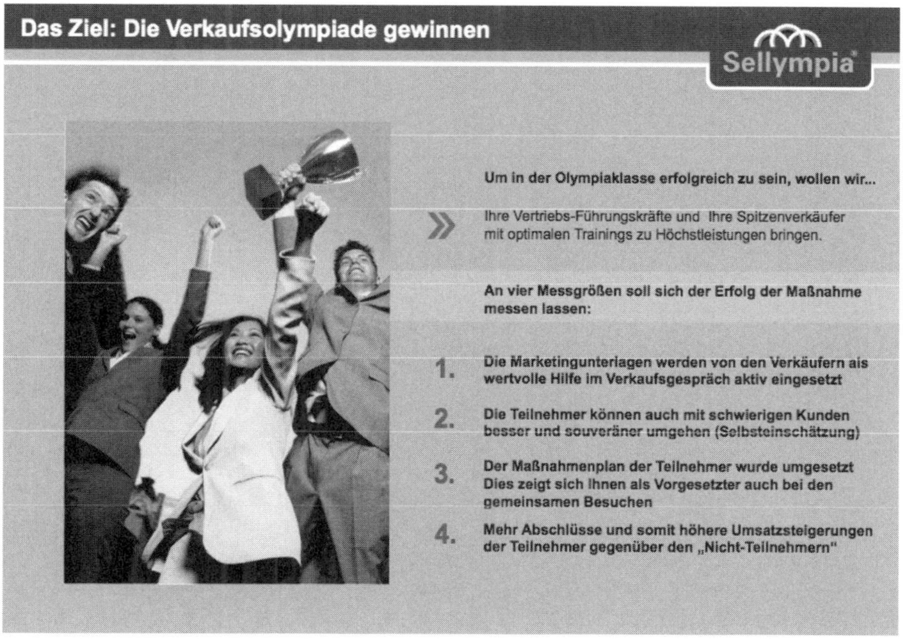

Abbildung 21: Beispiel für eine gelungene Alternative zum klassischen Angebot

14 Worauf muss ich bei der Übersetzung meiner Unterlagen achten?

Karin Wilhelm, freie Übersetzerin im Team Giso Weyand

Das Wichtigste vorweg ...

Sie haben es geschafft: Internetseite und Firmenbroschüre machen einen professionellen Eindruck. Die Texte vermitteln Ihre Kernbotschaft, auch Grafik und Bildsprache stimmen. Schade wäre es, diesen Eindruck im letzten Augenblick wieder zunichte zu machen – mit einer schlechten Übersetzung. Doch wie vermeiden Sie es, dass zum Beispiel der englische Text Ihres Internetauftritts Ungenauigkeiten, missverständliche Formulierungen, nichtssagende Metaphern oder Grammatikfehler enthält? Die Antwort hierauf gibt Ihnen dieses Kapitel.

»Ich bin flüssig in Deutsch – in Schreiben und in Lesen; English ist meine Mutterzunge«: Möchten Sie einen potenziellen Auftraggeber mit derartigen englischen Formulierungen in Ihrem Profil, auf Ihrer Webseite oder in Ihren Marketingunterlagen zum Schmunzeln bringen? Wahrscheinlich nicht; zumindest nicht absichtlich. Dennoch passiert dies häufig, wenn auch selten so krass wie in diesem Beispiel.

Man findet sie überall, die lächerlichen Fehler, die Ungenauigkeiten, die falschen Aussagen, die deutsche Syntax in der Fremdsprache, nichtssagende Metaphern, Grammatikfehler und – man glaubt es kaum – auch die schlichten Rechtschreibfehler. Vielleicht denken Sie jetzt an das kürzlich erschienene Büchlein von Langenscheidt mit dem Titel *Übelsetzungen – Sprachpannen aus aller Welt*[11] oder erinnern sich an die brutalen wörtlichen Übertragungen in den Büchern *English for Runaways.*[12] Genau dort finden wir das alles. Aber leider nicht nur dort.

Derartige unprofessionelle Patzer und Nachlässigkeiten erblühen auch da, wo wir sie überhaupt nicht vermuten würden: in Lebensläufen und Profilen »hochkarätiger, mehrsprachiger« (Interim-)Manager und

---

11 Langenscheidt: *Übelsetzungen – Sprachpannen aus alle Welt,* München 2007.

12 Heygen, Heinz: *English for Runaways,* Frankfurt 1985.

Berater mit »überdurchschnittlichem interkulturellem Einfühlungsvermögen«, auf den Webseiten von »internationalen Kommunikationsagenturen«, Consultingfirmen und Interim-Management-Providern. Deren englischsprachige Auftritte »töten oft zwei Vögel mit einem Stein« (wie man im Englischen sagen würde): Sie schrecken mögliche Kunden ab und signalisieren, dass auf Qualität kein Wert gelegt wird. Imageverlust ist garantiert. Sie finden das unglaublich und unprofessionell? Natürlich, das ist es.

Tatsache ist jedoch, dass die so genannte CL (Corporate Language) als Bestandteil der CI (Corporate Identity) bisher weder in allen »Corporate-Communications«-Abteilungen und Consultingfirmen noch bei der Mehrheit der Selbstständigen angekommen ist. Auf der Umschlagseite des Buches von Armin Reins *Corporate Language – Wie Sprache über Erfolg oder Misserfolg von Marken und Unternehmen entscheidet* wird die Aussage eines Vorstandsvorsitzenden zitiert: »Wer, wenn nicht die Sprache, kann verkaufen?«[13]

Würden Sie einem Unternehmen vertrauen, das sich mit Präzision und Genauigkeit rühmt oder einem Berater, der sich als fachlich bis ins Detail versiert bezeichnet – offenbar aber all diese Qualitäten vermissen lässt, wenn es um die Sprache geht? Sicher nicht.

14.1 Wie Sie zu einer guten Übersetzung kommen

Wie kommt es zu solch ungewollten Sprachblüten und stilistischen Fehlgriffen, die das Image ruinieren und potenziellen Auftraggebern und Geschäftspartnern schriftlich den Beweis der Inkompetenz liefern, zumindest was die Fremdsprache angeht?

Sie lassen sich recht einfach vermeiden. Tappen Sie nicht in die Fallen, die Unwissenheit und falsche Vorstellungen für Sie ausgelegt haben! Beachten Sie folgende fünf Regeln (wir beziehen uns als Beispiel auf die englische Sprache, Gleiches gilt jedoch für alle Fremdsprachen).

Regel 1: Überprüfen Sie Ihren deutschen Text

Wieder gilt der Grundsatz von Wolf Schneider: Einer muss sich quälen; entweder der Schreiber oder der Leser.[14] Auch hier ist es besser, wenn Sie

[13] Reins, Armin | Ballmann, Matthias: *Corporate Language – Wie Sprache über Erfolg oder Misserfolg von Marken und Unternehmen entscheidet,* Mainz 2006.

[14] Schneider, Wolf: *Deutsch!*, Hamburg 2007.

als Verfasser das tun. Viele Übersetzungen sind einfach deshalb nicht gut, weil der Ausgangstext in Deutsch das auch nicht ist.

> *»Ich biete speziell auf die Kundenbedürfnisse zugeschnittene Lösungen, maßgeschneidert und individuell und arbeite ziel- und ergebnisorientiert ...«*

Das hört sich gut an, entpuppt sich aber als Worthülse, wenn man sich die »Werthaltigkeit« des Inhaltes genauer betrachtet: Es ist eine Selbstverständlichkeit, die in ach so viele der heute gängigen Modewörter gekleidet wurde. Welche anderen Lösungen wollen Sie denn sonst anbieten? Und wie sonst wollen Sie als Berater oder Interim-Manager arbeiten? Ein Unterscheidungsmerkmal schaffen solche Texte nicht.

Und jetzt stellen Sie sich das in Englisch vor! Aufgeblasenes Gelaber, Aneinanderreihungen von Modewörtern und Selbstverständlichkeiten klingen in der Fremdsprache noch abscheulicher – und führen nur zu einem: Man liest darüber hinweg, ohne wirklich etwas aufzunehmen. Sprechen Sie klar und kraftvoll, Sie haben doch etwas zu sagen!

Die Tätigkeit des Übersetzens ist ein kognitiver Prozess. Das heißt: Die Aussage eines Satzes muss inhaltlich »erkannt«, also verstanden werden. Nur dann kann sie klar und im »wahrsten Sinne« des Wortes – nur mit anderen Worten – in die Zielsprache übertragen werden.

Nutzen Sie die Zusammenarbeit mit dem Übersetzer auch dazu, die Aussagekraft und Klarheit Ihres deutschen Ausgangstextes zu prüfen. Stellen Sie ihm ein Dokument zur Verfügung, das den Leser und seine Intelligenz respektiert, seine Zeit nicht verschwendet. Erst dann kann der Übersetzer Sie auch in der Fremdsprache wirken lassen.

Regel 2: Arbeiten Sie als Profi mit Profis

Wenn Sie krank sind, gehen Sie zu einem Arzt; wenn der Abfluss verstopft ist, rufen Sie einen Installateur, und wenn Sie rechtlichen Rat brauchen, konsultieren Sie einen Fachanwalt für das betreffende Rechtsgebiet. Warum sollte das anders sein, wenn Sie eine Übersetzung benötigen? Sie brauchen einen Fachmann. Vor allem dann, wenn es um die Übertragung so wichtiger Dokumente geht wie Ihr Profil oder Ihren Webauftritt.

Auf die Frage, wer denn eine bestimmte Übersetzung angefertigt habe, kommen dennoch oft folgende Antworten:

- »Das habe ich gerade selbst schnell mal runter geschrieben; schließlich beherrsche ich die englische Sprache.«
- »Eine Freundin meiner Tochter hat ein Semester in Cambridge studiert.«
- »Einer unserer Mitarbeiter in der Technik ist Amerikaner.«

Weder Sie noch die Freundin noch der Muttersprachler in der Technik sind ausgebildete Übersetzer. »Englisch können« reicht nicht aus, um eine gute Übersetzung anzufertigen (wir kommen später dazu, was eine gute Übersetzung ausmacht).

Übersetzer absolvieren in der Regel ein mehrjähriges Studium oder eine fachliche Ausbildung, die mehrere Jahre dauert. Hier werden nicht nur die Sprache und der kulturelle Hintergrund des Landes vermittelt und die kognitiven Fähigkeiten geschult, sondern es wird auch die Tätigkeit des Übersetzens erlernt. Der Abschluss ist der Diplom-Übersetzer oder der staatlich geprüfte Übersetzer.

Selbst wenn die Freundin Ihrer Tochter in Cambridge ein Semester lang die englische Sprache studiert hätte, wäre das kein Grund, ihr die Texte Ihres Internetauftritts anzuvertrauen. Auch ein Englischlehrer ist kein Übersetzer. Das Gleiche gilt im Übrigen für Mitarbeiter oder Assistenten ohne die entsprechende Ausbildung und Qualifikation, auch wenn sie Muttersprachler sind.

Sie würden doch auch nicht auf die Idee kommen, selbst ein Haus zu bauen, nur weil Sie ausgezeichnet streichen und tapezieren, oder sich den Blinddarm von Ihrem Zahnarzt herausnehmen lassen? Eben. Also, wenden Sie sich an einen ausgebildeten Übersetzer.

Regel 3: Achten Sie auf das Fachgebiet des Übersetzers

Suchen Sie nicht nach dem billigsten Übersetzer – sondern suchen Sie nach dem Übersetzer mit dem richtigen Fachgebiet.

Wer zum ersten Mal einen Übersetzungsauftrag vergibt, muss sich informieren. Übersetzer/Dolmetscher finden Sie

- in den Gelben Seiten,
- über ein Übersetzungsbüro,
- über den Bundesverband der Dolmetscher und Übersetzer (www.BDÜ.de).

Auf Internetmarktplätzen können Sie Ihren Text auch an den billigsten Anbieter versteigern lassen. Das ist jedoch keine Alternative – warum, sehen wir gleich.

Jetzt werden Sie fragen, wieso das Fachgebiet eine Rolle spielt, ein studierter oder ausgebildeter Übersetzer muss doch wohl alles können? Nein, die Spezialisierung ist ausschlaggebend, wie in vielen anderen Berufen auch.

Ein technischer Übersetzer, vielleicht noch einmal spezialisiert auf Maschinenbau oder Schweißtechnik, sollte und wird sich nicht an medizinische Texte wagen und sich schon gar an Marketing oder Recht versuchen. Dazu fehlen ihm das Fachwissen, die entsprechende Terminologie und somit auch das Verständnis für den Sachverhalt. Er könnte dann zwar im Wörterbuch nachschlagen, was er nicht auf Anhieb weiß. Sind dort jedoch unterschiedliche Übersetzungen für denselben Begriff verzeichnet, kann er nicht beurteilen, welche in diesem Kontext die richtige ist. Somit müsste er raten. Das ist der Grund dafür, dass viele Übersetzer ein Doppelstudium absolvieren, um sich dann auf ein Fachgebiet zu konzentrieren. Folglich geben Sie bitte in Ihrem Gespräch mit dem Übersetzer genau an, welche Fachkenntnis Sie für Ihren Text benötigen.

Professionelle Übersetzer arbeiten prinzipiell nur in ihre Muttersprache und in ihrem Fachgebiet. Es gibt berechtigte Ausnahmen; diese Übersetzer lassen dann allerdings bei Arbeiten in die Fremdsprache ihre Texte von einem Muttersprachler Korrektur lesen.

Regel 4: Machen Sie keinen Zeitdruck

Nachdem Sie nun wochen- oder gar monatelang an Ihrem Webauftritt gefeilt haben, soll er ganz schnell auch in Englisch online sein. Das ist verständlich – nur: Selbst ein professioneller Übersetzer schreibt nicht einfach mal eben 20 Seiten in einer anderen Sprache herunter.

Bei anspruchsvollen Texten wie zum Beispiel aus den Bereichen Marketing oder Werbung kann viel Zeit erforderlich sein. Ein in den Kontext passendes Äquivalent für ein Wortspiel in einer anderen Sprache zu finden, ist aufwendig. Zeitdruck hilft hier wenig.

Die Überschrift, die beim Leser sofort Interesse wecken soll, oder die Berufsbezeichnung im Profil, die es im Zielsprachraum nicht gibt – das alles will wohlüberlegt und richtig in die andere Sprache transportiert sein. Ihr Leser soll doch sofort verstehen, sich nicht quälen müssen, sondern sich angesprochen fühlen und sagen: »Genau das ist der Berater, den ich brauche.«

Regel 5: Tragen Sie zur Qualität bei

Sprechen Sie direkt mit dem Übersetzer, auch wenn Sie Ihren Auftrag an ein Übersetzungsbüro vergeben. Fragen Sie nach seinem Fachgebiet und seiner Erfahrung, aber auch nach Preis und Liefertermin.

Natürlich können Sie auch um Referenzen oder Arbeitsproben bitten. Geben Sie an, ob es britisches oder amerikanisches Englisch sein soll oder muss. Vor allem aber beschreiben Sie Ihren Ausgangstext genau oder senden ihn vorab per E-Mail. In diesem Fall geben Sie dem Übersetzer die beste Grundlage für sein Angebot.

Bei Auftragsvergabe hinterlassen Sie unbedingt eine Telefonnummer oder eine E-Mail-Adresse, damit sich der Übersetzer mit Rückfragen an Sie wenden kann. Meldet sich der Übersetzer dann, ist das kein schlechtes Zeichen, ganz im Gegenteil: Wer Fragen stellt, stellt auch hohe Ansprüche an die eigene Arbeitsqualität und will sich vergewissern, dass alles richtig verstanden und wiedergegeben wird.

Beharren Sie nicht auf einer »wörtlichen« Übersetzung, sondern vertrauen Sie dem fachlichen Können des Übersetzers – sonst bekommen Sie eben den einen Stein, mit dem sich zwei Vögel töten lassen, und nicht die Klappe, die zwei Fliegen schlägt.

Bitten Sie um Rückmeldung über den Ausgangstext! Diesen Mehrwert erhalten Sie gratis hinzu. Wer sonst, wenn nicht ein Übersetzer, wird Ihnen offen sagen, wie Ihre Präsentation in deutscher Sprache wirkt? Wer sonst stößt wirklich auf die Ungereimtheiten, die überflüssigen Füllwörter oder auf Verständnisprobleme?

Kurzcheck: Die wichtigsten Punkte

Halten wir fest: Um eine gute Übersetzung für Ihre Webseite, Ihre Broschüre oder Ihr Profil zu bekommen, sollten Sie folgende vier Punkte überprüfen.

Vier Schritte zur guten Übersetzung	**Erledigt**
Deutscher Ausgangstext überprüft und eventuell korrigiert?	❑
Professionellen Übersetzer nach dem benötigten Fachgebiet und rechtzeitig ausgesucht?	❑
Mit dem Übersetzer direkten Kontakt aufgenommen, Details besprochen und Telefonnummer oder E-Mail-Adresse hinterlassen?	❑
Preis und Liefertermin abgestimmt?	❑

Wenn Sie den Preis vereinbaren – denken Sie an den Wert einer guten Übersetzung für Ihr Image. Wie wichtig ist es für Sie und Ihren Umsatz, dass Sie sich brillant und selbstverständlich fehlerfrei fremdsprachlich präsentieren? Und denken Sie auch daran, welchen Stundenlohn Ihnen Ihre Autowerkstatt für einen Mechaniker berechnet.

Übersetzungen werden in der Regel nach Zeilen berechnet, wobei die Zeile 50 Anschläge hat und der in die Zielsprache übersetzte Text zugrunde gelegt wird. Daneben gibt es auch Pauschalberechnungen, zum Beispiel für größere Projekte oder auch Lebensläufe sowie die Berechnung nach Stundensätzen für Bearbeitung, Lokalisierung, Redigieren oder Korrigieren von Texten oder für bestimmte Übersetzungen.

Noch ein paar Worte zum Thema Beglaubigung einer Übersetzung: Hierzu ist ausschließlich ein Übersetzer berechtigt, der dazu von einem Gericht ermächtigt wurde. Diese allgemein ermächtigten Übersetzer dürfen ihre eigenen Übersetzungen beglaubigen. Das sieht dann in ungefähr so aus wie eine notarielle Urkunde: Ausgangstext und übersetzter Text werden zusammengeheftet und tragen einen Stempel, den Beglaubigungsvermerk und die Unterschrift des Übersetzers.

Beglaubigte Übersetzungen werden meist von Behörden, Gerichten, teils aber auch von Arbeitgebern für Zeugnisse gefordert. Für die Beglaubigung erhebt der Übersetzer, genau wie der Notar, eine Gebühr.

14.2 Woran Sie eine gute Übersetzung erkennen

Dann kann es ja losgehen! Bald werden Sie also »Ihr Leben« oder »Ihr Leistungsangebot« in anderen Worten, nämlich in einer Fremdsprache in der Hand halten oder im Internet betrachten können.

Nur, woher wissen Sie, ob die englische Version nun wirklich einwandfrei, also in höchster Qualität daherkommt? Die einzige Möglichkeit erfahren Sie gleich. Zuerst müssen wir eine Frage eindeutig beantworten: Woran erkenne ich eine »gute« Übersetzung? Die Antwort lautet: Eine Übersetzung ist dann gut, wenn man nicht merkt, dass es eine ist!

Klingt einleuchtend, plausibel – und etwas schlicht? Dennoch ist gerade das die große Kunst des Profis. Die übersetzten Texte klingen, als seien sie in der Fremdsprache verfasst. Großartig, wenn es gelingt.

Und wenn nicht? Denken Sie nur an deutsche Fassungen von Betriebsanleitungen für Geräte ausländischer Hersteller. Da gibt es fast immer etwas zu Lachen – und man weiß sofort, dass dieser Text eine Übersetzung ist und ursprünglich nicht in deutscher Sprache geschrieben wurde. Und dann sind da noch die so herrlich lustigen »deutschen« Speisekarten im Ausland à la »heißes Fondant Sonntag mit dreifach Schokolade-Salce«. Nicht zu vergessen, die Literatur: die Bücher, die wir schon nach zwei Kapiteln aus der Hand legen, obwohl das Original doch über Wochen die Bestsellerlisten anführte.

Wenn Sie jedoch alle Hinweise dieses Kapitels beachtet haben, sollten Sie in der Regel ein professionelles, hervorragendes Produkt in Händen halten.

»Gut und schön«, höre ich Sie jetzt sagen, »das kann ich aber doch als Nicht-Muttersprachler gar nicht beurteilen.« Sie haben leider Recht – und es gibt nur eine Möglichkeit festzustellen, wie gut Ihre Übersetzung tatsächlich ist: Sie müssen den Text einem Muttersprachler (oder jemandem, der zweisprachig aufgewachsen ist oder lange im Land gelebt hat) zu lesen geben und ihn um offene, ehrliche Rückmeldung bitten: Liest sich der Text interessant und flüssig? Wird das verstanden, was Sie in Deutsch ausdrücken wollten? Was fällt auf?

Sollte es gravierende Mängel geben, wird jeder professionelle Übersetzer selbstverständlich nachbessern. Sind die Beanstandungen eher stilistischer Natur, schauen Sie zuerst auf Ihren deutschen Text. Oft liegt dort der Fehler, das heißt die unsaubere Formulierung.

Doch Vorsicht, instruieren Sie Ihren »Prüfer« mit folgendem Sprichwort: *»There is more than one way to skin a cat.«* – will heißen: Seine eigenen stilistischen Vorlieben muss der prüfende Muttersprachler außer Acht lassen. Es gibt eben mehrere Arten, einer Katze das Fell abzuziehen! Auf welchem Weg der Übersetzer also den Leser nach Rom führt, ist auch eine Frage des Sprachstils. Natürlich muss er sich an Ihren Vorgaben ausrichten und darf zum Beispiel nicht zu lässig sein, wenn Sie sich ganz ernst und sachlich präsentieren möchten.

Aus eben diesem Grund ist Misstrauen angebracht gegenüber der so genannten Rückübersetzung, also der Übertragung des fremdsprachlichen Textes zurück in die deutsche Sprache. Sie ist kein Mittel zur Qualitätsprüfung, denn sie kann aus Gründen der stilistischen Präferenz nicht funktionieren – und führt daher meist zur falschen Beurteilung. Bestenfalls bei technischen oder wissenschaftlichen Texten, die naturgemäß sehr wortgetreu sein müssen und eng an der Vorlage bleiben, kann das bis zu einem gewissen Grad sinnvoll sein.

Die Rückübersetzung ist jedoch das falsche Instrument bei Texten, die frei übertragen und dem Kulturraum angepasst werden müssen – die dem Übersetzer kreativen Spielraum einräumen müssen, damit sie ihre Wirkung entfalten können. Das Ziel ist hier, dass der Sinn angemessen transportiert wird, während die Aussage erhalten bleibt.

Bleibt also im Grunde nur eine wirklich bewährte Methode, um die Qualität einer Übersetzung zu überprüfen – nämlich den Text einem Muttersprachler zum Lesen zu geben. Fragen Sie am besten einige Vertreter der Zielgruppe, an die sich die Texte richten! Ihre fremdsprachigen Kunden werden sich freuen, wenn sie nach ihrer Meinung gefragt werden. Schließlich schreiben Sie doch für sie!

Fazit

Schlechte Übersetzungen sollten Sie vermeiden, denn ungewollte Sprachblüten und stilistische Fehlgriffe können schnell Ihr Image ruinieren und Ihre Kompetenz infrage stellen – zumindest bei fremdsprachigen Geschäftspartnern. Deshalb sollten Sie die Übersetzung Ihres Profils, Ihrer Internet- und Broschürentexte grundsätzlich nur einem professionellen Übersetzer anvertrauen, der zudem auf Ihr Fachgebiet spezialisiert ist. Helfen Sie dem Übersetzer, Ihren Text zu verstehen – und beharren Sie dann nicht auf einer wörtlichen Übersetzung, sondern vertrauen Sie seinem fachlichen Können.

Eine Übersetzung ist dann gut, wenn der fremdsprachige Leser nicht merkt, dass es eine Übersetzung ist. Lassen Sie den Text deshalb zur Kontrolle von einem Muttersprachler lesen, am besten einem Vertreter Ihrer Zielgruppe, und bitten Sie ihn um offene, ehrliche Rückmeldung.

15 Welches Material brauche ich für meinen Marktauftritt?

Das Wichtigste vorweg ...

Die Positionierung ist klar, Ihre Kernbotschaft haben Sie erarbeitet. Nun können Sie mit dem Marketing loslegen. Doch was benötigen Sie wirklich? Sind zum Beispiel eine Broschüre, Audio- und Videobeiträge, Weblog und Podcast sinnvoll? Angesichts eines vorgegebenen Marketing-Budgets stellt sich die Frage, auf welche Materialien und Kommunikationswege Sie Zeit und Geld konzentrieren sollen – und worauf Sie auch verzichten können.

Wenn ein potenzieller Kunde sich für Sie interessiert, wie kann er sich informieren? Welche Informationsmöglichkeiten und Materialien sollten Sie ihm auf jeden Fall anbieten? Ganz klar: Eine Internetseite ist Pflicht, sie gehört heute zum kleinen Einmaleins der Selbstdarstellung. In diesem Zusammenhang benötigen Sie auch gute Fotos (die Sie dann auch noch anderweitig, zum Beispiel für die Medienarbeit nutzen können).

Doch was ist darüber hinaus notwendig? Ist eine Broschüre erforderlich? Sind Extras wie Audio- oder Videosequenzen auf der Webseite sinnvoll? Ist eine 60-Sekunden-Präsentation wichtig? Lohnt es sich, ein Weblog zu führen oder Podcasts zu produzieren? Die Antwort lautet: Das kommt darauf an. Sehen wir uns deshalb diese Instrumente etwas genauer an.

15.1 Wann eine Broschüre sinnvoll ist

Eine Broschüre ist aufwendig, teuer und, einmal gedruckt, auch nicht mehr aktualisierbar. Viele Entscheider haben überhaupt keine Ablage für solche Broschüren und werden ohnehin mit Material bombardiert. Die Frage ist deshalb durchaus berechtigt, ob Sie heutzutage als Berater, Trainer oder Coach eine Broschüre überhaupt noch benötigen.

Tatsächlich gibt es Themen, Situationen und Zielgruppen, bei denen der Einsatz einer Broschüre sinnvoll ist. Anders als im Internet können Sie bei der Broschüre durch Papierwahl und Format zusätzliche Effekte erzielen. So mutet eine große 16-seitige DIN-A4-Broschüre auf gutem

Papier sehr hochwertig an. Für eine Positionierung im Hochpreissegment kann eine Broschüre deshalb ein durchaus wirkungsvolles Marketinginstrument sein.

Sechs Situation für den Einsatz einer Broschüre

Es gibt sechs Situationen, in denen Sie für Ihr Marketing eine Broschüre zur Hand haben sollten:

1. *Ihre Zielgruppe wünscht eine Broschüre.* Der Verweis auf die Internetseite reicht nicht, Ihr Kunde möchte gerne etwas Schriftliches in der Hand halten. So kann es zum Beispiel sein, dass der Geschäftsführer eines mittelständischen Maschinenbauers eher Handfestes mag und es gewohnt ist, Dinge physisch anzupacken – und daher eher über eine Broschüre zu erreichen ist.
2. *Ihr Thema oder Ihre Dienstleistung legt eine Broschüre nahe.* Das gilt vor allem dann, wenn Solidität und Qualität eine wichtige Rolle spielen, wie zum Beispiel bei einem Bankstrategie- oder einem Sanierungsberater.
3. *Sie wollen eine Premiumbotschaft senden.* Hier gilt das »Prinzip Pfau«: Ein Pfau verwendet enorm viel Energie auf sein Rad, das weit mehr wiegt als der ganze Rest des Tieres. Warum macht er sich diese Mühe, die auf den ersten Blick für nichts gut zu sein scheint? Einzig und allein, um dem Weibchen zu zeigen, welch ein kompetenter Partner es umwirbt. Wer so ein gewaltiges Rad schlagen kann, so lautet hier die Botschaft, wird wohl auch ein guter Partner sein. Dieser Mechanismus lässt sich übertragen. So sprechen zum Beispiel die Empfangshallen von Großbanken eine ähnliche Sprache. Und nicht anders verhält es sich im Hochpreissegment mit einer teuren, edlen Broschüre.
4. *Sie möchten zusätzliche Botschaften vermitteln.* Während Ihre Internetseite eher allgemein Ihre Kernbotschaft vermittelt, kann eine Broschüre zusätzlich über ein spezielles Produkt informieren. Zum Beispiel stellen Sie sich im Internet als Vertriebstrainer vor, während es für die fünf Seminare, die Sie anbieten, jeweils ergänzend eine Broschüre gibt. Oder Sie haben drei Beratungspakete, die Sie im Internet kurz jeweils in einem Satz beschreiben; über die Details der einzelnen Pakete informiert jeweils eine Broschüre, die Sie einem Interessenten aushändigen können.
5. *Ihr Ansprechpartner beim Kundenunternehmen benötigt ein internes Verkaufsinstrument für Ihre Leistung.* Beispiel: Der Verkaufsleiter im

Unternehmen möchte Sie als Vertriebstrainer engagieren, benötigt aber Argumente, um Sie und Ihre Leistung erst noch bei seiner Geschäftsführung zu »verkaufen«. Mit einer Broschüre können Sie verhindern, dass er nun Teile Ihrer Internetseite ausdruckt und weitergibt – was in der Regel nicht gut aussieht.

6. *Sie akquirieren viele Aufträge über Weiterempfehlungen.* In diesem Fall ist die Broschüre eine gute Unterlage, die Person A der Person B weitergeben kann.

Kommen diese Situationen in Ihrem Alltag öfter vor? Dann sollten Sie tatsächlich erwägen, für Ihr Marketing zusätzlich zum Internetauftritt auch eine Broschüre zu nutzen.

Fünf Broschüre-Typen: Wählen Sie die richtige Form

Wenn Sie sich für eine Broschüre entschieden haben, stellt sich die Frage nach dem richtigen Broschüre-Typ. Vermutlich werden Sie zunächst an eine Firmenbroschüre denken; sie hat eine ähnliche Funktion wie die Internetseite, stellt also Ihr Unternehmen mit seinen Besonderheiten vor. Doch gibt es weitere Broschüre-Typen, die gerade aufgrund ihrer speziellen Ausrichtung den Internetauftritt sinnvoll ergänzen können: die Imagebroschüre, die Produktbroschüre, die Broschüre mit Zusatz- oder Spezialinformation und die Referenzenbroschüre.

Eine *Imagebroschüre* hat das Ziel, ein gewünschtes Bild des eigenen Unternehmens gemeinsam mit einer dazugehörigen Emotion zu transportieren. Sie ist damit ein fortgeschrittener Baustein des Marketings, dessen Aufgabe es nicht mehr ist, den Leser zu informieren: Die Imagebroschüre beschreibt weder Ihre Dienstleistung und Ihr Unternehmen noch den Leidensdruck des Kunden. Vielmehr ist es Aufgabe einer Imagebroschüre, die Kernbotschaft anhand der hierzu festgelegten Emotionen zu vermitteln. Die Imagebroschüre können Sie an bestehende Kunden oder an Interessenten verteilen, aber zum Beispiel auch einer Pressemappe für Journalisten beilegen.

Wenn zum Beispiel ein Produktionsberater seinen Kunden Überblick, Sicherheit, Transparenz, Kostenkontrolle und Wettbewerbsvorsprung bietet, kann er diese Werte mithilfe einer Imagebroschüre vermitteln. Die Broschüre greift jeden der fünf Punkte einzeln auf und vermittelt diese Botschaften anhand kurzer Texte und ausdrucksstarker Abbildungen: wie der Berater für seine Kunden Überblick verschafft, wie er Sicherheit erreicht, Transparenz in die Produktionsabläufe bringt, die Kosten auf den

Tisch legt und es durch seine Arbeit erreicht, dass der Kunde die Nase im Wettbewerb nach vorne bekommt. Die Broschüre beschreibt also nicht die Leistungen, sondern vermittelt Emotionen, indem sie die Erfüllung emotionaler Werte (Überblick, Sicherheit, Transparenz, Kostenkontrolle und Wettbewerbsvorsprung) verspricht.

Eine *Produktbroschüre* gibt Ihnen die Möglichkeit, eines oder mehrere Ihrer Produkte oder Leistungspakete vorzustellen. Während die Internetseite oder Firmenbroschüre Ihr Angebot nur kurz beschreibt, geht die Produktbroschüre ins Detail. Der Interessent erfährt hier alles Wichtige über das Produkt und dessen Besonderheiten – von der Konzeption über die Vorgehensweise bis hin zu Zeit- und Projektplänen. Eine Produktbroschüre kann sich lohnen, wenn

- Sie vertiefende Informationen über Ihr Hauptprodukt geben wollen,
- für eine Kundengruppe ein Produkt besonders interessant ist, andere potenzielle Kunden jedoch nicht interessiert,
- Sie ein bestimmtes Produkt verstärkt auf den Markt bringen wollen.

Beispiel: Ein Beratungsunternehmen verkauft als Hauptprodukt Coachingprogramme für Nachwuchsführungskräfte. Um dieses Thema speziell für Personalentwickler sinnvoll darzustellen, können die kurz gehaltenen Texte im Internet nicht genug ins Detail gehen. In diesem Fall bietet es sich an, das Thema auf der Webseite kurz anzureißen und für tiefer gehende Informationen auf eine Broschüre zu verweisen.

Eine *Broschüre mit Zusatz- oder Spezialinformation* bietet sich an, wenn Sie aus Ihrem Bereich heraus eine besondere Dienstleistung entwickelt haben. In diesem Fall kann sich der Einsatz einer speziellen Broschüre lohnen, weil Internet oder Firmenbroschüre in der Regel zu allgemein gehalten sind, um die Kunden ausreichend zu informieren. Möglich sind zwei Varianten einer solchen Spezialbroschüre:

- *Sonderbroschüre für eine spezielle Zielgruppe.* Wenn Sie zum Beispiel Vertriebstraining anbieten und wiederholt Aufträge von Pharmafirmen erhalten haben, können Sie eine Broschüre »Mehr verkaufen in der Pharmabranche« erstellen, mit der Sie sich auf diese Branche fokussieren.
- *Sonderbroschüre für eine spezielle Situation.* Diese Broschüre ermöglicht es Ihnen, Ihr Thema auf eine besondere Situation oder einen besonderen Leidensdruck zuzuspitzen. Beispiele: Ein Bankstrategieberater konzentriert sich auf das Segment »Bankstrategieberatung im Sanierungs- oder Krisenfall«. Oder ein Interim-Mana-

ger spezialisiert sich auf die Sonderleistung: »Interim-Management in Krisenzeiten«.

Eine *Referenzen-Broschüre* ist ein vorzügliches Marketinginstrument, wenn Sie mindestens acht bis zehn gute Kunden haben, die Sie mit Namen, Unternehmen und Foto zitieren können. Kombiniert mit kurzen Projektbeschreibungen kann die Referenzen-Broschüre dann sehr effektiv Ihre Erfahrung und Kompetenz belegen und Ihre Botschaftslinie kommunizieren. Auch für Journalisten sind die »Stimmen der Kunden« oft das entscheidende Argument, das Sie als praxiserfahrenen Experten und damit als interessanten Interviewpartner ausweist.

15.2 Wann Audio- oder Videobeiträge sinnvoll sind

Immer öfter enthalten Internetseiten kurze Audio- oder Videosequenzen, die ein Angebot oder eine Person näher vorstellen. Vertriebstrainer Rainer Frieß beispielsweise hat einen eigenen Menüpunkt »Audio« eingerichtet, unter dem der Besucher 13 kurze Beiträge zwischen einer und drei Minuten findet, die er per Mausklick anhören kann. Es handelt sich um kurze Interviews, in denen der Trainer sein »Sellympia«-Konzept persönlich vorstellt und den Zuhörer durch sein Angebot führt:

- LeistungsTuning für den Spitzenvertrieb (00:56 Minuten)
- Warum Sellympia entwickelt wurde (02:42 Minuten)
- Der Sellympia-Koffer (01:13 Minuten)
- Absolute Realitäts- und Kundennähe (02:13 Minuten)
- Der richtige Zeitpunkt für Sellympia (01:19 Minuten)
- Mein Traumkunde (00:29 Minuten)
- Sichtungswettkämpfe (03:17 Minuten)
- Sellympia-Trainingslager (02:03 Minuten)
- Sellympia-Höhencamp (01:03 Minuten)
- Managementtraining (01:04 Minuten)
- Strategisches Verkaufen (02:31 Minuten)
- Meine drei wichtigsten Lebensstationen (03:05 Minuten)
- Fünf Schnelltipps zum LeistungsTuning für Verkäufer (01:16 Minuten).

Die Möglichkeit, einen Berater, Trainer oder Coach unmittelbar zu hören oder zu sehen, schafft eine große Nähe und Vertrautheit, wie sie Texte und Bilder in diesem Maße nicht vermitteln. So ergänzt Führungscoach Wolfgang Zimmermann seine persönliche Vorstellung mit einem Interview, das eine zusätzliche Möglichkeit bietet, ihn kennenzulernen – und zwar auf eine sehr persönliche Weise, wie schon die Titel der sechs kurzen Sequenzen zeigen:

- »Sparringspartner für Unternehmer und gute Führungskräfte« – Was heißt das konkret?
- Meine Arbeit mit Profit- und Non-Profit-Organisationen
- Die Hauptanliegen meiner Kunden
- Was Unternehmer mit Bergsteigern gemein haben
- Wie ich Sparringspartner wurde und was mich als solchen ausmacht
- Meine eigenen Sparringspartner und meine Wunschprojekte

Wann sind solche Audio- oder auch Videobeiträge sinnvoll, wann eher nicht? Wenig Sinn macht es, wenn Ihnen das Medium nicht liegt, Sie sich mit Audio oder Video unwohl fühlen, was dann die Zuhörer und Zuschauer spüren. Wenn Ihre Zielgruppe Audio- und Videoclips eher als überflüssig empfindet, sollten Sie ebenfalls die Finger davon lassen. Das kann zum Beispiel bei Geschäftsführern der Fall sein, die eine klassische betriebswirtschaftliche Beratung suchen. Wenn Sie Controllingberatung anbieten, wirkt ein Medium, das vor allem Bewegung und Emotionen transportiert, möglicherweise deplatziert.

Von diesen Fällen abgesehen können Audio- oder Videobeiträge jedoch ein durchaus nützliches Marketinginstrument sein. Vor allem können sie helfen, wenn ein Kunde viel Sicherheit benötigt, bevor er einen Auftrag erteilt. Beispiel: Sie bieten Beratung in der Krise an; Ihre Kunden befinden sich in einer sehr schwierigen, emotional angespannten Situation, bei der viel auf dem Spiel steht. Wenn Sie per Audio- oder Videobeitrag zu einem potenziellen Kunden sprechen, hat er die Gelegenheit, Sie in gewisser Weise schon persönlich kennenzulernen – und ist eher bereit, Vertrauen zu fassen. Vor allem in folgenden Situationen kann sich der Einsatz von Audio oder Video lohnen:

- Ihre Zielgruppe hat ein großes Sicherheitsbedürfnis. Wenn der Kunde Sie hört, vielleicht sogar auf Video sieht, wenn er Ihre Ausdrucksweise und Stimmlage mitbekommt, wirkt ein Leistungsversprechen glaubwürdiger – Audio und Video schaffen also mehr Sicherheit für den Kunden.
- Ihre Kunden haben bestimmte Vorbehalte, die Sie persönlich entkräften möchten. Wenn zum Beispiel die Kunden eines Sanierungsberaters oft die Angst haben, dieser lasse sich mehr von den Interessen der Bank als vom Wohle des Unternehmens leiten, kann ein persönliches Audio- oder Videostatement Vertrauen schaffen. Oder ein Führungscoach wird

häufig von Personalentwicklern engagiert, was beim eigentlichen Kunden, der Führungskraft, Vorbehalte und Misstrauen weckt. Auch hier können persönlich gesprochene Worte eher Vertrauen schaffen als ein schriftlicher Text.

- Sie arbeiten mit medienaffinen Zielgruppen – also für Medienunternehmen oder für Leute, die Audio und Video gewohnt sind, sozusagen für die »You-Tube-Generation«.
- Ihre Dienstleistung oder Arbeitsweise ist in Textform nur schwer beschreibbar, lässt sich aber in gesprochenen Worten prägnant ausdrücken. Zum Beispiel können Sie eine spezielle, sehr lebendige Arbeitsweise in Ton und Bild einprägsam in Szene setzen.
- Sie möchten Emotionen vermitteln, die über Text und Grafik nur bedingt transportierbar sind. Zum Beispiel arbeiten Sie sehr dynamisch und aktiv, haben einen eigenwilligen Stil oder Ihre Art zu sprechen weckt Begeisterung und Sympathie.
- Sie möchten Ihre Persönlichkeit oder bestimmte Facetten Ihrer Persönlichkeit stärker zeigen, als dies in einem Text möglich ist.
- Sie haben einen komplizierten Lebenslauf. Mit persönlichen Worten können Sie Zusammenhänge eindrücklicher und besser vermitteln als in der Schriftform.
- Sie möchten Unschreibbares sagen. Beispiel: Im Audio- oder Video-Interview werden Sie gefragt, warum Sie Ihre Arbeit machen. Ihre Antwort: »Weil es mir ungeheure Freude macht.« Diesen Satz können Sie sprechen, doch es würde nach Plattitüde klingen, ihn zu schreiben.
- Ihre Dienstleistung hat mit Präsentieren zu tun – und legt damit dieses Medium nahe. Für einen Rhetorik- oder Präsentationstrainer ist es sinnvoll, wenn der Kunde ihn auch hören oder sehen kann.
- Sie suchen die Zusammenarbeit mit renommierten Medien, vor allem Radio und Fernsehen. Die Journalisten dieser Medien wollen sich ein möglichst gutes Bild machen, bevor sie einen Interviewpartner kontaktieren. Mit einer Audio- oder Videosequenz können Sie hier punkten.

15.3 60-Sekunden-Präsentation – eine Alternative zur Broschüre?

Mit der 60-Sekunden-Präsentation können Sie sich und Ihre Leistung innerhalb einer Minute vorstellen. Es handelt sich dabei um einen kleinen Film, der nicht als Video gedreht, sondern einfach anhand von Bildern und Grafiken programmiert wird – eine selbstlaufende, 60-sekündige Bildschirmpräsentation.

Der Film steht auf Ihrer Webseite und kann von jedem Interessenten angesehen werden. Das Entscheidende dabei: Es geht nicht darum, umfassend zu informieren, sondern neugierig zu machen. Die Umsetzung erfolgt über einen Mediengestalter, der die Präsentation programmiert. Je nach Einsatzziel sind verschiedene Varianten einer 60-Sekunden-Präsentation möglich – zum Beispiel zum Einsatz als Firmeninformation, zur Aufbereitung eines Themas oder zur Präsentation von Referenzen. Ein Beispiel finden Sie in Kapitel 1.6.

Ähnlich wie eine Broschüre, nur auf elektronischem Weg sowie mit Ton und bewegten Bildern, vermittelt die 60-Sekunden-Präsentation eine Kernbotschaft und kann auf diese Weise den Internetauftritt ergänzen. Der Hauptvorteil liegt in der flexiblen Einsatzmöglichkeit:

- Wenn jemand Sie weiterempfehlen möchte, können Sie ihm den Link für die 60-Sekunden-Präsentation zukommen lassen, den er dann einfach weiterleitet.
- Wenn Ihr Ansprechpartner beim Kundenunternehmen eine Argumentationshilfe benötigt, um Ihre Leistung seinem Vorgesetzten zu »verkaufen«, kann die 60-Sekunden-Präsentation sehr hilfreich sein.
- Wenn Sie einen Vortrag halten, können Sie davor oder danach die 60-Sekunden-Präsentation abspielen.
- Wenn ein Interessent bei Ihnen anfragt, können Sie ihm den Link senden – und sogleich kann er sich die Kennenlernpräsentation ansehen.
- Wenn ein Journalist sich für Ihre Arbeit interessiert, kann er sich anhand der 60-Sekunden-Präsentation einen ersten Eindruck verschaffen.

Wie diese Beispiele zeigen, erfüllt die 60-Sekunden-Präsentation häufig die Funktion einer Standardbroschüre. Deshalb können Sie durchaus erwägen, die 60-Sekunden-Präsentation als kostengünstige Alternative einzusetzen. Da keine Druckkosten entstehen, ist sie in der Regel deutlich preiswerter.

15.4 Soll ich Blogger und Podcaster werden?

Podcasts und Weblogs sind Instrumente, mit denen Sie auf eine sehr persönliche Weise über das Internet kommunizieren können. Ein Podcast ist eine Serie von Episoden, die kostenlos im Internet abonniert und automatisch auf einen tragbaren MP3-Player geladen werden. Der Begriff setzt sich zusammen aus dem englischen Wort »broadcast« (Rundfunkübertragung) und dem Namen des Audioplayers iPod von Apple.

In einem Weblog können Sie ohne große technische Kenntnisse in kürzester Zeit Ihre eigenen Inhalte online publizieren. Der Begriff setzt sich aus den Worten »Web« und »Log« zusammen, wird oft auch zu »Blog« verkürzt – und drückt damit die dahinter stehende Idee eines elektronischen Log- oder Tagebuchs aus. Anders als ein normales Tagebuch enthält das Weblog Dialogfunktionen, die es Ihnen erlauben, sich direkt mit Lesern auszutauschen.

Mehr noch als mit einem kurzen Audioclip können Sie als Podcaster oder Blogger persönliche Nähe zu Ihrer Zielgruppe schaffen. Wer Sie regelmäßig hört oder liest, entwickelt mit der Zeit eine enge Bindung – und der Schritt, zu Ihnen Kontakt aufzunehmen, fällt nicht mehr schwer.

Das setzt natürlich voraus, dass Sie Ihre Zielgruppe über Blog und Podcast auch tatsächlich erreichen – die Zielgruppe also einen Bezug zu diesen Medien hat. Dies ist sicherlich der Fall, wenn Sie für die Branchen IT, Telekommunikation, Medien oder für eine jüngere Kundengruppe arbeiten. Allerdings sollten Sie auch hier beachten: Viele Entscheider haben (oder nehmen sich) keine Zeit, Weblogs zu lesen oder Podcasts zu hören. Prüfen Sie auch, ob das Instrument zumindest bei einem Großteil Ihrer Zielgruppe als seriös und kompetent wahrgenommen wird. Für viele Menschen sind Podcast und Weblog nach wie vor Dinge, die eigentlich nur jemand tut, der nicht wirklich erfolgreich ist – und die Zeit hat, über das Leben seines Hundes zu berichten.

Dennoch gibt es Situationen, in denen sich Podcast und Weblog für Berater, Trainer und Coachs als Marketinginstrument durchaus bewährt haben:

- Ein Trainer, der sich gut auszudrücken versteht, vermittelt seine persönliche Herangehensweise an ein Thema; er macht sich mit seinen Besonderheiten erlebbar.
- Ein Berater möchte als Experte ein bestimmtes Thema besetzen. Mit einem Weblog oder Podcast unterstreicht er seine thematische Kompetenz und nutzt das Feedback der Leser oder Hörer als Anregungen (zum Beispiel auch für Artikel oder ein Buchprojekt).
- Ein Coach oder Trainer nutzt Weblog oder Podcast, um mit früheren und bestehenden Kunden auf eine anregende und sehr persönliche Weise in Kontakt zu bleiben.

Der Hauptnachteil des Mediums lässt sich in zwei Worten zusammenfassen: Zeit und Disziplin. Haben Sie wirklich die Zeit, regelmäßig Sendungen zu produzieren oder Beiträge zu schreiben – und die Disziplin, über Jahre hinweg dabeizubleiben? Ein Podcast oder Weblog braucht nicht nur ein bis zwei Jahre als Anlaufzeit, sondern erfordert auch ein eigenes Marketing, das überwiegend über Querverweise im Internet erfolgt. Es geht also nicht nur um den Zeitaufwand für die eigenen Produktionen: Sie sollten auch die Disziplin und Freude mitbringen, andere Weblogs zu lesen, Podcasts zu hören und aktiv im Internet zu kommunizieren.

Fazit

Alle Marketing-Materialien und Instrumente verfolgen nur ein Ziel: Sie dienen dazu, Ihre Positionierung, also die Besonderheit Ihres Angebots wirkungsvoll in Szene zu setzen. Ob Internetauftritt, Broschüre, 60-Sekunden-Präsentation oder Podcast – bei jedem einzelnen Instrument ist diese Inszenierung eine anspruchsvolle Aufgabe, die Zeit und Ressourcen beansprucht.

Dieser Aufwand ist notwendig, denn nur wenn ein Instrument nach den Regeln einer guten Inszenierung konzipiert und eingesetzt wird, kann es effektiv sein. Mit Blick auf Ihr begrenztes Zeit- und Marketing-Budget werden Sie deshalb in aller Regel eine Auswahl treffen müssen – wobei Ihr Internetauftritt die Basis bildet und deshalb nicht zur Disposition steht. Welche weiteren Instrumente in Ihrem Fall sinnvoll sind, können Sie anhand der in diesem Kapitel genannten Kriterien entscheiden.

Die Grundregel lautet jedoch: Investieren Sie besser in eine gut inszenierte Internetseite, als eine Fülle an Marketing-Material zu produzieren, das die Kunden nicht anspricht.

16 Wie trenne ich beim Networking die Spreu vom Weizen?

Das Wichtigste vorweg ...

Networking kostet oft viel Zeit, ohne dass dadurch zusätzliche Aufträge entstehen. Entscheidend ist deshalb, dass Sie die richtigen Netzwerke aufbauen und pflegen – und zwar immer mit Blick auf Ihre Positionierung.

Schnell ist beim Networking gegen ein Prinzip verstoßen, das wir Berater unseren Kunden gegenüber oft propagieren: das Pareto-Prinzip. Der italienische Ökonom Vilfredo Pareto machte 1897 eine bemerkenswerte Feststellung: Er beschäftigte sich mit der Verteilung von Reichtum und Eigentum im England des 19. Jahrhunderts und fand heraus, dass einer Minderheit von etwa 20 Prozent rund 80 Prozent der Einkommen und Vermögen gehörte. In der Folge bemerkte er, dass sich dieses Muster der Unausgewogenheit immer wieder bestätigt – und entdeckte damit das Pareto-Prinzip, oft auch als 20-80-Regel bezeichnet. Einfach ausgedrückt besagt die Regel, dass mit 20 Prozent des Aufwands 80 Prozent der Ergebnisse erzielt werden können.

Die Regel wird heute auch in der Beratung gerne genutzt – etwa wenn ein Unternehmensberater empfiehlt, vorhandene Mittel auf wenige Produkte zu konzentrieren. Oder dazu rät, die 20 Prozent der A-Kunden besonders zu pflegen, weil diese 80 Prozent der Gewinne erbringen. Vielleicht ein wenig zugespitzt, aber gut auf den Punkt gebracht hat es der amerikanische Unternehmensberater und frühere Partner bei Bain&Company Richard Koch: Nach seinen Worten besagt die Pareto-Regel, »dass 80 Prozent dessen, was Sie in Ihrer Arbeit erreichen, auf 20 Prozent der aufgewandten Zeit zurückgeht«[15]. Die 20-80-Regel lässt sich auf zahlreiche Felder übertragen – besagt sie im Grunde doch nur eins: Konzentrieren Sie die vorhandenen Ressourcen auf wenige, wirklich wirkungsvolle Maßnahmen.

So einleuchtend das klingt: Im Allgemeinen fällt es Menschen schwer, dieser Regel zu folgen. Intuitiv neigen wir dazu, in die Breite zu gehen. Wir sehen bei einem Problem gerne viele Ursachen, die uns alle ähnlich inten-

[15] Koch, Richard: *Das 80/20 Prinzip,* Frankfurt/Main 2004.

siv beschäftigen. Wir tendieren dazu, Anfragen und Telefonanrufe gleich zu behandeln, Partner und potenzielle Kunden für annähernd gleich wertvoll zu halten. Und nicht anders ergeht es uns beim Networking: Obwohl wir eigentlich wissen, dass es auf die 20 Prozent der richtigen Kontakte ankommt, dehnen wir doch allzu gerne unser Networking in alle Richtungen aus.

Berater, Trainer und Coachs sind eigentlich prädestiniert, gute Networker zu sein. Sie knüpfen gerne neue Kontakte, sind an Menschen interessiert, möchten neue Ideen kennenlernen und haben zudem Erfahrung in der Kommunikation mit unbekannten Menschen. Doch gerade deshalb tappen viele von ihnen in die Pareto-Falle: Sie investieren viel Kraft und Zeit in ihre Kontaktnetze, bauen große Verteiler auf, versenden zahlreiche Mails, treffen sich fast jeden Tag mit einem Bekannten zum Essen. Und müssen dann nach einem Jahr feststellen: Konkrete Aufträge haben alle diese Aktivitäten kaum gebracht. Es beschleicht sie das Gefühl, dass 90 Prozent ihres Networkings »für die Katz« sind – womit sie dann zumindest geschäftlich auch gar nicht so falsch liegen.

Was also tun? Notwendig ist eine klar festgelegte Networking-Strategie. Sie besteht aus drei wesentlichen Elementen: Zunächst gilt es, die Spreu vom Weizen zu trennen, indem Sie die richtigen Netzwerke auswählen. Hinzu kommen zweitens die richtige Grundhaltung und drittens eine professionelle Kontaktpflege. Gehen wir im Folgenden auf diese drei Punkte noch etwas näher ein: Wie finden Sie die für Ihre Situation richtigen Netzwerke? Wie lauten die goldenen Verhaltensregeln des Networkings? Und wie nutzen Sie Ihre Kontakte professionell?

16.1 Die richtigen Netzwerke auswählen

Als ein Eldorado für Networker gelten Visitenkartenpartys. Entstanden sind sie in den USA, seit etwa zwanzig Jahren gibt es sie auch in Deutschland. Meist werden sie von Verbänden und anderen Organisationen für ihre Mitglieder veranstaltet; geladen sind in der Regel zwischen 60 und 120 Teilnehmer. Es handelt sich hierbei um Veranstaltungen, die sich als Plattform für Kundengewinnung, Kooperationsgespräche und Austausch verstehen.

Das klingt gut – tatsächlich aber scheint sich der Zweck einer solchen Veranstaltung für viele Teilnehmer im Sammeln und Verteilen von Visitenkarten zu erschöpfen. Übersehen wird, dass es nicht auf die Zahl der Visitenkarten ankommt, sondern auf die Qualität der Kontakte. Und das bedeutet: Ein erfolgreicher Networker konzentriert sich auf Kontakte, die für ihn wichtig sind – und zwar gemessen an seinen Zielen. Er hat sich für wenige, aber wichtige Netzwerke entschieden, die er gezielt auf- und ausbaut. Damit weiß er auch, welche Veranstaltungen sich für ihn lohnen.

Ein zentrales Kontaktnetz wird für Sie natürlich die Kundenszene sein. Doch können durchaus noch zwei bis drei weitere Netzwerke hinzukommen, die für den Ausbau Ihres Geschäfts relevant sind.

Nehmen wir das Beispiel einer Beratungsgesellschaft, die sich auf Turnaround spezialisiert hat. Neben den Kunden sind für dieses Beratungsunternehmen auch die Banken enorm wichtig – und zwar speziell jene Banker, die sich einschalten, wenn ein Unternehmen seine Kreditlinien nicht mehr einhalten kann. Häufig machen diese Bankmanager eine weitere Kreditvergabe von organisatorischen Maßnahmen und dem Hinzuziehen eines Turnaround-Beraters abhängig. In vielen Fällen lässt sich der bedrängte Unternehmer dann vom Banker auch mögliche Berater empfehlen. Für eine Turnaround-Beratung ist es deshalb ganz entscheidend, im Kreise der Banken einen guten Ruf zu genießen.

Ebenso gezielt und intensiv pflegt die Turnaround-Beratung aber auch ihr Netzwerk zu Kunden und potenziellen Kunden. Schließlich sind sie es, mit denen das Unternehmen seine Geschäfte macht und auch über die akute Krise hinaus im Geschäft bleiben möchte. Zum Turnaround zählen nicht nur die Feuerwehreinsätze in der Liquiditätskrise, sondern auch die dann folgenden Phasen der Neupositionierung und der Rückkehr zum Wachstum. Um auch diese Phasen begleiten zu können, kommt es auf das Vertrauen zu den Kunden und generell zur Kundenszene an.

Neben Banken und Kunden unterhält das Beratungsunternehmen noch zwei weitere Netzwerke, die sich für das Geschäft als wertvoll erweisen: Das sind einmal Kontakte zu den Redakteuren der wichtigsten Branchenmedien, um dort zum Beispiel Artikel über erfolgreiche Turnaround-Projekte platzieren zu können. Zum anderen sind es Kontakte zu Hochschulen, um frische Impulse für die Beratungsarbeit zu erhalten und die Konzepte immer wieder auch wissenschaftlich abzustützen. Das Zusammenspiel der drei Netzwerke Banken, Medien und Wissenschaft ermöglichte vor einigen Jahren einen interessanten Marketing-Erfolg: Zusammen mit einem Wissenschaftler der Universität Freiburg konzipierte das Beratungsunternehmen eine Studie zum Thema »Kreditvergabe im Turnaround«. Dank der Beziehungen zu den Banken konnte die Untersuchung zügig realisiert werden, während die Medienkontakte dann eine erfolgreiche Vermarktung ermöglichten. So hat zum Beispiel auch die *WirtschaftsWoche* das Thema aufgegriffen und ein Interview mit dem Geschäftsführer des Beratungsunternehmens abgedruckt.

Praxisfragen

Wie finden Sie nun die für Ihren Fall richtigen Netzwerke? Wie bei jedem anderen Marketinginstrument steht auch beim Networking am Anfang die Frage nach der Positionierung und den Unternehmenszielen. Haben Sie sich auf Ihre Zielgruppe und Ihr Thema wirklich festgelegt? Nur dann macht es Sinn, Zeit und Mühe in ein Netzwerk zu investieren. Prüfen Sie Ihre strategische Grundposition anhand folgender Fragen:

Zielgruppe

- Welche Branche und welche Zielgruppe sprechen Sie mit Ihrem Angebot an?
- Kennen Sie diese Zielgruppe bereits, haben Sie zum Beispiel Referenzen innerhalb der Zielgruppe?
- Sind Sie sicher, dass Sie bei dieser Zielgruppe dauerhaft bleiben wollen?
- Wer genau sind die Personen, die Ihre Leistung buchen (Auftraggeber, zum Beispiel Geschäftsführer)?
- Wer genau sind die Personen, die von Ihnen gecoacht, beraten oder trainiert werden?

Thema

- Gibt es ein Thema, mit dem Sie sich als Experte positionieren wollen?
- Entspricht das Thema Ihren Kernkompetenzen?
- Passt das Thema in der Wahrnehmung Ihrer Zielgruppe zu Ihnen?
- Unterstützt das Thema Ihre strategische Erfolgsposition und die daraus abgeleitete Botschaftslinie? (Siehe Kapitel 1.5)
- Arbeiten Sie wirklich zu diesem Thema? Ist es mindestens zu 90 Prozent Ihr Geschäft?
- Welche Personen und Institutionen stehen für dieses Thema (zum Beispiel Wissenschaftler, Experten, Verbände, Institute)? Gibt es dorthin bereits Kontakte?

Legen Sie jetzt fest, welche Netzwerke für Sie relevant sind. Denken Sie dabei nicht nur an Ihre Zielgruppe (Kunden, potenzielle Kunden), sondern auch an die eigene Branche (Mitbewerber), vielleicht auch an die Medienbranche (Journalisten, Redaktionen) oder an Hochschulen (Wissenschaftler, Lehrstühle).

Mit der Auswahl der Netzwerke haben Sie die Basis für ein effektives Networking gelegt. Nun sollten Sie für jedes ausgewählte Netzwerk konkrete Ziele festlegen. Hierbei kann das folgende Beispiel helfen (siehe Tabelle):

Netzwerk	Beispielhafte Ziele
Kundenzielgruppe	Drei neue Kunden in den nächsten zwölf Monaten
Eigene Branche	Regelmäßiger Austausch mit Kollegen
Medien	Alle drei Monate einen Fachartikel platzieren
Wissenschaftler	• Kontakt zu drei führenden Wissenschaftlern meines Spezialgebiets • Frühzeitige Kenntnis neuer Studien • Beteiligung an einer Studie

Im nächsten Schritt überlegen Sie, wie Sie diese Ziele am besten erreichen. Gehen Sie zunächst Ihre bestehenden Kontakte durch: Welche sollten Sie ganz besonders pflegen? Prüfen Sie dann, wie Sie am effektivsten Ihre Netzwerke ausbauen können. Welche Veranstaltungen kommen infrage? An welche bestehenden Netzwerke wie Verbände, Vereine oder Stammtische könnte man andocken? Stellen Sie einen Maßnahmenplan auf, um die festgelegten Ziele zu erreichen.

16.2 Die Grundhaltung des erfolgreichen Networkers

»Networking ist das Zusammenführen von Menschen untereinander, sodass alle Beteiligten dadurch profitieren«, definiert Business-Coach Sylvia Becker-Hill. Gleichzeitig warnt die Netzwerkspezialistin davor, den Aspekt des Profitierens in den Vordergrund zu stellen: »Wenn Sie glauben, Networking sei ein schlichtes Marketinginstrument, eine bestimmte Strategie, um an Kontakte und über diese an mehr Geschäft zu kommen, dann täuschen Sie sich!«

Ein Gesprächspartner hat in der Regel ein feines Gespür, ob jemand ehrliches Interesse an ihm hat oder in erster Linie auf Aufträge aus ist. Setzen Sie sich beim Networking deshalb nicht unter Druck, etwas verkaufen zu wollen. Natürlich ist Ihr Gegenüber beim ersten Kennenlernen neugierig darauf, was Sie tun – und das sollten Sie ihm auch auf eine gelungene Weise mitteilen. Das Wichtigste dabei: Achten Sie darauf, dass ein Gespräch auf Augenhöhe zustande kommt (siehe Kapitel 11). Ziel ist es nicht, gleich morgen einen Auftrag zu erhalten. Vielmehr sollte der Gesprächspartner Sie gut in Erinnerung behalten. Idealerweise bleibt bei ihm das Gefühl zurück, dass Sie ihm als Berater möglicherweise helfen könnten, ein akutes Leidensdruckproblem zu lösen.

Erfolgreiches Networking hat also weniger mit einer Verkaufsstrategie als mit einer Grundhaltung zu tun. »Geben Sie, ohne eine Gegenleistung zu erwarten«, rät Sylvia Becker-Hill – darin liege das Erfolgsgeheimnis des Networkings. Die dahinterstehende Grundhaltung fasst sie in fünf goldenen Regeln des Networkings zusammen:[16]

1. *Für andere wertvoll sein.* Wenn ich durch meine Kompetenzen, Leistungen, Kontakte, Informationen oder Beiträge wertvoll für andere bin, wollen sie mich in ihrem Netzwerk haben.
2. *Großzügig sein.* Wenn ich bereit bin, großzügig zu geben, bevor ich bekomme, entfaltet sich die magische Kraft des Networkings.
3. *Freundlich sein.* Wenn ich freundlich bin, ist es leicht für Fremde, auf mich zuzugehen, und für eine Gruppe, mich aufzunehmen. Ich werde gerne eingeladen.
4. *Integer sein.* Wenn ich integer bin, lebe ich meine Worte, man kann sich auf mich verlassen. Das spricht sich herum. Andere beginnen, mir zu vertrauen, und das zahlt sich aus.
5. *Engagiert sein.* Wenn ich mich engagiere, lasse ich Einzelne und Netzwerke aktiv Anerkennung und Respekt spüren und unterstütze sie zu wachsen. Das macht mich attraktiv und wertvoll für andere.

16.3 Professionelles Kontaktmanagement

Die für Ihr Geschäft relevanten Netzwerke haben Sie ausgewählt, Sie knüpfen gezielt die richtigen Kontakte und halten die goldenen Regeln des Networkings ein. Für das effektive Networking fehlt nun noch ein letztes Element: ein professionelles Kontaktmanagement. Hier haben sich die folgenden vier Regeln bewährt:

- Bestätigen Sie Erstkontakte umgehend.
- Priorisieren Sie Ihre Kontakte.
- Nutzen Sie konsequent Kontaktgelegenheiten.
- Verwalten Sie Ihre Kontakte systematisch.

---

16 Entnommen aus: Becker-Hill, Sylvia: Networking für Fortgeschrittene. Ein Profi berichtet, in: Giso Weyand (Hrsg.): *Das gewisse Extra. Beratermarketing für Fortgeschrittene,* Bonn 2008, S. 251–280.

Regel 1: Erstkontakte sofort bestätigen

Wie wichtig diese Regel ist, zeigt der Blick in den Beraterалltag. Da haben Sie bei einer Abendveranstaltung einen Redakteur kennengelernt, der genau bei der Zeitschrift arbeitet, die in den Augen Ihrer Kunden das größte Renommee hat. Schon lange wollten Sie diese Zeitschrift deshalb kontaktieren. Also nehmen Sie sich vor, den neuen Kontakt zu nutzen und dem Redakteur einen Themenvorschlag zuzusenden. Doch am nächsten Morgen drängt die Zeit: neun Uhr Termin beim Kunden, lange Autofahrt, abends drei Anrufe und fünf Mails, auf die Sie unbedingt antworten müssen. Außerdem hat Ihre Sekretärin ein Angebot vorbereitet, das Sie auf jeden Fall noch durchgehen und abschicken wollen. Und der Redakteur? Der gestrige Abend erscheint plötzlich weit weg. Eigentlich kann die Sache ja noch ein oder zwei Tage warten, schließlich handelt es sich ja um ein Monatsmagazin – so denken Sie.

Und schon haben Sie gegen die erste Regel des Kontaktmanagements verstoßen – die nämlich besagt: Reagieren Sie umgehend! Machen Sie es sich zur Gewohnheit, einen neuen Kontakt, der Ihnen wichtig erscheint, innerhalb von 24 Stunden zu bekräftigen. Das kann notfalls auch nur eine kurze E-Mail sein, in der Sie sich für das interessante Gespräch bedanken. Wenn Sie versprochen haben, eine Information zu geben oder einen Kontakt zu vermitteln: unbedingt Wort halten.

Ein wichtiger Kontakt braucht von Anfang an Pflege und Aufmerksamkeit – sonst stirbt er, bevor er Früchte tragen kann.

Regel 2: Kontakte priorisieren

Üblicherweise werden für Kontakte die Kategorien A, B und C genutzt – analog zur im Vertrieb üblichen Einteilung in A-, B- und C-Kunden. Ziel der Priorisierung ist es, vor allem die A-Kontakte zu identifizieren und diese dann auch wirklich zu pflegen. Zum Beispiel können Sie sich vornehmen, jeden A-Kontakt spätestens nach drei Monaten aufzufrischen. Lassen Sie sich durch Ihre Sekretärin oder ein Kontaktverwaltungsprogramm erinnern, wenn die drei Monte abgelaufen sind.

B- und C-Kontakte sollten Sie zwar im Auge behalten und auch erneuern, wenn sich die Gelegenheit ergibt – aber angesichts Ihres knappen Zeitbudgets nicht aktiv pflegen. Denn wie gesagt: Die 20 Prozent Ihrer A-Kontakte bringen Ihnen auf lange Sicht 80 Prozent des durch Networking erzielbaren Nutzens.

Regel 3: Gelegenheiten nutzen

Nutzen Sie jede Gelegenheit, um die Beziehung zu einer A-Person zu pflegen. Standardmäßig bieten Anlässe wie Geburtstage oder Weihnachten die Möglichkeit, Kontakte aufzufrischen. Auch eine Einladung zu einem Abendessen oder zu einer Party kann hierfür ein geeigneter Anlass sein. Mit etwas Nachdenken gibt es aber noch viele weitere Möglichkeiten. »Gute Networker verwenden viel Zeit und Kreativität auf die Suche nach Anlässen und Anknüpfungspunkten, um immer wieder auf ihre Bekannten zugehen zu können«, beobachtet der Fachjournalist Andreas Lutz in seinem *Praxisbuch Networking*.[17]

Zum Beispiel können Sie einen Branchendienst oder eine Fachzeitschrift daraufhin durchsehen, ob dort der eine oder andere Name aus Ihren A-Kontakten auftaucht. Durchaus möglich, dass Sie eine Notiz über eine berufliche Veränderung eines Bekannten finden. Vielleicht wird ein A-Bekannter auch als Experte zitiert oder Sie entdecken sogar einen Fachartikel von ihm – alles Anlässe, um einmal wieder Kontakt aufzunehmen.

Oder umgekehrt: Sie haben gerade zu einem Thema publiziert, vielleicht sogar ein Buch geschrieben: Dann senden Sie doch Ihren A-Kontakten diese Publikation mit ein paar passenden Zeilen zu. Aber auch wenn Sie bei Ihrer Arbeit auf eine Information stoßen, von der Sie sicher wissen, dass sie für einen Ihrer Bekannten interessant ist – dann lassen Sie ihm diese Information mit einem herzlichen Gruß zukommen.

Regel 4: Kontakte systematisch verwalten

Systematik spielt beim Networking eine große Rolle. Um effektiv agieren zu können, müssen Sie wissen, wen Sie bei welcher Gelegenheit getroffen haben, welche Anknüpfungspunkte er bietet, wie Sie mit ihm verblieben sind – und wann Sie ihn wieder kontaktieren wollen. Das funktioniert nur, wenn Sie Ihre Kontakte systematisch erfassen und pflegen.

Hierbei leisten gebräuchliche Kontaktverwaltungsprogramme wie Outlook bereits gute und meist auch hinreichende Dienste. Sie erlauben es, Kategorien wie »A-Kontakt«, »Kunden« oder »Redaktionen« zu definieren. So können Sie die Kontakte in Gruppen ordnen, wobei ein Kontakt auch mehreren Gruppen zugeordnet werden kann. Zudem enthält das Adressfenster auch ein Feld, in dem Sie zusätzliche Informationen notieren können.

[17] Lutz, Andreas: *Praxisbuch Networking,* Wien 2005.

Das Adressfenster des Kontaktverwaltungsprogramms kann damit zum zentralen Arbeitsinstrument des Networkers werden. Hier erfassen Sie Daten von Visitenkarten, die Sie erhalten haben, machen aber auch ergänzende Notizen. Zum Beispiel halten Sie nach jedem Treffen oder Telefonat kurz in Stichworten das Ergebnis fest und notieren, wie Sie verblieben sind. Auf diese Weise verfügen Sie über eine lückenlose Kontakthistorie. Bevor Sie mit jemandem in Kontakt treten oder auch während Sie schon telefonieren, können Sie das Adressfenster aufrufen und sich die Details über Ihren Gesprächspartner ins Gedächtnis rufen.

Übertreiben Sie aber nicht, behalten Sie Ihr Ziel im Auge: »Es geht nicht darum, Dossiers mit möglichst vollständigen Daten anzulegen«, sagt Networking-Spezialist Andreas Lutz. Seine Empfehlung: Notieren Sie sich nur bestimmte Informationen, die für Sie subjektiv wichtig sind, um sich später wieder an den Gesprächspartner zu erinnern und direkt an das letzte Gespräch anknüpfen zu können.

Mit der Zeit werden Sie eigene Methoden entwickeln, Ihr Networking weiter zu perfektionieren. Sylvia Becker-Hill rät zum Beispiel, auf der Rückseite einer Visitenkarte gleich Notizen zu machen. So weiß man später noch, wen man wann und wo getroffen und was man mit ihm vereinbart hat. Sie selbst legt bei größeren Anlässen wie dem Besuch eines Kongresses oder einer Messe ein spezielles Kontaktsammelblatt an, auf dem sie die Visitenkarten aufklebt und zusätzliche Notizen macht. Andere Networker klappen vor Ort ihren Laptop auf und tippen einen neuen Kontakt direkt in das Outlook-Adressfenster.

Halten wir fest: Professionelles Kontaktmanagement ist ein zentraler Baustein für das effektive Networking. Entscheidend hierfür sind vier Dinge: die umgehende Bestätigung aller Erstkontakte, die Konzentration auf A-Kontakte, die Nutzung aller Kontaktgelegenheiten und eine systematische Kontaktverwaltung. Beim Aufbau eines solchen Kontaktmanagements können Ihnen folgende Anregungen helfen:

- Überlegen Sie, welche Kontakte für Ihre Ziele besonders wertvoll sind – und entwickeln Sie einen Plan speziell für die Pflege dieser Kontakte.
- Sammeln Sie Ideen für die Kontaktpflege (Karten, Briefe, Geschenke, Ihr neues Buch mit persönlicher Widmung ...).
- Halten Sie die Anlässe für eine Kontaktierung fest (Geburtstage, Jahrestage ...).
- Setzen Sie für die Verwaltung der Kontaktdaten eine geeignete Software ein und/oder übertragen Sie das Kontakte-Controlling an Ihre Sekretärin.

Praxisfragen

16.4 Networking kostet Zeit

Damit Networking effektiv ist, kommt es vor allem auf eines an: Verlieren Sie Ihre Networking-Ziele nicht aus den Augen. Denken Sie dabei an das Pareto-Prinzip und konzentrieren Sie sich auf die 20 Prozent der besonders wertvollen Kontakte – und pflegen Sie diese Beziehungen dann persönlich und systematisch.

Natürlich – selbst diese 20 Prozent kosten Zeit. Wenn Sie sich für Networking entscheiden, heißt das: mehr Zeit und Energie aufwenden für Begegnungen, Telefonate und E-Mails.

Da sollen Sie nun also auf allen Marketingkanälen kommunizieren, Artikel schreiben, Vorträge halten, womöglich ein Buch publizieren – und jetzt auch noch Networking betreiben? Wie soll das funktionieren?

Der Einwand ist berechtigt, deshalb hierzu zwei Hinweise: Entscheiden Sie sich bewusst für dieses Instrument, wenn Sie es einsetzen wollen – und planen Sie dann hierfür feste Zeiten ein. So wie Sie feste Tage für das Buchschreiben reservieren, wenn Sie ein Buchprojekt realisieren wollen, so können Sie auch jede Woche eine Networking-Stunde einplanen, wenn Sie sich fürs Networking entscheiden.

Zweiter Hinweis: Delegieren und automatisieren Sie so viel wie möglich. Lagern Sie Teile des Kontaktmanagements aus. So kann zum Beispiel ein Geschenkedienstleister an Weihnachten oder bei Geburtstagen Besorgung, Verpackung und Versand übernehmen. Auch ein CRM-System kann die Kontaktpflege vereinfachen und zum Beispiel zu bestimmten Anlässen eine automatische E-Mail generieren, die Sie dann noch kurz mit einem persönlichen Kommentar versehen. Oder das System erinnert Sie automatisch, wenn bei einem A-Kontakt drei Monate verstrichen sind und es an der Zeit ist, diesen Kontakt wieder aufzufrischen. Also: sich bewusst entscheiden und Zeit reservieren – aber dann auch so viel wie möglich auslagern und automatisieren!

Fazit

Effektives Networking besteht aus drei Bausteinen: Auswahl der Netzwerke, die richtige Grundhaltung und ein professionelles Kontaktmanagement.
Als erfolgreicher Networker entscheiden Sie sich für wenige, aber wichtige Netzwerke. Wie bei anderen Marketinginstrumenten steht auch hier am Anfang die Frage nach der Positionierung und nach den Unternehmenszielen. Hieraus leiten Sie ab, welche Netzwerke speziell für Ihr Geschäft entscheidend sind. Relevante Netzwerke können nicht nur Kunden und potenzielle Kunden sein, sondern zum Beispiel auch die eigene Branche, die Medienbranche oder die Wissenschaft.

Neben den richtigen Netzwerken benötigt der erfolgreiche Networker eine besondere Grundhaltung, die sich mit einer Regel zusammenfassen lässt: Geben Sie, ohne eine Gegenleistung zu erwarten.
Dritter Baustein ist ein effizientes Kontaktmanagement. Entscheidend hierfür sind vier Dinge: die umgehende Bestätigung aller Erstkontakte, die Konzentration auf A-Kontakte, die Nutzung aller Kontaktgelegenheiten und eine systematische Kontaktverwaltung.
Meine persönliche Meinung: All das sollten Sie nur tun, wenn Ihnen Networking Freude bereitet – und Ihr Gegenüber spürt, dass es Ihnen auch um das Miteinander geht und nicht nur um geschäftliche Ziele. Wer kein Networking-Freund ist, sollte besser die Finger davon lassen und die Zeit lieber für andere Marketingaktivitäten nutzen.

17 Wie präsentiere ich mich erfolgreich auf einer Messe?

Miriam Bauer, freie Marketingexpertin im Team Giso Weyand

Das Wichtigste vorweg ...

Ein gelungener Messeauftritt gehört mit Sicherheit zu den schmeichelhaften Erfolgen im Beratermarketing – aber auch zu den teuren Instrumenten. Wer ein paar Dinge beachtet, findet auf der Messe ein perfektes Forum für die Selbstdarstellung und kann gute Kontakte knüpfen. In der Regel wird davon die langfristige Bekanntheit allerdings mehr profitieren als das direkte Folgegeschäft. Eine realistische Kalkulation und sorgfältige Vorbereitung sind unbedingt erforderlich.

Wer träumt nicht davon, den ganz großen Auftritt zu vollführen? Wer an Messen teilnimmt, gehört zu den Wichtigen der Branche. Anders als in den klassischen Produktbereichen, wo Aufträge häufig direkt auf der Messe erteilt werden, liegt im Beratergeschäft der Hauptnutzen darin, von einem bestimmten Publikum gezielt im Kontext der Experten wahrgenommen zu werden. Aber natürlich muss der Anspruch auch lauten, in angemessenem Umfang Aufträge durch den Messeauftritt zu erhalten – sehr häufig jedoch decken diese gerade den Aufwand.

Für Berater, Coachs oder Trainer ist der persönliche Kontakt besonders wichtig, um Aufträge zu generieren. Während man Bücher oder ein neues Mobiltelefon auch im Internet bestellen kann, benötigt ein Interessent von seinem künftigen Berater einen Eindruck von dessen Persönlichkeit, Auftreten und Methoden. Genau diese Möglichkeit des persönlichen Kennenlernens bietet der Messeauftritt.

Was kann man auf einer Messe erreichen? Die folgenden Chancen sind damit verbunden:

- Sich in geeignetem Kontext als Experte oder Meinungsführer positionieren,
- Kontakte persönlich knüpfen und Aufträge generieren,
- Konkurrenzsituation und Marktposition ausloten,

- das eigene Portfolio oder neue Ideen austesten, Meinungen und Trends erfahren,
- als Messebesucher Kontakte knüpfen und Markttendenzen aufspüren.

17.1 Ein Schritt, der gründlich überlegt sein will

Eine Messe ist natürlich keine Pflicht für Berater. Dieser Schritt will vielmehr gut überlegt sein, denn er kostet nicht nur Geld, sondern kann, schlecht ausgeführt, dem Image sogar schaden. Ein Messeauftritt ist dann hilfreich, wenn Sie Ihrem professionellen Marketing noch einen extra Schliff verpassen wollen. Das ist sinnvoll, wenn Sie gerne mit Leuten in Kontakt treten – aber nur, wenn Ihre Zielgruppe genau diese Messe besucht. Wollen Sie sich in einem bestimmten Fachkontext präsentieren, oder sind vielleicht Ihre wichtigen Wettbewerber auf einer bestimmten Messe? Auch wenn Sie die Größe Ihres Unternehmens zeigen wollen, können Sie einen Messeauftritt erwägen – denn das gelingt auf einer Messe glaubhafter als etwa im Internet oder mit einer Imagebroschüre.

Noch bevor Sie an die Kalkulation denken, ist die Frage entscheidend, welche Messe die richtige ist. Informieren Sie sich ausführlich über die Besucher: Ist das Ihre Zielgruppe? Sind es auch diejenigen, die über die Aufträge letztlich entscheiden? Ein Messeauftritt kann nur dann erfolgreich sein, wenn Sie den Besuchern genau das anbieten, was sie dort suchen. Für alles andere haben sie vermutlich kein Interesse – und ganz sicher keine Zeit. Für viele Berater und Trainer sind sicherlich die Personalmessen wie in Wiesbaden oder Köln interessant.

Was kostet der Auftritt tatsächlich? Miete, Stand, Personal, Material et cetera: Rechnen Sie alles zusammen und vergleichen Sie die Gesamtkosten mit dem erhofften Nutzen. Wie viele Aufträge brauchen Sie, um diese Kosten zu decken? Wie viele Gespräche müssen Sie wiederum führen, um diese Aufträge zu gewinnen?

Neben der rein finanziellen Kalkulation ist es auch wichtig, die Bekanntheitswirkung zu betrachten. Wie viel ist Ihnen zusätzliche Bekanntheit wert? Wenn Sie zum Beispiel erst seit kurzer Zeit auf dem Markt und bei Ihrer Zielgruppe noch relativ unbekannt sind, kann ein Messeauftritt einen guten Startimpuls auslösen.

Lohnt sich der Messeauftritt für Sie?

Prüfen Sie vorher Folgendes:

- Wie wichtig ist in Ihrem Bereich der persönliche Kontakt im Vertrieb?
- Wie viel kostet der Messeauftritt genau? Rechnen Sie alle Kosten zusammen:
  - Standmiete und Nebenkosten wie Strom, Internet, Standreinigung et cetera,
  - Sondergenehmigung für Standbau und Aktionen,
  - Messestand, Ausstattung, Dekoration,
  - Personalkosten vor, während und nach der Messe,
  - Anfahrt und Unterbringung,
  - Bewirtung der Gäste und Standbetreuer,
  - Informationsmaterial, Marketingartikel.
- Wie viele Aufträge müssen Sie im Nachgang akquirieren, um diese Kosten zu decken?
- Wie viele Vertriebsgespräche müssen Sie führen, damit Sie diese Aufträge voraussichtlich bekommen?
- Wie ist die Besucherstruktur der Messe?
- Wer sind die anderen Aussteller?
  - Sind Ihre Wettbewerber dort?
  - Sind Anbieter verwandter Bereiche dort?
  - Sind Unternehmen vergleichbarer Größe dort?
  - Passen Sie und Ihr Angebot in dieses Umfeld? Sehen Sie sich gerne dort?

17.2 Wichtige Vorbereitungen

Ist die Entscheidung gefallen, beginnen die Vorbereitungen. Gut wäre es, wenn Sie jetzt noch mindestens sechs Monate Zeit haben, besser länger. Denn bestimmte Dinge können Sie nur mit genug Vorlauf realisieren: Buchen Sie zuerst einen Stand! Denn die besten Plätze sind meist lange im Voraus reserviert. Schon die Lage entscheidet, wie viele Gäste Sie bemerken werden – ob Sie an einem belebten Durchgang oder einer toten Ecke stehen. Zum Teil sind die Besucherströme auf dem Hallenplan erkennbar: Wo ist der Eingang, wo liegen Restaurants und Cafeterien, welche Aussteller sind Anziehungspunkte? Fragen Sie dazu auch Messeorganisatoren, die oft zusätzliche Hinweise geben können.

Als Nächstes ist es ratsam, sich einen Überblick über Marketing-Angebote der Messeorganisation zu verschaffen. Katalogeintrag, Newsletter-

Beitrag, Messezeitung, Vortragsplatz: Verpassen Sie nicht die Termine! Gerade die Möglichkeit, einen kurzen Fachvortrag zu halten, wie sie die »Personal und Weiterbildung« in Wiesbaden anbietet, erweist sich regelmäßig als Erfolg. Es ist von Vorteil, wenn Sie ein konkretes Kundenbeispiel vorstellen können, noch besser, wenn der Kunde selbst dabei ist. Aber beachten Sie: Der Nachmittag des letzten Messetags ist kein guter Zeitpunkt.

Nutzen Sie obendrein Ihre eigenen Kommunikationskanäle, um auf Ihren Messeauftritt hinzuweisen. Geben Sie in Ihrem Newsletter, im Internet, in E-Mail-Signaturen und der Geschäftspost das Messedatum mit Ihrer Standnummer bekannt. Erwähnen Sie den Messeauftritt auch in Telefonaten oder laden Sie Ihre Kontakte ganz gezielt ein; in der Regel bekommen Sie günstige Eintrittskarten für Ihre Kunden. Selbst wenn die meisten nicht zu Ihrem Stand kommen und Sie vermutlich nicht mit Ihren Stammkunden auf der Messe über die weitere Zusammenarbeit sprechen müssen: Darin liegt eine weitere Chance für die positive Außenwirkung Ihres Messeauftritts, die Sie nicht verschenken sollten.

Je mehr Sie bereits im Vorfeld über die Messe in Erfahrung bringen, desto besser können Sie Ihren Erfolg planen. Drei Wege sollten Sie dafür nach Möglichkeit nutzen:

- Gehen Sie selbst zunächst als Besucher auf diese und andere Messen, wenn dies noch vor Ihrem Auftritt möglich ist. Stellen Sie sich vor, wie Sie als Aussteller dort aussehen würden. Welche Stände sprechen Sie an? Hinter welchen wollten Sie eher nicht stehen?
- Sprechen Sie mit dem einen oder anderen Aussteller. Von seinen Erfahrungen können Sie in vielerlei Hinsicht profitieren – welche Lage gut ist, wie viele Prospekte die Interessenten mitnehmen, wie die Qualität der Anfragen ist et cetera.
- Fragen Sie die Messeorganisatoren, niemand anders kennt die Veranstaltung so gut wie sie. Welche Aussteller sind erfahrungsgemäß Besuchermagneten? Welche Aktionen planen die anderen?

17.3 Eine klare Botschaft vermitteln

Was will man eigentlich ausstellen? Auf einer klassischen Produktmesse ist das klar: das neueste Modell – sei es ein Auto oder eine Baumaschine. Eine attraktive Messehostess daneben, und das Publikum ist begeistert (oder auch nicht). So einfach geht das zwar für Trainer, Berater oder Coachs nicht, das Prinzip ist dennoch das gleiche: die Leistung so konkret und greifbar wie möglich darstellen und dazu einen angenehmen Rahmen schaffen.

Dabei ist es wichtig, eine klare, für Interessenten sofort ersichtliche Botschaft in allen Kanälen konsequent zu vermitteln – durch den Stand, das Informationsmaterial, die Aktionen, das Auftreten. Meist ist es erfolgreicher, eine klare Aussage zu treffen und einen Aspekt aus dem Angebot herauszugreifen als die komplette Leistung umfassend darzustellen. Zu viel Information kann leicht verwirren – schließlich bleibt nur wenig Zeit, um einen Besucher zu überzeugen.

Um eine klare Aussage für den Messeauftritt festzulegen, sind drei Aspekte wichtig:

1. Wer sind die Messebesucher und was suchen sie auf der Messe?
2. Wer sind die anderen Aussteller und welche Wettbewerber sind da?
3. Wer bin ich, was mache ich, was biete ich, was zeichnet mich aus?

Denken Sie daran, die Messeaussage an Ihrer Botschaftslinie (siehe Kapitel 1.5) auszurichten – was zählt, ist sich vom Wettbewerb abzuheben und ein Leidensdruckthema der Zielgruppe anzusprechen. Betrachten Sie den Messeauftritt als Bühne, auf der Sie sich und Ihr Angebot in Szene setzen. Gestalten Sie ihn dementsprechend! Seien Sie originell und professionell.

Entscheidend ist, wie viele Besucher Sie anlocken. Daher gilt es, Aufmerksamkeit zu erzeugen und Ihre Leistung erlebbar zu machen. Zeigen Sie deshalb, was Sie tun – und zwar so, dass der Kunde es sofort versteht. Der Stand muss auf den ersten Blick zeigen, worum es geht. Lassen Sie sich nicht davon leiten, wie man üblicherweise Messen gestaltet – gehen Sie vielmehr von Ihrer Idee aus, also von Ihrer Botschaftslinie, durch die Sie sich von den anderen abheben. Wie kann das aussehen?

Ein Anbieter für Kommunikations- und Verhaltenstrainings hatte sich zum Beispiel eine Aktion ausgedacht, die nicht nur Einblick in seine Arbeitsweise, sondern zugleich Anknüpfungspunkte für ein weiteres Gespräch bot: Interessenten konnten direkt am Messestand ein psychologisches Kurzprofil erhalten. Normalerweise setzt der Trainer diese Profile als Trainingsvorbereitung für seine Teilnehmer ein; speziell für die Messe hatte er eine Kurzversion mit Schnellauswertung entwickelt.

Bewährt haben sich spezielle Messeangebote mit niedriger Hemmschwelle. Zum Beispiel können Sie einen Impulsworkshop zu Ihrem Thema anbieten, der es einem Interessenten ermöglicht, Ihre Leistung zu einem günstigen Preis zu testen und erst dann über die weitere Zusammenarbeit zu entscheiden.

Zu einem professionellen Auftritt gehört sorgfältig gestaltetes und hochwertiges Material – von der Standausstattung über die Beschriftung bis zu gedruckten Broschüren und Handzetteln. Sonst ziehen die Besucher schnell den Schluss, bei der Arbeit werde genauso improvisiert. Erstaunlicherweise sieht man dennoch auf Messen immer wieder lieblos mit Klebestreifen befestigte Plakate oder noch schnell selbst ausgedruckte Handzettel.

17.4 Angebot zum Dialog

Auch das Standpersonal gehört zur Gestaltung: Wer ist vor Ort? Im Beratungsbereich brauchen Sie keine Messehostessen; was zählt sind Mitarbeiter, die das Angebot kompetent erklären können. Es sollten daher Berater da sein, und mindestens ein Mitglied der Geschäftsführung. So erhalten potenzielle Kunden ein Bild von Ihrem Unternehmen – und einen weiteren Anhaltspunkt für die Entscheidung, ob Sie zusammenpassen.

Kommen Besucher an den Stand, wollen sie sich zunächst in Ruhe umsehen, orientieren, verstehen, worum es geht und einschätzen, ob das Angebot für sie von Bedeutung ist. Erst dann interessieren sie sich für ein kompetentes, freundliches Beratungsgespräch. Man gibt ihnen also erst ein wenig Zeit und bietet dann einen Dialog auf Augenhöhe an: ohne aufdringlich zu sein, ohne einen Verkaufston anzuschlagen. Halten Sie die Inhalte gleich nach jedem Gespräch fest, zusammen mit der Visitenkarte der Person, denn nach einem oder mehreren Messetagen ist es unmöglich, sich an alles Wichtige zu erinnern.

Denken Sie daran, dass nicht nur potenzielle Kunden an Ihren Stand kommen. Sie können sich auf die verschiedensten Besucher einstellen: interessierte Kooperationspartner, zukünftige Mitarbeiter, Studenten, Wettbewerber; und mit etwas Glück auch Journalisten. Bereiten Sie sich auf all diese Fälle vor, und setzen Sie bewusst Prioritäten – natürlich lassen Sie keinen Kaufinteressenten warten, weil Sie einem Anbieter zuhören, der Ihnen etwas verkaufen möchte.

17.5 Der Erfolg zeigt sich im Nachgang

Das Wichtigste nach dem Messeauftritt ist der Umgang mit den Kontakten, die Sie gesammelt haben. Bedenken Sie: Ihre Standbesucher haben auf der Messe unzählige Gespräche geführt; damit sie sich an Sie erinnern, ist es klug, sie schnell wieder zu kontaktieren. Melden Sie sich möglichst am nächsten Tag – mit einer E-Mail, in der Sie sich für das Interesse bedanken. Im Idealfall haben Sie schon im Gespräch einen Folgeimpuls vereinbart, zum Beispiel einen Fachartikel oder den Link für Ihre 60-Sekunden-Präsentation (siehe Kapitel 1.6) zu senden.

Überprüfen Sie Ihre Messeziele im Nachhinein. Verfolgen Sie die Kontakte über einen genügend langen Zeitraum, damit Sie überblicken, welchen Erfolg der Messeauftritt wirklich gebracht hat. So können Sie entscheiden, ob Messebeteiligung langfristig ein sinnvolles Marketinginstrument für Sie ist.

Fazit

Natürlich beansprucht ein Messeauftritt einen relativ großen Teil des Marketingbudgets. Gerade kleine Unternehmen und alleine arbeitende Berater, Trainer oder Coachs schrecken deshalb davor zurück. Wer allerdings Wert auf professionelles Marketing legt und weitere Wege zur Bekanntheit sucht, findet auf Messen ein perfektes Forum: Nirgendwo sonst kann man mit potenziellen Kunden so viele Gespräche in so kurzer Zeit führen. Auf Messen werden die Neuheiten präsentiert und wahrgenommen, hier kann man mitreden und die Meinungsführerschaft mitbestimmen. Deshalb ist für manche Berater die regelmäßige Beteiligung an Messen ein fester Teil des Marketings.

Damit Sie bei Ihrem Messeauftritt richtig liegen, sollten Sie Ihre Messebeteiligung professionell angehen, sich anschaulich präsentieren, sich von den Wettbewerbern klar abheben – und im Nachgang aus Interessenten tatsächlich auch Kunden machen.

18 Wie binde ich Mitarbeiter meines Unternehmens in Marketing, Vertrieb und PR ein?

Das Wichtigste vorweg ...
Wenn in Ihrem Unternehmen mehrere Berater tätig sind, können Sie die Marketingkraft Ihres Unternehmens auf einfache Weise verdoppeln oder vervielfachen: Binden Sie Ihre Mitberater in das Marketingkonzept mit ein und sorgen Sie dafür, dass jeder Berater aktiv für das Unternehmen PR macht – zum Beispiel indem er regelmäßig Artikel publiziert.

Wenn nicht nur der Chef, sondern auch der Rest der Mannschaft in Sachen Marketing und PR unterwegs ist: Schon für ein kleines Unternehmen ab zwei oder drei Berater ist das eine höchst lohnende Strategie. Denn im Marketing kommt es nicht nur auf die Qualität, sondern auch schlicht und einfach auf die Masse der Aktivitäten an. Es ist ein gewaltiger Unterschied, ob Sie als Einzelberater drei Artikel im Jahr publizieren und drei Vorträge halten – oder ob fünf Mann mit 15 Artikeln und 15 Vorträgen den Namen eines Beratungsunternehmens in den Markt tragen.

Wenn Sie also als Geschäftsführer die Partner und Mitarbeiter Ihres Unternehmens ins Marketing einbinden und sie dazu motivieren, aktiv PR zu betreiben, können Sie Ihre Marketing-Effektivität enorm steigern.

Wie gelingt es Ihnen, Ihre Mitarbeiter auf diese Weise fest in das Marketing einzubeziehen? Das geschieht am besten ganz klassisch durch verbindliche Zielvereinbarungen. Diese sind Teil eines »PR-Kreislaufs«, der dazu dient, den PR-Prozess aufrechtzuerhalten und kontinuierlich zu verbessern.

Die folgende Skizze illustriert die Vorgehensweise sowie das Prinzip dieses PR-Kreislaufs:

- Die Geschäftsleitung legt Positionierung und Strategie fest.
- Im zweiten Schritt steigt die Geschäftsleitung selbst in Marketing und PR ein (schreibt zum Beispiel Artikel oder hält Vorträge), um eigene

Erfahrungen zu sammeln und um als Vorbild im Unternehmen aufzutreten.

- Es folgt ein Kick-off-Workshop, der die Berater mit der PR-Strategie und ihrer künftigen Rolle als »PR-Beauftragte« vertraut macht.
- Nun folgen erste PR-Gehversuche der Beteiligten, zum Beispiel das Publizieren erster Artikel.
- Die Ergebnisse dieser Gehversuche werden in einem zweiten Workshop besprochen. Hier wird dann auch das weitere Vorgehen festgelegt, mit jedem Mitarbeiter werden verbindliche Zielvereinbarungen geschlossen. Der PR-Kreislauf beginnt.
- Im Zuge des PR-Kreislaufs (Ziele → Umsetzung → Workshop → Ziele) findet jährlich ein Workshop statt, um die Ziele fortzuschreiben und den Prozess weiter zu optimieren.

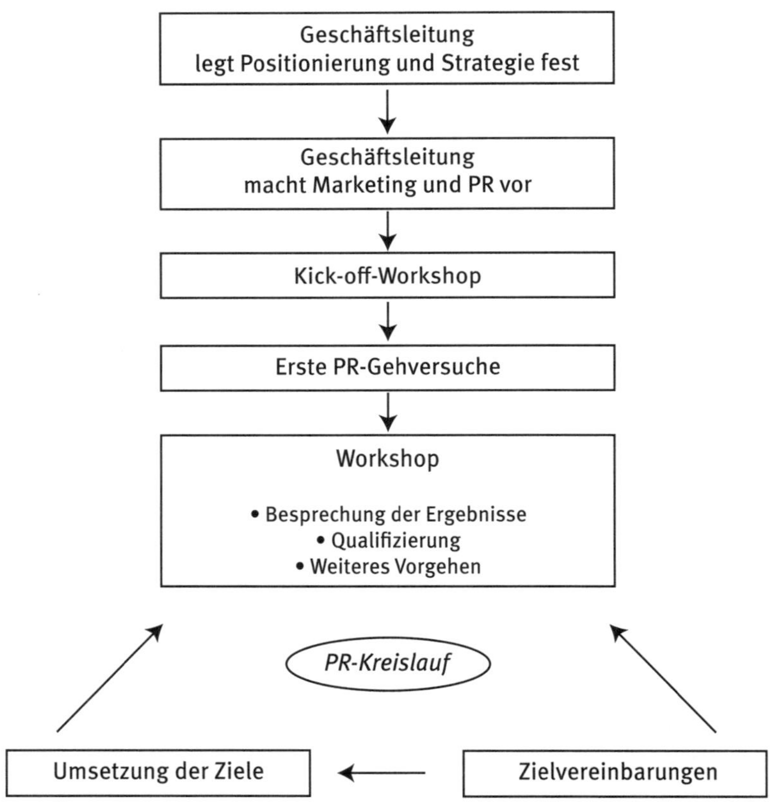

Abbildung 22: PR-Kreislauf

18.1 Kick-off-Workshop und erste Gehversuche

Schritt 1: Geschäftsleitung legt Positionierung und Strategie fest. Ausgangspunkt ist eine Marketingstrategie, die sich an der Kernbotschaft des Unternehmens ausrichtet – darin liegt selbstverständlich die Hausaufgabe der Geschäftsleitung, die jeder PR-Maßnahme vorausgehen muss. Doch wie geht es weiter?

Schritt 2: Geschäftsleitung macht Marketing und PR vor. Bevor die Geschäftsleitung die Mitarbeiter zum ersten PR-Meeting zusammenruft, sollte sie selbst wissen, wovon sie spricht. Idealerweise hat der Geschäftsführer deshalb schon selbst einige Artikel publiziert und ist auch schon einmal als Redner bei einer Veranstaltung aufgetreten. Möglicherweise hat er sich auch von einem PR-Spezialisten beraten lassen.

Schritt 3: Kick-off-Workshop. Nun ruft die Geschäftsleitung ihre Mitberater zu einem Kick-off-Workshop zusammen. Es geht um Ziele, aber auch schon um Inhalte und PR-Handwerk: Was soll erreicht werden? Was kann jeder einzelne Berater dazu beitragen? Welche PR-Möglichkeiten gibt es? Wie publiziert man Artikel? Wie kann man ein Thema spannend inszenieren, sodass es für Redaktionen und Leser interessant ist? Worauf ist sprachlich zu achten? Die Teilnehmer erfahren also nicht nur die Marketing- und PR-Ziele, sondern erhalten auch eine Einführung in die Grundlagen von PR und Inszenierung. Für diesen inhaltlichen Part kann es auch sinnvoll sein, einen PR-Spezialisten zu engagieren, der sich mit dem Beratungsmarkt gut auskennt.

Schritt 4: Erste PR-Gehversuche. Der Kick-off-Workshop schließt damit, dass jeder Teilnehmer eine erste PR-Aufgabe übernimmt, die er in den nächsten sechs bis neun Monaten umsetzen soll. Während des Workshops wurden zum Beispiel drei Ideen für Artikel und drei Ideen für Vorträge erarbeitet, aus denen sich die Mitarbeiter nach Wunsch ihr erstes Thema aussuchen. Wichtig ist hier: Klein anfangen! Ein Artikel in einer wenig bekannten Branchenzeitschrift oder ein Vortrag vor kleinem Publikum sind in dieser Phase die richtige Spielwiese. Entscheidend ist, einen Anfang zu machen.

Schritt 5: Workshop. Nach sechs bis neun Monaten folgt ein zweiter Workshop, bei dem das Team zunächst seine ersten PR-Erfolge gebührend feiert. Bereiten Sie eine schöne Mappe vor, in der Sie die veröffentlichten Artikel präsentieren! Dann wird Bilanz gezogen und das weitere Vorgehen besprochen – womit dieser Workshop der Start des PR-Kreislaufes ist, der von nun an die PR-Arbeit regelt und steuert.

18.2 Zielvereinbarungen und PR-Kreislauf

Mit dem zweiten Workshop beginnt, wie gesagt, der PR-Kreislauf: Der Workshop mündet in konkrete Zielvereinbarungen, es folgt die Umsetzung der Ziele, nach einem Jahr wieder ein Workshop, der Bilanz zieht und die Ziele fortschreibt. Es lohnt sich, den Workshop immer auch mit einer kleinen Schulung zu verbinden, um die PR-Qualifikation kontinuierlich zu verbessern. Zum Beispiel können Sie hierzu auch einmal den Redakteur einer Fachzeitschrift einladen, der Einblick in die Arbeitsweise einer Redaktion gibt und die Kriterien für die Artikelauswahl erläutert.

Vor allem hat der Workshop aber die Aufgabe, die PR-Ziele für die nächsten zwölf Monate zu definieren, die dann in die Zielvereinbarungen der einzelnen Berater eingehen. Wenn es ohnehin Jahresgespräche gibt, bietet es sich an, die PR-Ziele in den dort vereinbarten Zielekatalog mit aufzunehmen. Oder aber man trifft eine eigene Zielvereinbarung »PR-Ziele«.

Eine solche, auf ein Jahr angelegte Vereinbarung kann dann zum Beispiel die Ziele »drei Artikel publizieren« und »Mitarbeit am aktuellen Buchprojekt mit zwei Kapiteln« festlegen. Wichtig sind konkrete PR-Ziele, die dem einzelnen Berater aber auch genügend Freiraum lassen, um seine eigene Vorgehensweise zu entwickeln. Zudem sollte ein gewisses Zeitbudget festgelegt werden – denn Sie können nicht erwarten, dass die PR-Tätigkeit ausschließlich in der Freizeit stattfindet.

Kommt der Kreislauf aus »Workshop – Zielvereinbarungen – Umsetzung – Workshop« in Gang, stellen sich in der Regel nach ein bis zwei Jahren positive Effekte ein, die weit über den bloßen PR-Erfolg hinausgehen. Die Berater werden Freude daran bekommen, für das Unternehmen zu publizieren. Sie lesen ihren eigenen Namen, halten im Namen des Unternehmens Vorträge, können positive Projektbeispiele öffentlich dokumentieren und damit auch aufzeigen, wie sie ihre Beratungsthemen voranbringen.

Ein funktionierender PR-Kreislauf motiviert aber nicht nur, sondern richtet das Augenmerk zunehmend auf die Außenwirkung. Die Berater fangen an, in Marketingkategorien zu denken: Sie verinnerlichen die Kernbotschaft, an der sie ja alle Themen und PR-Aktivitäten ausrichten müssen – fangen also an, strategisch für das eigene Unternehmen mitzudenken. Zunehmend selbstsicher präsentieren sie sich und das Unternehmen in der Öffentlichkeit. Letztlich festigt der PR-Kreislauf damit die Unternehmenskultur und den inneren Zusammenhalt der Mitarbeiter.

Selbstverständlich gewinnt nicht nur das Unternehmen an Profil, sondern auch jeder einzelne Berater. Zwar wird der Zuschnitt der Artikel, Vorträge und anderen PR-Aktivitäten stets mit der Geschäftsleitung abgestimmt, auch erscheint neben dem Namen des Beraters immer der Name der Firma; dennoch nutzt die PR auch der persönlichen Profilierung des einzelnen Beraters. Er wird im Arbeitgebermarkt interessanter, die Headhunter werden auf ihn aufmerksam, sein Marktwert steigt – und natürlich auch seine Neigung, sich selbstständig zu machen.

Nur: Diese Entwicklung können Sie ohnehin nicht aufhalten. Wenn ein angestellter Berater anspruchsvolle Kundenprojekte übernimmt, gewinnt er automatisch an Profil – und wird Sie mit hoher Wahrscheinlichkeit eines Tages verlassen. Bis zu 80 Prozent der wirklich guten Berater wechseln in die Selbstständigkeit, so eine erst kürzlich veröffentlichte Studie. Da ist es die bessere Strategie, diese Leute bis dahin noch für die PR des eigenen Hauses zu nutzen.

Fazit

Wenn Sie als Geschäftsführer Ihre Mitarbeiter ins Marketing einbinden und dazu motivieren, aktiv PR zu betreiben, können Sie die Schlagkraft Ihres Marktauftritts erheblich verstärken. Denn im Marketing kommt es nicht nur auf die Qualität, sondern auch auf die Masse der Aktivitäten an. Der Weg dahin kann darin liegen, einen PR-Kreislauf zu installieren, der aus den Stationen Workshop – Zielvereinbarungen – Umsetzung – Workshop besteht; er hat die Aufgabe, den PR-Prozess aufrechtzuerhalten und kontinuierlich zu verbessern. Bei dem jährlich stattfindenden Workshop werden die PR-Ziele des Vorjahres überprüft und fortgeschrieben. Zudem sollte man den Workshop immer auch mit einer kleinen Schulung verbinden, um die PR-Qualifikation der Berater stetig zu verbessern.

19 Wie gehe ich mit Referenzen um?

Das Wichtigste vorweg …

Referenzen sind in manchen Situationen notwendig, in jedem Fall aber sehr nützlich. Sie bieten eine wertvolle Chance, Ihre Kernbotschaft zu transportieren – sofern sie richtig eingesetzt werden. Wer seine Referenzen nur unter einem Menüpunkt im Internet auflistet, verschenkt den größten Teil des Potenzials, das dieses Marketinginstrument bietet.

Benötigen Sie überhaupt Referenzen? Tatsächlich gibt es Fälle, bei denen Referenzen nahezu unabdingbar sind. Vor allem, wenn für den Auftraggeber viel auf dem Spiel steht und er ein hohes Bedürfnis nach Sicherheit hat. Ein Unternehmer zum Beispiel, dem die Aufträge wegbrechen und dessen Existenz von neuen Kreditlinien bei der Bank abhängt, wird für die Vorbereitung auf das Bankgespräch nur einen Berater mit ausgewiesenen Referenzen engagieren – alles andere wäre in dieser Situation fahrlässig. Auch der überforderte Bereichsleiter, der in einem Vierteljahr zusätzlich die Leitung einer chinesischen Tochtergesellschaft übernehmen soll und in dieser Situation Hilfe bei einem Coach sucht, wird erst nach dessen Referenzen fragen.

Als Berater, Trainer oder Coach können Sie also durchaus mit Situationen konfrontiert sein, bei denen Sie Referenzen nennen müssen. Das ist dann der Fall, wenn entweder der Kunde ein besonderes Sicherheitsbedürfnis hat oder wenn Sie eine sehr spezielle Leistung belegen wollen. So werden Sie kaum ohne Referenzen auskommen,

- wenn Sie eine besondere Erfahrung, zum Beispiel »25 Jahre Beratungserfahrung«, kommunizieren wollen, ohne damit anzugeben,
- wenn Sie sich als Spezialist für eine besondere Zielgruppe (Einzelhändler, Krankenhäuser, Automobilzulieferer et cetera) positioniert haben und diese Branchenerfahrung zeigen wollen,
- wenn Ihre Kunden in einer sehr schwierigen, unsicheren Situation sind (Sanierung, Krisensituation) und deshalb ein hohes Maß an Sicherheit benötigen,

- wenn Sie zu Ihren Kunden ein besonderes Vertrauensverhältnis aufbauen müssen.

Aber auch in allen anderen Fällen können Referenzen sehr nützlich sein – nämlich als Marketinginstrument, mit dem Sie auf elegante Weise Ihre Kernbotschaft in den Markt tragen – vorausgesetzt Sie setzen das Instrument »Referenzen« richtig ein.

Angenommen eine Unternehmensberatung berät ein Maschinenbau-Unternehmen in Personal- und Organisationsfragen. Deren Leistungsbeschreibung im Internet beginnt dann typischerweise mit etwa folgenden Worten: »Wir sind eine seit über 20 Jahren erfolgreich tätige Unternehmensberatung auf dem Gebiet der Personal- und Unternehmensentwicklung und unterstützen unsere Kunden bei der Entwicklung und Implementierung von ...«

Sie können den Leser aber auch ganz anders ansprechen. Platzieren Sie oben links auf der Seite das Foto eines Kunden, darunter dessen Name, Funktion und ein Zitat. Wer Ihre Seite aufruft, blickt als Erstes in ein freundliches und zufriedenes Gesicht und stellt dann fest, dass es sich um einen Kollegen aus der Branche handelt. Natürlich ist der Besucher Ihrer Seite nun neugierig, was dieser Kollege zu sagen hat und was er von Ihrer Leistung hält. Deshalb liest er auch gleich die wenigen Zeilen unter dem Bild:

> *»Durch Empfehlung wurden wir schon 1996 auf die Beratung X aufmerksam und arbeiten seitdem ausschließlich mit diesem Partner zusammen, wenn es um Fragen der Personalentwicklung geht.« Max Müller, Geschäftsführer der MaMü Maschinenbau GmbH.*

Was wirkt besser? Für viele die zweite Möglichkeit. Das Foto mit dem Kundenzitat vermittelt gleich mehrere Botschaften – nämlich dass Sie im Maschinenbau tätig sind, dass Sie viele Jahre Erfahrung haben, dass Sie weiterempfohlen werden und dass man mit Ihnen gerne langfristig zusammenarbeitet. Das alles teilen Sie auf eine sympathische Weise mit. Denn nicht Sie selbst sagen, wie gut Sie sind, sondern Sie überlassen das Lob einem Außenstehenden, mit dem sich der Leser zudem identifizieren kann. Sie inszenieren sozusagen eine Empfehlung von Kollege zu Kollege.

Noch etwas zeigt dieses Beispiel: Es wäre schade, wenn Sie Ihre Referenzen einfach nur hinter einen Menüpunkt auf Ihrer Internetseite verbannen würden. Damit verschenken Sie viele Chancen, die dieses Instrument bietet. Denn Referenzen können Sie an vielen Stellen im Marketing einsetzen:

- Ergänzen Sie im Menüpunkt »Leistungen« die Darstellung Ihres Angebots durch kurze Zitate von Kunden, die mit der jeweiligen Leistung zufrieden waren.
- Schildern Sie unter dem Punkt »Projektbeispiele« Ihre erfolgreichen Projekte nicht anonymisiert, sondern indem Sie den Kunden nennen und Stellung nehmen lassen.
- Nutzen Sie in Ihrer Firmenbroschüre die Möglichkeit, mit Kundenzitaten zu arbeiten.
- Verfassen Sie eine Referenzen-Broschüre oder eine 60-Sekunden-Präsentation mit Kundenstimmen.

Eine Referenzen-Broschüre ist sinnvoll, wenn Sie mindestens acht bis zehn gute Kunden haben, die Sie mit Namen, Unternehmen und Foto zitieren können. Kombiniert mit kurzen Projektbeschreibungen kann diese Broschüre dann ein hervorragendes Instrument sein, um Erfahrung und Kompetenz zu belegen und die Besonderheit Ihres Angebots herauszustellen. Auch für Journalisten sind die »Stimmen der Kunden« oft das entscheidende Argument, das Sie als praxiserfahrenen Experten und damit als interessanten Interviewpartner ausweist.

Ganz ähnlich die 60-Sekunden-Präsentation: Auch sie ist ein Instrument, mit dem Sie Ihre Leistung im Spiegel der Kunden vorstellen können. Es handelt sich dabei um einen kleinen Film, der nicht als Video gedreht, sondern einfach anhand von Bildern und Grafiken programmiert wird – eine selbstlaufende, 60-sekündige Bildschirmpräsentation. Der Film steht abrufbereit auf Ihrer Webseite und kann von jedem Interessenten angesehen werden. Der Charme dieses Instruments liegt auch darin, dass Sie einem möglichen Kunden nicht erst per Post eine Broschüre senden müssen, sondern ihm einfach schnell den Link mailen können.

Die Grundregel, um Referenzen erfolgreich einzusetzen, lässt sich in einem Satz zusammenfassen: Immer dann, wenn Sie Ihre Leistungen und Kompetenzen vorstellen, lohnt es sich, dies im Spiegel zufriedener Kunden zu tun.

19.1 Referenzen sind Botschaftsträger

Werden Sie häufig nach Referenzen gefragt, weil Interessenten Ihre Kompetenz bewiesen haben wollen, ist das ein Indiz dafür, dass Sie möglicherweise Ihren Expertenstatus noch nicht ausreichend publiziert haben. Denn wenn der Marktauftritt stimmt und das Geschäft angelaufen ist, sollte ein Berater hoffentlich nicht mehr beweisen müssen, dass er gut ist. Ein neuer Interessent sollte ihm auch ohne zusätzliche Referenzen grundsätzlich vertrauen.

Die Funktion von Referenzen sollte jedenfalls nicht in erster Linie darin liegen, Zweifel an der Kompetenz eines Beraters zu zerstreuen, sondern eine Botschaft zu vermitteln. Idealerweise kommt in den Referenzen zum Ausdruck, was ein Berater tut und wie er es tut – also Inhalt und Qualität seiner Leistung. Dafür genügt es dann allerdings nicht, Referenzen wahllos zu sammeln und aufzulisten, sondern es braucht eine klare Referenzen-Strategie: Jede Referenz muss so ausgewählt sein, dass Sie die Kernbotschaft unterstützt und zusammen mit den anderen Referenzen ein stimmiges Gesamtbild ergibt.

Konkret bedeutet das: Holen Sie bei den Kunden aktiv Zitate ein und bearbeiten Sie diese dann so, dass sie das Besondere Ihrer Leistung herausstellen und auf Ihre Kernbotschaft verweisen. Zwei Beispiele:

- Kundenzitat auf der Internetseite eines Produktionsberaters: »Mit professioneller Projektführung und großer Zähigkeit hat uns Herr X dabei unterstützt, unsere Prozesse und Abläufe in der Produktion zu verbessern. Ihm haben wir es zu verdanken, dass wir innerhalb von sechs Monaten unsere Durchlaufzeiten um 30 Prozent verkürzen konnten.«
- Kundenzitat auf der Internetseite eines Bankstrategieberaters: »Herr X kam nicht mit einer vorgefertigten Checkliste, sondern hat aufmerksam zugehört, gezielt nachgefragt und durch die Analyse meiner Geschäftssituation ein tieferes Verständnis meiner Lage erlangt. Auf dieser Basis entwickelte er eine Gesprächsstrategie für die Bank und gab mir Hinweise – alle treffend, umsetzbar und hilfreich. Seit seiner Beratung gewährt mir meine Bank ohne Probleme zusätzliche Kredite.«

Bewährt hat es sich, einen Kunden zunächst zu fragen, ob er grundsätzlich bereit ist, dass eine Referenz veröffentlicht wird. Wenn ja, bieten Sie dann an, dass er entweder die Referenz selbst schreibt oder dass er Ihnen Stichworte liefert und Sie für ihn schreiben. Natürlich versichern Sie ihm dann, dass er sich frei fühlen soll, jederzeit alles zu ändern. 90 Prozent der Kunden wählen den zweiten Weg – und Sie haben es dadurch in der Hand, bis zu einem gewissen Grad selbst die Botschaften in den Referenzen zu steuern.

Auch im Falle einer einfachen Auflistung von Referenzen sollte damit immer auch eine strategische Aussage verbunden sein. Hat zum Beispiel ein auf Maschinenbau spezialisierter Berater die 20 Topunternehmen der Branche als Kunden, kann er seine besondere Branchenkompetenz demonstrieren, indem er die Namen dieser Unternehmen mit Logo und Ansprechpartner auflistet.

Versteht man auf diese Weise Referenzen als Botschaftsträger, sind sie im Kern nichts anderes als ein Marketinginstrument. Das heißt dann aber auch: Wenn Ihr Marketing insgesamt greift, die Anfragen von alleine kommen und das Geschäft gut läuft, verlieren sie an Bedeutung – bleiben aber dennoch immer eine nützliche Chance, gute Botschaften zu transportieren.

19.2 Verschiedene Referenzen-Formate

Für den praktischen Einsatz von Referenzen ist es sinnvoll, nach drei grundsätzlichen Formaten zu unterscheiden: den Kundenstimmen, der Kundenliste und der Story. Welches Format im konkreten Fall infrage kommt, hängt von Ihrer Situation und Zielsetzung ab.

Format 1: Kundenstimmen. Das Zitieren von Kunden bietet die Möglichkeit, die eigenen Leistungen, Besonderheiten und Stärken im Spiegel der Kunden zu präsentieren. Das Format ist geeignet, um sich inhaltlich vom Wettbewerb abzuheben. Verschiedene Varianten von der kurzen Videosequenz bis zum anonymen Textzitat sind hier möglich.

Format 2: Kundenliste. Eine Auflistung der Kunden bietet die Möglichkeit, auf eine große Zahl an Kunden hinzuweisen. Die Liste zeigt dem Interessenten: Sie sind wirklich im Geschäft!

Format 3: Story. Ein Berater, der ein Kundenprojekt als spannende Geschichte erzählt, vermittelt einen authentischen und intensiven Einblick in seine Arbeit. Das Format bietet eine hervorragende Möglichkeit, das Besondere einer Methode oder Arbeitsweise herauszustellen.

Format 1: Kundenstimmen

Von der Videosequenz mit dem Geschäftsführer bis zum anonymen Textzitat gibt es unterschiedlichste Varianten, um Kundenstimmen zu präsentieren. Je authentischer dabei das Zitat ist, das heißt je unmittelbarer der Kunde zum Interessenten spricht, desto nachhaltiger ist die Wirkung. Ordnet man mögliche Varianten nach ihrer Wirkung, lässt sich folgende Rangfolge aufstellen:

Wirkung	Variante	Hinweise
Stark ↓	Videozitat des Kunden mit Nennung von Unternehmen, Name und Position – aufrufbar über einen Link auf der Internetseite	Der Geschäftsführer antwortet vor der Kamera auf eine Frage – etwa nach dem Muster: »Herr Müller, wie beurteilen Sie die Zusammenarbeit mit dem Beratungsunternehmen XY?« Antwort: »Ja, gefällt mir ausgesprochen gut, weil ...«
↓	Audio-Zitat des Kunden mit Nennung von Unternehmen, Name und Position – aufrufbar über einen Link auf der Internetseite	Setzen Sie im Internet nicht nur einen Link zum Aufruf des Audiozitats, sondern stellen Sie den Sprecher auch kurz mit einem Foto vor.
↓ ↓	Textzitat mit Foto des Kunden, Nennung von Unternehmen, Name, Position	Achten Sie auf die Qualität der Fotos. Wenn Sie mehrere Kunden zitieren, sollte die Fotosprache einheitlich sein (möglichst selbst einen Fotografen beauftragen, anstatt die Bilder der Kunden zu verwenden).
↓	Textzitat ohne Foto des Kunden, Nennung von Unternehmen, Name, Position.	Setzen Sie das Textzitat grafisch vom Haupttext ab, damit es auch einem flüchtigen Leser ins Auge springt.
Schwach	Anonymes Textzitat	• Sprechen Sie auch eine anonyme Referenz mit dem Kunden ab. • Fügen Sie den Hinweis hinzu: »Gerne nenne ich Ihnen die Namen der Referenzgeber in einem persönlichen Gespräch.«

Das Format »Kundenstimmen« ist besonders interessant, weil es Ihnen die Möglichkeit bietet, inhaltliche Botschaften zu vermitteln und sich so vom Wettbewerb abzuheben. Deutlich wird das, wenn wir uns als Beispiel eine Referenzenauswahl der Immobilien-Experten Comes Real ansehen:

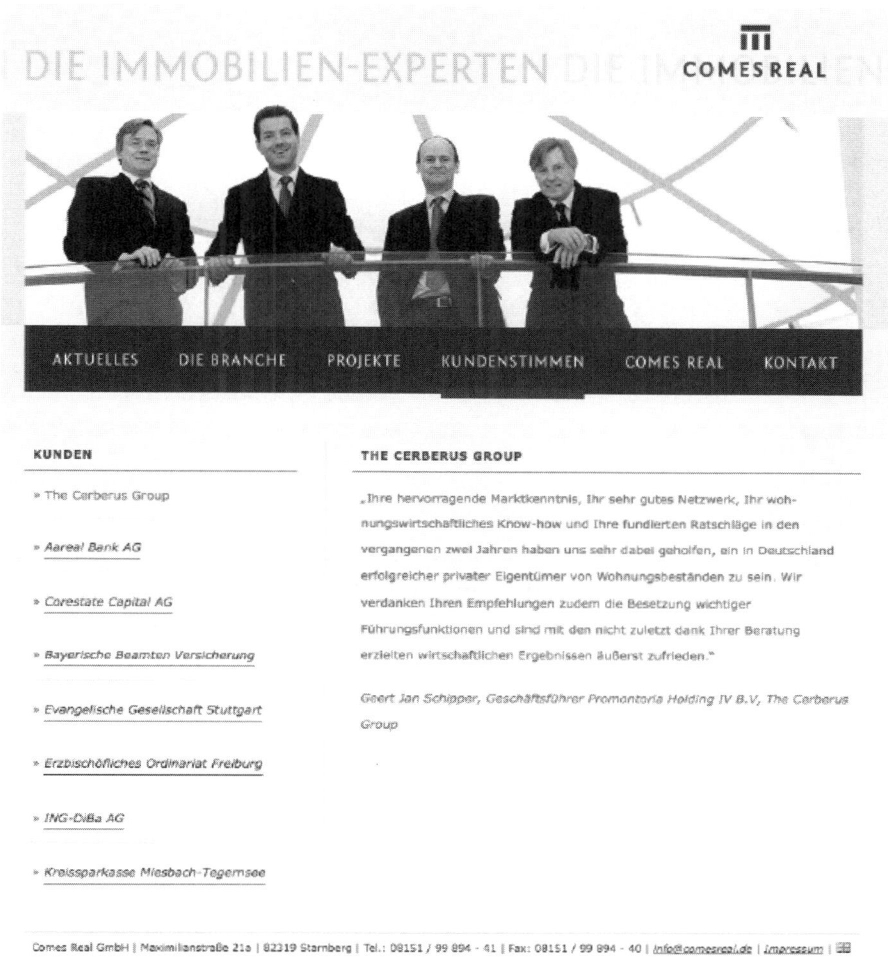

Abbildung 23: Ein gelungenes Beispiel für den Einsatz von Referenzen

The Cerberus Group
»Ihre hervorragende Marktkenntnis, Ihr sehr gutes Netzwerk, Ihr wohnungswirtschaftliches Know-how und Ihre fundierten Ratschläge in den vergangenen zwei Jahren haben uns sehr dabei geholfen, ein in Deutschland erfolgreicher privater Eigentümer von Wohnungsbeständen zu sein. Wir verdanken Ihren Empfehlungen zudem die Besetzung wichtiger Führungsfunktionen und sind mit den nicht zuletzt dank Ihrer Beratung erzielten wirtschaftlichen Ergebnissen äußerst zufrieden.«
Geert Jan Schipper, Geschäftsführer Promontoria Holding IV B.V,
The Cerberus Group

Corestate Capital AG
»Hier einige Gründe, warum ich die Berater der Comes Real richtig gut finde: kluge Köpfe auf gleicher Augenhöhe, engagiert-empathische Menschen, inhabergeführt und partnergetrieben, die sich wirklich reinhängen, nachhaltig agieren und denken wie ein Eigentümer. Mit solchen Beratern zu arbeiten, macht einfach Freude.«
Thomas Landschreiber, COO, Corestate Capital AG, Zug/Schweiz

Bayerische Beamten Lebensversicherung a.G.
»Neben aller Professionalität schätze ich an Comes Real besonders den Umstand, dass das Verhältnis einerseits von großem Vertrauen, andererseits von einer unbürokratischen Vorgehensweise geprägt ist.«
Dr. Jan-Peter Heck, Vorstand der Bayerische Beamten Lebensversicherung a. G.

Erzbischöfliches Ordinariat Freiburg
»Wir haben Sie als ›Begleiter‹ im besten Sinne des Wortes erlebt. Mit Ihrer Professionalität und Sensibilität für die Besonderheiten eines großen kirchlichen Immobilienvermögens und seiner Verwaltung haben Sie uns bei der Fortentwicklung unserer Portfolio-Strategie und einer zielorientierten Organisation wertvolle Hilfe geleistet. Wir denken gerne an die Begegnungen mit Ihnen zurück, die für uns immer bereichernd waren.«
Johannes Baumgartner, Oberrechtsdirektor, Erzbischöfliches Ordinariat Freiburg

ING-DiBa AG
»Comes Real ist ein effizienter Problemlöser. Das gilt für kleinere immobilienwirtschaftliche Themen wie für anspruchsvolle Großaufgaben.«
Wolf-Dieter Roßbach, Bereichsleiter Immobilienfinanzierung, ING-DiBa AG

Idealerweise spiegelt eine Abfolge von Textzitaten Ihre gesamte Botschaftslinie wider: Im Spiegel der Kundenstimmen lernt der Leser nicht nur Ihre Kernleistung kennen, sondern auch die Besonderheiten Ihres Angebots. Damit das gelingt, dürfen sich die Inhalte der verschiedenen Zitate nicht wiederholen, sondern müssen einander ergänzen und am Ende ein stimmiges Gesamtbild ergeben.

Das setzt voraus, dass Sie im Vorfeld eine Art Drehbuch entwerfen: Halten Sie zunächst fest, welche Kernaussagen Sie den Kunden in den Mund legen wollen. Überlegen Sie dann, welche Kunden Sie für welche Aussage gewinnen können – und besprechen Sie die gewünschten Zitate mit dem jeweiligen Kunden. Das funktioniert zumindest dann, wenn tatsächlich ein großer Teil der Kunden Sie darum bittet, nach ihren Stichworten die Referenzen selbst zu schreiben.

Der häufigste Einwand ist, dass die Kunden hierfür nicht bereit sind. Meine Erfahrung ist, dass in den meisten Fällen ein Kunde, wenn man ihn fragt, dann doch mitspielt. Das liegt zum einen daran, dass er einem Berater, mit dem er gut zusammenarbeitet, diesen Gefallen gerne tut. Zum anderen sehen viele Kunden darin auch eine Möglichkeit, sich selbst positiv darzustellen. Der Versuch kann sich also durchaus lohnen: In vielen Fällen erhalten Sie dann doch eine Referenz, obwohl Sie zunächst gar nicht damit gerechnet haben.

Konzipieren Sie dann eine einheitliche Darstellung der Kundenstimmen, zum Beispiel nach folgendem Schema:

- Name, Position, Logo des Unternehmens,
- aussagekräftige Überschrift,
- Zitat des Kunden (circa fünf Zeilen),
- Foto des Kunden.

Achten Sie auch auf eine einheitliche Fotosprache. Wenn die Fotos, die Sie von den Kunden erhalten, in Qualität oder Diktion nicht passen, sollten Sie selbst einen Fotografen beauftragen.

Format 2: Kundenliste

Wenn Sie 30 Referenzen oder mehr anführen können, die allein durch ihre Zahl, aber auch durch Namen, Marken oder Branchen beeindrucken, dann sollten Sie eine Kundenliste erstellen. Das Format ist besonders gut geeignet, wenn Sie Ihre Marktstärke in einer bestimmten Branche demonstrieren wollen.

Zum Beispiel hat der Vortragsredner Hermann Scherer in seinem Internetauftritt eine Seite »Kunden« eingerichtet, die mit folgenden Worten beginnt:

> *»Wer sind unsere Kunden?*
>
> *Auszug aus über 2.000 Namen der Referenzliste mit Institutionen, Verbänden, mittelständischen ›Hidden Champions‹, namhaften internationalen Unternehmen, Marktführern und solchen, die es werden wollen ...«*

Und es folgt von AA Holz GmbH bis Zwickauer Schweißtechnik eine schier unendliche Liste, deren Abdruck in diesem Buch mehr als 30 Seiten füllen würde – wirklich überzeugend.

Format 3: Story

Das mit Abstand anspruchsvollste Referenzformat ist die Story. Sie sollten dieses Format in Erwägung ziehen, wenn Sie über einige interessante und für Ihre Arbeit typische Projektbeispiele verfügen. Prüfen Sie dann, ob sich eines dieser Projekte als spannende Geschichte erzählen lässt, die zugleich auch Ihre Botschaftslinie zum Ausdruck bringt. Besprechen Sie dann die Idee mit dem Kunden. Wenn er mitspielt, können Sie vielleicht auch einen Journalisten einbeziehen, der die Story für Sie verfassen soll – denn das Format stellt hohe inhaltliche und sprachliche Anforderungen.

Entscheidend ist dann, dass die Projektbeschreibung in Form eines Magazinartikels erstellt wird. Zum Beispiel: »Der mittelständische Gummidichtungsbauer, der nach China expandierte.« Nun erzählen Sie die Geschichte des Unternehmers, der noch nie Kontakt zu China hatte, es aber schaffte, mit Ihnen zusammen den chinesischen Markt zu erobern. Wichtig dabei: Die Beteiligten werden mit Namen und Funktion genannt, auch Fehler und Rückschläge werden geschildert, gute Fotos illustrieren die Geschichte.

Oder nehmen wir einen Einkaufsberater, der sich auf internationale Beschaffung spezialisiert hat. Er könnte auf seiner Internetseite zum Beispiel folgende – zugegeben sehr plakative – Referenzstory veröffentlichen:

Vergnügungsreise nach Hongkong

Die Kirchturm GmbH, ein mittelständischer Maschinenbauer, hat innerhalb von wenigen Monaten ihre Kosten im Einkauf um gut 10 Prozent gesenkt. Entscheidend hierfür war eine ungewöhnliche Reise nach Fernost.

Als Max Muster die Geschäftsführung der Kirchturm GmbH übernahm, schrieb das Unternehmen erstmals in seiner 120-jährigen Geschichte Verluste. Eine schnelle Bestandsaufnahme zeigte vor allem eine Schwachstelle: Die Kosten des Einkaufs lagen deutlich über dem Branchendurchschnitt; hier lag offensichtlich ein erhebliches Einsparpotenzial – genug, um in die Gewinnzone zurückzufinden.

Was sagte der Einkauf dazu? Eigentlich entscheide er nicht wirklich über den Einkauf, rechtfertigte sich der Einkaufsleiter. Das mache seit vielen Jahren der Konstruktionschef, denn der brauche zuverlässige, schnelle, qualitativ hochwertige Zulieferungen – und die bekomme er seit 20 Jahren vor allem bei Müller im Nachbarort. »Mit dem führen wir jährlich harte Verhandlungen über einen neuen Rahmenvertrag«, versicherte der Einkaufsleiter.

Ob er denn die Preise auch mit Anbietern aus Polen und Tschechien verglichen habe, fragte der Geschäftsführer. Das bringe nicht viel, es sei doch Qualität gefragt, meinte der Einkaufsleiter. Und Fernost? Nun ja, ehrlich gesagt, keiner könne so richtig Englisch – und eine Vergnügungsreise nach China, das sei einfach zu teuer ...

Kirchturmpolitik im Einkauf? Diesen Vorwurf wollte der Einkaufsleiter dann aber doch nicht auf sich sitzen lassen. Immerhin beziehe man einen Großteil der Standardkomponenten seit zwei Jahren aus China. Das laufe hervorragend, sei billiger als in Deutschland. Allerdings, so musste der Geschäftsführer dann feststellen, lief der Bezug über einen Vermittler, der einige Kilometer entfernt im Nachbardorf wohnte, über gute Kontakte nach Asien verfügte – und ein guter Freund des Einkaufsleiters war.

In dieser Situation suchte Max Muster die Unterstützung durch eine externe Organisations- und Einkaufsberatung.

So erhielten wir den Auftrag, den Einkauf der Kirchturm GmbH zu reorganisieren – mit dem Ziel, die Kosten zu senken und auf diese Weise die Verlustsituation des Unternehmens zu beenden. Es kam also auf sehr schnelle Erfolge an. Konkret: Wir benötigten 10 bis 12 Prozent Kostensenkung im Einkauf.

Wie konnte das gelingen? Schneller Erfolg im Einkauf bedeutet vor allem: bessere Konditionen aushandeln. In diesem Fall lag es nahe, den »guten Freund des Einkaufsleiters« auszuschalten und direkt mit dem südchinesischen Lieferanten zu verhandeln. Wie sich schnell herausstellte, unterhielt dieser Lieferant in Hongkong eine Niederlassung, von der aus er die Exporte steuerte.

Also reisten wir nach Hongkong. Wir – das waren zwei Berater und der Geschäftsführer der Kirchturm GmbH. Der Empfang beim chinesischen Lieferanten war überaus freundlich und zuvorkommend, in der Sache blieben die Chinesen jedoch knallhart: Leider seien alle Preisspielräume ausgeschöpft und der bestehende Liefervertrag (der noch sechs Monate lief und ein Bezugsvolumen von 10 Millionen Euro vorsah) könne nicht geändert werden.

Selbstverständlich würden wir uns an den geschlossenen Vertrag halten – und erst nach dessen Ablauf anderweitig einkaufen, bestätigten wir unseren Gastgebern. Gleichzeitig ließen wir aber durchblicken, dass die Verhandlungen hierfür mit Wettbewerbern bereits am nächsten Tag begännen.

Nun schrillten die Alarmglocken, denn beim Thema »Verhandlungen mit dem Wettbewerb« reagieren chinesische Geschäftsleute sehr schnell. Vorsichtig fragten die Geschäftspartner nach unseren Beziehungen zum deutschen Vermittler. Wir lobten dessen Arbeit, machten aber deutlich, dass wir künftig den Kontakt selbst pflegen wollten. Nun begannen die Chinesen, ernsthaft um ihren Auftrag zu fürchten – und signalisierten Verhandlungsbereitschaft.

In den kommenden zwei Tagen verhandelten wir ebenfalls in Hongkong mit vier Wettbewerbern. Auf diese Weise verschafften wir uns nicht nur ein Bild der wirklichen Preissituation, sondern diskutierten auch verschiedene technische Möglichkeiten, um die zugelieferten Komponenten noch besser an die Produktion in Deutschland anzupassen.

Gut vorbereitet durch diese Gespräche trafen wir am Morgen des vierten Tages wieder mit unseren Chinesen zusammen, die uns erneut ausgesprochen höflich empfingen. Dieses Mal jedoch hatten wir die besseren Karten – und es war gar nicht schwer, mit unserem freundlichen Gastgeber eine sofortige Preissenkung von neun Prozent, geltend ab Anfang des laufenden Monats, zu vereinbaren.
Hochzufrieden kehrten wir von unserer – höchst anstrengenden – »Vergnügungsreise« nach Deutschland zurück: 150.000 Euro Einsparungen schon für den laufenden Monat – und ebenso für alle folgenden Monate! Das war ein Erfolg, den niemand erträumt hätte. Nun war es nicht mehr schwer, das Projektziel zu erreichen. Mit Instrumenten aus unserem Standardrepertoire (siehe Übersicht) konnten wir noch einige weitere Einsparprozente herausholen. Und tatsächlich: Nach einem halben Jahr schrieb die Kirchturm GmbH wieder schwarze Zahlen – allein aufgrund von Maßnahmen im Einkauf.

Übersicht:

Einsparungen im Einkauf – die fünf wichtigsten Stellhebel[18]

- *Konditionsverbesserungen:* Einkaufspreis, Zahlungsziele, Lieferbedingungen, Lagerhaltung und Garantien, beispielsweise bei Auslandsgeschäften
- *Bündelung von Lieferanten:* systematische Lieferantenbeurteilung für A-/B-Lieferanten, Bündelung der Einkaufsaktivitäten hinsichtlich Lieferant und Artikel, Suche nach Alternativlieferanten für A-Artikel
- *Einsparungen durch Outsourcing:* Auslagerung von C-Artikeln
- *Neuausrichtung der internen Kommunikation:* Abstimmung von Einkauf und Verkauf sowie der Fertigungs- und Einkaufsdisposition
- *International beschaffen:* »global sourcing«
- *Veränderungen in der Herstellung:* Schnell wirksame Maßnahmen wie Reduktion des Sicherheitszuschlags oder Weglassen überflüssiger Funktionen

Fazit

Referenzen sind immer nützlich, in machen Fällen auch notwendig – etwa dann, wenn der Kunde ein besonderes Sicherheitsbedürfnis hat. In erster Line sind Referenzen Botschaftsträger, durch die Sie auf elegante Weise Ihre Leistungen und Kompetenzen vermitteln können. Hierfür bieten sich drei grund-

[18] Entnommen aus: Faulhaber, Peter | Grabow, Hans-Joachim: *Turnaround-Management in der Praxis,* Frankfurt 2009.

sätzliche Formate an: Als Kundenzitate bieten Referenzen die Möglichkeit, Ihre Leistungen, Besonderheiten und Stärken im Spiegel der Kunden zu präsentieren. Dagegen demonstriert eine umfangreiche Kundenliste, dass Sie in Ihrer Branche wirklich im Geschäft sind. Auch eine Story, die ein erfolgreiches Kundenprojekt erzählt, kann eine wirkungsvolle Referenz sein – denn wie kaum ein anderes Instrument vermittelt sie einen authentischen Einblick in Ihre Arbeitsweise beim Kunden.

20 Was tun, wenn ich Referenzen nicht nennen darf oder kann?

Das Wichtigste vorweg ...

Der Interessent fordert Referenzen – aber Sie können ihm aus verschiedenen Gründen keine geben. Viele Berater kennen diese Situation. Stellt sich also die Frage, wie Sie einen potenziellen Kunden auch ohne Referenzen von Ihrer Kompetenz überzeugen können. Wie Sie sehen werden, gibt es hierfür durchaus gangbare Wege.

»Diskretion ist unser oberstes Credo – deshalb bitten wir um Verständnis, dass wir keine Referenzen nennen.« So lesen es Ratsuchende auf den Internetseiten von Beratern und Coachs. Das hilft ihnen dann zwar nicht weiter, doch können sie diese Haltung immerhin nachvollziehen – verstehen sie doch, dass man einen Berater in Interna einweihen, ihm gegenüber die eigenen Schwächen schonungslos offenlegen muss. Diskretion ist da ein wichtiger Pluspunkt.

Schon die Tatsache, dass ein Unternehmen überhaupt einen Berater holt, kann Vertraulichkeit erfordern. Wer etwa einen auf IT-Sicherheit spezialisierten Berater ruft, weil die EDV nach einer Virenattacke zusammengebrochen ist, erwartet verständlicherweise absolute Diskretion. Dasselbe gilt für ein Unternehmen, das einen Finanzberater engagiert, dessen Kerngeschäft Maßnahmen in der Liquiditätskrise sind. Bekommt die Branche davon Wind, kann die Situation schnell eskalieren: Kunden und Lieferanten wenden sich ab, weil sie um die Zukunft des Unternehmens fürchten.

Absolute Vertraulichkeit – das gilt natürlich ganz generell auch für Coachs. Diskretion ist hier Geschäftsgrundlage, es gilt das Vier-Augen-Prinzip. In aller Regel wird es deshalb nicht leicht sein, einen Coachee dazu zu bewegen, dass er sich und seinen Namen als Referenz zur Verfügung stellt.

Es gibt also gute Gründe, dass Berater oder Coachs Referenzen nicht nennen dürfen. Nebenbei bemerkt: Natürlich kommt es auch vor, dass ein

Berater keine Referenzen nennen kann – einfach deshalb, weil er über keine geeigneten Referenzen verfügt. Zum Beispiel hat ein Organisationsberater früher generell Werkzeugmaschinenbauer beraten, konzentriert sich aber seit einem Jahr ganz bewusst auf Automobilzulieferer. Er möchte sich als Spezialist dieses Marktsegments positionieren. In diesem Fall sollte er alte Referenzen, etwa aus der Pharmabranche oder Bauwirtschaft, nicht mehr nennen. Selbst wenn diese Referenzen hervorragend sind, transportieren sie doch eine falsche Botschaft und würden potenzielle Kunden der Zulieferbranche irritieren.

Wie auch immer: Wenn ein Berater oder Coach keine Referenzen nennen darf oder kann, hat er ein Problem. Was also tun?

20.1 Der Kunde möchte Sicherheit

Machen wir uns zunächst klar, wofür ein möglicher Kunde eine Referenz benötigt. Versetzen wir uns kurz in seine Situation: Der Kunde hat ein drängendes Problem, für das er eine Lösung benötigt, oder ein anderes Anliegen und möchte einen Berater hinzuziehen. Stößt er nun auf Ihre Internetseite, möchte er vor allem wissen: »Versteht dieser Berater mein Problem? Kann er es lösen? Wenn ja, wird er es zuverlässig lösen?«

Generell ist es ja so, dass man bei Dienstleistern ein bisschen die Katze im Sack kauft. Anders als beim Kauf einer Maschine kann ein Unternehmer die Leistung eines Beraters vorher weder anfassen noch ausprobieren. Also sucht er nach anderen Wegen, um sich von dessen Qualität zu überzeugen: Er erkundigt sich nach vergangenen Projekten, nach beleg- und messbaren Erfolgen – eben nach Referenzen. Er möchte ein möglichst genaues Bild von der Arbeit des Beraters erhalten und vor allem wissen, ob der Berater schon ähnliche Probleme erfolgreich und zur Zufriedenheit der Auftraggeber gelöst hat.

Referenzen haben also häufig die Funktion, das Sicherheitsbedürfnis des Kunden zu befriedigen – und zwar in zweierlei Hinsicht:

1. Sie sollen bestätigen, dass der Berater genau das Problem lösen kann, um das es geht.
2. Sie sollen bestätigen, dass andere Kunden mit der Arbeitsweise und Zuverlässigkeit des Beraters zufrieden waren.

Deutlich wird also, dass Referenzen zwei Aufgaben erfüllen: Sie vermitteln dem potenziellen Kunden sowohl inhaltliche Sicherheit (»Der Berater ist der Richtige für mein Problem«) als auch die Sicherheit für eine professionelle Umsetzung (»Am Ende des Projekts ist mein Problem gelöst«). Beide Aspekte sollten Sie im Auge behalten, wenn Sie Ihren potenziellen Kunden Sicherheit geben möchten, ohne dabei Referenzen zu nennen.

20.2 Nutzen Sie das Argument »Vertraulichkeit«

Wenn Sie keine Referenzen nennen dürfen, dann sollten Sie das auch klar begründen. Ein potenzieller Kunde wird das Argument der Vertraulichkeit akzeptieren, geht es doch letztlich dabei um einen Aspekt, auf den auch er größten Wert legt. Indem Sie keine Referenzen nennen, können Sie ihm das Gefühl geben, dass auch er von Ihnen strikte Vertraulichkeit erwarten kann. Nur: Kommunizieren müssen Sie dieses Argument. Werfen Sie das Argument »Vertraulichkeit« zu Ihren Gunsten in die Waagschale!

Das können Sie zum Beispiel auf Ihrer Internetseite machen, indem Sie einen Menüpunkt »Referenzen« einrichten, auch wenn Sie keine Referenzen nennen dürfen. Dort findet der Leser dann einige erklärende Zeilen. Hier einige Beispiele:

»Der Bereich IT-Security ist ein besonders sicherheitskritischer Bereich. Da bereits die Information, dass wir für ein Unternehmen Dienstleistungen im Bereich IT-Sicherheit erbringen, Rückschlüsse zum Beispiel auf eingesetzte Technologien zulässt, können wir leider öffentlich keine Referenzen nennen. Sprechen Sie mit uns – wir nennen Ihnen nach einem persönlichen Vorgespräch gerne einige unserer Kunden.«

»Zusammenarbeit ist für uns eine Sache des Vertrauens. Deshalb bitten wir um Ihr Verständnis, dass wir an dieser Stelle keine Namen nennen. Referenzen nennen wir Ihnen gerne in einem persönlichen Gespräch – und stellen Kontakt zu Kunden her.«

»Bei jedem Auftrag ist für unser Unternehmen das oberste Gebot die Diskretion. Sie werden sicherlich verstehen, dass wir daher öffentlich auf dieser Seite keine Referenzen nennen können. Diese nennen wir Ihnen gerne im persönlichen Gespräch, nach vorheriger Zustimmung unserer Kunden.«

»HR-Management-Beratung erfordert Vertrauen: Diskretion ist ein wesentlicher Grundsatz für unsere Tätigkeit. Daher verzichten wir – auch im Sinne unserer Kunden – ganz bewusst auf eine Auflistung unserer Kunden. Projektbezogene Referenzen nennen wir Ihnen sehr gerne auf Anfrage. Bitte rufen Sie uns an oder senden Sie uns eine E-Mail. Vielen Dank!«

»Wir freuen uns, dass Sie Interesse an unseren Referenzen zeigen. Unsere Kunden schätzen an uns, dass wir sehr vertraulich mit Projekten und Informationen umgehen. Daher veröffentlichen wir auf dieser Seite nur einige Grundinformationen, stehen Ihnen aber gerne für ausführliche Referenzberichte zur Verfügung.«

»In über 30 Jahren haben wir mehr als 100 Projekte realisiert, davon 60 Strategieprojekte in mittelständischen Unternehmen. Als Spezialisten für Familienunternehmen respektieren wir das in uns gesetzte Vertrauen. Deshalb finden Sie hier keine Aufzählung von Unternehmen, für die wir tätig wurden. Gerne stellen wir Ihnen eine auf Ihr spezielles Anliegen zugeschnittene kurze Liste mit Namen von Persönlichkeiten zusammen, die für uns bürgen und deren Vertrauen wir genießen. Mehr Details erfahren Sie im persönlichen Gespräch.«

So oder so ähnlich können Sie begründen, warum Sie öffentlich keine Referenzen nennen – und vermitteln gleichzeitig den Eindruck, dass sich Ihre Kunden auf Diskretion verlassen dürfen.

Das betrifft natürlich vor allem die schriftliche Referenz und öffentliche Nennung zum Beispiel auf Ihrer Internetseite. Im persönlichen Kontakt kann es jedoch sein, dass Sie dennoch Referenzen benötigen und Namen nennen müssen, wenn ein Interessent anfragt. Diese Referenzen, die nicht publiziert werden, sind einfacher zu erhalten. Allein die Tatsache, dass sein Namen nicht schriftlich veröffentlicht wird, reicht einem Kunden oft schon aus, nun doch als Referenzgeber zur Verfügung zu stehen. Schließlich bekommt er jetzt ja die Person, die eine Referenz haben möchte, persönlich von Ihnen genannt.

Was aber tun, wenn Sie trotzdem keine Referenzen nennen dürfen oder schlicht keine haben? In diesem Fall benötigen Sie eine Ersatzstrategie. Wenden wir uns also dem eigentlichen Problem zu – wie Sie Interessenten auch völlig ohne Referenzen überzeugen können. Kein leichtes Unterfangen!

20.3 Entwickeln Sie eine Ersatzstrategie

Wenn Sie keine Referenzen nennen können, benötigen Sie eine Ersatzstrategie, um Ihre Kompetenz zu belegen und so das Sicherheitsbedürfnis des Interessenten zu befriedigen. Welche Möglichkeiten gibt es hierfür?

Da ist zunächst das persönliche Gespräch, das Sie auf Ihrer Internetseite ja anbieten. Kommt es dazu, haben Sie die Chance, das Anliegen des Interessenten kennenzulernen und gezielt darauf einzugehen. Ein auf Augenhöhe geführtes Gespräch kann eine mögliche Zusammenarbeit sondieren – und reicht manchmal schon aus, den Interessenten als Kunden zu gewinnen. Bei ernsthaftem Interesse wird es sicherlich möglich sein, bei Bedarf auch zwei oder drei passende Kundenkontakte zu vermitteln.

Das Problem ist nur: Meist kommt es zu diesem persönlichen Gespräch gar nicht erst. Wer einen Berater sucht, wird nicht gleich zum Telefonhörer greifen, nur weil er unter dem Menüpunkt »Referenzen« dazu aufgefordert wird. In der Regel klickt der Interessent weiter und ist für immer verloren.

Das persönliche Gespräch anstelle von Referenzen kann daher nur ein Baustein der Ersatzstrategie sein. Wenn ein Interessent nicht wegklicken soll, besteht Ihre einzige Chance darin, schon auf der Internetseite Ihre besondere Kompetenz glaubwürdig zu belegen – etwa indem Sie konkrete Projektbeispiele schildern. Weitere Bausteine können hinzukommen. Überlegen Sie, welche der folgenden acht Möglichkeiten in Ihrer konkreten Situation infrage kommen und entwickeln Sie hieraus eine Alternativ-Strategie.

Baustein 1: Schildern Sie selbst erlebte Projekte

Beschreiben Sie Projekte – und zwar anschaulich und konkret. Lassen Sie Details einfließen, die deutlich machen, dass Sie das Projekt selbst erlebt haben. Diese Methode eignet sich auch, wenn Ihnen Referenzen fehlen, weil Sie sich erst kürzlich als Berater selbstständig gemacht haben. Stellen Sie dann einfach Projekte dar, die Sie bei Ihrer früheren Firma geleitet haben. Ein Beispiel:

- Sie haben in einem Unternehmen Projekte geleitet und sich jetzt als Coach für Projektmanager selbstständig gemacht.
- Beschreiben Sie Ihre früheren Projekte und deren Schwierigkeiten.
- Stellen Sie diese Projektbeschreibungen unter dem Menüpunkt »Projektbeispiele« auf Ihre Internetseite.
- Wenn Sie ein Kunde anspricht und nach Ihren Erfahrungen fragt, können Sie einfach sagen: »Erst neulich habe ich im Projekt folgende Situation erlebt ...«

Baustein 2: Machen Sie eine Fallanalyse

Das Instrument der Fallanalyse hilft Ihnen vor allem dann, wenn Sie als Berater in ein neues Marktsegment einsteigen wollen und Ihnen hier noch die geeigneten Referenzen fehlen. Fallanalyse heißt: Sie belegen Ihre Kompetenz, indem Sie ein Problem aus der Praxis analysieren und eine konkrete Lösung vorschlagen. Sammeln Sie aus Ihrem Gebiet Beispiele, die Sie tatsächlich beobachten – zum Beispiel: »Sieben typische Fehler beim Einkauf in Krankenhäusern.« Schildern Sie dann in einigen Sätzen, wie man diese Fehler beheben kann. Präsentieren Sie die Ergebnisse dann zum Beispiel auf Ihrer Internetseite unter einem eigenen Menüpunkt oder auch in Form einer eigenen kleinen Publikation (zum Beispiel als PDF-Datei zum Download). Indem Sie auf diese Weise zeigen, was in der Praxis falsch gemacht wird, vermitteln Sie auch ohne Referenzen Ihre Kompetenz.

Baustein 3: Legen Sie eine Studie auf

Bauen Sie Kompetenz auf, indem Sie zu Ihrem Thema eine Befragung oder Studie durchführen. Sie können den Effekt verstärken, wenn Sie die Ergebnisse für Presseveröffentlichungen nutzen, in der Szene diskutieren oder Vorträge halten. Greifen Sie für die Studie ein konkretes Problem auf, dessen Lösung Sie als Berater anbieten. Anhand der Ergebnisse können Sie dann argumentieren: »Wir haben über 60 Unternehmen befragt, die dieses Problem haben. Mehrheitlich sagen diese, dass so die Lösung aussehen könnte. Genau das denke ich auch ....« Wie bei einer Referenz lassen Sie andere für Sie sprechen, in diesem Fall in Form der Studienergebnisse. Ähnlich wie bei der Fallanalyse können Sie eine Zusammenfassung der Studie auf Ihrer Webseite zum Download bereitstellen.

Baustein 4: Führen Sie Interviews mit Experten und erfahrenen Praktikern

Leihen Sie sich die Kompetenz von Experten und Praktikern, indem Sie mit ihnen Interviews führen. Stellen Sie dabei immer die gleichen Fragen – wobei fünf oder sechs gut überlegte, auf Ihr Beratungsthema zugeschnittene Fragen genügen. Im Idealfall gelingt es Ihnen, mit bekannten Vertretern der Branche Gespräche zu führen und diese auf Ihrer Internetseite zu veröffentlichen. Der Effekt: Auf diese Weise holen Sie sich Kompetenz von außen, die Sie souverän im Kundengespräch einfließen lassen können: »Sehen Sie, ich habe mit Verbandspräsident Müller gesprochen, und der hat gesagt … Und genau das ist doch das Problem, das ich gerne mit Ihnen folgendermaßen anpacken würde.« Für die Interviews können Sie eine eigene Rubrik auf Ihrer Internetseite einrichten, oder Sie können die Interviews zum Beispiel als Serie in einem monatlichen Newsletter oder Beratungsbrief veröffentlichen.

Baustein 5: Realisieren Sie ein Buchprojekt

Wie kein anderes Medium bietet ein Buch die Gelegenheit, Ihr Wissen anschaulich und im Detail darzustellen. Nutzen Sie diese Möglichkeit, um Ihre Erfahrungen und Ihr Wissen anhand von Beispielen zu schildern. Fragt Sie jemand nach einer Referenz, schenken Sie ihm stattdessen ein Exemplar Ihres Buchs und sagen Sie ihm, dass er in dem Buch Sie und Ihre Methode kennenlernen kann. Einen zusätzlichen Effekt erzielen Sie, wenn Sie auf der Buchrückseite oder auf dem Innenumschlag Leserstimmen veröffentlichen, die Sie vorher bei bekannten Größen Ihrer Branche oder bei Kunden eingeholt haben. Auch wenn deren Aussagen den Inhalt des Buches betreffen, stehen sie doch zugleich für die Kompetenz und Glaubwürdigkeit des Autors – und wirken damit genau so wie Referenzen.

Baustein 6: Vereinbaren Sie einen Testauftrag

Benötigt ein Interessent offensichtlich zusätzliche Sicherheiten, bevor er Ihnen einen Auftrag erteilt, können Sie für ihn auch das Risiko senken: Bieten Sie ihm einfach an, dass Sie zunächst ein Teilprojekt umsetzen, das notfalls für sich alleine stehen kann. So kann der neue Kunde Ihre Kompetenz, Arbeitsweise und Zuverlässigkeit kennenlernen, ohne dabei viel zu riskieren.

Baustein 7: Engagieren Sie einen Kunden als Co-Referenten

Es gibt einige Fälle, bei denen Kunden zwar weder schriftlich noch mündlich eine Referenz geben wollen, aber dennoch bereit sind, mit Ihnen zusammen als Co-Referent aufzutreten. Wenn Sie also Experte auf einem Gebiet sind und immer wieder die Gelegenheit bekommen, zu Ihrem Thema auf Kongressen oder Seminaren zu referieren, können Sie versuchen, einen Geschäftsführer oder anderen Vertreter aus dem Kreise Ihrer Kunden als Co-Referenten zu gewinnen. Ein Kunde, mit dem Sie schon das eine oder andere Projekt gemeinsam gemeistert haben, wird möglicherweise gerne mitmachen. Der Veranstalter wiederum wird sich über den Vorschlag freuen, garantiert doch ein Co-Referent aus einem Unternehmen den Praxisbezug des Vortrags. Der Effekt steht dem einer Referenz nicht nach: Schon wer das Programmheft liest, wird aus dem Namen und der Funktion des Co-Referenten schließen, dass dessen Unternehmen zu Ihren Kunden zählt.

Baustein 8: Gewinnen Sie Ihren Kunden als Co-Autor

Haben Sie ein Projekt erfolgreich abgeschlossen, können Sie hierüber einen Artikel für eine Fach- oder Branchenzeitschrift schreiben. Machen Sie das möglichst nicht alleine, sondern gewinnen Sie den betreffenden Kunden als Co-Autor. Wenn er mit Ihrer Arbeit zufrieden war, kann es durchaus sein, dass er hierfür gerne bereit ist, auch wenn er seinen Namen als Referenz nicht nennt. Achten Sie dann darauf, dass beide Namen als Autor genannt werden. Manchen Beratern gelingt es, zwei oder drei Artikel pro Jahr nach diesem Muster zu publizieren und im Internet zum Download bereitzustellen. Schon die Aufstellung der Artikel mit Überschrift und Autoren liest sich wie eine Referenzliste. Durch die Artikel selbst erhält ein Interessent dann zudem ein umfassendes und glaubwürdiges Bild der Arbeit des Beraters.

Fazit

Wenn Sie keine Referenzen nennen können, benötigen Sie andere Instrumente, um Ihre Kompetenz zu belegen und das Sicherheitsbedürfnis eines potenziellen Kunden zu befriedigen. Hierzu gibt es eine Reihe von Möglichkeiten, aus denen Sie eine individuelle Strategie entwickeln können. Bei dieser Strategie gilt es, zwei Anforderungen des Kunden einzulösen: Der Kunde möchte erstens sicher sein, dass Sie Experte für genau sein Problem sind – und zweitens möchte er die Gewissheit, dass er sich auf eine professionelle und termingerechte Umsetzung verlassen kann.

21 Wie werde ich als Einsteiger ernst genommen?

Das Wichtigste vorweg ...

Einsteiger haben in der Regel wenig Erfahrung als Berater, Trainer oder Coach – sonst wären sie ja keine Einsteiger. Ganz gleich wie sie sich positionieren möchten, auf welche beruflichen Erfahrungen sie zurückblicken: Die fehlende Beratererfahrung wird ihnen oft angekreidet. Im Vergleich zum Kollegen, der seinen Kunden souverän die Anekdoten von den schwierigsten Fällen der vergangenen zehn Jahre zum Besten gibt, ist der Einsteiger ein Leichtgewicht in Sachen Beratererfahrung. Notwendig ist deshalb eine Strategie, um diesen Nachteil zu kompensieren.

Die Schwierigkeit mangelnder Beratungserfahrung verdeutlicht folgende Metapher: Kunden wollen mit ihren Beratern bildlich gesprochen in den Ring steigen. Sie wollen sich mit ihren Beratern verbessern, sich an ihnen messen, sie als Vorbild haben. Nun hat man es ja oft mit gestandenen Kunden tun, die eine gewisse Kraft auf den Boden bringen. Je mehr Erfahrung nun ein Berater gesammelt hat, desto mehr Masse kann er bieten. Das bedeutet, um im Bild zu bleiben: Der erfahrene Berater ist ein Schwergewicht, der Einsteiger dagegen ein Leichtgewicht, das schnell umgehauen werden kann.

Als Einsteiger haben Sie also gewissermaßen ein Masseproblem. Sie bringen nicht genug Kraft in den Ring; der Kunde betrachtet Sie als Leichtgewicht, das beim ersten kräftigen Stoß umfällt. Die Frage ist also: Wie werden Sie zum Schwergewicht? Eine Möglichkeit ist natürlich, dass Sie warten, bis Sie die Erfahrung haben. Da das aber lange dauert, können Sie sich zwischenzeitlich schon »ein paar Kalorien anfuttern«. Das geht durch zwei Dinge: Handwerk und Haltung. Wem es an Beratungserfahrung fehlt, kann das zumindest teilweise kompensieren, indem er

- das Handwerkliche seines Marketings umso engagierter und vorbildlicher betreibt und
- die selbstbewusste Haltung eines Experten einnimmt, der mit seinen Gesprächspartnern auf Augenhöhe kommuniziert.

21.1 Das Handwerkliche: Positionierung, Inszenierung und Profilierung

Das Handwerkliche – gemeint sind damit Positionierung, Inszenierung und Profilierung. Gehen Sie vor, wie in Teil I dieses Buches beschrieben: Schaffen Sie zunächst mit einer guten Positionierung die Grundlage für Ihren Marktauftritt, inszenieren Sie dann Ihren Marktauftritt spannend und sorgen Sie schließlich dafür, dass Positionierung und Inszenierung bei Ihrer Zielgruppe bekannt werden.

Steht die Positionierung, können Sie mangelnde Beratererfahrung vor allem durch Maßnahmen bei der Inszenierung und Profilierung zumindest teilweise ausgleichen.

Punkt 1: die Inszenierung. Kommunizieren Sie Ihre Kernbotschaft nach allen Regeln der Inszenierung, wie sie in diesem Buch beschrieben sind – vor allem in den Kapiteln 1.6 und 9. Achten Sie vor allem darauf, den Leidensdruck Ihrer Kunden und deren emotionalen Wünsche anzusprechen. Finden Sie dann eine völlig eigene Linie für die Gestaltung Ihrer Internetseite. Arbeiten Sie gegebenenfalls mit einer Broschüre, die durch ihre Hochwertigkeit besticht. Schreiben Sie spannend und lebhaft, finden Sie einen persönlichen Stil.

Da Sie weder über Referenzen noch über Beratungspraxis verfügen, kommt es umso mehr darauf an, bei der Inszenierung die vorhandenen Kompetenzen ins rechte Licht zu rücken. Bauen Sie dabei auf Erfahrungen aus Ihrer bisherigen Tätigkeit auf. Wenn Sie zum Beispiel bei Ihrer früheren Firma an Projekten beteiligt waren, können Sie sich jetzt mit diesen Projekten schmücken: Beschreiben Sie Ihre damaligen Erfahrungen auf Ihrer Internetseite – als »Projektbeispiel«, natürlich losgelöst von Ihrer früheren Firma.

Führen Sie auch mit Experten oder erfahrenen Praktikern Interviews, die Sie dann auf Ihrer Internetseite publizieren. Auf diese Weise leihen Sie sich quasi die Erfahrung anderer und gewinnen dadurch selbst an »Masse« (siehe hierzu auch Kapitel 20.3).

Punkt 2: die Profilierung. Nutzen Sie alle denkbaren Möglichkeiten, um Bekanntheit zu erlangen. Tun Sie einfach so, als wären Sie schon ein gefragter Experte – und gehen Sie mit Ihrem Thema an die Öffentlichkeit:

- Publizieren Sie möglichst viele gute Artikel.
- Halten Sie Vorträge, gehen Sie unter die Leute, machen Sie sich in Ihrer Szene bekannt.
- Schreiben Sie ein Buch zu Ihrem Thema.

- Betreiben Sie Networking (siehe Kapitel 16), nutzen Sie auch Internetforen oder Kontaktplattformen wie Xing.
- Stellen Sie Thesen auf, mit denen Sie Aufsehen erregen. Als Neueinsteiger können Sie frech und provokativ sein, was sich ein etablierter Berater nicht mehr in dieser Form erlauben kann.
- Denken Sie sich Aktionen aus, zum Beispiel ein Wettspiel zusammen mit einem Medienpartner – etwa nach dem Muster: Zehn Betriebe benennen jeweils ihren besten Verkäufer. Als Vertriebsberater wetten Sie nun öffentlich darauf, dass Sie diese Mitarbeiter innerhalb von einem Jahr noch einmal um 20 Prozent besser machen. Ein solches Spiel ist natürlich riskant, andererseits haben Sie als Einsteiger auch nicht viel zu verlieren.
- Machen Sie eine Studie. Mit einer Befragung oder kleinen Studie bauen Sie nicht nur Kompetenz auf, sondern erhalten auch exklusive Inhalte, die Sie für Artikel und Vorträge, für ein Buch oder generell für die Medienarbeit verwenden können.

Wie Sie sehen, haben Sie als Einsteiger viele Möglichkeiten, mangelnde Beratungserfahrung zu kompensieren – im Bild unserer Boxer also: sich Kalorien anzuessen und an Masse zu gewinnen. Vielleicht lohnt es sich auch, bei bestimmten Aufträgen zusammen mit einem starken Kooperationspartner anzutreten, sofern dieser Ihr Angebot gut ergänzt und Sie bestimmte Projekte dann auch gemeinsam anbieten und abwickeln können.

Genügend Masse anzusetzen, um mit dem Schwergewichtler konkurrieren zu können, geht natürlich nicht in wenigen Monaten. Mit ein bis drei Jahren müssen Sie schon rechnen, um wenigstens als Mittelgewicht wahrgenommen zu werden. Als Einsteiger benötigen Sie daher immer auch einen gewissen finanziellen Puffer.

21.2 Die Haltung: Experte auf Augenhöhe

Zum Handwerklichen kommt der zweite Aspekt: die Haltung. Nehmen Sie die Haltung eines Experten ein, der weiß, wovon er spricht und mit seinen Gesprächspartnern auf Augenhöhe kommuniziert.

Warum haben Sie sich selbstständig gemacht? Viele Berater machen sich selbstständig, weil Sie zu einem bestimmten Thema in einer bestimmten Branche oder in einem bestimmten Gebiet besonders kompetent sind. Also haben Sie auch allen Grund, eine selbstbewusste Haltung einzunehmen. Wie zum Beispiel ein angehender Produktionsberater, der früher für einen Konzern in aller Welt Produktionsstandorte aufgebaut hat: Seine Erfahrungen als Berater waren gleich null, doch verliehen ihm seine internationalen Erfahrungen das notwendige Selbstbewusstsein, um möglichen Auftraggebern in Augenhöhe zu begegnen. Es war für ihn kein größeres Problem, auch ohne Beratererfahrung in den neuen Beruf zu starten.

Machen Sie sich also immer wieder bewusst: »Wo bin ich besonders gut, wo liegt meine Erfahrung? Warum bin ich als Experte wirklich ernst zu nehmen, bringe also durchaus schon ein ordentliches Gewicht auf die Straße?« Die daraus entstehende Haltung bewahren Sie sich, ganz gleich auf wie viel Widerstand Sie treffen.

Beide Bausteine, Marketing und Haltung, greifen ineinander. Mit einer guten Inszenierung und Profilierung kommunizieren Sie Ihre souveräne Haltung als Experte – bieten also einen Dialog auf Augenhöhe an. Wenn ein Interessent das Angebot annimmt und bei Ihnen anfragt, kommt es nun darauf an, diese Haltung tatsächlich zu zeigen und den Dialog auch souverän zu führen.

Dabei kommt Ihnen ein Vorteil zugute: Durch das Handwerkliche, also durch Ihre glaubwürdige Positionierung, gute Darstellung im Internet und Ihre zahlreichen Publikationen, haben Sie für diesen Dialog bereits den Boden bereitet. Der Gesprächspartner wird deshalb kaum noch an Ihrer Kompetenz zweifeln, sondern nimmt Sie vielmehr als Experte ernst. Die Chancen stehen deshalb gut, dass er nicht erst lange nach Referenzen fragt, sondern mit Ihnen direkt ins Thema einsteigt.

Fazit

Mangelnde Beratungserfahrung können Sie durch zwei Dinge ausgleichen: Handwerk und Haltung.

Handwerk bedeutet: Schaffen Sie zunächst mit einer guten Positionierung die Grundlage für Ihren Marktauftritt, inszenieren Sie dann Ihren Marktauftritt spannend und sorgen Sie schließlich dafür, dass Positionierung und Inszenierung bei Ihrer Zielgruppe bekannt werden. Wenn es Ihnen an Beratungserfahrung fehlt, kommt es darauf an, dass Sie das Handwerkliche Ihres Marketings umso engagierter und vorbildlicher betreiben.

Zum Handwerklichen kommt der zweite Aspekt, die Haltung. Nehmen Sie die Haltung eines Experten ein, der weiß, wovon er spricht und mit seinen Gesprächspartnern auf Augenhöhe kommuniziert. Beide Aspekte, Handwerk und Haltung, greifen ineinander: Mit einer guten Inszenierung und Profilierung vermitteln Sie die souveräne Haltung eines Experten – und haben damit die Chance, dass der Kunde Sie auch ohne Beratungserfahrung als Partner und Problemlöser ansieht.

22 Wie publiziere ich ein Buch, das begeistert?

Das Wichtigste vorweg ...

Ein Buch ist ein ehrgeiziges Vorhaben. Es kostet enorm viel Zeit – und die Gefahr ist groß, dass sich das Projekt hinschleppt und am Ende mehr Frust als Freude bereitet. Trotzdem: Gerade für Berater, Trainer und Coachs ist ein eigenes Buch nach wie vor die Königsdisziplin im Marketing, weil es von Kunden als Zeichen des Expertenwissens besonders ernst genommen wird. Doch wie schaffen Sie das: ein Buch zu publizieren, das begeistert? Dieses Kapitel beantwortet die häufigsten Fragen.

Kein anderes Medium strahlt so viel Kompetenz und guten Ruf aus wie ein Buch. Möchte ein Interessent die Seriosität eines Beraters oder Coachs einschätzen, ist ein Buch immer auch der Ausdruck von Solidität und Kompetenz. Werden Experten für Printmedien, Radio und Fernsehen gesucht, gilt ein erster Blick häufig den Buchautoren.

Die Kehrseite der Medaille: Das eigene Buch fordert einen immensen Einsatz – von der Themensammlung über das Exposé und die Auswahl des Verlags bis hin zur Bewerbung des fertigen Buches. Es ist sicher realistisch, wenn Sie von der ersten Idee bis zum Erscheinen zwei bis drei Jahre veranschlagen. Ihnen steht also ein langer, teilweise mühsamer Weg bevor, bei dem viele Fragen auftauchen.

22.1 Wurde nicht schon alles gesagt?

»Gibt es überhaupt noch etwas Neues, zu dem ich etwas schreiben kann?« Dieser Gedanke hemmt viele Berater beim Entwickeln einer Buchidee. Und in der Tat: Es ist davon auszugehen, dass ein Berater, Trainer oder Coach inhaltlich etwas schreibt, was andere im Wesentlichen bereits gesagt haben. Das ist sehr wahrscheinlich, aber für den Verlag und auch für den Leser in der Regel nicht entscheidend.

Wenn Sie wirklich etwas Neues und Einzigartiges präsentieren können, ist das natürlich der Idealfall – aber es ist eben nicht zwingend erforderlich. Mindestens genau so wichtig für Leser und Verlage ist die Art, wie Sie ein Thema präsentieren und welchen Teil des Themas Sie beleuchten. So stellte der Geschäftsführer einer auf Einkauf spezialisierten Unternehmensberatung fest, dass Fachbücher zum Thema Einkauf nur einen relativ kleinen Leserkreis ansprechen. Also änderte er den Zuschnitt und publizierte ein Sachbuch, das dem Leser vor Augen führt, welch enorme Summen im Einkauf verschwendet werden. Auf leicht verständliche und unterhaltsame Weise zeigte er auf, wie Unternehmen gewaltige Einsparpotenziale im Einkauf identifizieren und realisieren können. Unter dem Titel *Milliardengrab Einkauf* wurde das Buch ein großer Erfolg.

Und daran sehen Sie: Zum Thema Einkauf war sicher längst alles irgendwie schon gesagt – und dennoch ist es gelungen, zu diesem Thema ein weiteres, noch dazu besonders erfolgreiches Buch zu schreiben.

Das gilt auch für alle anderen Wissensgebiete. Natürlich sind schon zahllose Bücher zum Thema Führung geschrieben worden. Aber gibt es ein Buch, das die 80 schwierigsten Führungssituationen von Führungskräften auflistet und jeweils eine konkrete Lösung anbietet? Ebenso hat es in der Vergangenheit durchaus schon Marketingbücher für Berater gegeben – aber eben noch keines, das wie dieses die wichtigsten Praxisfragen beantwortet.

Über Führung wurde schon viel geschrieben, auch zum Thema Projektmanagement gibt es zahlreiche Publikationen. Worüber bislang aber kaum etwas gesagt wurde, ist die Verbindung dieser beiden Themen: Wie führe ich als Projektleiter ein Projekt? Ein schönes Thema, das der Organisationsberater Olaf Hinz aufgegriffen hat – sein Buch ist 2009 erschienen.[19]

Ein Thema muss also nicht neu sein, damit es einer bestimmten Zielgruppe Neues und Nützliches bieten kann. So können Sie einen aktuellen, aber durchaus schon bekannten Trend bei Ihrer Zielgruppe aufgreifen und aus Ihrer besonderen Expertise heraus dessen Auswirkungen beschreiben. Das heißt, Sie holen den Leser bei einem drängenden Problem ab und führen ihn dann auf neues Terrain, indem Sie in die Zukunft blicken und mögliche Lösungswege aufzeigen. Ein Beispiel: Die Krankenhausbranche beschäftigt sich derzeit mit dem Trend eines ansteigenden Ärztemangels. Ein Krankenhaus, das jetzt mit professionellem Personalmarketing gegensteuert und sich als attraktiver Arbeitgeber präsentiert, wird künftig im Wettbewerb die Nase vorn haben. Für einen Personal- oder auch Marketingberater im Krankenhausbereich wäre das ein schönes Thema. Zwar wären die in einem solchen Buch vorgestellten Konzepte und Maßnahmen allesamt nicht neu, bezogen auf das aktuelle Problem der Krankenhausbranche aber plötzlich wieder sehr interessant.

---

19 Hinz, Olaf: *Sicher durch den Sturm – so halten Sie als Projektmanager den Kurs,* Zürich 2009.

Wie die Beispiele zeigen, kann aus einem allgemeinen Thema schnell ein interessanter Buchtitel werden, wenn der richtige Zuschnitt gelingt.

Hinzu kommt ein zweiter Aspekt: Bücher haben eine recht kurze Halbwertszeit. Ist zu einem bestimmten Thema vor zehn Jahren ein gutes Buch erschienen, ist es heute in der Regel für den Verlag kein relevanter Konkurrenztitel mehr (sofern es sich nicht um einen Bestseller oder Longseller handelt). Wenn Sie zu diesem Thema einen neuen, aktuellen Zugang finden, steht der alte Titel Ihrem Buchprojekt nicht im Wege.

22.2 Wann begeistert ein Buch?

Wann lesen wir ein Fachbuch oder einen Ratgeber mit Begeisterung? In der Regel wenn uns das Thema interessiert, das Buch neue Aspekte aufzeigt und spannend geschrieben ist. Genau diese drei Anforderungen müssen Sie also erfüllen, wenn Sie selbst ein Werk publizieren wollen, das Ihre Leser begeistert.

Das Thema interessiert. Nehmen Sie Ihre Positionierung und Ihre Zielgruppendefinition zur Grundlage (siehe Kapitel 1.5): Für welches Thema bieten Sie Ihren Kunden eine Lösung? Und wo genau verspüren die Kunden derzeit einen Leidensdruck? Um Ihre Leser zu packen, greifen Sie am einfachsten ein aktuelles Leidensdruckthema Ihrer Zielgruppe auf. Ein Bankstrategieberater kann zum Beispiel seine Erfahrungen aus mehreren Hundert Kreditgesprächen nutzen und – wenn die Zeiten danach sind – auf das Thema »Das Bankgespräch in der Krise« zuspitzen.

Der Leser lernt neue Aspekte kennen. Gehen Sie davon aus, dass Ihr Leser sich mit dem Thema bereits befasst hat – schließlich kauft er das Buch, weil ihn genau dieses Thema berührt und beschäftigt. Es genügt deshalb nicht, Bekanntes aufzukochen und mit einer kleinen Recherche bei Google & Co. zu garnieren. Der Leser erwartet neue Aspekte, die ihm Anregungen geben und in seiner Arbeit weiterhelfen. Es bleibt Ihnen deshalb gar nichts anderes übrig: Sie müssen in die Tiefe gehen.

Das gelingt Ihnen am einfachsten, wenn Sie eigene Erfahrungen zum Thema beisteuern. Bleiben wir beim Beispiel des Bankstrategieberaters: Aus einem Fundus von mehreren Hundert Beratungen lässt sich schöpfen. Er weiß genau, auf welche Tipps es wirklich ankommt, wo Fallen lauern, in welcher Situation welche Strategie die richtige ist. Der Leser erfährt nicht nur Neues, sondern erhält vor allem auch Sicherheit. Er kann nachvollziehen, dass der Autor seine Empfehlungen nicht irgendwo abgeschrieben hat, sondern durch eigene Erfahrungen belegt.

Das Buch ist spannend zu lesen. Die Basis für ein spannendes Buch legen Sie bereits, indem Sie tatsächlich ein Leidensdruckthema des Lesers treffen – denn allein das weckt schon dessen Aufmerksamkeit. Hinzu kommt dann die Kunst, das Thema spannend zu inszenieren. Nicht nur das Buch insgesamt, jedes einzelne Kapitel sollte einen Spannungsbogen aufbauen, der den Leser fesselt und zum Weiterlesen treibt. Ein Abschnitt sollte auf den nächsten, ein Kapitel auf das nächste neugierig machen.

Das funktioniert nur mit einer klaren Sprache. Werfen Sie das Beraterdeutsch über Bord, vermeiden Sie Allgemeinplätze oder nichtssagende Floskeln wie ressourcenorientierte Arbeitsweise, Optimierung von Prozessketten, systemische Vorgehensweise, lebendiges Netzwerk oder umsetzungsorientierter Beratungsansatz – denn diese Floskeln ermüden den Leser.

Schreiben Sie stattdessen anschaulich und konkret, bauen Sie auch selbst erlebte Beispiele in Ihre Argumentation ein. Erzählen Sie aus dem Alltag Ihrer Arbeit beim Kunden. Auf diese Weise holen Sie den Leser in seiner Welt ab, regen seine Fantasie an. Mit konkreten Beispielen und Geschichten finden Sie einen emotionalen Zugang zu Ihren Kunden. Sie erzeugen Bilder im Kopf des Lesers, was die nüchterne Beschreibung einer Strategie oder Umsetzungstechnik nicht vermag.

Und noch etwas: Seien Sie auch offen, verraten Sie Insidertipps. Auch das macht ein Buch spannend – ganz abgesehen davon, dass ein Leser schnell spürt, wenn Sie im Allgemeinen stehen bleiben und ihm die wirklich nützlichen Informationen vorenthalten. Natürlich werden auch Ihre Mitbewerber das Buch lesen, und es ist immer eine Abwägungsfrage, welche Informationen Sie preisgeben. Dennoch erwartet der Leser, dass Sie ihn ehrlich an die Hand nehmen und ihm die Stolpersteine zeigen, die auf dem Weg zum Ziel liegen. Nur dann wird er zu Ihnen Vertrauen fassen – und Sie vielleicht später persönlich um Rat ersuchen.

Wenn Sie dann noch verständlich formulieren, also zum Beispiel eingeschobene oder voneinander abhängige Nebensätze vermeiden und Aktivsätze anstelle von Passivkonstruktionen verwenden – dann haben Sie es geschafft: Ihr Buch ist spannend zu lesen. Nutzen Sie hierzu auch die Hinweise in Kapitel 1.6.

Fassen wir zusammen: Ein Buch begeistert den Leser, wenn es einen echten Leidensdruck anspricht, neue Blickwinkel mit Substanz und Nutzwert bietet, dazu spannend inszeniert und gut geschrieben ist. Es sollte möglichst anschaulich sein und konkret Lösungswege aufzeigen.

Das gelingt nur, wenn Sie das Thema aus der Perspektive des Lesers angehen: »Autoren sollten sich nicht nur mit ihrem Thema befassen, sondern vor allem auch mit ihren späteren Lesern«, rät Michael Schickerling,

Programmleiter des Verlags mi-Wirtschaftsbuch in München. »Denn ein erfolgreiches Buch ist nicht nur ein fachlich überzeugendes, sondern eines, das den Nerv der Zielgruppe trifft.«

22.3 Wie finde ich mein Buchthema?

»Gefragt sind einerseits praxisnahe Wirtschaftsbücher, die bei der Bewältigung von Problemen des Arbeitsalltags helfen. Spannend sind andererseits Bücher, die der neuen gesellschaftlichen – und damit auch wirtschaftlichen – Unübersichtlichkeit Rechnung tragen und Orientierung bieten.« So antwortet Programmleiter Michael Schickerling vom Verlag mi-Wirtschaftsbuch auf die Frage, wo derzeit die guten Buchthemen liegen. Praxisnähe, Hilfe bei Problemen, Orientierung – durchweg Stichworte, bei denen Berater gute Karten haben, liegt doch genau darin ihre berufliche Kernaufgabe.

Meine Erfahrung ist immer wieder: Bei vielen Beratern schlummern das Wissen und die Erfahrung für ein interessantes Buchprojekt. Um hieraus tatsächlich ein Buchthema zu machen, hat es sich bewährt, zunächst eine Ideensammlung anzulegen.

Folgende Fragen helfen Ihnen, eine Ideensammlung aufzustellen:

- Was sind die sieben größten Leidensdruckthemen Ihrer Leser?
- Welches Problem Ihrer Kunden können Sie am besten lösen?
- Was sind Ihre fünf wichtigsten Kernkompetenzen?
- Gibt es zu Ihren Beratungs- oder Coachingthemen Erfolgsgeheimnisse (zum Beispiel »Die sieben wichtigsten Strategien für …«)?
- Welches sind die fünf erfolgreichsten Projekte, die Sie mit Kunden umgesetzt haben? Welche Kernkompetenzen haben Sie dabei eingesetzt?
- Was wird im Gebiet Ihrer Kernkompetenz immer wieder falsch gemacht?
- Was sind aktuelle Themen und Trends Ihres Fachbereichs? Wie denken Sie darüber?
- Was sind die drei provokativsten Thesen, die Sie zu Ihrem Fachbereich formulieren können?
- Was bekommt Ihr Kunde nur bei Ihnen?
- Zu welcher Zielgruppe haben Sie eine besondere Beziehung?

Gehen Sie nun Ihre Ideensammlung durch und überlegen Sie, welches Thema für ein Buchprojekt tragen könnte. Lassen Sie sich hierzu durch folgende drei Fragen anregen:

Bietet das Thema wertvolle praktische Hilfestellung? In der Praxis unterstützen Sie Kunden bei ihren konkreten Anliegen. Nichts liegt näher, als ein Thema aus dem Bereich Ihrer Kernkompetenz so spannend und nutzbringend aufzubereiten, dass es den Lesern den Alltag erleichtert.

Betrifft das Thema einen neuen Trend? Auch daraus lässt sich möglicherweise eine Buchidee entwickeln: Greifen Sie den Trend auf und zeigen Sie die Auswirkungen auf die Branche, aber auch ganz konkret auf das Unternehmen des Lesers oder den Leser selbst. Erläutern Sie dann auch, wie Ihr Leser mit den Chancen und Risiken dieses Trends umgehen sollte. Idealerweise stehen Ihnen zur Untermauerung Ihrer Thesen eigene oder fremde Studien als Faktenmaterial zur Verfügung.

Enthält Ihre Themensammlung eine ungewöhnliche These? Ungewöhnliche Thesen, die aufrütteln sollen, sind immer beliebt – vor allem dann, wenn sie ein gesellschaftlich oder wirtschaftlich besonders relevantes Thema betreffen. Bücher über *Nieten in Nadelstreifen* oder die unterstellte geringe Seriosität der großen Beratungsgesellschaften (*Beraten und verkauft*) sind bei Lesern und Verlagen gleichermaßen begehrt. Die unbedingte Voraussetzung: Belegen Sie Ihre Thesen stichhaltig – denn Provokation schafft Gegner.

In welche Kategorie fällt das Thema? Überlegen Sie, ob das Thema für einen Ratgeber, ein Fachbuch oder ein Sachbuch geeignet ist (siehe hierzu Kapitel 22.4).

22.4 Welche unterschiedlichen Kategorien von Büchern gibt es?

Wenn Sie als Berater, Trainer oder Coach ein Buch schreiben möchten, kommen drei Buchtypen infrage: Ratgeber, Fachbuch und Sachbuch. Die Dreiteilung entspricht der Warengruppen-Systematik im deutschen Buchhandel. Diese Systematik wurde seinerzeit von den Barsortimenten, also den Buchgroßhändlern, entwickelt und vor wenigen Jahren komplett überarbeitet. Standen früher logistische Aspekte im Vordergrund, richtet sich die neue Systematik an Marketinggesichtspunkten aus und dient als Grundlage für alle Statistiken über die wirtschaftliche Entwicklung einzelner Segmente im Buchhandel.

Eine vom Vorstand des Verleger-Ausschusses einberufene Task Force hat 2006 die neue Warengruppen-Systematik erarbeitet und mit den Barsortimenten, dem Internetbuchhandel und den Filialisten abgestimmt. In diesem Zusammenhang wurde eine zusätzliche Hauptwarengruppe »Sachbuch« neben der jetzt eigenständigen Hauptwarengruppe »Ratgeber« eingerichtet. Dies führte zur Auffächerung der Sachthemen in Ratgeber, Sachbuch und Fachbuch. Die offizielle Definition der drei Kategorien wurde wie folgt festgelegt:

- Ratgeber: handlungs- oder nutzenorientiert für den privaten Bereich,
- Sachbuch: wissensorientiert mit primär privatem Nutzwert,
- Fachbuch: handlungs- oder wissensorientiert mit primär beruflichem oder akademischem Nutzwert.

Wichtig für die Entwicklung Ihrer Buchidee ist der Hinweis, dass ein Titel grundsätzlich derjenigen Warengruppe zugeordnet wird, die dem Hauptnutzen entspricht – und dass jeder Titel nur einer Warengruppe zugeordnet werden darf. Überlegen Sie deshalb, in welche Kategorie Ihre Buchidee passen könnte – und entscheiden Sie sich dann für eine der drei Möglichkeiten.

Worin liegen nun die wesentlichen Unterscheidungsmerkmale? Ein Ratgeber richtet sich an Menschen, die für ein bestimmtes Problem eine Lösung suchen oder eine genaue Anleitung wollen: Er erklärt ihnen, wie es geht. Ein klassischer Titel für einen Ratgeber wären *Die 15 Strategien für gutes Zeitmanagement* oder *Japanische Gärten leicht gemacht*. Ein Ratgeber richtet sich in der Regel an ein größeres Publikum, der Ladenpreis ist tendenziell niedriger als beim Fachbuch, die Auflage eher größer.

Das Fachbuch richtet sich an Fachleute des jeweiligen Gebiets. Auch hier geht es um die Vermittlung von praxisnahem Wissen, doch wendet sich der Fachautor mit einem Spezialthema an Spezialisten. Beispiele für Fachbücher sind Titel wie *Prozessmanagement* oder *Controlling umsetzen: Fallstudien, Lösungen und Basiswissen*. Das Fachbuch wendet sich in der Regel an einen eher kleinen Leserkreis; dementsprechend ist der Ladenpreis tendenziell höher, die Auflage eher kleiner.

Ein Sachbuch bereitet ein Thema für ein interessiertes Laienpublikum auf. Es zeigt auf packende Weise größere Zusammenhänge auf. Sachbücher verschaffen dem Leser einen Überblick zu einem bestimmten Thema, müssen aber im Unterschied zum Ratgeber keine detaillierten Lösungswege aufzeigen. Typische Titel sind *Nieten in Nadelstreifen* oder *Milliardengrab Einkauf*. Der Preis liegt im Mittelfeld, die Auflage ist fast immer hoch.

22.5 Wie groß ist der Aufwand fürs Schreiben?

Der Aufwand fürs Schreiben hängt von Thema, Umfang und Schreiberfahrung ab. Sicher ist nur eines: Er wird fast immer unterschätzt. Wer sein erstes

Buch schreibt, sollte aus meiner Erfahrung ganz grob eine reine Schreibzeit von 60 bis 90 Tagen veranschlagen. Es ist in jedem Fall ein erheblicher Aufwand, den Sie auch bewusst kalkulieren sollten – einschließlich der Opportunitätskosten infolge der dadurch entstehenden Umsatzausfälle.

Alternativ können Sie einen Ghostwriter engagieren, dessen Honorar dann in der Regel zwischen 15.000 und 30.000 Euro liegt (siehe Kapitel 22.7).

22.6 Wie gehe ich mit dem Zeitproblem um?

Haben Sie die Zeit, ein ganzes Buch spannend und interessant zu schreiben? Die meisten Buchideen scheitern genau an diesem Punkt. Kundenprojekte haben Vorrang, und die für das Buchprojekt eingeplanten Zeiten schmelzen dahin, je näher sie rücken. Nach meiner Erfahrung hilft es, das Zeitproblem einmal aus einer anderen Perspektive zu betrachten: Begreifen Sie das Buchprojekt als Chance, sich mit Ihrem Kernthema ernsthaft zu befassen – vielleicht auch in Form eines kleinen Workshops mit Ihren Mitarbeitern.

So machte es zum Beispiel eine auf Unternehmenssanierung spezialisierte Beratung. Die beiden Geschäftsführer gingen kapitelweise vor und reservierten für jedes Kapitel im Abstand von ein bis zwei Monaten einen halben Tag. Für jedes Teilthema wie zum Beispiel für Liquiditätsmanagement, Moratorium, Personal oder Kommunikation gab es also einen eigenen Termin. Mit am Tisch saßen dann zwei weitere Seniorberater sowie ein junger, neu eingestellter Mitarbeiter, der bei dieser Gelegenheit das Konzept der Beratung, vor allem auch das Denken seiner Chefs intensiv kennenlernte. Die Moderation des Gesprächs übernahm ein Journalist, der später auch die Aufgabe hatte, die Kapitelentwürfe redaktionell zu bearbeiten und das Manuskript in die vom Verlag geforderte Form zu bringen.

Ausgehend vom Exposé und Inhaltsverzeichnis des Buches diskutierte die Runde das jeweilige Kapitelthema. Jeder Berater brachte sein Wissen ein – wobei der Journalist darauf achtete, dass die Beteiligten nicht zu sehr ins Theoretische abglitten, sondern auch praktische Beispiele und Erfahrungen beisteuerten. Damit die vorgetragenen Inhalte nicht verloren gingen, wurde das Gespräch aufgezeichnet. Während der Diskussionen malten die Berater auf einem Flipchart auch jede Menge Schaubilder und Grafiken, die später als Grundlage für die Abbildungen des Buches dienten. Am Ende der Gesprächsrunde wurde der neue Mitarbeiter beauftragt, aus dem gesamten Material einen ersten Entwurf des Kapitels zu verfassen. Da er noch über Kontakte zu seiner früheren Universität verfügte, konnte er einige theoretische Wissenslücken schließen und aktuelle Literatur einarbeiten.

Noch Jahre nach Erscheinen des Buches sind sich die beiden Geschäftsführer einig: Diese Gesprächsrunden waren keine verlorene Zeit, ganz im Gegenteil. Die manchmal heftigen Diskussionen, verbunden mit dem Zwang, die Themen auf den Punkt zu bringen, trugen zur strategischen Klarheit und einheitlichen Vorgehensweise aller Berater bei. Die Entstehung des Buches hat damit auch erheblich zur Identität des Beratungsunternehmens beigetragen.

22.7 Wie setze ich einen Ghostwriter ein?

Wie bei jedem Dienstleister, den Sie engagieren, benötigen Sie zunächst eine klare Vorstellung über die Anforderungen: Worauf kommt es an, wenn Sie als Berater, Trainer oder Coach einen Ghostwriter engagieren wollen?

Wesentlich sind vor allem vier Anforderungen:

1. Der Ghostwriter muss natürlich sein Handwerk verstehen, also auch schon Buchprojekte realisiert haben. Fragen Sie einen Kandidaten deshalb nach seinen konkreten Erfahrungen. Auch wenn er Ihnen keine Namen nennen darf, können Sie ihn nach Themen und Verlagen fragen. Vor allem aber soll er Ihnen seine konkrete Vorgehensweise schildern.
2. Er sollte mit der Zielgruppe des Buches vertraut sein. Nur dann wird er in der Lage sein, den richtigen Ton zu treffen und das Buch auf die Leser zuzuschneiden.
3. Er sollte sich in Ihrer Materie einigermaßen auskennen. Er muss kein Spezialist Ihres Gebietes sein, denn der Experte sind Sie – es ist ja Ihr Buch. Aber er sollte von Ihrem Fachgebiet doch zumindest eine Ahnung haben. Fragen Sie ihn deshalb nach den Themen, die er schon bearbeitet hat. Hat er zum Beispiel als Journalist schon selbst Artikel über Ihr Themengebiet verfasst? Für welche Zeitungen oder Magazine war oder ist er tätig? Hat er als Ghostwriter schon Buchprojekte in einem verwandten Themengebiet begleitet?
4. Vor allem gilt aber: Sie müssen das Gefühl haben, dass Sie mit ihm vertrauensvoll zusammenarbeiten können. Immerhin geht es um eine enge, sich über Monate hinziehende Zusammenarbeit. Im Verlauf des Projekts werden Sie Ihrem Ghostwriter zwangsläufig auch Vertrauli-

ches erzählen. Das Buch soll Sie ja bei Ihrer Positionierung unterstützen, sodass der Ghostwriter beim Verfassen der Texte immer wieder auch über Details Ihrer Strategie Bescheid wissen muss.

Die Auswahl eines Ghostwriters

Es gibt verschiedene Wege, einen geeigneten Ghostwriter zu finden. Wenn Sie mit einer Marketing- oder PR-Agentur zusammenarbeiten, können Sie womöglich auf diesem Wege einen geeigneten Kandidaten finden; vielleicht erhalten Sie auch über Kollegen eine Empfehlung.

Hinsichtlich der notwendigen Qualifikation kommen am ehesten freie Wirtschaftsjournalisten infrage. Vielleicht fällt Ihnen bei der Lektüre eines Wirtschafts- oder Branchenmagazins ein Autor auf, der über Ihr Gebiet schreibt. Sofern es sich nicht um einen angestellten Redakteur handelt, lohnt sich die Kontaktaufnahme – denn freie Journalisten sind häufig auch als Ghostwriter tätig. Eine weitere Möglichkeit, einen Kandidaten zu finden, ist der Weg über Journalistenorganisationen. So sind etablierte Wirtschaftsjournalisten zum Teil in regionalen Clubs organisiert (Club Wirtschaftspresse München, Club Hamburger Wirtschaftsjournalisten, Club Berliner Wirtschaftsjournalisten, Märkischer Presse- und Wirtschaftsclub Berlin, Wirtschaftspresse-Club Stuttgart, Arbeitskreis Nordbayerische Wirtschaftspresse, Club der Kurpfälzischen Wirtschaftsjournalisten). Auch das jährlich erscheinende *Kroll Taschenbuch Wirtschaftspresse* enthält eine aktuelle Liste der Wirtschaftsjournalisten unter Angabe ihrer Spezialgebiete.

Wenn Sie die Zeit haben, sollten Sie einen Kandidaten erst testen, bevor Sie ihn für das Buchprojekt engagieren. Zum Beispiel können Sie ihn für das Probekapitel engagieren, das der Verlag zusammen mit dem Exposé benötigt, um über das Buchprojekt zu entscheiden (siehe Kapitel 22.10) Eine gute Möglichkeit, einen Ghostwriter ohne Risiko kennenzulernen, liegt auch darin, mit ihm einen Fachartikel für eine Zeitschrift zu realisieren oder ihn für ein anderes kleines Projekt wie etwa einen Internet- oder Broschürentext einzusetzen.

Zusammenarbeit mit einem Ghostwriter

Die Zusammenarbeit mit einem Ghostwriter sollten Sie, wie gesagt, möglichst schon im Vorfeld ausprobieren. Denn für das Schreiben des Buches können Sie ihn erst engagieren, wenn alle Vorarbeiten abgeschlossen, das heißt das Exposé erstellt, der Autorenvertrag unterschrieben und der Abgabetermin festgelegt sind. Nur dann ist eine Arbeit innerhalb eines abgesicherten Rahmens möglich – für beide Seiten eine wichtige Voraussetzung.

Bevor Sie den Ghostwriter für Ihr Buchprojekt zu einem ersten Gespräch einladen, sollten Sie überlegen, wofür genau Sie ihn einsetzen wollen. Soll er anhand Ihres Inputs (Gespräche, Unterlagen, vorbereitete Schaubilder, Literaturhinweise) das gesamte Buch schreiben? Oder verfassen Sie einen ersten Entwurf, den der Ghostwriter (auf Basis persönlicher Gespräche mit Ihnen) ergänzt, überarbeitet und in Form bringt?

Im ersten Fall haben Sie am wenigsten Arbeit, Ihr Zeitgewinn ist beträchtlich. Im zweiten Fall können Sie kapitelweise zügig Ihre wesentlichen Gedanken zu »Papier bringen«, ohne dabei auf Sprache und Form achten zu müssen – den Rest erledigt dann der Ghostwriter. Es gibt durchaus Autoren, die diese zweite Vorgehensweise bevorzugen. Aufwand und Honorar für den Ghostwriter liegen dann um etwa ein Drittel niedriger.

Ziel des ersten Treffens mit dem avisierten Ghostwriter ist es, eine mögliche Zusammenarbeit abzustecken. Hierzu müssen folgende Punkte geklärt werden:

- *Grundsätzliche Zusammenarbeit:* Als Autor sollten Sie am Ende des Gesprächs überzeugt sein, dass der Ghostwriter Sie und Ihr Projekt versteht und dass Sie über Monate hinweg gut mit ihm zusammenarbeiten. Das gilt ebenso für den Ghostwriter: Auch er muss am Ende des Gesprächs beurteilen können, ob das Projekt in sein Konzept passt und er mit Ihnen zusammenarbeiten möchte.
- *Zeitplan:* Der Ghostwriter muss Ihnen zusichern können, dass er genügend Kapazität frei hat, um das Projekt in der vorgesehenen Zeit stemmen zu können.
- *Vorgehensweise:* Stimmen Sie ab, wie Sie vorgehen werden – vor allem welchen Part der Ghostwriter genau übernimmt, welche Informationsgespräche stattfinden sollen, wann der Ghostwriter welche Unterlagen erhält und bis wann er die Textentwürfe der einzelnen Kapitel liefern soll.
- *Informationen für ein Angebot:* Der Ghostwriter benötigt die erforderlichen Daten, um seinen Aufwand abschätzen und ein Angebot erstellen zu können. Hierzu zählen vor allem der geplante Umfang des Buches, die inhaltliche Struktur, die voraussichtliche Zahl der Informationsgespräche (in der Regel für jedes Kapitel ein Gespräch) sowie der Umfang möglicher zusätzlicher Recherchen.

Angebot und Ghostwriter-Vertrag

Nach dem Gespräch wird der Ghostwriter ein Angebot erstellen, das sich nach meiner Erfahrung zumeist in einem Rahmen zwischen 15.000 und 30.000 Euro bewegt. Wenn Sie selbst einen ersten Entwurf verfassen, dürfte der Aufwand um etwa ein Drittel niedriger liegen. Als Zahlungsmodus sollten Sie eine stufenweise Honorierung vorsehen – zum Beispiel ein Drittel nach dem ersten Kapitel, wenn die Zusammenarbeit angelaufen ist, das zweite Drittel nach der kompletten Abgabe der Texte und den letzten Teil bei Erscheinen des Buchs.

Wenn Sie das Angebot annehmen, schließen Sie üblicherweise einen Ghostwriter-Vertrag ab. Darin verpflichtet sich der Ghostwriter, dass er sich gegenüber Dritten über seine Urheberschaft öffentlich nicht äußert – und dass er darauf verzichtet, als Urheber genannt zu werden. Außerdem räumt der Ghostwriter Ihnen sämtliche urheberrechtlichen Nutzungs- und Verwertungsrechte an dem Text ein (die Sie dann wiederum an den Verlag weitergeben).

Mit der Klausel, dass sämtliche Rechte an dem Werk auf Sie als Auftraggeber übergehen, sichern Sie sich vor einer durchaus realen Gefahr ab: Da der Ghostwriter Urheber des Textes ist und bleibt, könnte er ansonsten noch Jahre später sein Urheberrecht geltend machen – zum Beispiel dann, wenn Sie mit Ihrem Buch gutes Geld verdienen. Das Ergebnis könnte dann sein, dass Sie die Rechte an Ihrem Buch und damit auch die Einkünfte verlieren.

Umsetzung

Die Umsetzung erfolgt am besten kapitelweise nach einem festgelegten Zeitplan. Für jedes Kapitel liefern Sie Ihrem Ghostwriter in einem persönlichen Gespräch den inhaltlichen Input. Entwerfen Sie hierzu eine detaillierte Gliederung des Kapitels und gehen Sie im Gespräch die einzelnen Gliederungspunkte durch. Erzählen Sie zu jedem Gliederungspunkt das Wichtigste und geben Sie eventuell Hinweise, welche zusätzlichen Materialien der Ghostwriter an der jeweiligen Stelle einbauen sollte. Dieser wird seinerseits Fragen stellen, wenn ihm inhaltlich etwas unklar ist oder er glaubt, der Text müsste an einer Stelle durch ein anschauliches Beispiel ergänzt werden.

Das Gespräch wird der Ghostwriter aufzeichnen, um es später für das Verfassen des Kapitelentwurfs auswerten zu können.

Einige Wochen später, zu einem vereinbarten Abgabetermin, erhalten Sie dann den Kapitelentwurf. Normalerweise steht das Kapitel dann zu etwa 70 Prozent. Meist genügt dann ein längeres Telefonat, in dem Sie mit dem Ghostwriter Ihre Ergänzungs- und Änderungswünsche besprechen. Eine weitere, dritte Bearbeitungsschleife sollte bei einer guten Zusammenarbeit die Ausnahme sein, bewährt hat sich jedoch noch eine gemeinsame Abschlussredaktion, wenn das gesamte Manuskript vorliegt.

Was Ihnen der Ghostwriter bringt

Auch wenn Sie einen Ghostwriter engagieren, bleibt noch ein beachtlicher Part des Buchprojekts an Ihnen hängen. Die Arbeiten im Vorfeld zählen hierzu, Exposé und Gliederung, dann das Durcharbeiten der Entwürfe, die Abstimmungen mit dem Verlag und das Korrekturlesen. Vor allem aber bleibt es Ihre Aufgabe, den inhaltlichen Teil beizusteuern – die Zeit für die persönlichen Gespräche mit dem Ghostwriter müssen Sie in jedem Fall investieren. Dennoch: Indem Sie das Schreiben an einen Ghostwriter abgeben, haben Sie schätzungsweise zwei Drittel der gesamten Arbeit des Buchprojekts delegiert.

Zur Zeitersparnis kommen zwei weitere Vorteile, die für einen Ghostwriter sprechen: Die Zusammenarbeit mit ihm setzt Sie unter Zugzwang. Die Termine für die einzelnen Kapitel sind getaktet, Sie erhalten regelmäßig die Kapitelentwürfe, der Prozess schreitet voran. Die Chancen, das Projekt termingerecht abzuschließen, stehen damit ungleich besser als beim eigenen Schreiben. Denn wie leicht weichen die langfristig festgelegten »Schreibtage« dann doch zugunsten eines wichtigen Beratungsprojektes?

Und der zweite Vorteil: Der Ghostwriter liefert Ihnen ein professionelles Manuskript, das die Anforderungen des Verlags erfüllt. Gut möglich, dass Sie auf diese Weise Nacharbeiten vermeiden, die Sie noch einmal einige Zeit gekostet hätten.

22.8 Wie finde ich den richtigen Verlag?

Bevor Sie ein Buch schreiben, benötigen Sie einen Verlag. Das ist nicht einfach, hat es doch ein Lektor Tag für Tag mit vielen unverlangt eingesandten Angeboten zu tun. Auf diese Eingänge werfen die Lektoren zwar stets einen Blick, die meisten Angebote werden jedoch schnell ausgesiebt, weil sie offensichtlich nicht ins Verlagsprogramm passen.

Das Ziel eines Verlags ist es, Buchtrends »rechtzeitig zu erkennen, teure Flops zu vermeiden und aus einzelnen Büchern ein erfolgreiches, gewinnbringendes Programm mit unverwechselbarem Profil zu machen«, formuliert es Michael Schickerling, Programmleiter beim Verlag mi-Wirtschaftsbuch. Um also überhaupt eine Chance zu haben, muss das Thema ins Verlagsprogramm passen. Lektoren warten deshalb nicht auf eingehende Manuskripte, sondern betreiben eine aktive Programmstrategie, die sich an zwei Kernfragen orientiert: Wie lassen sich einzelne Titel innerhalb des eigenen Verlagsprogramms und nach außen in Abgrenzung zum konkurrierenden Buchmarkt eindeutig positionieren? Wie wird aus der Vielzahl der Einzeltitel ein profiliertes und erfolgreiches Verlagsprogramm?

Ihre Buchidee muss also in das Programm passen. Folgende Übersicht kann Ihnen helfen, eine Vorauswahl der infrage kommenden Verlage zu treffen.

Eine Auswahl der wichtigsten Verlage für Berater, Trainer und Coachs

Verlag	Inhaltliche Richtung der relevanten Bereiche. Meine persönliche Einschätzung.	Internet
C.H. Beck	Fachprogramm Recht-Steuern-Wirtschaft, u. a. mit betriebswirtschaftlichen Themen	www.beck.de
Campus	Sach- und Fachbuchverlag, insbesondere auch Management-Bücher	www.campus.de
Droemer/Knaur	u. a. Sachbücher zu aktuellen Themen	www.droemer-knaur.de
Econ	Wirtschaftsbuchverlag (u. a. mit Themen wie Erfolg, Management, Marketing)	www.econ-verlag.de
FinanzBuch Verlag	Sach- und Fachbücher rund um die Themen Börse, Geldanlage und Finanzinformation; bietet auch Workshops, Seminare und Konferenzen an	www.finanzbuchverlag.de
Frankfurter Allgemeine Buch	Wirtschaftsbuchverlag mit Schwerpunkt auf den Bereichen Management, Karriere und Kommunikation	www.faz-institut.de

Gabal	Wirtschaftsverlag für Inhalte der Aus- und Weiterbildung mit Themen rund um Beruf & Karriere, Management & Training, Persönlichkeit & Erfolg	www.gabal-verlag.de
Gabler	Wirtschaftsfachverlag zu den Themen Wirtschaft, Management und Finanzdienstleistungen	www.gabler.de
Goldmann (Random House)	Publikumsverlag mit Sachbuch- und Ratgeberprogramm	www.randomhouse.de/goldmann/
Hanser	Wirtschaftsfachbücher, praxisnahe Informationen für Ingenieure und Manager (u. a. Qualitätsmanagement, Projekt- und Prozessmanagement)	www.hanser.de
Haufe	Fachverlag für Themen aus Wirtschaft, Recht, Steuern und Informationsverarbeitung	www.haufe.de
Hogrefe-Verlag	Fachverlage für Psychologie und angrenzende Bereiche	www.hogrefe.de
Langen Müller Herbig	Breit gefächertes Sachbuchprogramm, u. a. auch Wirtschaftstitel	www.herbig.net
managerSeminare	Buchprogramm überwiegend für Berater, Trainer und Coachs sowie Personaler	www.managerseminare.de
mi-Wirtschaftsbuch	Fachliteratur aus den Bereichen Management, Marketing, Verkauf, Personalführung.	www.mi-wirtschaftsbuch.de
Orell Füssli	Verlagsreihe Wirtschaft (u. a. Unternehmensführung, Management, Marketing/Verkauf, PR/Kommunikation/Rhetorik, Neue Medien, Finanzen)	www.ofv.ch
Piper	Sachbuch- und Ratgeberreihe (u. a. Firmengeschichten, Lebensführung, Gesundheit, Psychologie)	www.piper.de

Redline Verlag	Vorwiegend Ratgeber und Sachbücher, interessante Reihen für Selbstständige	www.redline-verlag.de
Rowohlt	Sachbuch- und Ratgeberreihe »Geld, Job, Recht« (auch Management- und Führungsthemen)	www.rowohlt.de
Schäffer-Poeschel	Fachverlag für Wirtschaft, Steuern und Recht	www.schaeffer-poeschel.de
Springer	Fachbuchverlag u. a. mit dem Fachbereich »BWL & Management«	www.springer.com
Symposion Publishing	Fachverlag für Management-Wissen und Personaler-Zielgruppe	www.symposion.de
Vahlen	»Praktikerliteratur« (u. a. Corporate Finance, Marketing, Medien, Management, Personalmanagement, Controlling)	www.vahlen.de
Vogel Buchverlag	Medien für Techniker, Meister und Ingenieure, u. a. mit Fachbuchreihe »Wirtschaft und Management«	www.vogel-buchverlag.de
Walhalla Fachverlage	Spezialisiert auf die Bereiche Öffentliche Verwaltung und Sozialwesen (u. a. Wirtschaftsthemen wie Management, Kommunikation, Marketing/Verkauf, Job & Karriere)	www.walhalla.de
Wiley-VCH	Vielfältiges Fachbuchprogramm, von Chemie über Technik bis Wirtschaft	www.wiley-vch.de
Wolters Kluwer Deutschland / Luchterhand	Fachliteratur für Unternehmen, Banken, Selbstständige, Führungskräfte und Geschäftsführer	www.wolterskluwer.de, www.luchterhand.de

22.9 Soll ich einen Literaturagenten einschalten?

Haben Sie ausreichend Zeit, geeignete Verlage zu identifizieren, die aufgrund ihres Programms, ihrer Zielgruppe und der Buchaufmachungen zum geplanten Projekt passen? Tatsache ist: Nur wenige Berater kennen sich in der Verlagsbranche wirklich gut aus – und verstehen sich dann auch noch darauf, die Konditionen für ihr Buchprojekt auszuhandeln.

Als Alternative haben Sie auch die Möglichkeit, diesen Part einem Profi zu überlassen: Ein Literaturagent übernimmt Verlagssuche und Verhandlungen. Es gibt eine Reihe guter Argumente, die für diese Variante sprechen. Der Agent

- kennt den Markt und weiß, bei welchem Verlag das Thema ins Programm passt,
- kann die Erfolgschancen einschätzen,
- kann mögliche Schwachstellen Ihres Exposés gemeinsam mit Ihnen ausbügeln, bevor er den Verlag kontaktiert,
- spricht die Sprache der Lektoren und Programmleiter, kennt die Gepflogenheiten der Verlagsbranche,
- ist mit dem Prozedere vertraut,
- kennt die typischen Vertragsmodalitäten und kann entsprechend gut verhandeln,
- kümmert sich um die Einhaltung der Vertragsbedingungen, zum Beispiel auch um die Überweisung der Honorare.

In der Regel stellt ein Agent etwa 20 Prozent des Autorenhonorars in Rechnung, sodass Ihnen im Vorfeld keine Kosten entstehen und Sie auch kein finanzielles Risiko eingehen. Wenn Sie sich für einen Agenten entschieden haben, sollten Sie in einem ersten Gespräch seine Kompetenz prüfen sowie Vorgehensweise und Vergütung abklären. Hierbei helfen folgende Fragen:

Kompetenz

- Welche Erfahrungen hat der Agent bei vergleichbaren Projekten gemacht?
- Arbeitet er mit bestimmten Verlagen bevorzugt zusammen? Mit welchen?

Vorgehensweise

- Teilt der Agent regelmäßig mit, welche Verlage er anspricht und wie die Reaktionen ausfallen?
- Informiert Sie der Agent, wenn mehrere Angebote vorliegen? Bezieht er Sie in die Entscheidung mit ein?

- Übernimmt der Agent für Sie die kompletten Vertragsverhandlungen?
- Übernimmt der Agent die Honorarverwaltung? Prüft er die Abrechnungen des Verlags? Achtet er darauf, dass der Verlag pünktlich bezahlt?

Vergütung

- Wie hoch ist der Provisionssatz?
- Verlangt der Agent irgendwelche Pauschalen oder Vorauszahlungen?
- Können Sie als Autor mit einem Vorschuss des Verlages rechnen?

Haben Sie den Agenten von Ihrer Buchidee überzeugt, bestehen gute Chancen, dass er Ihr Projekt erfolgreich bei einem Verlag platziert. Auch wenn Sie einen Agenten einschalten, werden Sie später mit dem Lektor zusammenarbeiten – denn die Verlage legen Wert auf direkte Kontakte zu ihren Autoren. Das gilt ganz besonders dann, wenn der Verlag sich von einem Projekt einen größeren Erfolg verspricht. Erfolgreiche Bücher seien immer ein Teamspiel »von Autoren, die sich in der Materie auskennen, und von Verlagsmitarbeitern, die wissen, wie ein verkäufliches Buch aufbereitet sein muss«, betont Programmleiter Michael Schickerling.

Manchmal ist es auch sinnvoll, mit einem spezialisierten Berater zu arbeiten, der Ihre Branche gut kennt und sich mit dem Literaturagenten eng abstimmt. Das Buch hat ja nicht nur das Ziel, als Buch erfolgreich zu sein, sondern Sie verfolgen als Berater, Trainer oder Coach auch ein eigenes Marketing- und PR-Ziel. Ein Berater kann Ihnen helfen, dieses Ziel mit den Interessen des Verlags möglichst gut zu synchronisieren. Allerdings ist darauf zu achten, dass dieser Marketingberater viel Erfahrung mit Buchprojekten hat.

22.10 Was benötigt der Verlag?

Ob Sie nun den Weg über einen Agenten wählen oder sich direkt an einen Verlag wenden: Um Ihre Idee zu »verkaufen«, benötigen Sie ein Exposé und ein Probekapitel. Anhand des Exposés kann sich der Lektor einen Überblick über das Projekt machen, und das Probekapitel zeigt ihm, ob Sie das Autorenhandwerk beherrschen und tatsächlich schreiben können.

Wenn Sie das Exposé erarbeiten, werden Sie zum ersten Mal wirklich Zeit in Ihr Buchprojekt investieren. Doch dieser Aufwand lohnt sich: Sie werden feststellen, ob Ihre Buchidee tatsächlich trägt. Das Exposé zwingt Sie nicht nur dazu, Ihre Idee auf den Punkt zu bringen und ein umfassendes Stoffgebiet in wenigen Sätzen prägnant vorzustellen. Es bietet auch den Anlass, das Projekt aus dem Blickwinkel des Verlags zu betrachten, also über die Verkaufsargumente für das Werk nachzudenken.

Legen Sie dem Exposé ein Probekapitel bei, das dem Lektor einen Eindruck vom geplanten Buch vermittelt. Das Kapitel sollte also keinen Nebenaspekt behandeln, sondern für das ganze Buch stehen. Greifen Sie ein Kapitel heraus, bei dem Sie Ihre Kompetenz als Autor möglichst gut zeigen und auch viel praktische Erfahrung einfließen lassen können. Gibt es zum Beispiel ein selbst erlebtes, besonders interessantes Praxisbeispiel, das Sie in Ihrem Buch verwenden wollen? Dann nutzen Sie es für das Probekapitel!

Erarbeiten Sie das Probekapitel sorgfältig. Der Lektor möchte nicht nur Ihren Schreibstil kennenlernen, sondern auch erfahren, inwieweit Sie in der Lage sind, einen längeren, zusammenhängenden Text zu schreiben. Ist die Argumentation klar? Kommen Sie zum Kern der Sache? Der Aufbau des Textes muss überzeugen. Auch sollte das Kapitel spannend inszeniert sein, damit es den Leser vom Einstieg bis zum Schluss bei der Stange hält. Die Länge des Kapitels sollte zwischen 25.000 bis 35.000 Zeichen (einschließlich Leerzeichen) liegen.

Entscheidend für den Erfolg ist es, dass Ihr Exposé unter den vielen Angeboten auffällt, die ein Verlag jeden Tag erhält. Sie benötigen daher einen Aufhänger, das heißt einen Arbeitstitel mit Unterzeile, der die Neugier des Lektors weckt (mehr hierzu in Kapitel 22.11). Ist der Lektor auf Ihr Angebot aufmerksam geworden, prüft er es zunächst anhand von fünf Kernfragen:

1. *Passt der Titel in das Gesamtprogramm des Verlags?* Dem Lektor genügt ein erster kurzer Blick auf die eingehenden Angebote, um festzustellen, was offensichtlich nicht ins Verlagsprogramm passt. In diesen Fällen genügt eine kurze Prüfung für eine direkte Ablehnung.
2. *Ist das Thema interessant und die These überzeugend?* Der Lektor prüft, welche neuen, für die Leser interessanten Aspekte der Buchvorschlag enthält – und welche Kernbotschaft oder These das Buch vermitteln möchte.
3. *Ist der Schreibstil gut?* Anhand des Probekapitels stellt der Lektor fest, ob der Autor die notwendigen sprachlich-stilistischen Anforderungen einlöst und schätzt ab, welchen Aufwand die spätere redaktionelle Bearbeitung des Manuskripts erfordern dürfte.
4. *Ist das Projekt seriös und fachlich in Ordnung?* Anhand seiner Erfahrung oder einer kurzen Nachrecherche stellt der Lektor fest, ob die im Exposé angegebenen Fakten stimmen und die Kernthese des Buches

nachvollziehbar und schlüssig zu begründen ist. Auch Ihre Kompetenzen und gegebenenfalls auch schon Ihr Ruf als Autor spielen hier eine wichtige Rolle.

5. *Ist das Konzept stimmig?* Nun wirft der Lektor einen Blick auf das vorläufige Inhaltsverzeichnis und überprüft, ob der Aufbau des geplanten Buches logisch und nachvollziehbar ist. Ergibt sich aus der Abfolge der einzelnen Kapitel und Gliederungspunkte ein stimmiges Gesamtbild?

Kann der Lektor diese fünf Fragen nicht alle mit einem klaren »Ja« beantworten, wird er das Buchprojekt in aller Regel ablehnen.

22.11 Wie sieht ein Exposé aus?

Mit dem Exposé »verkaufen« Sie Ihren Buchvorschlag an den Verlag – es muss den Lektor überzeugen. Folgende Elemente sollte das Exposé enthalten:

Arbeitstitel: Finden Sie einen aussagekräftigen Arbeitstitel für Ihr Buch, den Sie an den Anfang des Exposés stellen (Titel plus erklärende Unterzeile). Zwar wird der endgültige Titel vom Verlag festgelegt, doch fällt ein guter Arbeitstitel dem Lektor auf und weckt sein Interesse für Ihren Vorschlag.

Heißmacher (»Teaser«): Präsentieren Sie nun Ihre Buchidee in 15 bis 30 Zeilen. Ziel ist es, den Lektor dafür zu begeistern. Was ist die Kernaussage des geplanten Buches? Warum ist das Thema gerade aktuell? Warum verspricht das Buch gute Verkaufszahlen, spricht es zum Beispiel den Leidensdruck einer großen Zielgruppe an?

Vorläufiges Inhaltsverzeichnis: Stellen Sie nun anhand eines kommentierten Inhaltsverzeichnisses die konkreten Inhalte und die Struktur des Buches vor. Erklären Sie nach jeder Kapitelüberschrift kurz, was in dem Kapitel stehen soll – und machen Sie den roten Faden deutlich, der die Inhalte verbindet.

Zielgruppe des Buches: Der Lektor möchte wissen: An wen lässt sich das Buch verkaufen? Beschreiben Sie kurz, aber präzise die Zielgruppe (Position? Funktion? Art des Unternehmens? Branche?) und benennen Sie wenn möglich auch die Größe der Zielgruppe.

Verkaufsargumente für das Buch: Überlegen Sie, wie ein Buchhändler Ihr Werk empfehlen könnte. Stellen Sie kurz die Verkaufsargumente zusammen. Benennen Sie zunächst das Besondere Ihres Buchprojektes – in ein oder maximal zwei Sätzen. Führen Sie dann weitere Verkaufsargumente an. Dies kann zum Beispiel sein:

- Ihre Bekanntheit in den Medien,
- eine hohe Aktualität des Themas,
- neue, einzigartige Erkenntnisse, die das Buch erstmals vermittelt,
- hoher Praxisnutzen,
- Lösung eines akuten Leidensdruckthemas,
- leicht verständlicher Schreibstil, anschauliche Sprache.

Konkurrenztitel: Ihr Buch sollte möglichst einzigartig am Buchmarkt sein. Nehmen Sie sich deshalb einige Wochen Zeit, um mögliche Konkurrenztitel zu lesen und auf Unterschiede zu prüfen: Welche Bücher sind schon zu diesem Thema erschienen und wie grenzt sich Ihr Buch hiervon ab? Was ist an Ihrem Buch neu, anders, spektakulär? Führen Sie die Konkurrenztitel einzeln auf und stellen Sie die Unterschiede zu Ihrem geplanten Werk dar.

Unterstützung der Vermarktung: Wie können Sie den Erfolg des Buches unterstützen? Führen Sie an, was Sie zum Verkauf des Buches beitragen können. Überlegen Sie hierzu:

- Welche Kontakte haben Sie zu der Zielgruppe? Kennen Sie Verbände? Spezielle Zeitschriften? Wie können Sie dem Verlag Zugang zur Zielgruppe verschaffen?
- Haben Sie bereits Medienkontakte? Welche? Auch zu Hörfunk und Fernsehen?
- Geben Sie Seminare zu diesem Thema? Welcher Art? Bei welchem Veranstalter? Kann das Buch Bestandteil des Seminars werden?
- Schreiben Sie für Fachzeitschriften? Welche? Ist von Ihnen schon ein Artikel zum Thema erschienen? Planen Sie nach Erscheinen des Buches weitere Artikel?
- Werden Sie Ihr Buch auf Ihrer Webseite bewerben? Wie viele Besucher aus der Zielgruppe des Buches hat Ihre Webseite?
- Haben Sie einen Beratungsbrief, auf dem Sie das Buch vorstellen werden? Wie viele Abonnenten hat er?
- Wie viele Exemplare des Buches nehmen Sie selbst ab?

Wenn Sie mit einem bestimmten Rabatt zum Beispiel 150 Exemplare abnehmen, deckt das bereits einen spürbaren Teil des Verlagsrisikos ab. Nicht zu verwechseln ist das mit so genannten Druckkostenzuschuss-Verlagen, die ein Buchprojekt nicht deshalb realisieren, weil sie daran glauben, sondern weil der Autor das gesamte Verlagsrisiko durch einen Zuschuss trägt. Überzeugen Sie sich deshalb davon, dass der Verlag ernsthaft von Ihrem Buchprojekt überzeugt ist und die Abnahme einer bestimmten Anzahl an Büchern nur ein Nebenaspekt in der Zusammenarbeit mit dem Verlag darstellt.

Autor: Stellen Sie sich kurz vor. Neben der fachlichen Kompetenz interessiert den Verlag auch, ob Sie als Persönlichkeit »ziehen«, also für den Buchmarkt attraktiv sind. Belegen Sie Ihre Kompetenz anhand Ihres Lebenslaufes und nennen Sie Ihre bisherigen Veröffentlichungen zum Thema.

22.12 Wie vermarkte ich mein Buch?

Die Vermarktung Ihres Buches sollte immer im Zusammenspiel mit dem Verlag geschehen. Selbst wenn Ihr Buch dort nur als Standardtitel läuft und wenig beworben wird, sollten Sie das Marketing für Ihr Buch auf jeden Fall mit dem Verlag besprechen und abstimmen.

Was kann der Verlag für Ihr Buch tun? Fast sicher wird er eines nicht tun: Ihr Buch mit Anzeigen in den führenden Tageszeitungen und Magazinen bewerben. Dies geschieht nur bei ganz wenigen, bestsellerverdächtigen Neuerscheinungen. Doch gibt es eine Reihe von Vermarktungsmaßnahmen, die Sie zumindest bei einem größeren Verlag erwarten können:

- Der Verlag nimmt das Buch mit Cover-Abbildung in seine aktuelle Programmvorschau auf.
- Um den Medien die Neuerscheinungen vorzustellen, besuchen die Pressemitarbeiter des Verlags die Redaktionen wichtiger Zeitungen und Magazine oder nehmen telefonisch Kontakt mit Redakteuren auf. Hier besteht die Gelegenheit, auch speziell auf Ihr Buch aufmerksam zu machen.
- Der Außendienst des Verlags präsentiert das neue Programm den Buchhandlungen. Auch hier kann der Verlagsvertreter Ihr Buch herausstellen; ebenso kann er es bei den Listungsgesprächen mit den Großbuchhandlungen empfehlen.
- Zum Erscheinen des Buches versendet der Verlag einen Pressetext an Zeitungen und Zeitschriften, aber auch Redaktionen von Hörfunk, Fernsehen und Internet.
- Auf Anfrage von Redakteuren und Journalisten versendet der Verlag Rezensionsexemplare und vermittelt den Kontakt zum Autor. Auch Autorenfotos und Coverabbildung stellt der Verlag interessierten Redaktionen zur Verfügung.
- Der Verlag beobachtet die Resonanz in den Medien und informiert in der Regel auch den Autor über erschienene Artikel.

Bei all dem müssen Sie bedenken: Seine Ressourcen wird ein Verlag stets auf die Neuerscheinungen konzentrieren, von denen er sich den größten

Verkaufserfolg verspricht. Erkundigen Sie sich deshalb frühzeitig, am besten schon Monate vor Erscheinen, wie der Verlag Ihr Werk einschätzt. Ist es für ihn ein A- oder zumindest ein B-Titel? Von dieser Einstufung wird es abhängen, wie sehr sich der Verlag um die Vermarktung Ihres Buches kümmert, wie stark er es also gegenüber Medien und Buchhandlungen herausstellt.

Auf jeden Fall lohnt es sich, wenn Sie die Vermarktung Ihres Buches tatkräftig unterstützen. Klären Sie hierzu, welche Maßnahmen der Verlag selbst plant, wie dessen Zeitplan dafür aussieht – und machen Sie eigene Anregungen.

Vereinbaren Sie hierzu einen Termin mit dem Verlagsmitarbeiter, der für die Pressearbeit Ihres Buches zuständig ist. Er ist zwar der Profi, um ein Buch den Medien zu verkaufen – doch sollten Sie ihm dennoch die Kernbotschaft und die Besonderheit Ihres Buches noch einmal persönlich schildern. Erzählen Sie ihm einige Details, die über das Buch hinausgehen und für Journalisten ein Aufhänger sein könnten, sich mit dem Buch, dem Thema oder mit Ihnen selbst (dem »Autor und Experten«) zu befassen.

Idealerweise machen Sie dem Pressemitarbeiter des Verlags selbst einige Vorschläge, wie er das Buch (und auch Sie als Autor) »verkaufen« könnte. Überlegen Sie hierzu zum Beispiel:

- Warum ist Ihr Thema gerade jetzt und heute so wichtig? Gibt es einen aktuellen Aufhänger?
- Welche Thesen in Ihrem Buch sind besonders provokativ?
- Welche Einzelaspekte könnte man als eigene Story herausgreifen?
- Kennen Sie eine Erfolgsgeschichte, die Ihre zentrale These oder das in Ihrem Buch vorgestellte Modell belegt und die Sie einem Journalisten exklusiv anbieten könnten?
- Bietet das Buch für die Medien einen Anlass, den Scheinwerfer auf ein zwar brennendes, derzeit aber vergessenes Thema zu richten (Milliardenverschwendungen im Einkauf, Anstieg psychisch kranker Mitarbeiter in den Unternehmen, überforderte Chefärzte in Krankenhäusern, »Servicewüste Deutschland«)?
- Sind Sie bereit, interessierten Journalisten für Interviews und Gespräche zur Verfügung zu stehen?

Wenn Sie selbst Seminare veranstalten, sollten Sie gemeinsam mit dem Verlag überlegen, wie Sie das Buch als Bestandteil der Unterlagen eines Ihrer Seminare vermarkten. Ebenso können Sie mit dem Verlag kooperieren, wenn Sie als Referent auf Kongressen und anderen Veranstaltungen auftreten. Ist der Anlass bedeutend genug, kann der Verlag zum Beispiel für einen Büchertisch sorgen.

Darüber hinaus sollten Sie natürlich alle eigenen Möglichkeiten und Marketingkanäle nutzen, um das Buch bekannt zu machen – zum Beispiel:

- Weisen Sie überall auf das Buch hin – zum Beispiel in Ihrer E-Mail-Signatur, auf Ihrem Briefpapier oder auf der Rückseite der Visitenkarte.
- Präsentieren Sie das Buch prominent auf Ihrer Internetseite und nehmen Sie es in Ihre Publikationsliste auf.
- Regen Sie Kunden dazu an, Rezensionen zu schreiben und zum Beispiel bei Amazon einzustellen.
- Nutzen Sie Ihre Vorträge und Seminare, um auf das Buch hinzuweisen. Legen Sie bei diesen Gelegenheiten eine kleine »Buchkarte«, die für Ihr Werk wirbt, auf den Plätzen aus. Und nehmen Sie immer einige Ansichtsexemplare mit.
- Schreiben Sie zu Einzelaspekten Ihres Buchthemas Fachartikel und weisen Sie darin auf das Buch hin.
- Bieten Sie Kunden, Kooperations- und Geschäftspartnern an, einige Bücher bei einer Aktion zu verlosen.
- Schicken Sie einen Auszug des Buches als PDF an Kunden (nur in Absprache mit dem Verlag).

Auf jeden Fall ist es sinnvoll, den Verlag über Ihre Aktivitäten, vor allem auch über Ihre Auftritte bei Veranstaltungen auf dem Laufenden zu halten. Vielleicht stellen Sie einen eigenen kleinen Marketingplan auf, der die verschiedene Maßnahmen und Termine enthält – zum Beispiel Kongresse, Seminare und andere Veranstaltungen, die sich für eine Buchvorstellung eignen. Stimmen Sie diesen Plan dann mit dem Verlag ab.

22.13 Was sind die drei größten Illusionen zum Thema Buch?

Bei aller Euphorie – mit der Idee, ein Buch zu schreiben, sind oft drei große Illusionen verbunden. Es lohnt sich, sich mit ihnen gleich zu Beginn zu beschäftigen. Sonst ist die Gefahr groß, dass Sie ein Projekt beginnen, das unendlich viel Zeit frisst und am Ende enttäuscht, anstatt alle Beteiligten – Leser, Verlag und Autor – zu begeistern.

Illusion 1: Ich schreibe einen Bestseller. Sicher: Wer träumt nicht vom Bestseller? Das tun Verlag und Autor gleichermaßen. Bedenken Sie aber, dass auf dem deutschen Buchmarkt jährlich rund 95.000 Titel erstmals oder in einer Neubearbeitung erscheinen. Warum sollte es gerade Ihr Titel auf die ersten Ränge schaffen? Wenn Sie mit einem Fachbuch eine

Auflage von 1.500 bis 2.000 Exemplaren erreichen, ist das schon ein außerordentlich gutes Ergebnis. Die Chance, einen unteren Platz auf einer Wirtschaftsbestsellerliste zu erreichen, beginnt bei etwa 15.000 bis 20.000 verkauften Exemplaren.

Illusion 2: Ich verdiene mit einem Buch Geld. Schlagen Sie sich die Idee gleich aus dem Sinn. Letztlich werden Sie – rein finanziell betrachtet – bei einem Buch immer dazuzahlen. Selbst wenn Sie einen Honorarvorschuss von 3.000 bis 7.000 Euro erzielen, müssen Sie eine Schreibzeit von sicherlich 60 bis 90 Tagen und den entsprechenden Verdienstausfall gegenrechnen – wobei diese Zahlen sehr optimistisch bemessen sind. Begreifen Sie ein Buchprojekt als Teil Ihres Marketings, das nun einmal Geld kostet und keine Einnahmequelle ist.

Illusion 3: Ich schreibe ein Buch nebenbei. Wieder falsch. Ein Buch ist harte Arbeit. Das fängt damit an, ein tragfähiges Thema zu finden und zu formulieren, geht weiter mit dem Ausarbeiten eines Exposés für den Verlag – und hört mit der Abgabe des Manuskripts noch lange nicht auf. Es folgen Abstimmungen mit dem Lektor, Überarbeitungen und Nachrecherchen, das Erstellen von Grafiken und das Korrekturlesen der Fahnen. Schließlich sollte der Autor sich dann auch am Marketing des Buches beteiligen.

Kein Bestseller, kein Geld und immense Arbeit? Soll man sich das wirklich antun? Es gibt eine klare Antwort: Wenn die Voraussetzungen stimmen, lohnt es sich trotzdem. Für Image und Bekanntheit gibt es nichts Besseres als ein gut platziertes und gut geschriebenes Buch. Nach wie vor ist für Berater, Coachs und Trainer das eigene Buch die Königsdisziplin im Marketing.

Fazit

Im Idealfall begeistert ein Buch Leser, Autor und Verlag gleichermaßen. Den Leser begeistert es, weil ihn das Thema anspricht und das Buch ihm Neues mit Substanz und Nutzwert vermittelt, dazu spannend inszeniert und gut geschrieben ist. Der Verlag freut sich über eine gute Auflage – und für Sie als Autor ist entscheidend, dass das Buch Ihre Kernbotschaft bekannt macht und damit Ihre Positionierung im Markt festigt.

Ein Buch, das diese Anforderungen erfüllt, verlangt einen enormen Zeiteinsatz, selbst wenn Sie einen Ghostwriter engagieren. Doch gibt es genug Beispiele, die belegen: Der Aufwand lohnt sich, gerade für einen Berater. Denn kein anderes Medium strahlt so viel Kompetenz, Solidität und guten Ruf aus wie ein Buch.

Um Ihre Buchidee zu realisieren, können Sie den Weg über einen Agenten wählen oder sich direkt an einen Verlag wenden. In jedem Fall benötigen Sie ein sorgfältig erarbeitetes Exposé und Probekapitel, um den Lektor zu überzeugen.

23 Wie komme ich in renommierte Medien?

Das Wichtigste vorweg …

Nur wenige Berater versuchen es, und noch weniger von ihnen schaffen es – aber die Lektüre belegt: Es geht doch! Stimmen Thema, Kompetenz und Herangehensweise, hat ein Berater, Trainer und Coach durchaus die Chance, auch bei manager magazin, WirtschaftsWoche und Co. zu erscheinen.

Auch in den renommierten Medien kommen Berater vor. Da schreibt Hermann Simon im *manager magazin* eine Kolumne zum Risiko der Deglobalisierung, die *WirtschaftsWoche* druckt ein Interview mit McKinsey-Deutschland-Chef Frank Mattern, das *Handelsblatt* widmet Roland Berger und seinen Rettungsbemühungen um den Autohersteller Opel einen Artikel. Keine Ausgabe ohne Beraterprominenz.

Doch was ist mit der großen Zahl der weniger Bekannten, sozusagen mit den »Hidden Champions« der Berater, Trainer und Coachs? Finden auch sie bei *manager magazin*, *WirtschaftsWoche* und Co. statt? Man muss schon etwas näher hinsehen, um sie zu entdecken – aber es gibt sie, nahezu in jeder Ausgabe: den Personalberater, der im *manager magazin* über die Suche nach professionellen Aufsichtsräten Auskunft gibt, den Fachmann für »Social Engineering«, der nach Ratschlägen bei kaputtem Betriebsklima gefragt wird, oder die NLP-Trainerin, die in der *WirtschaftsWoche* über die Geheimnisse der Konferenzpsychologie berichtet.

Meist werden Berater als Experten zitiert, in der Regel mit einem kurzen Zitat, ganz selten mit Foto. Oder sie tauchen im Zusammenhang mit einer Studie auf. Zum Beispiel befasste sich ein Artikel im *manager magazin* mit den beruflichen Perspektiven älterer Führungskräfte: Im Mittelpunkt standen die Ergebnisse einer Studie, die das Magazin gemeinsam mit einem Verband, einer Hochschule und einem Berater durchführte. Der Name der Beratungsgesellschaft stand nicht nur im Artikel und in der Quellenangabe der Grafiken, auch der Personalberater selbst kam an zwei Stellen des Artikels zu Wort – als ausgewiesener Experte des Themas.

Die Beispiele belegen: Stimmen Thema, Kompetenz und Herangehensweise, haben Berater, Trainer und Coachs durchaus eine Chance, auch in den renommierten Medien vorzukommen. Doch wie kann das gelingen?

23.1 Der große Unterschied

Viele Berater, deren Beiträge von Fach- und Branchenblättern gerne gedruckt werden, beißen bei den Redaktionen der großen Magazine auf Granit. Entweder hat ihr Thema tatsächlich keine Chance oder Sie packen es falsch an. Häufig senden Berater einer Magazinredaktion Texte zu, zum Teil auch sehr gute Texte – und wundern sich, wenn sie niemals eine Antwort erhalten oder der Redakteur ihnen lapidar mitteilt, dass der zugesandte Beitrag – leider – nicht ins Konzept des Magazins passt. Andere rufen an – und nerven den Redakteur mit wenig durchdachten Themenangeboten.

Zwischen den Fachzeitschriften und den großen Wirtschaftsmagazinen, aber auch Zeitungen wie *Handelsblatt* oder *FAZ*, gibt es einen entscheidenden Unterschied: Die Redakteure der großen Magazine und Zeitungen schreiben in aller Regel die Artikel selbst, Fremdautoren kommen nur in begründeten Ausnahmefällen oder einigen wenigen Rubriken zum Zuge. Stattdessen zitiert der Redakteur Unternehmer, Praktiker, Wissenschaftler und andere Experten in seinen Artikeln.

Damit ist klar: Einen eigenen Artikel werden Sie in einem der großen Wirtschaftsmagazine kaum platzieren. Ihr Ziel kann deshalb nur sein, hin und wieder in einem Artikel als Experte aufzutauchen – mit ein oder zwei Zitaten, im Idealfall auch mit einem kurzen Interview, vielleicht sogar mit Foto. Medienarbeit für *manager magazin*, *WirtschaftsWoche* und Co. bedeutet in erster Linie, dass Sie sich bei einer Redaktion als Experte für ein bestimmtes Thema ins Spiel bringen.

23.2 Eine Welt mit eigenen Gesetzen

Der Umgang mit Magazinredaktionen ist nicht ganz gefahrlos. Während sich bei den allermeisten Fachzeitschriften das Risiko darauf beschränkt, dass die Redaktion den Artikel ablehnt, kann es Ihnen bei einem Magazin passieren, dass der Redakteur Ihre Informationen in einen unerwarteten, für Sie möglicherweise unangenehmen Zusammenhang stellt. Typisches Beispiel: Ein Eventberater erzählt dem Redakteur stolz über eine gelungene Incentive-Veranstaltung, die er in einem großen Unternehmen organisiert hat – und finden sich dann als prominentes Beispiel in einer Story wieder, bei der es um das Thema »hinausgeworfenes Geld bei Firmenveranstaltungen« geht. Selbstverständlich mit seinem Namen und dem Namen seines Kunden.

Sicher: Fakten und Zitate müssen stimmen – aber das tun sie in so einem Fall auch. Somit fehlt Ihnen jede Handhabe, gegen einen aus Ihrer Sicht negativen Artikel vorzugehen.

Hinzu kommt eine weitere Gepflogenheit, die Sie beachten sollten: Sie müssen damit rechnen, dass ein Journalist die Informationen, die Sie ihm geben, auch verwendet. Gesagt ist gesagt. Auf die nachgeschobene Bitte, eine Aussage nicht zu veröffentlichen, sollten Sie sich im Zweifel nicht verlassen. Im Unterschied zu Fachzeitschriften ist es zudem absolut unüblich, einen Artikel vor Drucklegung noch einmal zur Durchsicht zu erhalten. Ein Magazinredakteur wird Ihnen diesen Wunsch oft abschlagen. Allenfalls können Sie darum bitten, dass er die wörtlichen Zitate noch einmal mit Ihnen abstimmt. Doch auch darauf muss er sich nicht einlassen. Mein Rat: Überlegen Sie genau, was Sie sagen – und vertrauen Sie dann darauf, dass der Redakteur sein Handwerk beherrscht und Ihre Aussagen korrekt wiedergibt. Diese Souveränität – unter Beratern keineswegs üblich – wird Ihnen der Redakteur hoch anrechnen.

23.3 Eine Magazinredaktion sucht nach Experten ...

Um einem Magazin ein Thema erfolgreich zu verkaufen, ist es nützlich, die Abläufe einer Magazinredaktion in groben Zügen zu kennen. Weit mehr als bei einer Fachzeitschrift kämpfen die Redakteure mit der Knappheit des Platzes. Sie haben durchweg mehr Stoff, als sie auf den verfügbaren Seiten unterbringen können. Oft fallen dadurch auch gute Themen unter den Tisch. In der Redaktionskonferenz versucht jeder Redakteur, seine Themenideen gegen die kritischen Argumente der Kollegen und des Chefredakteurs zu verteidigen. Das Thema muss aktuell sein, Neuigkeiten enthalten, dem Leser Nutzen bringen – und selbstverständlich exklusiv sein. Nur wenn es diese Kriterien erfüllt, hat es überhaupt eine Chance, den Flaschenhals Redaktionskonferenz zu passieren.

Die Kernkompetenz einer Magazinredaktion liegt darin, nicht nur neue Themen aufzuspüren, sondern auch Themen selbst zu gestalten – sprich: die Story zu machen. Ein Magazinredakteur ist deshalb immer auf der Suche nach einer neuen, interessanten These. Hat er sie gefunden, recherchiert er Belege und Beispiele. Alles, was die These bestätigt, ist willkommen – jede Studie, jeder Experte, jedes Unternehmensbeispiel. Genau an dieser Stelle können Sie als Berater einhaken und mit Ihrem Wissen das Interesse des Redakteurs wecken. Grundsätzlich benötigt der Redakteur für sein Thema

- *Expertenzitate*, die seine These untermauern,
- *Studien*, die seine These belegen und
- *Praxisbeispiele*, die seine These illustrieren.

Das heißt: Sie können dem Redakteur als Experte zur Seite stehen, ihm Ansprechpartner aus der Praxis vermitteln oder eine Studie anbieten. Es ist also die Rolle als praxisnaher Experte, die ein Magazinredakteur an Ihnen schätzt. Genau darin liegt Ihre besondere Stärke, die Sie dem Redakteur gegenüber ausspielen sollten.

23.4 … und benötigt Praxisbeispiele

Jeden Tag wenden sich zahlreiche Berater an eine Redaktion – alle letztlich mit dem Ziel, dass ihr Name in einem Artikel erscheinen soll. Der Redakteur muss daher eine radikale Auswahl treffen. Er wird deshalb, wenn ein Berater ihm ein Thema vorträgt, in aller Regel danach fragen, ob dieser ihm auch einige Unternehmensbeispiele mit Namen und Ansprechpartner nennen kann. Die allermeisten Berater müssen an dieser Stelle passen, und damit hat sich die Geschichte erledigt. Einige wenige können tatsächlich mit zwei oder drei Namen aufwarten – und wecken damit wirklich das Interesse des Redakteurs.

Wenn Sie einer Redaktion ein Thema anbieten, sollten Sie daher immer durchblicken lassen, dass Sie aus Ihrer Beratungspraxis heraus über gute Unternehmenskontakte verfügen und gerne bereit sind, dem Redakteur bei Interesse Namen zu nennen und ein Gespräch mit dem jeweiligen Geschäftsführer oder Vorstand zu vermitteln. Zum einen gewinnt Ihr Thema enorm an Glaubwürdigkeit, wenn Sie zwei oder drei konkrete, für den Redakteur nachprüfbare Beispiele parat haben. Zum anderen nehmen Sie dem Redakteur eine Menge Arbeit ab, wenn er die passenden Beispiele für seinen Artikel nicht alle selbst suchen muss. Da ein Redakteur immer unter Zeitdruck arbeitet, wird er dieses Angebot gerne annehmen.

Jeder Redakteur kennt eine Handvoll Berater, die ihm bei der Vermittlung von Unternehmensbeispielen helfen – und die er als Gegenleistung hin und wieder in seinen Artikeln zitiert. Es lohnt sich, diesem Kreis anzugehören. Kontakte zu Unternehmenschefs, die selbst die Öffentlichkeit nicht scheuen und gerne einmal in der *WirtschaftsWoche* oder im *manager magazin* stehen, sind deshalb Ihr wertvollstes Kapital für eine erfolgreiche Medienarbeit.

23.5 Worauf Sie achten sollten

Im Vergleich zu einer Fachzeitschrift gelten bei den renommierten Medien »verschärfte Bedingungen«, wenn Sie mit einem Thema Erfolg haben wollen. Erst wenn Sie die folgenden sechs Fragen mit »Ja« beantworten, sollten Sie sich an eine Magazinredaktion wenden.

1. *Ist das Thema für die Redaktion relevant?* Wichtig, aktuell, neu, spannend, exklusiv, Nutzen bringend: das sind die Kriterien, an denen eine Redaktion tagaus tagein mögliche Themen prüft. Wird diese Messlatte verfehlt, landet ein Vorschlag im Papierkorb. Achten Sie insbesondere auf Relevanz, Aktualität und Neuigkeitswert Ihres Themas: Worin liegt das Neue und Besondere? Zeichnet sich zum Beispiel ein neuer Trend ab? Mit welchen Konsequenzen? Argumentieren Sie dabei aus der Sicht der Leser des Magazins. Prüfen Sie auch, ob über das Thema in letzter Zeit schon einmal berichtet wurde. Wenn ja, worin liegt dann der neue Aspekt, der es rechtfertigt, das Thema erneut aufzugreifen?
2. *Bin ich wirklich Experte für das vorgeschlagene Thema?* Es ist Ihre Rolle als praxisnaher Experte, die ein Magazinredakteur an Ihnen schätzt. Genau darin liegt Ihre besondere Stärke, die Sie dem Redakteur gegenüber ausspielen sollten. Grundsätzlich benötigt der Redakteur für ein Thema Expertenzitate, Studien und Praxisbeispiele.
3. *Kann ich dem Redakteur Unternehmensbeispiele nennen, die mein Thema belegen?* Der Redakteur wird, wenn Sie ihm ein Thema vortragen, in aller Regel danach fragen, ob Sie ihm auch einige konkrete Unternehmensbeispiele nennen können. Wenn Sie ihm tatsächlich zwei oder drei Ansprechpartner vermitteln können, wird er Sie im Gegenzug gerne als Experte zitieren. Besprechen Sie sich aber mit Ihrem Kunden, bevor Sie seinen Namen dem Redakteur gegenüber nennen. Stimmen Sie mit Ihrem Kunden auch schriftlich ab, um welche Punkte es in dem Gespräch mit dem Magazinredakteur gehen soll.
4. *Habe ich das Thema und damit die zentrale These des Artikelvorschlags plakativ formuliert?* Ist die These auf eine klare Aussage hin zugespitzt? Zögern Sie nicht, ein Thema drastisch zu vereinfachen. Beschränken Sie sich auf eine Kernaussage. Dramatisieren Sie das Thema, spitzen Sie die These zu. Der Redakteur muss das Gefühl haben, er verpasst eine echte Story, wenn er Ihnen nicht zuhört.
5. *Kann ich mit meinem Namen zu der These stehen?* Wie kann ich sie begründen? Behaupten lässt sich vieles. Für den Redakteur kommt es darauf an, eine These »wasserdicht« zu machen. Liefern Sie ihm deshalb auch die notwendigen Argumente, sobald er Sie danach fragt. Set-

zen Sie sich dabei auch selbst in Szene, argumentieren Sie mit eigenen Erfahrungen. Schließlich ist es ja Ihr Ziel, dass der Redakteur Sie in seinem Artikel zitiert. Überlegen Sie aber genau, was Sie sagen wollen und können. Achten Sie darauf, dass Sie zu Ihren Aussagen stehen können. Zuspitzen und provozieren – ja! Aber gleichzeitig müssen Sie das Gesagte auch vertreten können.

6. *Weiß ich, in welches Ressort mein Artikelvorschlag passt und wer der zuständige Redakteur ist?* Bevor Sie mit einem Magazin in Kontakt treten, sollten Sie es kennen. Welche Ressorts hat es? Wo könnte Ihr Thema stehen? In welcher Form? Sehen Sie sich genau an, auf welche Weise Berater vertreten sind: Werden sie nur zitiert? Oder gibt es auch Interviews mit Beratern? Sind Berater mit Foto abgebildet? Machen Sie sich eine Vorstellung davon, wie Ihr Thema aufbereitet sein könnte und welche Rolle Sie dabei spielen könnten. Klären Sie dann, welcher Redakteur für Ihr Thema zuständig sein dürfte.

Können Sie alle sechs Fragen bejahen? Dann senden Sie dem Redakteur eine E-Mail mit dem Betreff »Artikelvorschlag (Titel)«. Stellen Sie darin Ihr Thema kurz und prägnant vor. Nennen Sie das Besondere an Ihrem Thema, bieten Sie sich als Experte an – und teilen Sie dem Redakteur mit, unter welcher Telefonnummer er Sie für ein Informationsgespräch erreichen kann. Melden Sie sich dann nach einer Woche telefonisch und fragen Sie nach, ob er Gelegenheit hatte, Ihre E-Mail zu lesen. Erläutern Sie kurz das Thema und klären Sie ab, ob Interesse besteht.

23.6 Das Thema auf den Punkt bringen

Um ein Thema erfolgreich einem Redakteur zu »verkaufen«, kommt es vor allem auf eines an: Es muss sofort sein Interesse wecken. Wenn er seine neuen Mails durchsieht und fast alle der Reihe nach löscht, muss genau Ihr Angebot auffallen – und ihn in Sekundenschnelle überzeugen.

Zögern Sie deshalb nicht, ein Thema drastisch zu vereinfachen. Beschränken Sie sich auf eine Kernaussage. Dramatisieren Sie das Thema, spitzen Sie die These zu. Der Redakteur muss das Gefühl haben, er verpasst möglicherweise eine echte Story, wenn er Ihr Angebot in den Papierkorb schiebt. Differenzieren können Sie später wieder, wenn der Kontakt mit dem Redakteur zustande gekommen ist. Jetzt geht es erst einmal darum, den Kampf um die Aufmerksamkeit zu gewinnen.

Beispiel 1: Spektakuläre Story

Wenn Sie in einem Projekt ein wirklich außergewöhnliches Ergebnis erzielt haben und sich daraus eine packende Story machen lässt, dürfte es nicht schwer sein, das Interesse eines Redakteurs zu wecken. Hierzu zählt zum Beispiel der Fall eines Einkaufsberaters, der mit einer Reise nach Hongkong die Preise der wichtigsten Zulieferer neu ausgehandelt und damit die Insolvenz seines Kunden abgewendet hat. Der Anreißer für den Redakteur könnte in diesem Fall wie folgt lauten:

Sparen beim Einkauf: Insolvenz abgewendet

Mit einer Reise nach Hongkong konnte ein mittelständischer Maschinenbauer seine Kosten im Einkauf um monatlich 150.000 Euro senken – und hat auf diese Weise seine Insolvenz abgewendet.
Das Beispiel zeigt: Viele Unternehmen verschleudern bei der Beschaffung enorme Summen. Wenn sie Kosten senken, rationalisieren sie zuerst die Produktion, dann folgen Einsparungen in der Entwicklungsabteilung. Was diese Unternehmen jedoch übersehen: Die wirklich großen Potenziale, die sich in wenigen Monaten erschließen lassen, liegen im Verkauf.

Beispiel 2: Besondere Methode

Auch eine besondere Methode kann eine Magazingeschichte wert sein, sofern sie einen besonders hohen Nutzen verspricht. Das muss keineswegs eine komplett neue Methode sein. Entscheidend ist vielmehr, dass Sie einen aktuellen Aufhänger finden und auf einschlägige Erfahrungen mit der Methode verweisen können.

So erlebte zum Beispiel die Szenario-Technik im Frühjahr 2009, einige Monate nach Beginn der weltweiten Rezession, in vielen Medien eine Renaissance. Für Berater, die mit dieser Technik unterwegs waren, bot die wirtschaftliche Situation einen hervorragenden Aufhänger, ein im Grunde altes Thema neu aufzugießen – zum Beispiel mit folgendem Anreißer:

Masterplan für unsichere Zeiten

Viele Unternehmen haben zu lange darauf gehofft, dass die Krise nur ein kurzfristiges Phänomen bleibt und warteten erst einmal ab. Jetzt herrscht in den Chefetagen Verunsicherung, denn gewiss ist nur eines: Die verantwortlichen Manager müssen jetzt schnell handeln.
In dieser Situation kann die Szenario-Technik helfen, wie die Erfahrungen der vergangenen vier Monate in Unternehmen aus unterschiedlichen Branchen gezeigt haben. Richtig eingesetzt wird die Szenario-Technik zum Masterplan für unsichere Zeiten.

Beispiel 3: Expertenrat

Als Experte hören Sie in Ihrem Bereich das Gras wachsen – im Unterschied zum Redakteur, der meist ein viel breiteres Themenspektrum abdecken muss. Damit sind Sie nicht nur in der Lage, einen neuen Trend oder eine absehbaren Gesetzesänderung frühzeitig zu erkennen, sondern können die Folgen auch schon im Detail ausmalen. Hieraus lässt sich oft ein spannendes Thema entwickeln.

Ein Personalberater, der sich auf die Vermittlung von älteren Arbeitnehmern spezialisiert hat, könnte sein Thema zum Beispiel so anreißen:

Demografie: Sofortmaßnahmen gegen drohenden Personalmangel

Mittelständler stecken den Kopf in den Sand: Dass ihre Kunden immer älter werden, das haben sie erkannt und sich auch darauf eingestellt. Nur dass ihre eigenen Belegschaften ebenso altern – darauf reagieren sie laut einer aktuellen Studie nicht. Das könnte dramatische Folgen haben.
In vielen Unternehmen besteht akuter Handlungsbedarf. Helfen können drei sofort realisierbare Strategien ...

Beispiel 4: Exklusive Studie

Mit einer exklusiven Studie, die interessante Ergebnisse verspricht, haben Sie gute Chancen, das Interesse einer Redaktion zu wecken. Wenn Sie gemeinsam mit einem wissenschaftlichen Institut eine solche Untersuchung planen, sollten Sie die Redaktion eines Magazins bereits im Vorfeld einbeziehen.

Überlegen Sie zunächst, welche Aspekte für eine breite Leserschaft interessant sein könnten und stellen Sie diese heraus. Wenn Sie zum Beispiel als Vertriebsberater eine Befragung von Außendienstmitarbeitern planen, um bei Ihren Kunden die Vertriebssteuerung zu optimieren, könnten Sie bei dieser Gelegenheit auch den Aspekt »Vergütung« mit einbeziehen, also nach Art und Höhe der Bezüge, nach Provisionen, Zusatzleistungen und Durchschnittsgehältern fragen.

Wenden Sie sich mit einer solchen Idee dann an einen Redakteur oder auch direkt an den Ressortleiter, der für diesen Themenbereich zuständig ist. Erklären Sie ihm das Projekt, erläutern Sie die voraussichtlichen Ergebnisse und deren Neuigkeitswert. Bei Interesse können Sie anbieten, den zuständigen Redakteur in das Projekt mit einzubeziehen. Regen Sie an, dass die Redaktion aus journalistischer Sicht ein oder zwei Fragen zur Studie beisteuern kann.

Versuchen Sie, eine gemeinsame Studie aller drei Partner – Berater, Wissenschaftler, Magazin – auf die Beine zu stellen. Je früher und je stärker dabei die Redaktion involviert ist, desto größer wird am Ende die Story sein – sofern die Ergebnisse tragen.

23.7 Beharrlichkeit zahlt sich aus

Trotz aller Mühe: Meist landet Ihr Themenvorschlag im elektronischen Papierkorb. Nur sehr selten wird den Redakteur ein Thema so sehr interessieren, dass er sich bei Ihnen meldet. Sie müssen deshalb dranbleiben. Mehr noch als bei der normalen Pressearbeit ist langer Atem notwendig.

Wirklich gewonnen haben Sie erst, wenn Sie zu einem Redakteur ein Vertrauensverhältnis aufgebaut haben. Dann können Sie ihn auch ein- oder zweimal im Jahr anrufen. Oder noch besser: Sie treffen ihn persönlich, sei es am Rande eines Kongresses oder einfach auf ein Mittagessen. Wenn der Redakteur sich für Ihr Spezialgebiet interessiert und Sie ihn mit guten Anregungen versorgen, wird das nicht schwer sein.

Vielleicht fragen Sie sich, warum ein bestimmter Berater oder eine bestimmte Beratungsgesellschaft in einem Magazin scheinbar bevorzugt zitiert wird. Dahinter verbergen sich in aller Regel genau solche langfristigen Beziehungen zwischen einem Redakteur und dem Berater. Es handelt sich um eine Beziehung des Gebens und Nehmens, von der beide Seiten profitieren. Der Redakteur erhält Themenanregungen und Informationen, der Berater wird dafür als Experte zitiert.

Suchen Sie also nach guten Themen, bringen Sie sich als praxiserfahrenen Experten ins Spiel. Und signalisieren Sie dem Redakteur, dass er Sie jederzeit anrufen kann. Die meisten Artikel entstehen unter Zeitdruck. Häufig benötigt der Redakteur kurzfristig noch ein Unternehmensbeispiel oder die Einschätzung eines Experten.

Fazit

Im Unterschied zu den Fachzeitschriften schreiben die Redakteure der großen Magazine und Zeitungen die Artikel in aller Regel selbst. Ihr Ziel kann deshalb nur sein, hin und wieder in einem Artikel als Experte aufzutauchen – mit ein oder zwei Zitaten, im Idealfall auch mit einem kurzen Interview. Es ist Ihre Rolle als praxisnaher Experte, die Ihnen bei einer Magazinredaktion Chancen eröffnet. Lassen Sie auch durchblicken, dass Sie aus Ihrer Beratungspraxis heraus über gute Unternehmenskontakte verfügen und bei Interesse am Thema gerne bereit sind, dem Redakteur ein Gespräch mit dem jeweiligen Geschäftsführer oder Vorstand zu vermitteln.

Die hohe Kunst der Medienarbeit – das ist ein Geben und Nehmen, bei dem beide Seiten profitieren. Machen Sie gute Themenanregungen, bringen Sie sich als Experte mit guten Kontakten ins Spiel. Im Gegenzug wird der Redakteur Sie hin und wieder in einem Artikel zitieren.

24 Wie bestimme ich ein angemessenes Honorar?

Das Wichtigste vorweg ...

Die richtige Honorarhöhe zu finden, ist keine einfache Sache. Wenn Sie den Honorarsatz zu hoch festlegen, wendet sich der Kunde an die Konkurrenz, setzen Sie ihn zu niedrig an, verkaufen Sie sich unter Wert. Die Kernfrage lautet also: Wo liegt der Preis, den der Kunde als angemessen für Ihre Leistung empfindet? Es gibt hierfür keine Patentlösung – aber durchaus Hinweise, die Ihnen helfen können, ein angemessenes Honorar zu finden.

Drei typische Fälle – ein Problem:

1. *Der Einsteiger*: Betrachten wir einen Vertriebstrainer, der sich gerade selbständig gemacht hat. Er ist neu am Markt. Welches Honorar soll er verlangen? Er erkundigt sich, was die Kollegen nehmen – und stellt erschrocken fest: Zwischen 800 Euro und 5.000 Euro ist da alles dabei. Das wundert ihn, und er fragte sich: »Wo will ich mich da verorten?«
   Also überlegt er, was ihm seine Leistung wert ist. »Ich habe ja wirklich etwas Besonderes zu bieten, eigentlich ist es ja ein ganz tolles Seminar, das ich da mache«, überlegt er. »Das müsste doch mindestens 2.000 Euro kosten, ist eindeutig Premium-Segment!« Doch schon ruft es im Hinterkopf: »Dein Kalender ist ja noch fast leer!«
   »Stimmt«, denkt er daraufhin. »Wenn ich jetzt mit 2.000 Euro einsteige, wird der Kunde als Erstes fragen, wo ich das Seminar schon erfolgreich umgesetzt habe – und schon muss ich passen. Also doch eher billig einsteigen? Ich kann ja gar nicht nachweisen, wie gut ich bin.«
   Soll er sich wirklich niedrig positionieren, 1.200 Euro nehmen? »Wenn ich das mache, komme ich doch nie auf 1.800, 1.900, 2.000 Euro«, folgert er entsetzt. »Da kann ich mich ja ewig abschuften!«
   Was also tun? Er kommt auf sich selbst, auf seinen persönlichen Wert. »Eigentlich bin ich doch ein wirklich guter Typ, witzig, komme gut rüber, die Leute mögen mich«, sagt er sich und schraubt in Gedanken den Preis wieder nach oben. Doch da ist wieder das bekannte Problem: »Das weiß ja noch keiner!«

Dann fällt ihm ein, dass der Preis ja eigentlich eine Frage des Marktwerts ist. »Wie hoch ist mein Marktwert?«, fragt er sich – und stößt nun auf das Problem, dass er noch keine Aufträge hat, also ein Marktwert noch gar nicht existiert ...
Was wird also die Notlösung sein? Der Trainer probiert mal da ein Honorar aus, mal dort, nach dem Prinzip: testen was geht, und dann weitersehen. Er verhandelt mit dem mittelständischen Vertriebsleiter, dann mit dem Personalentwickler im Konzern, der ihn an den Einkäufer weiterverweist – und muss feststellen, dass die Kunden völlig unterschiedliche Preisvorstellungen haben.

Diese Methode kann gut laufen, wenn er es mit hohen Honoraren probiert und damit durchkommt. Klappt es nicht, ist es schlecht gelaufen. Wenn er es mit niedrigen Preisen probiert und gebucht wird, ist es im Grunde auch schlecht gelaufen – denn er weiß ja nicht, welcher höhere Preis vielleicht doch funktionieren könnte; es bleibt das Gefühl, zu niedrig eingestiegen zu sein.

Und so wurstelt er sich durch. Nach fünf Jahren ist er dann ausgebucht, hat aber die Situation, dass er von einem neuen Kunden 1.600 Euro verlangt, aber immer noch Kunden hat, die 1.100 Euro bezahlen. Das Problem setzt sich also fort: keine klare Preisstrategie, kein eindeutiges Honorar.

2. *Der etablierte Vertriebstrainer:* Mit seiner Auslastung ist dieser Trainer insgesamt zufrieden. Er bestreitet mit den Einnahmen seinen Lebensunterhalt, hat auch noch genügend Geld für die Firma und notwendige Rücklagen.
   Doch auch er schlägt sich mit Honorarfragen herum. Zum einen ist er mit seiner Honorarstruktur unzufrieden: Neue Auftraggeber zahlen wesentlich höhere Honorare als langjährige Kunden. Er fragt sich deshalb, wie er die Honorare der Altkunden erhöhen kann. Und die zweite Frage, natürlich auch hier: Was ginge eigentlich noch? Von seinen neuen Kunden erhält er für einen Seminartag 1.600 Euro, dazu einen halben Tag für die Vorbereitung, die Reisezeit jedoch nicht. »Das ist schon ganz ordentlich«, denkt er. Trotzdem würde er gerne wissen, ob er nicht vielleicht auch 2.000 Euro nehmen könnte: »Würden die Leute das auch bezahlen?«

Und wieder stellt sich die Frage: Wie finde ich ein angemessenes Honorar?

3. *Der sehr etablierte Vertriebstrainer:* Der Kalender ist randvoll, nichts geht mehr – die Anfragen übersteigen deutlich die Kapazitäten. Der

Trainer hat nun zwei Möglichkeiten: Er kann expandieren, indem er zum Beispiel externe Trainer in sein Geschäft einbindet. Oder er kann alleine bleiben und seinen Preis erhöhen. Und auch er steht jetzt vor der Frage: Was ist noch angemessen? Bis wohin kann er erhöhen?

Jeder schlägt sich mit dem Problem herum, das angemessene Honorar zu finden. So sind unsere drei Freunde etwas verzweifelt – und vertiefen sich ein wenig in die Literatur zum Thema »Pricing«. Das macht es kaum leichter, ist dennoch wichtig zu wissen. Lesen Sie selbst im nächsten Kapitel.

24.1 Kleiner Streifzug durch die Theorie

Das Zuschlagsverfahren

Eigentlich ist es doch ganz einfach: »Ich kenne meine Tageskosten, zähle die Stunden zusammen, die ich für einen Auftrag benötige – und kann ein faires Honorar in Rechnung stellen.« Klingt doch einleuchtend? Für diese Methode spricht auch, dass der Kunde eine Beratungsleistung gerne anhand des Aufwands nachvollziehen möchte. Mit Blick auf die Preisfestsetzung birgt diese Sichtweise aber einen gefährlichen Irrtum.

Lassen wir den Marketingprofessor Philip Kotler zu Wort kommen: Fast immer sei es »ein grober Fehler« für ein Unternehmen, zu glauben, dass es seine Preise allein nach den eigenen Kosten gestalten sollte. Und zwar aus zwei Gründen:

1. Die Kunden sind nur in Ausnahmefällen an den Kosten ihrer Anbieter interessiert. Sie sind am Wert interessiert, den sie im Vergleich mit alternativen Angeboten erhalten.
2. Wo Kunden an den Kosten der Anbieter interessiert sind, wollen sie die Kostenstruktur möglichst genau wissen, um die Profite des Anbieters zu schmälern – damit sie einen noch günstigeren Preis erhalten.

Dennoch ist das Zuschlagsverfahren weit verbreitet. Viele Unternehmen legen nach wie vor ihre Preise fest, indem sie dem Aufwand einen Gewinnzuschlag hinzuaddieren. Freie Architekten zum Beispiel arbeiten für ihre Kunden üblicherweise nach Kosten plus vereinbartem Aufschlag; ebenso stellen Anwälte, Wirtschaftsprüfer und andere freie Berufe den Kunden häufig Gebühren in Rechnung, die auf einem Zuschlagsverfahren basieren. Diese Vorgehensweise hat vor allem einen großen Nachteil: Sie lässt die Nachfrage- und Wettbewerbssituation außer Acht. Gut möglich, dass der Kunde auch bereit wäre, ein deutlich höheres Honorar zu zahlen!

Was heißt das für Sie als Berater? Es macht wenig Sinn, einen Honorarsatz festzulegen, der sich aus den Kosten und einem von Ihnen angestrebten Gewinn zusammensetzt. Der Kunde interessiert sich herzlich wenig für Ihre Kalkulation – denn für ihn zählt der Wert, den Ihre Leistung für ihn erbringt. Ein angemessener Preis kann also auch weit höher liegen, als es Ihrem Aufwand entspricht.

Perceived-Value-Pricing: Preisbildung nach dem »empfundenen Wert«

Als Alternative zum Zuschlagsverfahren bietet sich für Berater, Coachs und Trainer einer Preisbildung nach dem »empfundenen Wert« an, Betriebswirtschaftler sprechen vom »Perceived-Value-Pricing«. Der von den Käufern empfundene Wert (Perceived Value), und nicht die eigenen Kosten, bildet die Basis für den Preis. Damit verbunden ist eine völlig andere, am Kunden und am Wettbewerb orientierte Sichtweise. Deutlich wird das an einer einfachen Überlegung: Während Sie beim Aufschlagsverfahren eine Preiserhöhung über höhere eigene Kosten legitimieren, argumentieren Sie jetzt mit dem Nutzen für den Kunden. Ihre Strategie liegt nun darin, Ihre Leistung so zu gestalten und anzubieten, dass sie im Empfinden des Kunden einen möglichst hohen Wert erhält. Der Preis wird dann so gebildet, dass er diesen empfundenen Wert möglichst abschöpft.

Bei dieser Preisstrategie kommt es darauf an, den Kunden gut zu kennen, um zu wissen, welche Angebotskomponenten ihm tatsächlich Wert bringen. Je stärker und offensichtlicher Ihr Angebot sich hierbei vom Wettbewerb differenziert, desto größer ist der Preisspielraum nach oben. Letztlich bestimmt der Grad der Alleinstellung Ihres Angebots die Preisobergrenze.

Allerdings sollten Sie auch die Preisuntergrenze kennen, die Sie nicht unterschreiten wollen und können. Diese wird nun tatsächlich durch Ihre eigenen Kosten bestimmt. Darin enthalten ist vor allem die Honorierung Ihrer Beratertätigkeit. Achten Sie dabei auf eine Honorierung, die Sie vor sich selbst vertreten können. Liegen Sie darunter, werden Sie das Gefühl haben, sich unter Preis zu verkaufen – was zumindest psychologisch gesehen keine Basis für Ihr Unternehmen sein kann.

Wir haben damit den theoretischen Spielraum definiert, innerhalb dessen sich die Festlegung eines angemessenen Honorars bewegt: Er reicht von einer Preisuntergrenze, die sich nach dem eigenen Aufwand richtet, bis zu einer Obergrenze, die vom empfundenen Wert des Kunden und der Wettbewerbssituation abhängt. Ziel sollte es sein, den Preis möglichst nahe an der oberen Schwelle festzulegen, um das Wertpotenzial der angebotenen Leistung auszuschöpfen.

Individueller Preis versus Festpreis

Natürlich variiert das Wertempfinden für eine Beratungsleistung von Kunde zu Kunde. Der eine benötigt dringend einen Bankstrategieberater, weil er vor einem existenziell wichtigen Bankgespräch steht. Der andere sucht zwar ebenfalls den Rat eines Bankexperten, weil er ein langfristiges Investitionsvorhaben finanzieren möchte – doch kommt es ihm hier auf einige Wochen hin oder her nicht an, sodass er sich für die Auswahl des Beraters Zeit nehmen kann.

Klar, dass Sie als Bankstrategieberater im ersten Fall ein höheres Honorar herausholen können. Auf den ersten Blick liegt es also nahe, mit jedem Kunden ein eigenes Honorar auszuhandeln. Die Alternative liegt darin, einen Festpreis anzubieten, unabhängig vom Kunden und seiner aktuellen Situation. Auch das hat seine Vorteile: Ein fester, immer gültiger Tagessatz erspart Ihnen jedes Mal neue Preisverhandlungen. Wenn Sie von vornherein Ihren Festpreis kennen, gehen Sie selbstsicher und auf Augenhöhe auf einen Kunden zu.

Individueller Preis oder Festpreis – auch die Marketingtheorie unterscheidet grundsätzlich zwischen diesen beiden Möglichkeiten. Im ersten Fall gelangen Käufer und Verkäufer durch Verhandlung zu einem für beide Seiten akzeptablen Preis. Tatsächlich sind jedoch in der Wirtschaft Festpreise die Regel. Das liegt zunächst an ganz pragmatischen Gründen: Das individuelle Aushandeln von Preisen kostet viel Zeit und Mühe, außerdem ist die Handhabung unterschiedlicher Preise administrativ kompliziert.

Hinzu kommt aber noch ein weiteres, oft entscheidendes Argument: Das Konzept »Ein Preis für alle« wird von den meisten Kunden als angebracht und fair empfunden. Dies gilt gerade auch für die Beraterbranche. Denn als Berater bewegen Sie sich normalerweise in einer überschaubaren Szene, in der sich Honorare herumsprechen. Hieraus lässt sich eine klare Empfehlung ableiten: Arbeiten Sie mit festen Honorarsätzen. Ihre Kunden werden es Ihnen auf lange Sicht danken, wenn alle einen gleich fairen Preis zahlen. »Mengenrabatte« sind von dieser Regel natürlich ausgenommen.

Der Preis als Qualitätsmerkmal

Der Preis richtet sich nach dem vom Kunden empfundenen Wert einer Leistung – so haben wir festgestellt. Das klingt einfach, hat aber bei näherem Hinsehen seine Tücken: Gerade bei Beratungsleistungen fällt es dem Kunden oft schwer, diesen Wert zu beziffern. Während er etwa beim Einkauf einer Maschine die technischen Merkmale mit denen der Konkurrenzprodukte vergleichen und damit den Wert der Maschine recht genau einschätzen kann, geht das im Falle eines Beratungsproduktes nur schwer.

In einer solchen Situation kommt ein psychologisches Phänomen zum Tragen: Wenn ein Käufer keinen unmittelbaren Vergleich ziehen kann, wird der Preis selbst für ihn zu einem maßgeblichen Qualitätsmerkmal: Einen hohen Preis verbindet er dann gerne mit einer guten Qualität. »Für viele Kunden zeigt der Preis die Qualität an«, konstatiert Marketingexperte Philip Kotler – und belegt dies unter anderem mit einer Untersuchung über Preis und Qualitätsbeurteilung bei Automobilen: Wie sich herausstellte, wurden Autos mit einem höheren Preis als qualitativ hochwertiger eingeschätzt, selbst wenn sie in Wirklichkeit keine höhere Qualität aufwiesen. Sein Fazit: »In Abwesenheit anderer Qualitätsmerkmale ist der Preis als Qualitätsmerkmal sehr wichtig.«

Was bedeutet das für Ihre Honorarfestlegung? Die Antwort liegt auf der Hand: Mit einem niedrigen Preis signalisieren Sie dem Kunden, dass er bei Ihnen eine preiswerte Standardleistung erhält. Wenn Sie sich als Berater dagegen mit einer besonderen Leistung positionieren möchten, die Ihrem Kunden einen hohen Nutzen bietet, ist ein entsprechend hoher Preis das richtige Signal.

24.2 Wie Sie Ihr Honorar festlegen

Der Streifzug durch die Theorie hat zwar manche interessante Erkenntnis gebracht – wie Sie aber nun konkret Ihr angemessenes Honorar festlegen können, bleibt weiter im Dunkeln. Klar ist eigentlich nur eines: Feste Regeln, nach denen Sie Ihr Honorar bestimmen können, gibt es nicht. Wohl aber existiert eine ganze Reihe von Faktoren, die bei der Preisfindung bedacht werden sollten. Sie lassen sich in fünf Punkten zusammenfassen.

1. Die Marktsituation
2. Positionierung, Inszenierung, Profilierung
3. Die Wertbotschaft des Honorars

4. Die Auftragslage
5. Das eigene Wertempfinden

Die Marktsituation

Was ist der Markt bereit, für Ihre Dienstleistung zu zahlen? Wo liegen die üblichen Honorare, an denen Sie sich orientieren können? Um diese Fragen zu beantworten, um also Ihre Marktsituation richtig einzuschätzen, können Sie wie folgt vorgehen:

- Identifizieren Sie zunächst Ihren Teilmarkt. Als Berater, Trainer oder Coach bedienen Sie je nach Zielgruppe und Thema ein bestimmtes, klar umgrenztes Marktfeld.
- In aller Regel lässt sich dieser Teilmarkt nun in drei Segmente einteilen: in ein Niedrigpreis-, ein Mittelpreis- und ein Hochpreissegment. Wenn Sie Ihren Teilmarkt klar definiert haben, können Sie ziemlich genau ausmachen, welche Honorare in den drei Segmenten bezahlt werden – etwa indem Sie Studien zu Rate ziehen oder mit Branchenexperten und Kollegen sprechen.
- Ordnen Sie nun Ihre Wettbewerber den drei Segmenten Niedrig-, Mittel- und Hochpreis zu.
- Stellen Sie fest, durch welche Merkmale sich die drei Gruppen unterscheiden: Welche Dienstleistung, welcher Service, welches Auftreten ist jeweils typisch für die einzelnen Segmente? Was genau unterscheidet die drei Segmente voneinander? Machen Sie also eine kleine Konkurrenzanalyse (siehe Kapitel 6).
- Auf der Grundlage dieser Informationen können Sie sich nun selbst in einem der drei Segmente positionieren – und haben damit einen Anhaltspunkt für Ihre Preisfindung.

Um einen Preis festlegen zu können, müssen Sie also zunächst Teilmarkt und Preissegment festlegen. Sie treffen damit eine sehr grundsätzliche Entscheidung: Wollen Sie Ihre Dienstleistung als Low-Budget-Produkt vermarkten, etwa nach dem Motto »viele Kunden für ein geringeres Honorar«? Oder sehen Sie Ihr Angebot eher in einem mittelpreisigen Segment? Oder vermarkten Sie es als Premiumprodukt, mit dem Sie wenige Kunden für ein hohes Honorar ansprechen?

Positionierung, Inszenierung, Profilierung

Je stärker und offensichtlicher Sie sich vom Wettbewerb differenzieren, desto größer ist Ihre Chance, höhere Honorare durchzusetzen. Überlegen Sie deshalb:

- Wie außergewöhnlich sind Sie im Vergleich zu Ihren Mitbewerbern (Positionierung)?
- Wie spannend ist Ihr Marktauftritt im Vergleich zu Ihren Mitbewerbern (Inszenierung)?
- Wie bekannt sind Sie im Vergleich zu Ihren Mitbewerbern (Profilierung)?

Alle drei Felder sind gut geeignet, um sich vom Wettbewerb zu unterscheiden. Was heißt das konkret? Wenn Sie über eine Alleinstellung oder eine strategische Erfolgsposition (SEP) verfügen, ist es perfekt: Sie haben dann ein klares Argument, mit einem Preis deutlich über dem Ihrer Wettbewerber einzusteigen. Auch mit einer Besonderstellung, die einen zusätzlichen Kundennutzen kommuniziert, bestehen Preisspielräume nach oben. Eine solche Besonderstellung kann auch ein persönliches Merkmal sein, sofern die Kunden sich davon einen Vorteil versprechen. Wenn Ihre Besonderheit allerdings nur dazu reicht, den Kampf um die Aufmerksamkeit zu gewinnen, der Kunden darin dann aber keinen Vorteil erkennen kann, werden Sie den Preis kaum über den Ihrer direkten Wettbewerber setzen können.

Je spannender Sie Ihre Alleinstellung, SEP oder Besonderstellung inszenieren und je besser es Ihnen gelingt, diese auf Ihrem Markt bekannt zu machen, desto stärker ist Ihre Differenzierung – und desto größer der Preisspielraum.

Eine schwächere Positionierung können Sie auf den beiden anderen Feldern, der Inszenierung und Profilierung, teilweise ausgleichen – indem Sie zum Beispiel in gut geschriebene Texte, eine spannende Internetseite oder eine hochwertige Broschüre investieren und gleichzeitig regelmäßig Fachartikel publizieren oder Vorträge halten.

Die Wertbotschaft Ihres Honorars

Die Bereitschaft des Kunden, einen Preis zu zahlen, hängt von dessen Wertempfinden ab. Überlegen Sie deshalb, was Ihre Leistung in den Augen des Kunden wert ist. Umgekehrt ist der Preis für den Kunden aber auch ein Indiz für Qualität und Wert Ihrer Leistung. Ein niedriges Honorar signalisiert ihm eher eine preiswerte Standardleistung, ein hohes Honorar dagegen eine hochwertige Leistung.

Wenn Sie sich für ein bestimmtes Preissegment (Niedrig-, Mittel- oder Hochpreis) entschieden haben, müssen die Botschaften zum ausgewählten Segment passen: Steht Ihre Leistung im Einklang mit der Wertbotschaft, die Ihr Honorar vermitteln soll? Wenn Sie Designer-Jeans für 35 Euro anbieten, ist das unglaubwürdig – mit einem solchen Angebot müssen Sie preislich ins Premium-Segment. Allerdings ist dann auch klar, dass nicht jeder Designer-Jeans haben möchte und viele Kunden deshalb bei einem anderen Anbieter preiswerte Standard-Jeans kaufen werden.

Ihre Auftragslage

»Wenn Ihr Kalender voll ist, sind Sie zu billig«, sagte mir der Vortragsredner Hermann Scherer einmal in einem Interview. Das trifft es. Denn je besser meine Auftragslage ist, desto höher ist offensichtlich mein Marktwert – und desto eher kann ich Preise erhöhen.

Stellen Sie deshalb fest, wie sich Ihre Auftragslage entwickelt. Sind Sie dauerhaft ausgebucht? Wenn der Kalender voll ist und immer noch mehr Anfragen kommen, sollten Sie höhere Honorare verlangen.

Ihr eigenes Wertempfinden

Prüfen Sie, ob Ihr Honorar Ihrem eigenen Wertempfinden entspricht. Liegt es deutlich darunter, fühlen Sie sich übervorteilt oder zumindest unterbezahlt – was eine Kundenbeziehung auf lange Sicht erheblich beeinträchtigt. Bewerten Sie Ihre Arbeitsstunde deshalb nach ihrem Wertempfinden; zuzüglich aller weiteren Kosten Ihres Unternehmens ergibt sich hieraus die Untergrenze für Ihre Honorarfindung.

Doch Vorsicht: Das eigene Wertempfinden sagt weder über Ihren Marktwert noch über das Wertempfinden des Kunden etwas aus. Der tatsächlich erzielbare Preis kann deshalb deutlich höher liegen. Das eigene Wertempfinden ist lediglich ein Hygienefaktor, der Ihnen die untere Schwelle anzeigt, unter die Sie bei der Festlegung Ihres Honorars nicht gehen sollten.

24.3 Preisfindung in sieben Schritten

Die genannten Aspekte helfen Ihnen, ein für Ihre Situation angemessenes Honorar festzulegen. Es gibt hierfür zwar keine festen Regeln, doch kann das folgende Schema als grobe Anleitung dienen. Nehmen wir an, Sie sind als kleines Beratungsunternehmen am Markt etabliert und möchten den Preis für ein neues Beratungsprodukt festlegen. Nun können Sie in sieben Schritten vorgehen (die genannten Werte sind willkürlich):

Schritt 1: Analyse der Marktsituation

- Niedrigpreisanbieter realisieren zwischen 900 und 1.100 Euro Tageshonorar.
- Mittelpreisanbieter circa 1.100 Euro bis 1.400 Euro.
- Das Premiumsegment beginnt bei circa 1.400 Euro und endet (von wenigen Ausnahmen abgesehen) bei 1.900 Euro.
- Die Projekte laufen durchschnittlich über 100 bis 300 Manntage.

Schritt 2: Stand der Positionierung, Inszenierung und Profilierung

- Seit knapp sechs Jahren arbeiten Sie kontinuierlich an Ihrer Positionierung, Inszenierung und Profilierung.
- Regelmäßige Publikationen haben eine beträchtliche Bekanntheit im bisherigen Marktsegment geschaffen.

Schritt 3: Definition der Wertbotschaft

- Die neue Dienstleistung soll als solides, nützliches Produkt verkauft werden.
- Die Wertbotschaft soll diesen Anspruch widerspiegeln.

Schritt 4: Berücksichtigung der Auftragslage

- Die Auftragslage ist gut.
- Das jährliche Umsatzwachstum liegt zwischen 10 und 18 Prozent bei gleichzeitigem Ertragswachstum.

Schritt 5: Einordnung in das Marktsegment

- Eine Einordnung im Niedrigpreissegment kommt nicht infrage, weil die Wertbotschaft »solide« lauten soll.
- Eine Einordnung im Premiumsegment widerspricht dem pragmatischen Beratungsansatz ebenso wie der Zielgruppe der Mittelständler.

Schritt 6: Entscheidung über das Honorar

- Nach Abwägung aller Informationen entscheiden Sie sich für einen Tagessatz von 1.500 Euro für durchschnittlich 100 verkaufte Tage.
- Der Preis liegt am unteren Ende des Premiumsegments.
- Die Botschaft hinter dem Preis: »Wir sind ein etablierter, erfolgreicher Anbieter und haben dennoch Bodenhaftung. Die Relation zwischen Honorar und Leistung ist stimmig.«

Schritt 7: Testlauf

- Nun bieten Sie den Preis im Markt an.
- Die Auftragslage nach Einführung der neuen Preise lässt darauf schließen, dass der Preis Akzeptanz findet.
- Eine Anpassung nach oben oder unten ist vorläufig nicht geplant.

Und wie können es nun unsere drei Vertriebstrainer vom Anfang dieses Kapitels besser machen?

1. *Der Einsteiger:* Im *ersten Schritt* definiert er seinen Teilmarkt und analysiert die Marktsituation. Er stellt fest: Die Niedrigpreisanbieter im Trainermarkt realisieren hier zwischen 900 und 1.200 Euro Tageshonorar, Mittelpreisanbieter 1.200 Euro bis 1.600 Euro, und das Premiumsegment beginnt bei circa 1.600 Euro und endet (von wenigen Ausnahmen abgesehen) bei 2.100 Euro. Die Zahl der verkauften Trainingstage pro Unternehmen liegen in der Regel bei 10 bis 20 Tagen.
   In *Schritt 2* befasst er sich mit dem Stand seiner Positionierung, Inszenierung und Profilierung. Mit Blick auf die Positionierung muss er feststellen, dass er keine Marktnische hat. Weder hat er ein spezielles Wissen noch kann er aus seinem Lebenslauf eine Besonderheit ableiten, die ihm eine Spezialisierung auf eine Branche oder eine andere Möglichkeit für den Aufbau einer strategischen Erfolgsposition gibt. Damit ist ihm klar, dass er bei der Inszenierung und bei der Profilierung draufsatteln muss. Sprich: Er arbeitet sehr konsequent daran, seine Person und seinen persönlichen Stil herauszustellen. Er lässt große Fotos machen, baut einen kurzen Videofilm auf der Internetseite ein, überlegt sich einen knackigen Claim – tut also alles, um sich bei der Inszenierung vom Wettbewerb zu unterscheiden.
   Mit Blick auf die Profilierung, also das Bekanntwerden, entscheidet er sich, regelmäßig Vorträge zu halten. Denn das kann er am besten, während ihm Fachartikel und Bücher weniger liegen. Er arbeitet deshalb einen spannenden Vortrag aus und versucht, diesen möglichst oft bei

Vertriebsleitertagungen und anderen Zusammenkünften seiner Zielgruppe zu halten.
Fazit: Bei der Positionierung hat der Vertriebstrainer relativ wenig zu bieten; er versteht es aber, sich durch eine gute Inszenierung und Profilierung vom Wettbewerb abzuheben.
In *Schritt 3* legt er die Wertbotschaft fest. Er möchte seine Dienstleistung gerne als innovatives, spannendes Vertriebstraining am Markt platzieren. Das heißt, er möchte ein bisschen anders wirken als die Wettbewerber – möchte als jemand gelten, der mit der Unvoreingenommenheit des Einsteigers versucht, alte Bahnen zu verlassen und auch Neues anzubieten.
Damit ist ihm klar: Die Wertbotschaft darf nicht »Premium« sein, denn damit verbindet die Zielgruppe eher diese Old-Boys-Club-Mentalität im Sinne von »Wir alte Hasen untereinander« – und genau das will er ja nicht. Andererseits darf er auch nicht zu billig sein, sonst würde er ebenfalls eine falsche Wertbotschaft vermitteln. Seinen innovativen Marktauftritt würde dann keiner ernst nehmen, stattdessen würde man ihn in die Schublade der naiven Anfänger stecken: »Ach, der junge Hüpfer, was macht der denn?« Damit ist klar: Die Wertbotschaft verlangt von ihm, dass er sich irgendwo im höheren Mittelpreissegment positionieren sollte.
Zu *Schritt 4*, der Berücksichtigung der Auftragslage, kann er nicht viel sagen: Er hat derzeit noch keine Aufträge. Daraus leitet er bei der Einordnung in das Marktsegment *(Schritt 5)* ab, dass er eher vorsichtig sein sollte. Vielleicht doch nicht im oberen, sondern besser im mittleren Bereich des Mittelpreissegments?
Nun legt er in *Schritt 6* das Honorar fest. Er entscheidet sich für einen Tagessatz von 1.500 Euro. Da große Kunden für ihn interessant sind, ist er zu einem Rabatt von 10 bis 20 Prozent bereit, wenn ein Kunde mehr als 20 Tage bucht. Die Botschaft hinter dem Preis: »Ich bin ein junger, innovativer, pfiffiger Vertriebstrainer, der viel bietet, deshalb auch von vornherein mit ordentlichen Preisen unterwegs ist – der aber nicht die alten Spielchen um die höchsten Honorare mitmachen muss.«
Nun beginnt *Schritt 7*, der Testlauf. Er bietet den Preis im Markt an. Die Auftragslage nach einem Jahr lässt darauf schließen, dass der Preis Akzeptanz findet. Eine Anpassung nach oben oder unten wird er deshalb vorläufig nicht vornehmen.

2. *Der etablierte Vertriebstrainer:* Der etablierte Vertriebstrainer agiert auf demselben Markt, die Marktanalyse zeigt ihm somit das gleiche Ergebnis wie bei Fall 1, dem Einsteiger. Beim Punkt Positionierung stellt er fest, dass er sich in den letzten Jahren schon sehr gut etabliert hat. Er ist mit einer Reihe von Stammkunden gut im Geschäft. Im Wesentlichen

verkauft er allgemeines Vertriebstraining, hat aber festgestellt, dass inzwischen viele Kunden aus zwei Branchen kommen: der Möbelindustrie und der Automobilzulieferindustrie.
Bei der Inszenierung und Profilierung hat er relativ wenig getan, hierfür fehlte einfach die Zeit. Die Internetseite ist ordentlich, müsste aber überarbeitet werden. Schon lange wollte er einmal einen Artikel schreiben, aber auch das hat nicht geklappt.
Daraus zieht er den Schluss, dass er bei Positionierung, Inszenierung und Profilierung mehr tun sollte. Er plant, sich stärker auf die beiden Branchen Möbel und Automobilzulieferindustrie zu konzentrieren, seinen Marktauftritt dementsprechend zu inszenieren – und sich in den beiden Branchen stärker bekannt zu machen.
Die Wertbotschaft ist für ihn klar: »Ich bin ein gestandener guter Anbieter, der schon länger am Markt ist.« Dementsprechend ordnet er sich im oberen Bereich des Mittelsegments ein.
Die Auftragslage ist gut. Zwar ist er noch nicht voll ausgebucht, aber doch schon so gut, dass er es im nächsten Jahr mit einer leichten Honoraranpassung von 5 Prozent versuchen könnte. Beim Punkt »Einordnung in das Marktsegment« sieht er sich im oberen Bereich des Mittelpreissegments – überlegt sich aber auch schon, ob er nicht den Schritt ins Premiumsegment wagen könnte.
Aufgrund dieser Argumente trifft er nun seine Honorarentscheidung: Er wird sein Honorar generell, also auch bei den Stammkunden, um 5 bis 10 Prozent anheben – allerdings unter einer klaren Prämisse: Ab sofort arbeitet er konsequent an seiner Positionierung, indem er sich auf die Möbelindustrie und Automobilzulieferer konzentriert. Gleichzeitig macht er sich durch Artikel und Vorträge in diesen beiden Branchen einen Namen, um so zusätzliche Nachfrage zu generieren.
Sein Ziel ist es, sich langsam, aber bestimmt dem Premiumsegment zu nähern. Den Sprung ins Hochpreissegment möchte er machen, sobald er definitiv ausgebucht ist – verbunden dann mit einem größeren Honorarschritt.
3. *Der sehr etablierte Vertriebstrainer:* Der ganz erfolgreiche Trainer bewegt sich schon lange im Premiumsegment, möchte jetzt aber wissen, was eigentlich noch geht. Schritt 1: Analyse der Marktsituation. Natürlich weiß er längst, dass es im Premiumsegment Kollegen gibt, die 7.000, 8.000 Euro für einen Tag bekommen. Es geht also noch weit nach oben ... Er überlegt sich, wie er das Premiumsegment noch aufteilen kann und gliedert es in Anbieter, die zwischen 2.000 und 2.500 Euro verlangen, in Anbieter zwischen 2.500 und 5.000 Euro – und in Anbieter, die darüber liegen. Im nächsten Schritt analysiert er, worin genau diese drei Gruppen sich unterscheiden.

Aus dieser Analyse lernt er, dass er sich bei seiner Positionierung spitzer aufstellen muss, wenn er in das alleroberste Segment aufsteigen möchte. Ebenso wird ihm klar, dass er sich und seine Projekte noch besser darstellen und bekannt machen muss. Die Wertbotschaft lässt sich in einem Wort ausdrücken: Spitzentrainer!

Die Auftragslage ist ausgesprochen gut, er ist ausgebucht – kann den Preis also ohne Weiteres erhöhen. Bei der Einordnung ins Marktsegment überlegt er, ob er jetzt in den mittleren Bereich vorstoßen könnte, also in den Bereich von 2.500 bis 5.000 Euro. Ihm ist klar, dass er dann auch gleichzeitig seine Hausaufgaben bei Positionierung, Inszenierung und Profilierung machen müsste.

Nach Abwägung der Argumente entscheidet er sich für ein Honorar von 3.000 Euro, das er in den nächsten Jahren erreichen will. Da er von seinen derzeit 2.000 Euro nicht in einem Sprung auf 3.000 gehen kann, plant er jährliche Anhebungen von 250 Euro – also durchaus beachtliche Preisschritte, die dem Markt signalisieren, dass es bei ihm aufwärts geht. Parallel dazu wird er Positionierung, Inszenierung und Profilierung verbessern.

Fazit

Um ein angemessenes Honorar für Ihre Leistung zu finden, gibt es keine festen Regeln – wohl aber eine ganze Reihe von Faktoren, die Sie beachten können. Grundsätzlich lässt sich für die Honorarfestlegung ein theoretischer Spielraum definieren: Er reicht von einer Preisuntergrenze, die sich nach Ihren Kosten und dem Wertempfinden für Ihre eigene Arbeit richtet, bis zu einer Obergrenze, die vom Markt und damit der Zahlungsbereitschaft des Kunden bestimmt wird.

Vorgeschlagen habe ich eine Preisfindung für Berater, Trainer und Coachs in sieben Schritten. Im Kern bedeutet dieser Vorschlag, dass Sie zunächst Ihren Teilmarkt klar definieren und das Preissegment festlegen, in dem Sie sich mit Ihrem Angebot bewegen wollen. Welches Honorar Sie dann im Vergleich zu Ihren Wettbewerbern verlangen können, hängt vom Grad Ihrer Differenzierung ab – den Sie wiederum durch Ihre Positionierung, Inszenierung und Profilierung beeinflussen können.

Nicht zuletzt hängt das Honorar, das Sie erzielen können, von der Auftragslage ab. Um es noch einmal mit den Worten von Hermann Scherer zu sagen: »Wenn Ihr Kalender voll ist, sind Sie zu billig.«

25 Was tun, wenn ich schnell Aufträge akquirieren muss?

Dirk Wassermann, freier Vertriebsexperte im Team Giso Weyand

Das Wichtigste vorweg ...

Ohne Akquisition gibt es auf die Schnelle keine neuen Kunden. Bis die Instrumente des Sogmarketings greifen, können ein bis zwei Jahre vergehen. Bis dahin kommen Sie um klassische Akquisitionstermine nicht herum. Was Sie dabei beachten sollten und wie Sie überdurchschnittliche Erfolgsquoten erzielen können, zeigt Ihnen dieses Kapitel.

Da trifft man Persönlichkeiten, zum Teil echte Experten ihres Fachs, die klasse Leistungen und Ergebnisse in ihren Beratungsprojekten erzielen. Aber wenn es um das Thema Akquisition geht, wird es schnell ungemütlich – erst recht, wenn es sich dann noch um Kaltakquisition handelt. Doch es hilft nichts: Wenn Sie schnell Aufträge brauchen, benötigen Sie auch Akquisitionstermine bei potenziellen Kunden.

Und das ist ärgerlich, denn da »verlieren« Sie ja einen vollen Tag, den Sie nicht fakturieren können – und die Reisekosten gehen auch noch zu Ihren Lasten. Aber wenn schon die Mühe und der Aufwand sein müssen, dann bitte mit hoher Erfolgswahrscheinlichkeit. Doch wie macht man das? Sehr wichtig ist eine gute Vorarbeit.

25.1 Die Vorbereitung

Zunächst sollten Sie sich dafür entscheiden, am Markt zu agieren, statt zu reagieren. Das heißt: Sie sprechen die Unternehmen an, mit denen Sie gern zusammenarbeiten wollen. Nehmen Sie sich die Zeit, eine qualitative Auswahl zu treffen. Hier nachlässig zu sein, kostet später umso mehr Geld – und vor allem Nerven. Außerdem ist die Qualifizierung eine sehr gute Möglichkeit festzustellen, wie scharf Ihr Leistungsprofil wirklich ist. Nicht selten bekomme ich auf die Frage nach der Zielgruppe Nennungen, hinter denen sich Hunderte, manchmal Tausende Unternehmen verbergen. In einem solchen Fall lohnt es sich, die Positionierung noch einmal selbstkritisch zu überprüfen und gegebenenfalls zu überarbeiten (siehe Kapitel 1.5).

Gehen Sie nun an die Qualifizierung, lassen Sie sich dabei von zwei zentralen Fragen leiten: Wem hilft Ihre Kompetenz besonders weiter? Woran haben Sie am meisten Spaß? Auf diese Weise selektieren Sie Schritt für Schritt Unternehmen heraus, die auf Sie und Ihr Profil offensichtlich gut passen. Eine Garantie gibt es natürlich nicht. Immer wieder entpuppen sich Unternehmen als völlig anders, als sie sich zum Beispiel im Internet präsentieren. Aber Mut zum Risiko ist bekanntlich eine wesentliche Beratertugend.

Ganz oben einsteigen

Sprechen Sie Ihre »Wunschunternehmen« der Reihe nach an. Steigen Sie ganz oben auf der Entscheiderebene ein, sprich auf Geschäftsführungs- oder Vorstandsebene. Warum der Reihe nach? Sie haben so Gelegenheit, die Erfahrungen aus Ihren ersten Kontaktversuchen in die folgenden einfließen zu lassen. Auf diese Weise werden Sie Schritt für Schritt erfolgreicher.

Bei den Terminen zählt Qualität und nicht Quantität. Ich weiß, eine Binsenweisheit. Diese wird aber im Alltag immer wieder schnell ignoriert. Insbesondere dann, wenn ein nicht intelligenter, aber leider weitverbreiteter Terminwettbewerb innerhalb einer Beratungsorganisation Einzug gehalten hat. Getreu dem unsinnigen Motto: Ein toller Hecht ist derjenige, der die meisten Akquisitionstermine hat.

Ein Termin auf Ebene der Entscheider ist schon ein Erfolg, denn die Tür für eine Beauftragung hat sich damit einen ersten Spalt geöffnet. Verstolpern Sie den Termin nicht, zum Beispiel indem Sie ihn kostenoptimiert mit anderen Terminen oder Reisen verbinden – verbal gekrönt durch eine dieser wunderbaren Aussagen: »Da bin ich gerade in Ihrer Nähe ...« Stellen Sie sich vor, es ist Winter, da könnte Ihr Gesprächspartner glatt auf die Idee kommen, dass Sie sich nur bei ihm aufwärmen wollen. Im Ernst: Dieser Termin hat höchste Priorität!

Idealtermin: der späte Nachmittag

Wenn Sie Gelegenheit haben, die Terminierung zu beeinflussen, dann wählen Sie möglichst einen Termin am Ende des Tages, zum Beispiel am späteren Nachmittag. Die Chancen sind dann gut, dass Sie der letzte geschäftliche Gesprächspartner Ihres Gastgebers sind. Meist ist es vorteilhaft, wenn Ihr Gastgeber nach dem Termin in sein Auto steigt, nach Hause fährt – und bei dieser Gelegenheit das Gespräch nachwirken lässt. Fühlen Sie doch mal den Unterschied zu dem Szenario: Termin mit Ihnen am morgen, danach Abschlussbesprechung wegen der Betriebsprüfung oder Termin beim Zahnarzt ...

Der Nachmittagstermin erlaubt Ihnen auch eine risikoärmere Anreiseplanung. Planen Sie nach Ihrem Akquisitionstermin keine Folgetermine ein und schon gar keine engen Rückflugtermine. Denn Sie wissen nicht, wann Sie aus Ihrem Termin wirklich wieder herauskommen. Nun denken Sie wahrscheinlich, dass ich kein Freund von Zeitmanagement bin. Falsch!

Wie sieht die Zeitplanung dann aus? Zum Beispiel so: Termin bei Max Mustermann von der Mustermann GmbH von 16:00 Uhr bis 17:00 Uhr. Eine Stunde ist ein schönes Zeitfenster für einen Ersttermin. Alles darunter ist Fastfood und damit nicht Ihr Metier. Alles darüber erzeugt den Verdacht, Sie sind ein Zeitdieb. Nun zur Realität: Sie starten pünktlich um 16:00 Uhr und kommen um 18:30 Uhr raus. Was ist passiert? Ihr Max Mustermann hat Sie gebeten, länger zu bleiben, denn nach Ihrem Gespräch hat er Ihnen noch sein Unternehmen gezeigt. Und dabei haben Sie zufällig seinen Vater getroffen, der als aktiver Beirat zwar eigentlich mit dem operativen Geschäft nichts mehr zu tun hat. Aber eben nur eigentlich! Damit sind wir auch schon mitten im praktischen Geschehen.

25.2 Der Termin

Der Termin ist vereinbart, die Ergebnisse Ihrer Recherchen haben Sie verinnerlicht – nun haben Sie fast das Gefühl, Sie waren schon mal in dem Unternehmen und haben Ihrem Gesprächspartner schon mal die Hand geschüttelt. Wenn Sie sich so fühlen, sind Sie gut vorbereitet.

Nun werden Sie erleben, ob das Unternehmen und Ihr Gesprächspartner wirklich so sind, wie Sie gelesen und gehört haben. Und nicht selten kommt es völlig anders. Bleiben Sie also flexibel!

Eigentlich eine Selbstverständlichkeit, die jedoch immer wieder ignoriert wird: Bis Sie zu Ihrem Entscheider kommen, treffen Sie mehrere Menschen – zum Beispiel den Pförtner, die Empfangsdame, die Assistentin des Entscheiders. Seien Sie zu allen freundlich, so als würden Sie mit entscheiden. Merken Sie sich die Namen genau. Sie werden mit diesen Personen vermutlich wieder zu tun haben. Wenn Sie die Namen kennen und schreiben können, haben Sie einen Vorteil, einfach weil viele

Ihrer Mitbewerber diese Umgangsregeln nicht beherrschen oder wertschätzen.

Apropos Mit-Entscheider: Wie viel Einfluss die genannten Personen auf die Entscheidung haben, können Sie nicht wissen. Sicher ist nur, das ein Kommentar wie: »Wer war denn der eingebildete Mensch?« Ihre Erfolgschancen nicht gerade erhöht. Außerdem sind diese ersten Begegnungen im Unternehmen häufig wertvolle Informanten: Sie erhalten Informationen und Eindrücke über das Unternehmen und den Menschen, von dem Sie beauftragt werden wollen. Allein der etwaige Eindruck, dass man in dem Unternehmen zum Lachen in den Keller geht, kann ein wertvoller Hinweis für Ihr bevorstehendes Gespräch sein. Vielleicht auch der erste Schritt zu Ihrer Entscheidung, auf diesen Kunden zu verzichten.

In der Höhle des Löwen

16:00 Uhr: Sie betreten die Höhle des Löwen. Betrachten Sie alles, was Sie optisch zu fassen bekommen: Bilder, Auszeichnungen, Machtinsignien, Einrichtung und so weiter. Wenn es Ihnen gelingt, spüren Sie auch die Energie im Raum. Und Ihr Gesprächspartner? Wie schüttelt er Ihnen die Hand? Wohin schaut er dabei? Hat er dabei ein Jackett an, vielleicht extra angezogen, als Sie hereinkamen?

Binnen kürzester Zeit haben Sie eine Unmenge an Eindrücken gesammelt, die Sie in den wertvollen folgenden 60 Minuten vervollständigen können und einsetzen sollten. Denn nun gilt es, einen Menschen zu gewinnen, dem Sie Auge in Auge gegenübersitzen. Und denken Sie daran, auch Ihr Gesprächspartner hatte die Gelegenheit, Sie zu mustern. Vielleicht schon länger als Sie bisher dachten. Weil er Sie auf den Parkplatz fahren sah. Inklusive Fabrikat Ihres Autos, Fahrstil und Ihrer Parkkultur. Eine wirklich einmalige Gelegenheit, denn Sie bekommen nie eine zweite Chance, einen ersten Eindruck zu hinterlassen!

Auch weiß Ihr Gesprächspartner, was Sie von ihm wollen: sein Geld! Klar, Sie bieten Ihm selbstverständlich einen tollen Return auf sein Investment. Aber zahlen muss oder soll er trotzdem dafür. Und er weiß noch nicht, ob er Ihnen wirklich vertrauen kann. Trotzdem: Nicht nervös werden, immerhin haben Sie einen Bonus aufgebaut – nämlich so viel Vertrauen, dass Ihr Gegenüber Ihnen Zeit schenkt und sich Mehrwert aus dem Treffen mit Ihnen verspricht. Nutzen Sie diesen Bonus!

Lassen Sie sich in den 60 Minuten auf keinen Fall dazu hinreißen, Ihren Gesprächspartner in Grund und Boden zu reden. Verstecken Sie sich nicht hinter einer schönen Präsentation oder gar hinter Laptop oder Broschüren. Sprechen Sie mit ihm Auge in Auge. Wenn schon, dann malen Sie etwas auf einem Stück Papier oder auf einem Flipchart – denn das hat dann wieder eine persönliche Note und unterstreicht Ihre Kompetenz.

Fragen stellen und erzählen lassen

Nutzen Sie die Gelegenheit, mehr über Ihren Gesprächspartner und sein Unternehmen zu erfahren. Denken Sie daran, je spezifischer Ihre Fragen sind, umso mehr Wertschätzung können Sie erwarten. Denn Ihr Gastgeber erkennt, dass Sie sich gut vorbereitet haben. Oder besser gesagt: dass er Ihnen wirklich wichtig ist.

Die überwiegende Mehrheit der Entscheider erzählt gern und ausführlich über die eigenen Leistungen. Die Zeit wird wie im Fluge vergehen, und Sie kommen in eine immer bessere Position. Denn Sie lernen Ihren Gastgeber immer besser kennen und können Ihr Angebot noch genauer auf seine Bedürfnisse anpassen.

Natürlich gibt es auch eher einsilbige Gastgeber. Ändern Sie dann keinesfalls Ihre Strategie. In diesem Falle ist es besonders wichtig, sehr gut vorbereitet zu sein und detailliert fragen zu können. Sollten Sie im Vorfeld nicht genug Informationen über Ihren Gesprächspartner gefunden haben, werden Sie meistens im Unternehmen selbst fündig. Allein das Büro und die Eindrücke, die Sie dort erhalten, bieten zahlreiche Anknüpfungspunkte, um Fragen zu stellen.

Im Verlauf des Gesprächs werden Sie auf Ihre Inhalte zu sprechen kommen, schließlich möchten Sie ja am Ende einen Auftrag erhalten. Auch diese Ausführungen können Sie in Form eines Frage-Antwort-Spiels gestalten. Wenn Sie zum Beispiel Experte für Finanzierungen sind, drängt sich die erste Frage auf: Haben Sie schon Erfahrungen mit Beratungsprojekten in diesem Bereich gemacht? Welche Erfahrungen haben Sie gemacht? Wann war das? Mit welchem Ergebnis? ... So können Sie ein Pingpongspiel aufbauen. Mit guter Vorbereitung, genügend Routine und gesundem Selbstbewusstsein wird es Ihnen gelingen, jeden Entscheider in ein zielführendes Gespräch zu »verwickeln«. Wichtig dabei ist, dass Sie die Zügel in der Hand behalten.

Mutiger Abgang – oder Lösungsvorschlag

Nun kommt der Zeitpunkt, an dem Sie Ihre Kompetenz ausspielen können. Tun Sie es aber wirklich nur dann, wenn Sie immer noch glauben, dass

Ihr Angebot passt und Sie mit Ihrem Gesprächspartner ins Geschäft kommen sollten. Anderenfalls danken Sie für den Termin, erklären, warum Sie hier keine Hilfe anbieten möchten und verabschieden sich – für dieses Mal. Denn mit so einem Abgang werden Sie einen Eindruck hinterlassen, der eine gute Grundlage bildet, um den Kontakt kontinuierlich zu pflegen. Vielleicht kommen Sie auf diesem Wege ein anderes Mal mit Ihrem Gastgeber ins Geschäft. Oder er empfiehlt Sie weiter.

Sind Sie aber nach wie vor überzeugt, dass Sie Ihrem Gastgeber eine wertvolle Leistung bieten können, sollten Sie nun einen Vorschlag machen. Erklären Sie ihm, wie Sie in der konkreten Situation behilflich sein können. Halten Sie dabei in kurzen Abständen inne und vergewissern Sie sich, dass der Gesprächspartner Ihnen folgt. Verlieren Sie ihn, müssen Sie seine Aufmerksamkeit zurückgewinnen und den Faden an der richtigen Stelle wieder aufgreifen. Beschreiben Sie einen individuellen, auf Ihren Gesprächspartner zugeschnittenen Lösungsweg. Hüten Sie sich, an dieser Stelle bereits Tageszahlen oder gar Tagessätze zu nennen. Lassen Sie sich erst bestätigen, dass die aufgezeigte Lösung Gefallen findet und das gewünschte Ziel erreichen kann. Dann und nur dann nennen Sie die Tageszahl. Wenn auch diese Akzeptanz findet, aber auch nur dann, nennen Sie die Tagessätze.

Bieten Sie ein möglichst kleines Paket an, um für den neuen Kunden die Beauftragungshürde nicht zu hoch zu machen. Wenn das Gespräch erfolgreich verlaufen ist, haben Sie inzwischen ein gutes Gefühl für die Kompetenz, den Handlungsdruck und die Budgethöhe Ihres Gastgebers. Berücksichtigen Sie diese Erkenntnisse, wenn Sie ein erstes Angebot nennen. Steigen Sie dabei nicht zu niedrig ein, damit Sie noch Spielraum haben, den Preis zu senken – natürlich nur bei gleichzeitiger Reduzierung der Leistung.

Auf der Zielgeraden

Wenn Ihr Gastgeber mit Ihnen über diese Brücken gegangen ist, sind Sie auf der Zielgeraden. Dann können Sie sich langsam dem Projektplan und den administrativen Dingen für eine Beauftragung zuwenden. Achten Sie unbedingt darauf, das Heft in der Hand zu behalten: Sie schlagen vor, eine Auftragsbestätigung über das diskutierte Leistungspaket zu schicken. Reicht das nicht und ein formelles Angebot mit Beauftragung ist nötig, machen Sie hierfür gemeinsam kurz einen Plan. Legen Sie darin fest, bis wann Sie das Angebot mit welchen Inhalten liefern, dass Sie Ihren Gesprächspartner anrufen, um etwaige Fragen zu klären – und bis wann die Beauftragung erfolgen wird. Auf diese Weise sind Sie immer am Zug. Zieht Ihr Gesprächspartner auf der gemeinsam vereinbarten Strecke nicht mit, dann wissen Sie, dass er vielleicht doch nicht so verbindlich zu seien Aussagen steht und können Ihr Vorgehen entsprechend anpassen.

Achten Sie darauf, dass gegen Ende des Gesprächs genügend Zeit bleibt, dieses weitere Vorgehen zu besprechen und festzulegen. Behalten Sie deshalb das vereinbarte Zeitfenster im Blick und legen Sie fünf bis zehn Minuten vor dem vereinbarten Ende des Termins das weitere Vorgehen fest. Ein Treffen zu beenden und dabei das weitere Vorgehen unter unnötigem Zeitdruck oder gegebenenfalls gar nicht festzulegen, ist nicht nur unprofessionell, sondern gefährdet auch eine mögliche schnelle Beauftragung.

Natürlich haben Sie nicht immer das Glück, einen Termin direkt beim zuständigen Entscheider zu bekommen. Ihr Gesprächspartner kann, darf oder will nicht allein entscheiden oder Sie erhalten »nur« einen Termin tiefer in der Hierarchie. Was dann? Egal wem Sie beim ersten Termin gegenübersitzen, Sie müssen Ihren Gesprächspartner für sich und Ihre Kompetenz gewinnen. Auch dieser Weg kann zum Ziel führen, er ist nur länger und gefährlicher. Länger, weil Sie mehrere »Stationen« passieren müssen. Gefährlicher, weil Sie eventuell zu lange unnötig aufgehalten und beschäftigt werden. Was Hänschen Sie fragt und wissen will, kann gegebenenfalls für Hans völlig uninteressant sein. Oder noch schlimmer: wird von Hans ganz anders bewertet.

Hier gibt es nur eins: Sobald Sie Ihren Gesprächspartner gewonnen haben, sobald er also von Ihnen und Ihrer Kompetenz überzeugt ist, lassen Sie sich das von ihm bestätigen. Ist der Gesprächspartner integer, verfolgt er jetzt mit Ihnen das Ziel, ein Projekt zu starten. In diesem Fall machen Sie gemeinsam mit Ihrem Gesprächspartner einen Plan, was bis zur Beauftragung und zum Projektbeginn alles zu leisten ist. Im Idealfall wird Ihr Gesprächspartner so zum Verbündeten, der sich mit dem geplanten Projekt im Unternehmen profilieren kann.

Denken Sie daran, soweit irgend möglich, das Heft in der Hand zu behalten. Zieht Ihr »Verbündeter« nicht mit und erfüllt seine Aufgaben nicht, können Sie berechtigt reklamieren und Besserung einfordern. Notfalls müssen Sie zum finalen Entscheider eskalieren. Denn auf Ihren »Mitzieher« können Sie nun nicht mehr bauen – und Sie wollen ja schließlich den Auftrag haben. Wenn es dann tatsächlich zu einem Termin beim Entscheider kommt, wissen Sie schon sehr viel über Ihren potenziellen Auftraggeber, und Ihre Trefferchance ist weit höher als zu Beginn.

Wenn Sie dieses Prozedere nicht beherrschen, verlieren Sie wertvolle Zeit und viele Aufträge. Beherrschen Sie es jedoch, wird es nur sehr selten zu einer echten Eskalation kommen. Und Sie werden eine weit überdurchschnittliche Erfolgsquote erzielen.

Fazit

Wenn Sie schnell Aufträge benötigen, müssen Sie den klassischen Weg wählen: Termine vereinbaren und Gespräche führen. Suchen Sie die Unternehmen, mit denen Sie sprechen möchten, sorgfältig aus – nehmen Sie sich hierfür genügend Zeit. Kontaktieren Sie Ihre Wunschunternehmen dann der Reihe nach, denn so haben Sie die Gelegenheit, die Erfahrungen aus den vorausgehenden Kontaktversuchen zu nutzen. Auf diese Weise werden Sie Schritt für Schritt erfolgreicher.

Suchen Sie beim Gesprächstermin mit einem potenziellen Kunden immer den Dialog auf Augenhöhe, verstecken Sie sich nicht hinter schönen Präsentationen. Achten Sie darauf, dass gegen Ende eines Termins genügend Zeit bleibt, um das weitere Vorgehen zu besprechen und festzulegen. Versuchen Sie immer, bei den folgenden Schritten bis zur Beauftragung das Heft in der Hand zu behalten.

26 Wie überwinde ich die Sekretariatshürde?

Dirk Wassermann, freier Vertriebsexperte im Team Giso Weyand

Das Wichtigste vorweg ...

Der Entscheider ist am Ende die Person, die Sie gewinnen müssen, um einen Auftrag zu erhalten. Doch hierzu müssen Sie zunächst einmal an ihn herankommen. Dafür gibt es drei Wege.

Der erste und einfachste Weg: Sie steigen in der Organisation Ihres Zielkunden hierarchisch unterhalb des Entscheiders ein. Dies könnte zum Beispiel auf der Abteilungsleiterebene geschehen. Von dort arbeiten Sie sich Schritt für Schritt zum Entscheider vor. Denken Sie daran, richtig zu qualifizieren. Gehen Sie dabei wenn irgend möglich auf die Personen zu, die von Ihrem Leistungsangebot profitieren können. Wenn Sie Experte für Controlling sind, macht es wenig Sinn, bei der Personalleitung einzusteigen.

Der zweite Weg: Sie steigen über Personen ein, die Einfluss auf den Entscheider haben, die aber nicht an diesen berichten. Das kann zum Beispiel ein Mitglied des Aufsichtsrates sein. Auch ein Vertreter der Anteilseigner. Diese sitzen zwar nicht immer im Aufsichtsrat, haben aber häufig einen guten Zugang zum Entscheider. Ebenso kommt natürlich die Hausbank oder die Wirtschaftsprüfungsgesellschaft dafür infrage. Auch wenn hier Geheimhaltungspflichten zu beachten sind, kann der Kontakt zum Entscheider dennoch auf diesem Weg geschaffen werden.

Denken Sie bei diesem zweiten Weg auch an Möglichkeiten außerhalb des direkten Geschäftslebens – zum Beispiel an den Partner des Entscheiders. In gut funktionierenden Beziehungen ist der Partner sein wichtiger und nicht selten der wichtigste Ratgeber. Dazu müssen und sollen Sie keine Supermärkte belagern. Die Partner engagieren sich häufig ebenfalls und bieten so zahlreiche Kontaktmöglichkeiten. Der dritte Weg: Sie gehen ohne jeden Umweg direkt auf den Entscheider zu!

26.1 Gehen Sie direkt an den Entscheider

Welchen Weg sollten Sie nun wählen? Nun, der erste Weg hat einen großen Vorteil, denn er ist definitiv der einfachste. Denn als Faustformel gilt: Je tiefer eine Person in einem Organigramm angesiedelt ist, desto leichter ist sie zu erreichen und für einen Termin zu begeistern. Aber damit sind Sie natürlich noch nicht am Ziel, schließlich leben Sie nicht von unbezahlten Terminen. Aber ein Termin mit einer Person, die direkt oder indirekt an den Entscheider berichtet, ist immerhin ein erster Schritt.

Schwerer zu erreichen, dafür aber einflussreicher ist die Personengruppe, die Sie beim zweiten Weg kontaktieren. Zumeist verfügt sie über die besseren Kontakte zum Entscheider, führt damit auch eher zum Ziel. Stellen Sie sich vor, ein Mitglied aus dem Aufsichtsrat empfiehlt einen Termin mit Ihnen. Wie hoch ist wohl die Wahrscheinlichkeit, dass dieser Termin stattfinden wird? Aber Vorsicht. Hier ist auch viel Politik im Spiel. Auf das falsche Pferd gesetzt, kann das Rennen zu Ende sein, bevor es begonnen hat.

Bleibt noch der dritte Weg. Den Entscheider direkt zu kontaktieren, hat den Nachteil, dass dies in der Regel die schwierigste und damit häufig auch die unangenehmste Aufgabe ist. Es ist eben einfacher, Hänschen anzusprechen, als bei Hans Gehör zu finden. Damit hören die Nachteile aber auch schon auf. Wenn Sie den Entscheider direkt kontaktieren, bekommen Sie im Vergleich zu den anderen Wegen meist eine unschlagbar schnelle Rückmeldung, ob Interesse an Ihrem Leistungsangebot besteht. Das hat vor allem den Vorteil, dass Sie immens an Zeit gewinnen. Eine schnelle Absage ist besser als eine späte Absage. Dafür müssen Sie ehrlicher zu sich selbst und frustrationsstabiler sein, denn das schnelle Nein ist zumeist auch härter und schwerer annehmbar. Trotzdem: Es lohnt sich. Die gewonnene Zeit können Sie schnell in hoffentlich vielversprechendere Akquisitionen investieren.

Vergleichen wir die erfolgreiche Steuerung von Ressourcen in der Akquisition mit einem Bild aus der Leichtathletik: Stellen Sie sich vor, Sie nehmen an einem 1.000-Meter-Lauf teil und nur der Erstplatzierte gewinnt. Wenn nun der erreichte Platz von Ressourcen abhängt, die ein Teilnehmer investiert, wer ist dann der Gewinner? Klar, der Erstplatzierte. Und wer ist der »Zweitbeste«? Nun, aus meiner Sicht der Letztplatzierte. Warum? Ganz einfach: Außer dem Erstplatzierten haben alle anderen keinen Erfolg gehabt. Aber der Letztplatzierte hat im Verhältnis zu den Mitbewerbern am wenigsten Ressourcen investiert, um letztlich das gleiche Ergebnis zu erzielen.

Also klare Empfehlung: Treten Sie direkt an den Entscheider heran. Damit werden Sie natürlich insbesondere bei großen Organisationen nicht immer Erfolg haben – aber dann bleibt ja immer noch einer der beiden anderen Wege. Gelingt Ihnen auch dort kein Einstieg, sollten Sie sich einem anderen potenziellen Kunden zuwenden. Alles andere wäre Zeitverschwendung.

26.2 Wie Sie den Entscheider identifizieren

Lassen Sie mich nun einen Schritt zurückgehen. Wir sprechen hier vom Entscheider, den Sie für sich gewinnen wollen. Doch wer genau ist das? Klar, Sie finden diese »Kandidaten« im Geschäftsbericht, im Unternehmensprofil oder im Impressum der Internetseite. Achten Sie aber darauf, dass der Geschäftsbericht die Verhältnisse immer durch den Rückspiegel betrachtet und die Dame oder der Herr, die oder der hier noch zur Geschäftsführung zählt, inzwischen längst Unternehmensgeschichte sein kann. Arbeiten Sie sich deshalb besser über Impressum und Unternehmensprofil zum Geschäftsbericht vor.

Und wenn im Impressum mehrere Namen genannt werden? Dann lohnt sich meist ein Blick in den Geschäftsbericht und/oder in ein Unternehmensprofil; dort finden Sie häufig genauere Angaben zu den Verantwortungsbereichen der Führungskräfte. Oder Sie recherchieren im Internet: Es ist immer wieder erstaunlich, wie viele Entscheider in sozialen Netzwerken Informationen über sich preisgeben. Aber auch die Presse schreibt häufig über diesen Personenkreis, und sei es im Rahmen einer Spende an eine Einrichtung.

Wenn Sie auch auf diesem Weg keine näheren Informationen finden, bleibt Ihnen der Weg über die Telefonzentrale des Unternehmens. Was tun Sie, wenn die Telefonzentrale bestens darauf trainiert ist, keine Auskünfte zu geben? Sie versuchen es ein paar Tage später, aber an einem anderen Wochentag und in einer anderen Tageshälfte erneut. Häufig sitzen gerade in der Telefonzentrale Teilzeitkräfte – und mit ein wenig Glück bekommen Sie beim zweiten Anlauf Ihre Informationen.

Und was, wenn auch das nicht klappt? Spielen Sie mit der Telefonnummer des Unternehmens. Testen Sie Durchwahlen willkürlich – und Sie werden ein Mitglied der Organisation erreichen, dem Sie Ihre Fragen stellen können. Meistens finden Sie auf der Internetseite der jeweiligen Unternehmen Hinweise, wie Sie einzelne Abteilungen erreichen können. Damit haben Sie einen wertvollen Anhaltspunkt für die weitere Recherche. Meiden Sie die runden Hunderter-Durchwahlen (wie zum Beispiel »-100«). Häufig sind diese Nummern für den Entscheider reserviert, wenn auch zumeist auf die Assistenz umgeleitet. Sie wollen den Entscheider zwar erreichen, aber eben erst, wenn Sie gut vorbereitet sind – also am Ende Ihrer Recherchen.

Wenn Sie auf diese Weise Abteilungen telefonisch kontaktieren, bevorzugen Sie Vertrieb, Marketing und Service. Die Mitarbeiter in diesen Bereichen sind zumeist zugänglicher, besser auf Außenkontakte vorbereitet und werden Ihnen vermutlich eher helfen.

26.3 Die Machtverhältnisse recherchieren

Sie haben Ihren Entscheider identifiziert und sich für die direkte Ansprache entschieden. Recherchieren Sie nun weitere Informationen über diese Person, denn Sie sollten möglichst genau wissen, mit wem Sie in Kontakt treten wollen. Die Polizei beschäftigt dafür eigens Profiler. So weit gehen Sie natürlich nicht – aber je besser Sie vorbereitet sind, desto höher wird Ihre Erfolgsquote sein. Wenn Sie es gut und sehr dezent platzieren, merkt Ihr Gesprächspartner schnell, wie gut Sie sich mit seiner Person beschäftigt haben und interpretiert dies als ein Zeichen von Interesse und Wertschätzung.

Natürlich hat Ihr Entscheider vieles zu beachten, was im Internet oder Geschäftsbericht nicht dokumentiert ist. So sind aus einem Organigramm die tatsächlichen Machtverhältnisse nur zum Teil ablesbar. Der Seniorchef, der sich vor Jahren in den Ruhestand verabschiedet hat und in Wirklichkeit bei Entscheidungen immer noch zustimmen muss, ist kein Märchen, sondern leider eine immer wiederkehrende Realität. Haben Sie ihn nicht im Boot, gibt es keinen Auftrag.

Besonders heikel ist auch das Mitspracherecht der Gesellschafter. Das gilt ganz besonders für Unternehmen mit Mehrheitseigentümern aus dem Ausland. Seien Sie vorbereitet, dass der Geschäftsführer der deutschen Gesellschaft Sie nicht beauftragen darf ohne Einverständnis der Mehrheitsgesellschafter. So kann es leicht passieren, dass Sie neben dem direkten Entscheider noch einen weiteren, letztlich Ausschlag gebenden Entscheider für sich gewinnen müssen.

Besonders beachten sollten Sie auch den Einfluss der Kollegen des Entscheiders. Nicht selten müssen die anderen Geschäftsführer zustimmen, obwohl das Thema gar nicht in ihrem Verantwortungsbereich liegt. Dies gilt insbesondere bei Projekten, die sich auf andere Bereiche auswirken könnten.

Wenn das Unternehmen einen kooperativen Führungsstil pflegt, kann es leicht dazu kommen, dass Sie plötzlich mit einer ganzen Gruppe von Entscheidern konfrontiert sind. Man will ja schließlich das mittlere Management mit ins Boot holen. Ob der Unternehmensführer dann am Ende doch allein entscheidet oder tatsächlich seine Führungskräfte in die Entscheidung mit einbindet, werden Sie vermutlich nie erfahren. Das ist auch gar nicht relevant. Aber die Führungskräfte in so einer Situation zu vernachlässigen, wäre sicher ein Fehler.

Schließlich gibt es auch noch die Experten, die mitspielen müssen: Je spezieller Ihre Leistung ist, desto wahrscheinlicher ist es, dass die Fachexperten des Unternehmens mit in die Entscheidung einbezogen werden. Diese von Ihrer fachlichen Kompetenz zu überzeugen, ist zwingend nötig, um vom Entscheider den Auftrag zu erhalten.

Alle diese Gesichtspunkte sind für die Ansprache und den Umgang mit dem Entscheider wichtig, werden aber meist erst deutlich, wenn Sie bereits mit ihm im Gespräch sind.

26.4 Persönlicher Brief an den Entscheider

Nun sind Sie gut vorbereitet. Ihr Entscheider ist qualifiziert und Sie kennen ihn aus Ihren Recherchen. Jetzt wollen Sie direkt mit ihm Kontakt aufnehmen. Wie gehen Sie vor? Schreiben Sie ihm einen persönlichen Brief – eine Seite, in der Sie ihn ganz persönlich ansprechen und ihm ankündigen, wieder auf ihn zuzukommen. So behalten Sie das Heft in der Hand. Fügen Sie als Anlage ein Blatt mit Ihrem Leistungsprofil bei, aus dem der Empfänger schließen kann, was Sie für ihn und sein Unternehmen tun können.

Rufen Sie den Entscheider ein bis zwei Wochen nach Versand des Schreibens an. Wenn der persönliche Brief den Geschmack des Empfängers getroffen hat, stehen die Chancen gut, am Sekretariat oder an der Assistenz vorbeizukommen. Zudem haben Sie dank Ihres Schreibens von Anfang an ein konkretes Gesprächsthema und damit auch eine gute Chance, einen Termin in absehbarer Zeit zu erhalten.

Sollte die Assistenz oder der Entscheider sich nicht an den Brief erinnern können, bieten Sie an, diesen als PDF-Datei per E-Mail zu senden – und vereinbaren Sie gleich einen Termin, wann Sie wieder telefonieren. Der zweite Anlauf ist manchmal nötig, dafür ist er aber dann noch konkreter, denn Sie sind bereits bekannt und man erwartet Ihren Anruf zum vereinbarten Termin.

Natürlich gibt es immer wieder hartnäckige Fälle, bei denen diese Vorgehensweise nicht funktioniert. Woran kann es liegen und wie sollten Sie damit umgehen? Im Grunde gibt es zwei Möglichkeiten:

- Ihr Angebot passt nicht zu den Bedürfnissen des Entscheiders – was durchaus vorkommen kann. Es kann sinnvoll sein, das eigene Angebot und die Ansprache des Kunden selbstkritisch zu überprüfen – bekanntlich muss der Köder dem Fisch schmecken und nicht dem Angler.
- Ihr Angebot passt zum Empfänger, aber er will dennoch nicht mit Ihnen sprechen. Es gibt Sie tatsächlich, diese beratungsresistenten Fälle – auch wenn diese Charaktere tendenziell weniger werden. Da Sie diese Menschen nicht ändern können, sollten Sie mit ihnen auch keine weitere Zeit verschwenden. Es gibt genug andere, die Interesse an Ihrer Kompetenz haben.

Streichen Sie ein solches Unternehmen, das von Beratern nichts wissen möchte, jedoch nicht einfach von Ihrer Liste – schließlich passt Ihre Leistung ja perfekt. Legen Sie dieses Unternehmen alle sechs Monate auf Termin und prüfen Sie dann das Impressum: Vielleicht wechselt der Entscheider. Und wenden Sie sich parallel neuen potenziellen Kunden zu.

Mit diesem Vorgehen erreichen Sie immer besser die gewünschten Entscheider – und erhalten zunehmend Aufträge für eine gute Beratungsleistung.

Fazit

Wenden Sie sich direkt an den Entscheider. So erhalten Sie meist eine schnelle Rückmeldung, ob Interesse an Ihrem Leistungsangebot besteht. Dadurch gewinnen Sie Zeit und ersparen sich nutzlose Termine – eine schnelle Absage ist besser als ein langer Prozess, der am Ende ebenfalls zur Absage führt. Schreiben Sie dem Entscheider einen Brief – eine Seite, auf der Sie ihn ganz persönlich ansprechen. Und rufen Sie ein bis zwei Wochen später an. Hat der Brief das Interesse des Empfängers geweckt, stehen die Chancen gut, am Sekretariat vorbeizukommen. Zudem haben Sie dank Ihres Schreibens von Anfang an ein konkretes Gesprächsthema und damit auch eine gute Chance, in absehbarer Zeit einen Termin zu erhalten.

27 Wie gewinne ich neue Kunden durch Akquise?

Dirk Wassermann, freier Vertriebsexperte im Team Giso Weyand

Das Wichtigste vorweg ...

Die Gewinnung neuer Kunden erfordert Zeit. Ein Berater hat entweder Aufträge und dann meist keine Zeit, um zu akquirieren – oder er hat nicht genügend Aufträge und dann unfreiwillig Zeit zur Akquisition. Damit touchieren wir ein wichtiges Thema: die Organisation. Es ist wesentlich klüger, sich regelmäßig der Akquisition zu widmen, um so eine möglichst kontinuierliche Auslastung zu erzielen. Dies jedoch verlangt neben einer guten Organisation vor allem auch Disziplin.

Die Verlockung ist natürlich groß, schnell einmal einen Tag mehr zu fakturieren. Das gilt für den Einzelkämpfer, aber auch für Unternehmen, die häufig mit ihren Vergütungssystemen zum »Tageklopfen« animieren. Es ist aber – diplomatisch formuliert – nicht clever. Schaffen Sie sich und Ihrer Organisation stattdessen die Zeit und den Anreiz zur regelmäßigen Akquisition. Nehmen Sie sich vor allem genügend Zeit, Ihre potenziellen Auftraggeber kontinuierlich zu betreuen. Nur so bleiben Sie bei ihnen präsent und sind auf ihrem Radarschirm, wenn sie Beratungsbedarf haben.

An dieser Stelle ein kurzer Hinweis: Höchste Priorität hat natürlich die Bestandskundenpflege. Auch wenn Sie vor allem neue Kunden gewinnen möchten (und das ist ja auch das Thema dieses Kapitels), halte ich es doch für so wichtig, dass ich hier kurz betone: Ihre Bestandskunden verdienen stets die höchste Aufmerksamkeit.

27.1 Die Zielgruppe festlegen

Wie aber gewinnen Sie neue Kunden? Zunächst gilt es, die Frage zu klären, wen Sie gewinnen möchten. Um welche Zielgruppe soll es sich handeln? Diese Frage ist sehr wichtig, denn die Qualifizierung der Zielgruppe hat für eine erfolgreiche Akquisition große Bedeutung.

Die Kriterien können hier vielfältig sein. Eine wesentliche Orientierungshilfe ist Ihre persönliche Lösungskompetenz, die idealerweise genau auf die Aufgabenstellung Ihrer Zielgruppe passt. Sie sollten der Experte Ihres Fachgebietes sein, zumindest absehbar werden können. Genauso wichtig sind auch Ihre persönlichen Interessen. Das meine ich ernst! Die Arbeit mit Ihrer Zielgruppe muss das Potenzial haben, Ihnen Spaß zu machen – ohne Spaß an der Arbeit werden Sie keine überdurchschnittlichen Leistungen bringen.

Bei der Definition der Zielgruppe kann die Branche eine große Rolle spielen, etwa wenn Sie nur die Pharmaindustrie beraten. Oder die Eigentümerstruktur, weil Sie nur Familienunternehmen beraten wollen. Auch die Aufgabenstellung kann ein Selektionskriterium sein. Wenn Sie Spezialist für strategische Marketingberatung sind, empfiehlt es sich nicht unbedingt, die Zielgruppe der Sanierungsfälle zu priorisieren.

Auch ganz pragmatische Kriterien können hilfreich sein. So zum Beispiel die Postleitzahl, wenn Sie wenig reisen wollen. Nebenbei freut sich Ihr Kunde über geringere Reisekosten; außerdem hat er das Gefühl, schneller auf Sie zugreifen zu können. Zum Beispiel bei Coachings ist dies ein wertvoller – wenn auch nur gefühlter – Aspekt. Aber das Gefühl ist ein wichtiger Einflussfaktor bei Beauftragungen. Definieren Sie Ihre Zielgruppe lieber enger als weiter.

27.2 Den Kreis eingrenzen

Nachdem Sie Ihre Zielgruppe definiert haben, beginnt die zeit- und manchmal auch nervenaufreibende Feinarbeit: die Auswahl konkreter Namen.

Denken Sie zum Beispiel an die chemische Industrie. Klar, ist doch einfach, da gibt es doch viele bekannte Unternehmen. Die kennt doch eigentlich jeder. Stimmt! Und wie viele gibt es wirklich? Kleiner Hinweis: Allein der Verband der chemischen Industrie zählt über 1.600 Mitglieder. Somit dürfte allein diese Branche genug Potenzial für Generationen von Beratern bergen. Und wo klopfen die meisten Ihrer Kollegen an? Klar, bei den großen Namen. Gerade die Vielzahl der eher unbekannten Unternehmen birgt daher hohes Potenzial – je unbekannter, desto weniger von Beratern belagert.

Sammeln Sie nun also konkrete Namen, die für Ihre Zielgruppe stehen. Und wie gesagt: lieber zu eng als zu weit. Je genauer Sie Ihre potenziellen Kunden definieren und qualifizieren, desto höher wird Ihre Trefferquote sein.

Bei der Suche nach Namen ist das Internet überaus hilfreich. Aber auch heute fast altertümlich anmutende Werkzeuge, wie zum Beispiel ein Diktiergerät im Auto, können nützlich sein. Damit können Sie schnell einen Namen festhalten, der Ihnen auf der Reise begegnet. Oft genug fahren Sie an Unternehmen vorbei, von denen Sie noch nie gehört haben – sei es an deren Grundstücken oder an deren Fahrzeugen. Werbung ist eben auch eine Quelle für Marktforschung. Und der Begriff der »Hidden Champions« ist nicht zufällig entstanden. Dabei gibt es natürlich mehr »Hidden ...« als »Hidden Champions«. Das ist auch gut so, schließlich sollen die Unternehmen ja gerade durch Ihre Kompetenz und Arbeit zum Champion werden.

Wenn Sie Ihre Zielgruppe definiert und durch Namen konkretisiert haben, machen Sie den nächsten Schritt. Zunächst analysieren Sie Ihr Zielobjekt, um es noch weiter zu qualifizieren. Erstellen Sie dafür eine Liste mit Kriterien, die Sie der Reihe nach abarbeiten. Mit dieser Feinarbeit finden Sie noch genauer heraus, ob Sie und ein potenzieller Kunde wirklich zusammenpassen. Diese Kriterien sind natürlich individuell und können vielfältig sein. Sie können auch bereits genannte Kriterien enthalten. Beispiele sind die Gesellschafterstruktur und die Zahl der Geschäftsführer:

- Die Gesellschafterstruktur verrät schon viel. Handelt es sich bei Ihrem Zielobjekt um eine Beteiligung eines anderen Unternehmens, ist schon Vorsicht geboten. Nicht selten werden dann Entscheidungen von der Muttergesellschaft getroffen – und die kann auch außerhalb von Deutschland oder Europa sitzen.
- Interessant kann auch die Anzahl der Geschäftsführer sein. Warum? Je weniger Geschäftsführer, desto weniger Menschen müssen Sie für Ihre Arbeit begeistern, um einen Auftrag zu erhalten.

So wird aus Ihrer Zielgruppe ein Zielgrüppchen. Aber Sie können sicher sein, Ihr Deckel passt jetzt noch besser auf die Töpfe. Und darauf kommt es an. Sie wollen schließlich neue Kunden und nicht nur neue Kontakte gewinnen.

27.3 Die Ausgewählten ansprechen

Nachdem Sie ein Maximum an Informationen über Ihr jeweiliges Zielobjekt in Erfahrung gebracht haben, marschieren Sie los. Die Personen, die es jetzt idealerweise zu erreichen gilt, sind die Entscheider.

Das ist nicht ganz einfach. Ein cleverer Entscheider weiß zwar, dass die Beiträge externer Berater ihn schneller voranbringen können. Doch muss er in Ihrem Angebot den Nutzen für seine Arbeit erkennen. Dann muss er das Vertrauen entwickeln, dass Sie die angebotene Leistung auch wirklich für ihn erbringen können – und er muss glauben, dass Sie es besser können als andere Berater. Wenn er dann noch über das notwendige Budget verfügt, haben Sie sehr gute Chancen, einen neuen Kunden zu gewinnen. Klingt einfach, ist es aber nicht.

Zunächst müssen Sie die Aufmerksamkeit des Entscheiders gewinnen. Da ein Kontakt zu ihm begehrt ist, sind Sie zunächst einer von vielen. Da hilft nur eins: Sprechen Sie ihn direkt an! Nicht auf dem Parkplatz, nicht in der Sauna und nicht unbedingt auf dem Golfplatz. Schicken Sie ihm einen Brief. Sprechen Sie ihn darin direkt und persönlich an (siehe auch Kapitel 26).

Dank Internet – erst recht durch die vielen Kontaktplattformen – ist die Vorbereitung einer solchen persönlichen Ansprache zwar zeitintensiv, aber möglich und sinnvoll. Schreiben Sie dem Entscheider kurz, warum Sie gerade ihn ansprechen und was Sie für ihn leisten können. Die persönliche Ansprache machen Sie möglichst konkret, das Leistungsavis etwas weniger konkret. Damit bleibt Ihnen Manövrierfähigkeit, falls Sie seine mögliche Aufgabenstellung falsch interpretiert und dadurch gegebenenfalls nicht voll getroffen haben.

Spätestens nach zwei Wochen greifen Sie zum Telefon und rufen den Empfänger Ihres Schreibens an. Bevor Sie anrufen, halten Sie bitte den Brief auch elektronisch bereit. Denn Sie werden bei der Assistenz des Entscheiders landen. Diese wird Sie häufig darum bitten, Ihr Schreiben nochmals zu senden. Nun gilt es, die Geschwindigkeit zu erhöhen und der Dame Ihr Werk per E-Mail zu senden. In Ihrem Telefonat bitten Sie um ein Gespräch mit dem Empfänger Ihres Schreibens. Drängen Sie nicht auf der Zeitachse. Auch hier gilt Qualität vor Quantität. Idealerweise bekommen Sie direkt einen Termin vor Ort oder zumindest einen Telefontermin, den Sie selbstverständlich gern annehmen.

27.4 Trommeln für den Erfolg

Lässt der Termin auf sich warten, bleiben Sie unbedingt dran. Vereinbaren Sie dann ein Zeitfenster, in dem Sie sich wieder melden. Halten Sie diese Vereinbarung auch akribisch ein, bedenken Sie dies bei Ihrer Organisation. Allein die konsequente Kontaktpflege in dieser noch sehr frühen Akquisitionsphase werden Ihre potenziellen Kunden schätzen – und damit sind Sie schon im Vorteil.

Aus den Augen, aus dem Sinn: Das mag zwar nahe liegend sein, wenn Sie Schwierigkeiten haben, einen Termin zu erhalten – zumal wenn die Zahl der möglichen Kunden sehr groß ist. Nur: Den gewünschten Erfolg werden Sie dann nicht haben. In dieser Phase kommt es nämlich nicht darauf an, möglichst viele Trommeln zu spielen, in der Hoffnung, dass irgendetwas dabei herauskommt. Nein, hier geht es vielmehr darum, regelmäßig und konsequent auf einige wenige Trommeln zu schlagen, damit kein undefinierbarer Lärm entsteht, sondern richtige Musik.

Das ist natürlich auch eine psychologische Herausforderung, denn Akquisition treibt bei den meisten Menschen ohnehin den Adrenalinspiegel hoch. Wenn dann der Umworbene nicht gleich anspringt, wird diese Erfahrung natürlich nicht gerade beflügeln. Besonders gefährlich ist dann die Einstellung: »Bitte, wenn er meine brillante Leistung nicht zu schätzen weiß, dann eben nicht …« In einem solchen Fall empfehle ich, vom Ross herabsteigen und mehr Demut zu praktizieren. Bekommt ein Berater keinen Termin, verspricht sich der Entscheider von dessen Leistung keinen Mehrwert. Auch wenn es wehtut: Eine selbstkritische Auseinandersetzung kann hier den Weg eröffnen, um wertvolle Anpassungen vorzunehmen. Das kann mühselig sein, lohnt sich aber.

Kommt es zum Gespräch mit dem Entscheider, sollten Sie zunächst versuchen, möglichst viele Informationen zu erhalten, um Ihr Leistungsangebot präzise auf die Aufgabenstellung Ihres Gegenübers abzustimmen. Passen Aufgabenstellung und Angebot zusammen, sind Sie eine Runde weiter und Ihrem Auftrag ein gutes Stück näher.

Der Aufwand, bei einem neuen Kunden einen Auftrag zu gewinnen, ist zweifellos hoch – deutlich höher als bei bestehenden Kunden. Darum sollten Sie die Priorität auf die Betreuung Ihrer bestehenden Kunden setzen. Das schafft dann auch die notwendige Gelassenheit, die Sie für eine erfolgreiche Neukundengewinnung benötigen. Denn einen neuen Kunden gewinnen zu wollen, ohne gelassen zu agieren, ist nahezu unmöglich – es sei denn, Ihr Neukunde beauftragt Sie aus Mitleid oder ist unsensibel. Beides sollten Sie sich und Ihrem neuen Kunden ersparen.

Fazit

Bei der Akquisition neuer Kunden kommt es auf Qualifizierung, Ausdauer und Konsequenz an. Wenn die Zahl möglicher Kunden sehr groß ist, besteht die Gefahr, allzu schnell aufzugeben und zum nächsten zu springen – nach dem Motto: aus den Augen, aus dem Sinn. Legen Sie deshalb zunächst einen überschaubaren Kreis potenzieller Kunden fest, die gut zu Ihrer Leistung passen und denen Sie einen echten Nutzen anbieten können. Konzentrieren Sie dann Ihre Aktivitäten auf diesen Kreis. Entscheidend für den Erfolg ist eine konsequente Kontaktpflege, gerade auch in dieser noch sehr frühen Akquisitionsphase.

28 Wie setze ich mich im »Akquisewettkampf« durch?

Dirk Wassermann, freier Vertriebsexperte im Team Giso Weyand

Das Wichtigste vorweg ...

So viel ist klar: Um im Wettbewerb zu gewinnen, setzen Sie auf Ihre Kernkompetenz – und bieten Leistungen an, bei denen Sie wirklich gut sind. Nur: Bedauerlicherweise gibt es noch mehr Berater, die mit der gleichen Kernkompetenz auf den Markt gehen. Wie können Sie dennoch gegen Ihre Mitbewerber gewinnen?

Es lohnt sich, zwischen zwei Szenarien zu unterscheiden: Sie haben viele oder nur wenige Mitbewerber. Ich gratuliere Ihnen, wenn Sie viele Mitbewerber haben, denn damit sind Sie im Vorteil. Das wird Sie vermutlich überraschen. Ich werde es Ihnen erklären.

Wenn Sie viele Mitbewerber haben, ist der Markt für die Kunden intransparenter. Das bedeutet, dass Ihr potenzieller Kunde bei der Marktsichtung Mühe haben wird, echte Vergleiche anzustellen – und damit sind Sie im Vorteil. Haben Sie nur wenige Mitbewerber, ist der Markt deutlich transparenter. Für Ihren potenziellen Kunden wird es dadurch wesentlich leichter, Ihre Leistung wirklich zu vergleichen. Er kann die »üblichen Verdächtigen«, nämlich Ihre Mitbewerber, zum »beauty contest« einladen. Dann sind Sie eben nur einer von mehreren. Und das stellt die größeren Anforderungen an Sie. Beide Szenarien sind denkbar unterschiedlich und erfordern daher auch jeweils ein anderes Vorgehen.

28.1 Dem Wettbewerb eine Nasenlänge voraus

Ein ganz wesentliches Erfolgskriterium ist die Fokussierung. Überlegen Sie sich sehr genau, in welchen Leistungen Sie wirklich gut sind, möglichst besser als Ihr Mitbewerber. Ihre Leistung kann, darf und soll auch anders als die Ihres Mitbewerbers sein.

Wenn Sie diese Frage für sich geklärt haben, gehen Sie nur noch in Wettbewerbssituationen, in denen Sie mit Ihrer Kernkompetenz glänzen können. Alle anderen Situationen sind chancenlos oder vom Glück abhängig.

Nun gibt es natürlich noch mehr Berater, die annähernd die gleiche Kernkompetenz anbieten wie Sie. Darauf müssen Sie sich einstellen und auf weitere Kriterien bauen, die Ihnen eine Nasenlänge Vorsprung bringen. Was könnte das sein? Zum Beispiel: Die Branchenexpertise, die Unternehmensgröße, die Person des Entscheiders, aber auch so vermeintlich unwichtige Punkte wie die Postleitzahl. Was meine ich damit?

Branchenexpertise kann Sie in die Poleposition bringen. Das ist auch überwiegend der Fall. Getreu dem Motto: »Der kennt unsere Branche und weiß, wie darin gedacht wird.« Aber Vorsicht, es gibt auch Fälle, in denen Branchenfremde mehr als nur eine Chance erhalten. Von ihnen erwartet man sich neue Ideen und frischen Wind. Wie kann man das erkennen? Wenn es nicht im Briefing zu erfahren ist, dann können Sie es nur an der Persönlichkeit des Entscheiders aufhängen. Ein Theologe aus Freiburg, der in Niedersachsen einen Windkraftanlagenhersteller führt, wird vermutlich interessierter an Branchenfremden sein, als ein Diplom-Kaufmann aus Frankfurt, der eben dort ein Kreditinstitut führt.

Die *Unternehmensgröße* kann ebenfalls ein wichtiges Entscheidungskriterium sein. In Konzernen weht nun einmal ein anderer Wind als in kleinen und mittleren Unternehmen. Wer als etablierter Konzernexperte einen Ausflug in den Mittelstand wagt, sollte auf die Frage, welchen Mehrwert er aus dem Konzern für den Mittelstand mitbringt, sehr gut vorbereitet sein.

Die *Person des Entscheiders* ist das ganz wesentliche Kriterium. Es geht eben nicht nur um Charts und Kennzahlen, sondern häufig auch um den Nasenfaktor. Kann man sich riechen? Versteht man sich? Ihr Auftraggeber überlegt sich, Ihnen sein Vertrauen zu schenken. Zeigen Sie Ihrem Gesprächspartner, dass Sie sein Vertrauen gewinnen wollen und es auch verdienen. Sie wollen schließlich nicht nur einen Kunden und einen Auftrag gewinnen. Nein, es geht um viel mehr. Sie wollen damit auch einen potenziellen Geschäftsfreund gewinnen. Einen Menschen, den Sie gern wieder treffen. Auch nach dem Ende Ihrer Zusammenarbeit. Stellen Sie sich vor, Sie sitzen in der Lounge am Flughafen und Ihr ehemaliger Kunde kommt rein. Dies soll doch ein freudiges Ereignis sein und kein Grund, sich flach auf den Boden zu werfen, in der Hoffnung nicht entdeckt zu werden.

Darum prüfen Sie für sich, ob Sie und Ihr Auftritt und Ihre Weltanschauung zu dem Entscheider passen. Wenn Sie ein echter Verfechter der regenerativen Energie sind, werden Sie kaum bei einem Zulieferer der Kernenergie dauerhaft erfolgreich sein. Ich kenne niemanden, der sich dauerhaft selbst verleugnet und gute Arbeit leistet. Die Grundlage des Erfolges jedoch ist nun einmal auch gute Arbeit.

Und das Kriterium *Postleitzahl*? Hier denken die meisten natürlich gleich an Fahrtkosten und Spesen. Sicher, das ist ein Argument, aber nicht das entscheidende. Die Postleitzahl hat noch ganz andere Aspekte. Da ist zum einen die – zumindest gefühlte – physische Nähe. Wenn der Klient in Hamburg sitzt und der Berater in Lübeck, hat der Auftraggeber den Eindruck, dass man schneller zusammentreffen kann – sei es auf einen Kaffee oder zu einem Segeltörn auf der Elbe. Dass volle Terminkalender und umfangreiche Reisetätigkeiten diese Gedanken schnell in die Sozialromantik verbannen, spielt da keine Rolle. Wir müssen bei diesen Entscheidungsprozessen Bauch und Gefühl viel Aufmerksamkeit schenken.

Zum anderen spielt auch die Mentalität eine wichtige Rolle, die man gerne auch an der Postleitzahl festmacht. Selbst wenn in einer mobilen Gesellschaft Postleitzahl und regionale Prägung nicht zwingend etwas gemein haben, so gilt doch: Ein Oberbayer, der einen Maschinenbauer in Westfalen berät, hat mit mentalitätsbedingten Hürden zu rechnen.

Die genannten Kriterien sind weder vollständig noch losgelöst voneinander zu betrachten. Schenken Sie ihnen aber ausreichend Beachtung bei Ihren Vertriebsaktivitäten – dann sind Sie Ihrem Wettbewerb eine Nasenlänge voraus.

28.2 Der Wettbewerb um das Budget

Spannen wir den Bogen noch etwas weiter. Dazu möchte ich Sie auf einen anderen – sehr gefährlichen – Mitbewerber aufmerksam machen. Er ist ganz anderer Natur als die bisher betrachteten Wettbewerber. Er bietet auch nichts an, was Sie anbieten.

Wo ist das Problem? Er will an die gleichen Geldtöpfe wie Sie. In fast allen Unternehmen sind die finanziellen Mittel beschränkt und dadurch herrscht Wettbewerb um die Budgets. Wie schlagen Sie diesen Mitbewerber aus dem Feld?

Ganz einfach: Ihr Projekt muss wichtiger und wertvoller für Ihren Kunden sein, als die anderen Projekte, die um das Budget konkurrieren. Dies gilt es in der Vorbereitung so gut wie möglich zu klären. Wenn Sie Experte für Exportmarketing sind und Ihr Zielkunde kämpft ums Überleben, dann dürfte ein Sanierungsberater, mit dem Sie normalerweise nicht im Wettbewerb stehen, zum Zuge kommen.

28.3 Wunschkunden aktiv angehen

Alle bisher genannten Punkte sind eher passiv – mehr durch Reaktion als durch Aktion geprägt. Sie können sich aber einen zusätzlichen Vorteil gegenüber Ihren Wettbewerbern verschaffen, indem Sie aktiv werden. Wer agiert, ist dem Reagierenden gegenüber zumeist im Vorteil. Was meine ich damit?

Gehen Sie auf Ihre Wunschkunden aktiv zu. Das ist viel besser, als wenn Sie zu einem potenziellen Kunden zur Präsentation eingeladen werden. Denn dann hat der Kunde häufig schon ein mehr oder weniger klares Bild, das oft auch noch von Ihrem Mitbewerber geprägt ist. Denn der war vielleicht vor Ihnen da. Sein Parfum hängt quasi noch in den Gängen. Wollen Sie sich das gefallen lassen?

Wesentlich klüger ist es, wenn Sie den Takt vorgeben. Sprechen Sie mit Ihren Zielkunden in einer sehr frühen Phase. Damit ist nicht nur die Akquisitionsphase gemeint. Wecken Sie bei Ihren Zielkunden Bedarf für Ihre Leistung. Je früher, desto besser.

Wenn Ihnen das gelingt, sind Sie im Vorteil: Sie haben den Entscheider auf etwas aufmerksam gemacht, woran er vielleicht noch gar nicht gedacht hat – und wovon er profitieren kann. Das schafft Wertschätzung für Sie als Berater. Positionieren Sie sich mit einer solchen aktiven Strategie als der Lösungsanbieter. Erlangen Sie mehr und mehr Expertenstatus. Damit können Sie Ihren Zielkunden immer mehr und leichter führen – und Sie können den Lösungsweg exakt auf Ihre Kompetenz zuschneiden.

Der Effekt davon: Ihr Zielkunde will mehr und mehr mit Ihnen arbeiten – und die Wettbewerbsanalyse verkommt letztlich zur Einkaufsformalie. Auf diese Weise kommen Sie in die beste Position, um gegen Ihre Mitbewerber zu gewinnen!

Fazit

Überlegen Sie genau, in welchen Leistungen Sie wirklich gut sind. Wenn Sie diese Frage für sich geklärt haben, gehen Sie nur noch in Wettbewerbssituationen, in denen Sie mit Ihrer Kernkompetenz glänzen können. Um jedoch auch Wettbewerber mit vergleichbarer Leistung schlagen zu können, kommt es vor allem auf eines an: Werden Sie aktiv, machen Sie Ihre Wunschkunden auf Ihre Leistungen aufmerksam! Positionieren Sie sich so als Lösungsanbieter und erlangen Sie mehr und mehr Expertenstatus – das verschafft Ihnen einen echten Wettbewerbsvorteil.

29 Wie behalte ich im hektischen Alltag meine Ziele im Blick?

Nadine Hamburger, freie Marketingberaterin im Team Giso Weyand

Das Wichtigste vorweg ...

Ein Auftrag, der nicht wirklich ins Konzept passt, eine verlockende Geschäftsidee, die außerhalb der Kernkompetenz liegt, eine dringende Aufgabe, die im Grunde nur Zeit raubt: Überall lauern Gefahren, Ihre strategischen Ziele aus dem Auge zu verlieren. Wie Sie Ihre strategische Planung und Kontrolle schlank und effektiv halten, erfahren Sie in diesem Beitrag. Auch neue Geschäftsideen und Aufträge, die etwas außer der Reihe liegen, gilt es, anhand Ihrer Ziele schnell zu bewerten und zu priorisieren.

Die Relevanz von konkreter Zielplanung und adäquater Planung leuchtet zwar unmittelbar ein. Allerdings hat beinahe jeder dritte Berater das Gefühl, sich zu verzetteln und nicht seine eigenen Ziele zu verfolgen. Nur jeder zweite verfolgt konsequent sein Marketing. Jeder vierte beschäftigt sich mit zahlreichen Aufgaben, die eigentlich nicht seinen Stärken entsprechen. So die Ergebnisse der Studie *Was Deutschlands Trainer bewegt*, die 2008 unter rund 1.000 Trainern, Beratern und Coachs durchgeführt wurde.[20]

Sie spiegelt zum einen den komplexen und turbulenten Alltag vieler Berater wider. Da geschieht es leicht, dass sich ein Auftrag einschleicht, der einem gar nicht so lieb ist, dass unwesentliche Dinge die Zeit rauben oder sich eine neue Geschäftsidee im Kopf einnistet. Zum anderen belegt sie, dass Planungen häufig unzweckmäßig ausfallen: Die eine ist zu kompliziert, die andere greift zu kurz oder trifft nicht die wesentlichen Elemente.

Generell gilt: Ein Minimum an Planungseinheiten braucht der Beratungsalltag. Umfang und Abstände der Planungseinheiten können variieren, je nachdem wie langfristig Sie derzeit Ihre Projekte vergeben. Etab-

[20] Hamburger, Nadine: *Was Deutschlands Trainer bewegt,* Bonn 2008.

lieren Sie feste Strategie- und Planungszeiten und schaffen Sie sich einen klaren Rahmen, welcher Planungsumfang für Sie Sinn macht – immer nach dem Motto »so wenig wie möglich, so viel wie nötig«. Damit sind die Chancen hoch, dass Sie die Eckdaten Ihres Unternehmens stets im Blick haben, Neues ohne unnötigen Zeitverlust bewerten und gegebenenfalls nachsteuern können.

Ausgangspunkt ist immer die persönliche und unternehmerische Zielsetzung; darauf basieren Perioden- und Jahresplanung. Konkrete Schritte und die regelmäßige Kontrolle können Sie auf dieser Grundlage recht zügig quartalsweise planen oder durchführen. Sie bilden die Basis für Ihre täglichen Aktivitäten.

Der Gewinn: Sie haben mehr Zeit für die Dinge, die wirklich wichtig sind. Wenn neue Ideen oder Aufgaben auf Sie zukommen, können Sie schnell und flexibel reagieren. Und Sie erkennen unmittelbar, wenn Maßnahmen nicht greifen oder Ziele nicht erreicht werden können, Sie also etwas an Ihrem Vorgehen verändern müssen.

Welche Planungseinheiten sich in der Praxis bei meiner Arbeit mit Beratern und Coachs bewährt haben, stelle ich Ihnen nachfolgend vor.

29.1 Laden Sie Ihre größeren Ziele emotional auf

Als Unternehmer sind Sie als Person unmittelbar mit Ihrem Unternehmen verbunden – Ihre Motivation, Ihr Wohlbefinden, Ihre Präsenz und Ihre Fähigkeiten machen Ihr Geschäft aus. Folglich sollten Sie bei der Unternehmensplanung immer persönliche und unternehmerische Ziele gleichermaßen beachten. Familie, Gesundheit und Lebensfreude gehören ebenso dazu wie Umsatz und Zufriedenheit beim Kunden. Schließlich ist es nicht gerade förderlich, wenn Sie bei der Arbeit ständig darüber nachdenken, dass Sie eigentlich gerade lieber bei Ihren Kindern wären. Wenn Sie unterm Strich ausreichend Zeit für Ihre Kinder haben oder auch nur klar ist, dass Sie am Samstag mit Ihrem Sohn zum Fußball gehen, dann können Sie gelassen und konzentriert Ihrer Arbeit nachgehen.

»Ich möchte im nächsten Quartal zehn potenzielle Neukunden kontaktiert haben.« Das ist ein konkretes und realistisches Ziel. Es liegt in Ihrem Einflussbereich, und Sie können am Ende eindeutig feststellen, ob Sie es erreicht haben. Aber motiviert es Sie? Oder haben Sie eher das Gefühl:»Das Netzwerken raubt mir die Nerven, aber ich muss ja ...«? Genau so ergeht es vielen Beratern. Das formulierte Ziel enthält zwar einen quantitativen, aber keinen emotionalen Faktor. Letzterer würde die innere Qualität des Ziels beschreiben, also Antwort geben auf die Frage: Wofür mache ich das, was habe ich (emotional) davon? Laden Sie daher Ihre größeren Ziele immer mit einer emotionalen Komponente auf. Wie fühlen Sie sich, wenn Sie das Ziel erreicht haben? Was hören oder sehen Sie? Welchem übergeordneten Ziel bringt es Sie näher? Wie fühlt es sich an, wenn Sie das erreicht haben?

So geben Sie Ihren Zielen mehr Kraft und Energie. Nun wirken sie anziehend – auch wenn Ihnen die Tätigkeit an sich lästig vorkommen mag.

Es passiert schnell, dass bei der Zielplanung wichtige Ziele oder sogar Lebensbereiche vergessen werden. Die folgenden nach vier Kategorien geordneten Fragen helfen Ihnen, alle wichtigen Bereiche der Planung abzudecken.

Was will ich für mich?

Überlegen Sie, welche Ziele Sie sich stecken rund um

- Ihre persönliche Entwicklung (Was tue ich für mich? Zum Beispiel lesen, Seminare besuchen, Yoga/Meditation),
- Ihre persönlichen Bedürfnisse (Sind meine Werte ausreichend erfüllt? Zum Beispiel Anerkennung, Harmonie, Wettkampf, sinnstiftende Arbeit),
- Ihren empfundenen Zustand (Wie will ich mich fühlen? Zum Beispiel im Flow-Zustand, voll Freude, Ausgeglichenheit, innerer Ruhe oder gefordert),
- Ihre Freizeit und Hobbys (Wie viel Urlaub, freie Wochenenden et cetera möchte ich haben?)

Was will ich für mein Verhalten und meine Wirkung tun?

Überlegen Sie, was Sie erreichen möchten in puncto

- Gesundheit und Fitness (Wie ernähre ich mich? Wie bewege ich mich, welchen Sport treibe ich? Wie viel Ruhezeit gönne ich mir?),
- Weiterbildung (Wo entwickle ich meine unternehmerischen Qualitäten? Wo meine fachlichen? Wo meine persönlichen?),
- Image (In welchen Medien wäre ich gerne? Was sollen Kunden von mir sagen? Wie sehen diese mich? Was sagen Kollegen und die Fachwelt über mich?)

Wie soll das Miteinander sein?

Überlegen Sie, wie Sie das Miteinander mit anderen gestalten in Bezug auf

- Ihre Beziehungen zu Familie und Freunden (Welche Beziehungen will ich pflegen? Wie will ich das machen?),
- Ihre Partnerschaft (Wie soll sich meine Partnerschaft oder Suche nach einem Partner gestalten?),
- Ihre Kundenbeziehungen (Welche und wie viele Kunden möchte oder brauche ich? Wie viele Neukunden? Wie steht es um die Pflege der bestehenden Kunden?),
- Ihre Kooperationen und Netzwerke (Welche geschäftliche, fachliche, soziale Einbindung und welcher Austausch sind notwendig?)

Wie lebe und arbeite ich? Wo will ich hin?

Überlegen Sie, welchen Zielzustand Sie erreichen möchten in Bezug auf

- Ihre Umgebung (Wo und wie möchte ich wohnen und arbeiten? Wie wichtig sind mir Nähe zu Stadt oder Natur?),
- das persönliche Einkommen (Was sind meine monatlichen Kosten? Welche Spar- und Vermögensziele habe ich? Welchen Luxusaufschlag und welche privaten Rücklagen möchte ich?),
- wirtschaftliche Ziele (Wie sollen sich Umsatz, Kosten, Gewinn, Rücklagen entwickeln?),
- interne und externe Prozesse und Abläufe (Wie laufen die Beantwortung von Kundenanfragen, Angebots- und Rechnungserstellung, Betreuung von Stammkunden, Öffentlichkeitsarbeit, Außenauftritt und Inszenierung?)
- Ihre Leistungen (Welche Dienstleistungen oder Produkte möchte ich anbieten? Welche Qualitätsstandards in der Beratung strebe ich an?)

29.2 Schlanke Jahresplanung

Eine schlanke Jahresplanung strukturiert Ihren Beratungsalltag, ohne zu aufwendig und kompliziert zu sein. Sie erlaubt es Ihnen, die Eckdaten Ihres Unternehmens im Blick zu behalten, um notfalls rechtzeitig nachsteuern zu können. Um eine solche Planung aufzustellen, sollten Sie Ihre jährliche Strategieklausur im Wesentlichen den folgenden vier Schritten widmen.

Schritt 1: Blicken Sie auf die vergangenen 12 Monate zurück

Nehmen Sie ein Blatt Papier (oder laden Sie unter www.beratercoach.info kostenlos eine hierfür vorbereitete Vorlage herunter) und ziehen Sie ein Resümee der letzten zwölf Monate:

Was waren Ihre Themen und Erfolge? Gliedern Sie nach unterschiedlichen Bereichen wie persönliche Entwicklung, persönliche Balance, Freunde/Familie, Geschäftsentwicklung, Kunden, Kooperationen.

- Was waren schöne Momente?
- Was fehlte?

Bewerten Sie nun mit Noten von 1 (sehr gut) bis 6 (ungenügend) Ihre einzelnen Lebensbereiche: Beruf/Karriere, Freunde/Familie, Partner/Beziehung, persönliche Entwicklung, Hobbys, Gesundheit/Fitness, Umwelt/Lebensraum, Geld. Notieren Sie, was Sie aus Ihren Erfahrungen in diesem Jahr gelernt haben.

Ziehen Sie nun noch eine Bilanz Ihres finanziellen Erfolgs (Umsatz, Gewinn, Nettoeinkommen, private Rücklagen) – und schließen Sie die Bewertung der letzten zwölf Monate mit einem Gesamtfazit ab.

Schritt 2: Legen Sie die Periodenziele für die nächsten drei bis fünf Jahre fest

Blicken Sie nun nach vorne, legen Sie hierzu einen Zeitraum zwischen drei und fünf Jahren fest.

- Was sind Ihre Ziele für die unterschiedlichen Lebensbereiche wie persönliche Entwicklung, persönliche Balance, Freunde/Familie, Geschäftsentwicklung, Kunden, Kooperationen ...?
- Was sind Ihre privaten Finanzziele? (Summe aus Privatausgaben, Vorsorgeleistungen und Versicherungen, persönlichen Rücklagen, Luxuszuschlag und Sicherheitspuffer)
- Welchen Umsatz benötigen Sie hierfür? (Privater Monatsbedarf zuzüglich geschätzte Einkommenssteuer und Firmenkosten, in etwa in Höhe des Gewinns vor Steuern)

Im Folgejahr passen Sie die Periodenplanung dann lediglich an.

Schritt 3: Fixieren Sie Ihre Jahresplanung für das kommende Jahr

Das Schema ist dasselbe wie bei der Planung der Periodenziele. Auch hier genügen ein bis zwei Seiten. Achten Sie wieder darauf, quantitative und qualitative Ziele festzuhalten.

Im Anschluss an die Umsatzplanung empfiehlt sich eine Teilung der Umsatzziele für das kommende Jahr in vier Bereiche: ein kritisches Minimumziel (roter Bereich), unter dem der Umsatz keinesfalls liegen darf; einen noch akzeptablen Bereich (Ampelfarbe Gelb); den Bereich für das anvisierte realistische Ziel (Ampelfarbe steht auf Grün); und den Bereich, bei dem das Ziel klar überschritten ist: »Bravo!«

Auf diese Weise sind Sie nicht auf einen engen Zielbetrag fixiert und freuen sich an der Zielerreichung, auch wenn der Umsatz im unteren grünen Bereich liegt – und bleiben gelassener, wenn sich die Auftragslage zwar nicht besonders gut entwickelt, sie sich aber noch im gelben Bereich befindet. Legen Sie auch gleich die Umsatzziele für die folgenden beiden Jahre fest (im grünen Zielbereich).

Schritt 4: Erstellen Sie einen konkreten Ziel- und Maßnahmenplan für die nächsten 12 Monate

Nun wird es konkret: Planen Sie die einzelnen Maßnahmen, mit denen Sie Ihre Ziele erreichen wollen. Achten Sie auf Messbarkeit und konkrete zeitliche Zuordnung nach Monaten oder Quartalen. Bei längerfristigen Aufgaben sollten Sie Meilensteine, also wesentliche, messbare Zwischenschritte festlegen und – für alle wesentlichen Ziele Belohnungen! Denn eine kleine Feier oder ein Wellness-Abend mit Massage motivieren enorm und lassen Sie aus kleinen und großen Erfolgen neue Energie schöpfen.

29.3 Schlanke Quartalsplanung

Um rechtzeitig steuernd eingreifen zu können, sollten Sie Ihre Ziele vierteljährlich prüfen und nachhalten. Erledigen Sie deshalb auf Basis der Jahresplanung quartalsweise drei Dinge:

1. Überprüfen Sie den Umsetzungsstand der Ziele (Umsätze, Auftragslage et cetera): Das ist Ihre Standortbestimmung auf dem Weg zum Jahresziel.

2. Überprüfen Sie Ihren Cashflow und nehmen gegebenenfalls Korrekturen vor.
3. Planen Sie konkret die nächsten drei Monate …

Ob Sie dies nun per erweiterter Excel-Tabelle oder mithilfe von Metaplankarten machen, wichtig sind die folgenden Elemente: Beschreiben Sie konkret und messbar das Ziel. Notieren Sie, woran Sie erkennen werden, dass Sie das Ziel erreicht haben, welcher Zustand oder welches Gefühl damit verbunden sein wird – und wie Sie sich für das erreichte Ziel belohnen werden.

Beschreiben Sie dann den Weg: Welche Meilensteine müssen bis wann noch erreicht werden? Legen Sie die nächsten Schritte inklusive benötigter Ressourcen und Termin fest – und beschreiben Sie die möglichen Hürden.

29.4 Schnellcheck für neue Ideen

Planung bleibt lebendig, wenn Sie flexibel bleibt. Nichtsdestotrotz gilt es, der eigenen Linie und Unternehmensstrategie grundsätzlich treu zu bleiben. Was machen Sie nun, wenn Ihnen eine neue Idee kommt, die nicht in Ihr bisheriges Konzept zu passen scheint? Wie können Sie Ihrer Intuition folgen, ohne sich dabei zu verzetteln?

Der folgende Fragenkatalog hilft, die Sinnhaftigkeit und Relevanz eines neuen Projekts rasch zu überprüfen:

- Entspricht das Projekt meinen Werten und meinen Motivatoren oder erliege ich schlichtweg dem Reiz des Neuen?
- Brenne ich für dieses Thema? Würde ich dafür alles andere stehen und liegen lassen?
- Entspricht die Idee meinen Fähigkeiten? Kann ich ausreichend kompetent auftreten oder mir in einem realistischen Zeitrahmen entsprechende Fähigkeiten aneignen?
- Wie kann ich meine Kenntnisse und Erfahrungen einsetzen?
- Lässt sich das neue Projekt in einem Arbeitsumfeld realisieren, in dem ich gute Leistungen erzielen kann?
- Ist es mit meiner Vision verbunden?
- Komme ich damit meinen qualitativen und/oder quantitativen, beruflichen/privaten Zielen näher? Will und kann ich meine Ziele der neuen Idee sinnvoll anpassen?

Fazit

Planen ist ein Muss und sollte sich als Standardprozess in Ihren Unternehmensalltag einfügen. Feste Planungseinheiten helfen. Allein das regelmäßige Beschäftigen mit Zielen und Maßnahmen sorgt dafür, dass Ihnen Ihre Ziele auch bei täglichen Entscheidungen zunehmend bewusst sind. Passen Sie Ihre Planung optimal an Ihren Alltag an: Eine einfache Controllingdatei per Excel, in der Sie jederzeit Ihren aktuellen Auftrags- und Umsatzstand einsehen können. Eine Wochenplanung mit den sechs wichtigsten Lebensbereichen als Rubriken. Ein emotionales Bild, das für Ihre Ziele steht, als Desktophintergrund. Eine Metaplanwand mit den aktuellen Aktivitäten, und Sie haken mit Herzenslust ab, was erledigt ist ... Jeder hat sein eigenes motivierendes System und seine Art, den Blick auf das eigene Unternehmen zu bewahren.

30 Was tun bei vollen Auftragsbüchern und mangelnder Motivation?

Nadine Hamburger, freie Marketingberaterin im Team Giso Weyand

Das Wichtigste vorweg ...

Beruflich sind Sie erfolgreich, und doch fühlen Sie sich leer und ausgebrannt. Es fällt Ihnen zunehmend schwer, sich zu motivieren. Wie gewinnen Sie Ihre Energie und Freude an der Arbeit zurück? Im Kern lautet die Antwort: Sie gestalten Ihre Arbeit so, dass sie Ihrer Persönlichkeit, Ihrer Vision, Ihren Zielen und Werten, Stärken und Interessen entspricht – und halten Sie sich körperlich, geistig, emotional und seelisch fit. Das sind wichtige Energie- und Motivationsgeber.

Viele erfolgreiche Berater berichten, dass sie kein Motivationsproblem haben, solange sie ihrer Berufung folgen und mit dem Herzen bei der Arbeit sind. Sie mögen noch so viel reisen, lange Beratungstage bedienen, Vortrag und Kongress am Wochenende absolvieren, zum nächsten Kundenprojekt in den Flieger steigen; und sich anschließend voll ihrem Buchprojekt widmen. Den einen stresst es, der andere geht darin auf. Letzterer scheint eine geradezu endlose Fundgrube an Kraft und Energie zu haben.

Ein Unterschied mag darin liegen, dass die Kraftstrotzenden genau das tun, was sie wirklich tun wollen, was ihnen am Herzen liegt. Grundsätzlich sehe ich, dass erfolgreiche Berater zudem meist ihren ganz individuellen Weg gefunden haben, um sich persönlich ausgeglichen und kraftvoll zu halten. Gregor Staub, führender Vortragsredner und Lernspezialist, plant sich nach seinem Trainingsmarathon immer einige Wochen Auszeit ein, in denen er körperlich trainiert, ausspannt und wieder neu auftankt. Bei der Kommunikationstrainerin Nicola Fritze ist immer die Yogamatte im Gepäck. Vertriebscoach Manfred Mäntele folgt seiner inneren Stimme prompt: Wenn er sich danach fühlt, plant er gleich eine Motorradtour mit unbestimmtem Ziel, bei der er wieder auftankt.

Betrachten Sie einmal Ihre persönlichen Besonderheiten und Ihr berufliches Spielfeld als zwei Kreise: Wie groß ist die Schnittmenge, der beiden Kreise? Haben sie einen großen Deckungsbereich, ist Ihre Motivationsquelle bereits innerhalb Ihrer Arbeit hoch. Haben sie eine geringe Deckung, so werden Sie mehr Kraft- und Energiequellen außerhalb der täglichen Arbeit benötigen.

Was verbirgt sich dahinter, wenn ich von »persönlichen Besonderheiten« spreche? Gemeint sind hier Ihre Werte und Motive, Ihre Talente, Stärken und Erfahrungen, Ihre Interessen und Leidenschaften, Visionen und Ziele, aber auch Ihre individuellen Bedürfnisse in Bezug auf Arbeits- und Ruhezeiten, Bewegungsdrang und das Miteinander mit anderen Menschen. Anders ausgedrückt: Was Sie körperlich, geistig, emotional und seelisch brauchen, um zufrieden, ausgeglichen und leistungsfähig zu bleiben.

Lesen Sie in diesem Beitrag, wie Sie die Deckung der beiden Bereiche erhöhen – oder für entsprechenden Ausgleich im Privaten sorgen. Eine kurze Checkliste zu Beginn der jeweiligen Bereiche zeigt Ihnen auf, ob Sie hier Handlungsbedarf haben.

30.1 Integrieren Sie Ihre Werte und Motive

Schnellcheck:

- Ich kenne meine fünf wichtigsten privaten Werte.
- Ich kenne meine fünf wichtigsten beruflichen Werte.
- Mir ist bewusst, inwieweit diese Werte derzeit erfüllt sind.
- Ich weiß, was mich momentan motiviert und was mich demotiviert.
- Meine Kunden und Kollegen erkennen meine wichtigsten Werte, da sie sich in meinem Leben und in meiner Außenwirkung widerspiegeln.
- Ich weiß, was ich noch optimieren kann und will, und plane entsprechende Maßnahmen ein.

Die zwei Kernfragen für Werte und Lebensmotive lauten: Was ist Ihnen besonders wichtig? Was treibt Sie an?

Haben Sie diese Werte und Motive klar für sich definiert, können Sie danach Ihre Tätigkeit, Ihren Außenauftritt und Ihren Alltag abstimmen. Einige Beispiele: Hat Verlässlichkeit eine besonders hohe Bedeutung für Sie, können Sie diesen Wert in Ihrem Berufsalltag integrieren, indem Sie Ihre Unterlagen konsequent zwei Tage vor Ablauf der Frist dem Kunden senden sowie entsprechende Referenzen vom Kunden einholen und auf

Ihrer Internetseite integrieren. Das wird Sie innerlich befriedigen und auch beim Kunden positiv in Erinnerung bleiben.

Oder mögen Sie den Wettkampf? Dann vereinbaren Sie erfolgsbasierte Vertriebstrainings mit Ihren Kunden. Wenn Ihnen Ihre persönlichen Freiräume wichtig sind, seien Sie sehr strikt und takten Sie Ihre Kundentermine klar ein, zum Beispiel mit den Worten: »Damit ich bei dem Termin mit Ihnen gut vorbereitet und voll präsent bin, ist es mir wichtig, dass wir folgende Abläufe und Vorlaufzeiten einhalten …« Oder wenn Sie sich etwas mehr Zeit einräumen wollen, sagen Sie: »Darüber möchte ich nochmals nachdenken. Ich schlage vor, dass wir am Montag dazu telefonieren.« Genauso können Sie sich »kundenfreie Zeiten« schaffen, in denen Sie ungestört Ihrem eigenen Tagesrhythmus folgen oder sich einen besonderen Arbeitsort gönnen. Ziehen Sie sich offiziell zur Strategiearbeit oder zum Buchschreiben zurück, in das Homeoffice oder auch in ein Häuschen am Meer.

30.2 Nutzen Sie Ihre Leidenschaften und Interessen

Schnellcheck:

- Ich bin mit Leidenschaft bei meiner Arbeit.
- Meine Kunden können meine Freude und Leidenschaft bei der Arbeit spüren.

Wie die Werte können Sie vielleicht auch die eine oder andere Ihrer Leidenschaften in Ihren Alltag oder Ihre Beratertätigkeit integrieren. Machen Sie sich bewusst: Was sind Ihre Leidenschaften? Was haben Sie bereits als Kind besonders gerne und intensiv gemacht (Neues entdeckt, lecker gegessen, in den Bergen geklettert)? Bei welchen Tätigkeiten vergessen Sie die Zeit, wann fühlen Sie sich einfach rundum glücklich? Welcher Tätigkeit würden Sie ein Leben lang nachgehen wollen – selbst wenn Sie längst versorgt wären und sich eigentlich zur Ruhe setzen könnten?

Überlegen Sie jetzt: Wie können Sie Ihre Leidenschaften und Interessen stärker in Beruf oder Privatleben integrieren?

30.3 Bauen Sie auf Ihre Kompetenzen und Erfahrungen

Schnellcheck:

- Ich kenne meine fünf Kernkompetenzen (Fähigkeiten/Erfahrungen, die mich wesentlich von meinen Mitbewerbern unterscheiden).

- Ich nutze sie im Privaten/Beruflichen soweit wie möglich.
- Ich kenne meine besonderen Erfahrungs- und Wissensgebiete.
- Ich nutze sie im Privaten/Beruflichen soweit wie möglich.
- Ich kenne die Rahmenbedingungen, unter denen ich Höchstleistungen erziele.
- Ich nutze sie im Privaten/Beruflichen soweit wie möglich.

Im Grunde ist es offensichtlich: Man sollte tun, was einem liegt, den eigenen Stärken folgen. Nichtsdestotrotz können wir immer wieder einige Tätigkeiten ausmisten – die, die uns nicht so sehr liegen oder die uns schlichtweg keine Freude bereiten. So gelingt die Arbeit wieder leichter und unliebsame Tätigkeiten rauben keine unnötige Energie. Betrachten Sie Ihre Kompetenzen und Erfahrungen in drei Bereichen: persönlich (was Sie im Miteinander mit anderen Menschen auszeichnet), fachlich (bezogen auf Ihre Berater-/Coach-/Trainertätigkeit) und unternehmerisch.

Hilfreiche Fragen sind:

- Was können Sie besonders gut? Was ist Ihnen bereits als Kind leicht gefallen? Zu welchen Aktivitäten fühlen Sie sich hingezogen? Welche Aktivitäten lernen Sie schnell?
- Welche fünf Dinge haben Sie bisher in Ihrem Leben erreicht, auf die Sie besonders stolz sind?
- Welche Herausforderungen (beruflich und privat) hatten Sie in Ihrem Leben zu meistern? Wie sind Sie damit umgegangen? Was haben Sie daraus gelernt?
- Was sind Ihre spezifischen Interessens- und Wissensgebiete (Oldtimer, Segeln, Frauen im Management et cetera)?

Klar ist, Sie brauchen einen Mix aus persönlichen, fachlichen und unternehmerischen Kompetenzen, um Ihren Beruf zufrieden, erfolgreich und mit Energie zu meistern. Wo sind Ihre Stärken? Was können Sie noch mehr nutzen? Was liegt oder gefällt Ihnen nicht? Wo ist es sinnvoll, auf externe Unterstützung zurückzugreifen, wie einen Strategieberater, ein Sekretariat oder einen Kooperationspartner?

30.4 Folgen Sie Ihrer persönlichen und beruflichen Vision

Schnellcheck:

- Ich kenne meine persönliche wie berufliche Vision, habe also ein inneres Bild von dem, wie mein »Unternehmen« in Zukunft aussehen soll.
- Meine Vision berührt mich emotional, sie fordert und motiviert mich.
- Meine Vision ist in meinem Alltag verankert, und ich habe sie regelmäßig vor Augen, zum Beispiel dank eines Symbols im Büro oder im Terminplaner.
- Meine täglichen Tätigkeiten bringen mich meiner Vision näher.

Stellen Sie sich vor, Sie dürften sich alles wünschen – und all Ihre Wünsche gingen in Erfüllung. Was täten Sie dann, und was hätten Sie erreicht? Hier geht es um Ihr großes Ziel im Leben, um Ihre Vision. Was ist Ihre private, was Ihre berufliche Vision? Träumen Sie hier ruhig mal und lassen Sie alle inneren und äußeren Begrenzungen los. Eine Vision liefert Ihnen innere Ausrichtung und immense Kraft. Sie ist Ihr Zugpferd – und Ihre konkreten Ziele sollten Sie Stück für Stück zu ihr führen ...

30.5 Folgen Sie kraftvollen Zielen

Schnellcheck:

- Ich habe schriftlich fixiert, wie mein (Berufs-)Leben in sechs bis sieben Jahren aussehen soll und welche positiven Gefühle ich damit verbinde.
- Ich habe meine persönlichen und beruflichen Ziele für die kommenden zwölf Monate schriftlich festgehalten.
- Meine Ziele sind konkret, realistisch, attraktiv, terminiert – und ich habe die Ressourcen, um sie zu erreichen.
- Ich habe Lust, meine Ziele zu erreichen.
- Ich habe bei der Zielplanung mögliche Hindernisse bedacht.
- Bei neuen Ideen und Angeboten fällt es mir leicht, zu entscheiden, ob sie mich meinen Zielen näher bringen und ob sie in meine Unternehmensstrategie passen.

Wenn Sie hier Nachholbedarf haben, lesen Sie Kapitel 29; dort sind die wesentlichen Elemente der strategischen Zielplanung beschrieben – und vor allem, wie Sie diese im Berateralltag nicht aus den Augen verlieren.

30.6 Bleiben Sie kraftvoll

Schnellcheck:

- Mir ist bewusst, wie voll mein Krafttank derzeit ist.
- Ich weiß, womit ich ihn am besten auffüllen kann.
- Energielecks erkenne ich schnell und flicke sie.
- Mich körperlich, geistig, emotional und seelisch aufzutanken, ist Teil meines Alltags.

Der eigene Zustand – Zufriedenheit, Fitness, Ausgeglichenheit und Gesundheit – ist das wichtigste Kapital des Beraters. Das gilt bei einer Tätigkeit im Beratungsunternehmen, und noch mehr für den, der als Einzelkämpfer am Markt agiert. Er hat enorme Freiheiten – aber auch die volle Verantwortung, für das eigene Wohl zu sorgen. Im Grunde sollte das kein Problem darstellen, denn die Gestaltung des Alltags steht ihm ja zu großen Teilen frei. Nur: Für viele ist dies der Bereich, der am schnellsten auf der Prioritätenliste hintansteht. Kommt ein dringendes Kundenanliegen, fällt kurzerhand der Besuch im Fitnessstudio flach. Aber wie oft sagen wir einem Kunden, dass er die Unterlagen erst nächste Woche erhält (da heute Mittag mein Sporttraining stattfindet)? »Der Kunde ist König – und ich auch!« ist eine Einstellung, die den nötigen Ausgleich vielerorts wieder herstellen kann. Schließlich sind wir genauso wichtig (genau genommen wichtiger) als unsere Kunden. Wenn wir ausfallen, erbringen wir auch keine Leistung; sind wir erschöpft, spiegelt sich das auch in unserer Arbeit wieder. Wie sorgen wir also dafür, dass wir nicht zu kurz kommen?

Im Grunde ganz einfach: Fragen Sie sich regelmäßig, wie Sie sich fühlen – körperlich, geistig, seelisch und emotional, und steuern Sie entsprechend nach. Bewährt hat sich auch, diese Ebenen als Vorlage in die eigene Wochenplanung zu integrieren. Wenn Sie jede Woche etwas für jeden dieser Bereiche einplanen, haben Sie den Grundstein für ausreichend Kraft im Alltag gelegt. Das kann folgendermaßen aussehen:

Für den Körper: Am Wochenende »gesund & lecker« kochen. Zweimal Laufen gehen und einmal zum Squash. Saunaabend zur Entspannung nach dem Workshop am Freitag.

Für den Geist: Zeit zum Lesen von Zeitschriften und Fachbüchern. Schachspielen. Schreiben meines Ideentagebuchs. Diskussionsabend mit Kollegen.

Für die Seele: Feste Zeit für Stille in der Natur oder Meditation. Persönliches Tagebuch, Zeit für Reflexion. Besuch eines Seminars zur Selbstentwicklung.

Für das Herz: Der Leidenschaft Golfspielen oder Porschefahren nachgehen. Zeit mit Freunden und Familie verbringen. Gefühle zeigen. Schöne Momente erleben.

Fazit

Managen Sie sich so, dass Sie an Ihre Motivationsquelle angebunden bleiben. Natürlich gibt es immer Schwankungen bei Motivation, Kraft und Energie. Und bei wichtigen Projekten werden wir unsere Batterien sicher auch das eine oder andere Mal auf Reserve fahren müssen. Auf der sicheren Seite bleibt, wer sich dessen in diesem Moment bewusst ist, anschließende Auszeiten einplant und seinen Beruf und sein Privatleben grundsätzlich so »eigenartig« gestaltet, dass sie den individuellen Präferenzen optimal entsprechen. Oder anders ausgedrückt: dass er sich selbst auf der Prioritätenliste die ihm zustehende (oberste) Position einräumt.

31 Wann sind Kooperationen sinnvoll?

Nadine Hamburger, freie Marketingberaterin im Team Giso Weyand

Das Wichtigste vorweg ...
Schon länger spielen Sie mit dem Gedanken, nicht mehr alleine zu arbeiten, sondern sich mit einem Partner zusammenzutun oder mit Anderen in Netzwerken zu kooperieren. Doch Sie zögern, denn allzu oft bringen solche Kooperationen vor allem eines: Konflikte, die zu unendlichen Zeit- und Energieverlusten führen. Wirklich Sinn machen Kooperationen nur dann, wenn Sie die Zusammenarbeit an dieser Stelle wirklich brauchen oder sie Ihnen guttut. Hierzu müssen Sie wissen, welche Tätigkeiten Sie am besten alleine bewältigen – und bei welchen Sie eher ein Teamplayer sind.

Ein gemeinsames Unternehmen gründen? Eine feste Kooperation? Bin ich Teamplayer oder schlage ich mich doch besser weiter als Einzelkämpfer durch? Nicht nur treffende Argumente und leidliche Erfahrungen auf beiden Seiten machen die Antwort schwer. Im Grunde greift bereits die Frage zu kurz. Denn tagtäglich nehmen Sie eine Vielzahl an Rollen ein: Als Berater vermitteln Sie Ihr Fachwissen. Als Coach führen Sie ein einfühlsam-provokatives Coaching-Gespräch. Als Selbst-Coach reflektieren Sie Ihre eigenen Reaktionen und Emotionen. Als Dienstleister führen Sie professionelle Verkaufsgespräche, als Unternehmer organisieren Sie Ihr Büro, telefonieren, koordinieren, kontrollieren ... Und dabei liegt Ihnen eine Rolle oder Tätigkeit mit Sicherheit mehr als eine andere.

Die zielführende Frage lautet daher: Wo sind Sie Einzelkämpfer und wo eher Teamplayer? In welchen Rollen, bei welchen Tätigkeiten und nicht zuletzt unter welchen Rahmenbedingungen? Wer diese Fragen für sich geklärt hat, steigert das eigene Wohlbefinden enorm – und häufig auch den wirtschaftlichen Erfolg. Denn wenn Sie Ihre individuellen Bedürfnisse kennen, können Sie zielsicher die richtigen Konstellationen wählen, die zu Ihnen passen. Die Basis für Ihr individuelles Netzwerk schaffen Sie in vier Schritten:

1. Sie definieren die Rollen Ihres Beraterakitags.
2. Sie klären Ihre jeweiligen Kompetenzen und Bedürfnisse.
3. Sie vermeiden Stolperfallen bei der Zusammenarbeit.
4. Sie stecken den Rahmen für ein erfolgreiches Miteinander.

31.1 Definieren Sie die Rollen Ihres Beraterakitags

Im ersten Schritt entwirren Sie ihr tägliches Multitasking. Denn Netzwerken und Kooperieren macht in aller Regel nur in einigen Bereichen Sinn. Andere Arbeiten sind viel schneller und effizienter alleine erledigt – oder beispielsweise mit einem Dienstleister, an den Sie diese Aufgabe auslagern.

Was sind Ihre Rollen? Betrachten Sie Ihre vergangene Woche. Tag für Tag. Stunde für Stunde. Mit welchen Tätigkeiten haben Sie sich beschäftigt? In welche Rollen sind Sie geschlüpft? Ziehen Sie entweder Ihre Erinnerung oder Ihre beruflichen Aufzeichnungen und E-Mails zurate. Ergänzen Sie dann Funktionen und Tätigkeiten, die im Laufe des Monats und des Jahres hinzukommen, zum Beispiel Vorsteuer, Jahresplanung, Controlling, die Weihnachtskarten, der Elternabend et cetera.

Die folgende Aufstellung typischer Beraterrollen und -aufgaben (diese Begriffe verwende ich synonym) kann Ihnen dabei helfen. Passen Sie die Bereiche gegebenenfalls für sich an.

- *Kundenbezogene Aktivitäten:* Auftragsklärung, Vorbereitung Kundentermine (Seminar/Coaching/Beratung), Arbeit beim/mit dem Kunden (vor Ort/telefonisch), Auftragsabwicklung im Büro, neue Ideen entwickeln, fachliche Ausarbeitungen, Kundenpflege, Kundenakquise ...
- *Unternehmerische Tätigkeiten:* strategische Arbeit, konzeptionelle Arbeit, unternehmerische Entscheidungen treffen, Geschäftsplanung und Controlling, Buchhaltung ...
- *Marketing/Öffentlichkeitsarbeit:* grafische Gestaltung (Präsentationen, Seminarunterlagen, Broschüren et cetera), Texte schreiben (Konzepte, Angebote, Internetseite et cetera), Networking ...
- *Organisatorisches:* Planung und Koordination von Terminen/Räumen/Reisen, Instandhaltung und Pflege der Infrastruktur (Räume, Arbeitsmittel, Auto et cetera) ...
- *Persönliches:* Reflexion der eigenen Arbeit und Person, Psychohygiene: mit Emotionen umgehen, Gedanken klären, Hemmnisse lösen, Selbstmanagement, Ressourcen stärken (Ernährung, Bewegung, Ruhe, Erholung), fachliche Weiterbildung, persönliche Weiterbildung ...

- *Privates:* Freundschaften pflegen und genießen, Kumpel/Sportsfreund treffen, Partner und Liebhaber in der Beziehung/Ehe sein, Mutter-/Vaterrolle einnehmen, Hausarbeiten, Familienmitglied sein, Hobbys und persönlichen Interessen nachgehen …

31.2 Klären Sie Ihre jeweiligen Kompetenzen und Bedürfnisse

Sofern Sie Ihre unterschiedlichen Rollen kennen, werden Sie nun leicht für jede einzelne feststellen können, ob Ihnen dabei das Alleinarbeiten oder eher ein Miteinander nützt. Allerdings hat es sich bewährt, Ihre (subjektiven) Bedürfnisse und Ihre eher objektiven, rein sachlich bewerteten Kompetenzen pro Tätigkeit getrennt voneinander zu betrachten.

Ein Beispiel: Vielleicht fühlen Sie sich normalerweise wohler dabei, wenn Sie sich bei Kunden als Teammitglied vorstellen – im Grunde könnten Sie sich jedoch viel *besser und erfolgreicher* präsentieren, wenn es im Erstgespräch nur um Ihre eigene Person ginge. In diesem Fall sind Bedürfnis und Kompetenz nicht klar und bewusst voneinander getrennt. Wahrscheinlich würden Sie eine Kooperation anstreben, obwohl es in diesem Fall zielführender wäre, das eigene Selbstbewusstsein oder eine prägnante Selbstvorstellung so weit zu entwickeln, dass Sie sich auch beim Ausspielen Ihrer eigenen Stärke wohlfühlen könnten.

Beantworten Sie für jede Ihrer Rollen/Aufgaben also die beiden folgenden Fragen – jeweils unabhängig voneinander:

1. *Wie arbeiten Sie bei dieser Tätigkeit lieber?*

   Es geht nur um Ihr Empfinden, Ihre Wünsche und Bedürfnisse. Expertise oder Können lassen Sie außer Acht – die sind erst später an der Reihe. Bei Ihren (Herzens-)Wünschen und Bedürfnissen ist alles erlaubt, was gefällt. Beantworten Sie diese Frage möglichst intuitiv.

2. *Wie arbeiten Sie bei dieser Tätigkeit besser?*

   Was ist – objektiv betrachtet – besser in Einzelarbeit oder im Team zu vollbringen? Mit »besser« ist hier gemeint:

- Ist es so schneller erledigt?
- Entspricht das stärker Ihren (Kern-)Kompetenzen und Werten, Ihrem Wissen und Ihren Ressourcen (siehe hierzu Kapitel 30)?

- Bringt Sie das Ihren Zielen näher (siehe hierzu Kapitel 29)?
- Ist der Aufwand für die Teamarbeit lohnenswert (zeitlich für Einarbeitung, Briefing, Kontrolle; finanziell; erforderliche Ressourcen wie Räume, Material, Technik)?

31.3 Vermeiden Sie Stolperfallen der Zusammenarbeit

Zahlreiche Irrtümer zur Zusammenarbeit bevölkern den Beratermarkt. Versteckte Bedürfnisse und Pseudolösungen verklären den Blick. Wenn Sie sich beispielsweise grundsätzlich einsam fühlen, weil Sie mit sich nicht im Reinen sind, wird Ihnen die Bürogemeinschaft wenig nutzen. Im Gegenteil, wahrscheinlich entstehen neue Probleme, da die Kollegen im Nachbarraum natürlich nicht dazu da sind, Ihre inneren Themen zu kompensieren, Ihren Anspruch aber bewusst oder unbewusst wahrnehmen.

Wenn Sie sich Ihrer tatsächlichen Beweggründe für eine Zusammenarbeit oder das Arbeiten alleine bewusst sind und die folgenden Irrtümer betrachten, sind Sie vor den größten Stolperfallen gewarnt. Durch die Klärung der eigenen Beweggründe können Sie im Vorfeld vermeiden, dass eine Zusammenarbeit unter falschen Voraussetzungen eingegangen wird oder unbewusste Probleme in die Verbindung hineingetragen werden.

Fragen Sie sich also: Welche Bedürfnisse kann und sollte ich alleine klären? Wo können mir andere wirklich helfen, und wie? Beachten Sie dabei die folgenden häufigsten Irrtümer.

Die 17 häufigsten Irrgründe für die Zusammenarbeit

1. Sie haben *Selbstzweifel* und suchen daher die Nähe von Kollegen. Dieses Thema gilt es für sich alleine zu lösen.
2. Sie meinen, im Team mehr *Sicherheit* zu erlangen. Dies ist in aller Regel eine Pseudosicherheit, schließlich haben Sie nur einen begrenzten Einblick in die Qualität, Organisation, Aktivitäten und das Verantwortungsbewusstsein Ihres Kooperationspartners.
3. *Angst* ist kein guter Ratgeber und kein guter Grund für eine Zusammenarbeit. Auftragsflauten können genauso den Partner oder das Team treffen. (Natürlich gibt es hier wie bei all diesen Punkten auch Ausnahmen: Basiert die Zusammenarbeit mit dem Partner darauf, dass er seine Aufträge alleine nicht mehr abdecken kann, ist es natürlich ein Vorteil und kann ein guter Grund zum Kooperieren sein.)

4. Das Gefühl von *Einsamkeit* ist eine der größten Herausforderungen für Einzelkämpfer – eine feste Kooperation als Lösung aber selten zielführend. Wägen Sie daher genau Ihre Alternativen ab, wie regelmäßigeren Austausch mit Kollegen, häufigere Treffen mit Freunden et cetera oder das Lösen des Problems im Rahmen eines Coachings.
5. Für die eigene *Motivation* sind wir Berater in erster Linie selbst verantwortlich. Überprüfen Sie andere Möglichkeiten, wie Sie sie steigern können (siehe Kapitel 30).
6. *Freiheit* als Argument, alles alleine zu erledigen, ist ein häufiger Irrglaube. Zusammenarbeiten heißt nicht zwangsweise, seine Unabhängigkeit aufzugeben, sie kann auch Freiheiten auf anderer Ebene liefern (zum Beispiel mehr Zeit für meine Kerntätigkeit oder das, was mir Freude bringt.)
7. *Anerkennung und Wertschätzung*: Im Zuge intensiver Teamarbeit erhalten Sie zwar de facto direktes Feedback zu Ihrer Arbeit. Ein übersteigertes Bedürfnis nach Anerkennung kann allerdings zu Unstimmigkeiten führen und sollte kein (alleiniger) Hauptgrund für das Miteinander sein. Schauen Sie deshalb genau, wie Sie Ihr Bedürfnis nach Anerkennung am besten stillen.
8. *Zeit und Energie* können gleichermaßen für und gegen die Zusammenarbeit sprechen. Nur eine faktische Bilanz gibt Aufschluss über die Vor- und Nachteile. (Hilfreiche Fragestellungen finden Sie in der nachfolgenden Checkliste.)
9. *Bessere Außenwirkung*: »Zusammen mit anderen bekomme ich leichter Aufträge!« kann stimmen, muss aber nicht. Positionierung und Auftreten als Einzelperson sind aus Kundensicht häufig authentischer und plausibler.
10. Ein starker Wunsch nach *Nähe und Verbundenheit* wird in den meisten Fällen besser auf anderen Ebenen gelöst. Im Team ist er selten eine förderliche Arbeitsbasis.
11. *Gemeinsamen Zielen/Visionen* zu folgen, ist enorm reizvoll. Schauen Sie allerdings genau hin, ob jeder der Partner wirklich seine eigenen Ziele und Visionen kennt oder sich denen der anderen anschließt.
12. *Schlechte Erfahrungen* … können, müssen sich aber nicht wiederholen. Differenzieren Sie: Was konkret ist damals nicht gut gelaufen? Woran kann das gelegen haben? Was müsste man anders machen, damit das Problem nicht wieder auftritt?
13. »Wir haben beide keine *Aufträge*. Schließen wir uns zusammen, klappt es bestimmt besser!« Eine Hoffnung, die sich in den allerwenigsten Fällen erfüllt.

14. *Besseres Marketing* – kann sich im Miteinander ergeben, jedoch bleibt meist keinem erspart, sehr klar seine eigene Positionierung herauszuarbeiten und sich auf die eine oder andere Art zu »verkaufen«.
15. »Ich habe *weniger Arbeit*, wenn ich nicht alles alleine mache«, »Mit mehreren zusammen ist es einfacher als alleine« stimmt nur bedingt. Auch Kooperationen brauchen Ihre Anlauf-, Abstimmungs- und Konfliktlösezeit.
16. *Delegieren* fällt vielen schwer, weswegen sie darauf verzichten, Arbeiten auszulagern. Der gefühlte und tatsächliche Gewinn (Motivation, Zufriedenheit, besserer Fokus auf wichtige Dinge) kann jedoch enorm sein – probieren Sie es aus!
17. Die häufige schnelle Behauptung, »andere zu engagieren, ist *zu teuer*«, und auch die Gegenbehauptung, »gemeinsam ist es *günstiger*«, wird eine einfache Rechnung verifizieren – oder widerlegen. Welcher Aufwand entsteht jeweils, wenn Sie Kosten, Zeit, Material, Opportunitätskosten et cetera einkalkulieren?

31.4 Stecken Sie den Rahmen für ein erfolgreiches Miteinander

Je konkreter Sie Ihre Ziele, Absichten und Erwartungen im Hinblick auf die Zusammenarbeit definieren, desto leichter fällt die Wahl des Partners und des optimalen Mix aus Miteinander und Einzelarbeit. Die folgenden Fragen helfen Ihnen, den Rahmen für ein erfolgreiches Miteinander zu stecken.

Fragen zu Ihren Absichten:

- Was schätzen Sie daran, alleine zu arbeiten? Was soll davon erhalten bleiben?
- Welche positiven und negativen Erfahrungen haben Sie bereits gesammelt? Was haben Sie daraus gelernt?
- Was ist Ihr konkreter Nutzen aus der Zusammenarbeit (Ideen, Fachkenntnis, Motivation, Zeitersparnis, Erfahrung, Kompetenz, Finanzen)?
- Bringt es Sie auf Ihrem Berufsweg voran, kommen Sie so Ihren Zielen näher?
- Was ist unter dem Strich Ihr Gewinn (finanziell, zeitlich, emotional)? Was ist der Preis, den Sie dafür zahlen?
- Was soll sich dadurch an Ihrer persönlichen Situation verändern?

- Sind Sie gegebenenfalls bereit, Kontrolle abzugeben, eigene Abläufe und Vorgehensweisen anzupassen, Zeit zu investieren, um Arbeiten zu koordinieren, sich gegenseitig zu motivieren, bei Schwierigkeiten gemeinsame Lösungen zu finden?

Fragen zur Art der Zusammenarbeit

- Auf welchen Ebenen soll der Kontakt stattfinden (fachlich/persönlich, intellektuell, beruflich/privat/freundschaftlich, absichtsvoll/visionär)? Wie viel Distanz/Nähe wollen Sie?
- Wie intensiv soll die Zusammenarbeit sein (projektartig, dauerhaft, Kontakthäufigkeit)?
- Welche räumliche Nähe und Kommunikationsmittel bevorzugen Sie (Treffen, Telefon, E-Mail)?
- Welche Werte sollten übereinstimmen?
- Was sind die Erfolgsfaktoren der Zusammenarbeit? Welche Probleme können sich ergeben?
- Wie beugen Sie diesen vor?
- Was darf nicht passieren? Welche Gründe führen zu einem Ende des Miteinanders?

Fragen zu Ihrem Partner

- Was sollte der andere mitbringen (Kompetenzen, Erfahrungen, persönliche Eigenschaften, Interessen et cetera)?
- Wie sollte er Sie ergänzen (fachlich, persönlich)?
- Wie profitiert er von dem Miteinander? Was ist sein faktischer und emotionaler Nutzen?
- Was sind seine Absichten, Ziele und Erwartungen? Reicht sein Engagement, will er wirklich?
- Ist der Partner innerlich klar ausgerichtet, selbstsicher, auf Erfolg gepolt? Oder hat er innere, unbewusste Barrieren – ist er beispielsweise überkritisch?

Fragen zum Miteinander

- Stimmen Ziele und Absichten überein? Entsteht für beide ein Nutzen?
- Stimmen die wesentlichen Werte überein?

Praxisfragen

- Welche konkreten Rahmenbedingungen brauchen Sie in der Zusammenarbeit? Stimmen sie für alle Parteien?
- Stimmen Persönlichkeit, Chemie und Arbeitsweise überein? Besteht die Gefahr von Reibungsverlusten oder Konkurrenzdenken?
- Sind die Rollen als Freund/Partner/Geschäftspartner klar? Kann es Konflikte geben?
- Ergänzen sich Ihre Stärken und Schwächen? Ist das Machtverhältnis ausgeglichen? Inwieweit entsteht eine Abhängigkeit, und ist sie »gesund«?
- Ist der Zeitpunkt für beide Partner der richtige? Können und wollen beide dem Projekt gleich viel Energie und Aufmerksamkeit widmen?

Fazit

Verbinden Sie sich auf die Art und Weise mit Kollegen, Geschäftspartnern (oder durchaus als Alternative mit Freunden), wie es tatsächlich sinnvoll ist. Und stecken Sie einen klaren Rahmen für das Miteinander. So vermeiden Sie unnötige Konflikte, Zeit- und Energieverlust. Wenn Sie eine Partnerschaft beginnen, wählen Sie nach den oben genannten Parametern erst geeignete Partner aus. Lassen Sie sich dann bei den nächsten Schritten Zeit – denn die besten Partnerschaften entwickeln sich organisch: Führen Sie erste Gespräche, in denen Sie sich kennenlernen. Gleichen Sie Ihre jeweiligen Absichten und Ziele ab und fixieren Sie die Ergebnisse und nächsten Schritte. Aufschluss, ob es dann auch in der Praxis miteinander klappt, bringt unkompliziert und effizient ein erstes konkretes Testprojekt.

Literatur

Becker-Hill, Sylvia: Networking für Fortgeschrittene. Ein Profi berichtet, in: Giso Weyand (Hg.), *Das gewisse Extra. Beratermarketing für Fortgeschrittene*, Bonn 2008, S. 251–280

Clausnitzer, Thomas | Heide, Gerd | Nasner, Nicolas: *Markenartikel-Management*, Stuttgart 2002

Faulhaber, Peter | Grabow, Hans-Joachim: *Turnaround-Management in der Praxis*, Frankfurt/Main 2009

Gorus,Oliver | Zoll, Jörg Achim: *Erfolgreich als Sachbuchautor*, Offenbach 2006

Hamburger, Nadine: *Was Deutschlands Trainer bewegt*, Bonn 2008

Heygen, Heinz: *English for Runaways*, Frankfurt/Main 1985

Hinz, Olaf: *Sicher durch den Sturm – so halten Sie als Projektmanager den Kurs*, Zürich 2009

Homburg, Christian, u. a.: *Sales Excellence*, Wiesbaden 2007

Kobjoll, Klaus: *Virtuoses Marketing*, Zürich 1997

Koch, Richard: *Das 80/20 Prinzip*, Frankfurt/Main 2004

Kollmann, Tobias (Hg.): *Gabler Kompakt-Lexikon Unternehmensgründung*, Wiesbaden 2005

Kotler, Philip, u. a.: *Marketing-Management*, München 2007

Lang, Ewald: *Die Vertriebs-Offensive*, Wiesbaden 2007

Langenscheidt: *Übelsetzungen – Sprachpannen aus aller Welt*, München 2007

Lutz, Andreas: *Praxisbuch Networking*, Wien 2005

Pöppel, Ernst: *Zum Entscheiden geboren: Hirnforschung für Manager*, München 2008

Porter, Michael E: *Competitive Advantage*, New York 1985

Pümpin, Cuno: *Management strategischer Erfolgspositionen*, Bern 1982

Reins, Armin | Ballmann, Matthias: *Corporate Language – Wie Sprache über Erfolg oder Misserfolg von Marken und Unternehmen entscheidet*, Mainz 2006

Sawtschenko, Peter: *Positionierung – das erfolgreichste Marketing auf unserem Planeten*, Offenbach 2005

Schickerling, Michael: Interview, in: Weyand, Giso: *Sog-Marketing für Coaches*, S. 210 ff., Bonn 2008

Schickerling, Michael | Menche, Birgit: *Bücher machen*, Frankfurt/Main 2008

Schneider, Wolf: *Deutsch!*, Hamburg 2007

Simon, Hermann: *Hidden Champions des 21. Jahrhunderts*, Frankfurt/Main 2007

Weyand, Giso: *Der richtige Berater*, Frankfurt 2008

Weyand, Giso: *Die 250 besten Checklisten für Berater, Trainer und Coachs*, München 2008

Weyand, Giso: *Sog-Marketing für Coaches*, Bonn 2008

Weyand, Giso: Porträt Rolf H. Ruhleder, in: Hamburger, Nadine: *Glücklich als Trainer*, S. 184 ff., Bonn 2009

Register

C

E

F

G

H

I

K

L

M

Q

R

S

T

U

V

W

Z

Autoreninformation

Giso Weyand begleitet seit 1997 Coachs, Trainer und Berater bei deren Marketing. Zu seinen Kunden zählen Einzelkämpfer ebenso wie kleine und mittelgroße Beratungsunternehmen. Mit seinem Team unterstützt er seine Kunden umfassend von der Positionierung über die spannende Gestaltung aller Marketingkanäle bis zur Platzierung von Artikeln und Büchern. Das Team Giso Weyand ist somit einer der wenigen spezialisierten Anbieter für Beratermarketing.

»Marketing ist das wichtigste Steuerungsinstrument eines kleinen Unternehmens«, so fasst Giso Weyand seine Überzeugung zusammen. Für ihn nutzt ein guter Unternehmer seine Einflussmöglichkeiten vor allem, wenn er einen gezielten Nachfragesog für seine Wunschthemen erzeugt – und damit Kontrolle über seine eigene Auftragssituation übernimmt, statt auf Kunden zu hoffen oder ihnen im Vertrieb allzu stark hinterherzurennen. Der angenehme Nebeneffekt von Sogmarketing als Steuerungsinstrument: weniger Abhängigkeit von bestimmten Kunden, faire Konditionen auf Augenhöhe und regelmäßige Honorarsteigerungen. Die souveräne Haltung gegenüber Kunden und dem Markt ist so zu einem wichtigen Leitgedanken für Giso Weyands Arbeit geworden.

Der zweite, ebenso wichtige Bestandteil seiner Arbeit ist das Handwerk: Mit seiner Erfahrung im Beratermarketing entwickelt er punktgenaue Inszenierungen – von der Internetseite bis zum gelungenen Sachbuch. Dabei fühlt er sich gleichermaßen als Dienstleister wie als »Mitunternehmer« und empfiehlt nur Strategien und Maßnahmen, die er selbst als Unternehmer bereit wäre umzusetzen.

Mit 15 Jahren gründete Giso Weyand sein erstes Beratungsunternehmen und war seinerzeit einer der jüngsten Unternehmer Deutschlands. Parallel studierte er Soziale Verhaltenswissenschaften, Rechtswissenschaften und Geschichte und absolvierte eine dreijährige Ausbildung zum systemischen Berater (SG) am renommierten Frankfurter Institut für systemische Theorie und Praxis. Heute ist er Gastdozent verschiedener Hochschulen, unter anderem im Interim Executive Programm der European Business School und schreibt regelmäßig für renommierte Branchen- und Wirtschaftsmedien. Seine Publikationsliste umfasst Ende 2009 knapp 50 Einträge.

Der gebürtige Hesse lebt mit seiner Frau und seinem Sohn auf dem Land in Oberfranken.

SASSENBACH.DE